"十三五"国家重点出版物出版规划项目

高超声速科学与技术丛书

超燃冲压发动机控制

于达仁　常军涛　曹瑞峰　杨晟博　唐井峰　鲍文　著

国防工業出版社
·北京·

内容简介

本书以超燃冲压发动机为研究对象，从发动机基本控制问题出发并结合已有飞行试验经验给出了一种超燃冲压发动机基本控制方案，讨论了发动机控制模型维数和反馈变量选择原则并介绍了发动机推力闭环控制系统设计方法，探讨了超燃冲压发动机燃烧模态转换特性及其转换控制方法，介绍了高超声速进气道起动/不起动监测方法及其稳定裕度控制方法，同时给出了超燃冲压发动机推力调节/进气道保护切换控制方法，研究了超燃冲压发动机燃烧室释热分布最优控制问题，最后从飞/推一体化视角介绍了高超声速飞行器轨道优化问题。

本书内容新颖，适合于从事航空航天推进系统设计、分析、教学与生产的科技人员，特别是从事高超声速推进技术、航空航天发动机技术的科研人员阅读，也可以作为航空航天推进技术专业和工程热物理专业的高年级本科生及硕士研究生的教学参考书。

图书在版编目（CIP）数据

超燃冲压发动机控制 / 于达仁等著. —北京：国防工业出版社，2019.3

（高超声速科学与技术丛书）

ISBN 978-7-118-11639-7

Ⅰ. ①超… Ⅱ. ①于… Ⅲ. ①冲压喷气发动机－控制 Ⅳ. ①V235.21

中国版本图书馆 CIP 数据核字（2018）第 166649 号

※

国防工业出版社出版发行

（北京市海淀区紫竹院南路 23 号　邮政编码 100048）

天津嘉恒印务有限公司印刷

新华书店经售

*

开本 710×1000　1/16　**印张** 19¾　**字数** 350 千字

2019 年 3 月第 1 版第 1 次印刷　**印数** 1—1500 册　**定价** 128.00 元

国防书店：（010）88540777　　发行邮购：（010）88540776

发行传真：（010）88540755　　发行业务：（010）88540717

序

高超声速飞行器是指在大气层内或跨大气层以马赫数 5 以上的速度远程巡航的飞行器,其巡航飞行速度、高度数倍于现有的飞机。以超燃冲压发动机为主的高超声速飞行器,其燃料比冲高于传统火箭发动机,能实现水平起降与重复使用,从而大大降低空间运输成本。高超声速飞行器技术将催生高超声速巡航导弹、高超声速飞机和空天飞机等新型飞行器的出现,成为人类继发明飞机、突破音障、进入太空之后又一个划时代的里程碑。

在国家空天安全战略需求牵引下,国家自然科学基金委员会分别于 2002 年、2007 年启动了“空天飞行器的若干重大基础问题”“近空间飞行器的关键基础科学问题”两个重大研究计划,同时我国通过其他计划(如 863 计划、重大专项等),重点在高超声速技术领域的气动、推进、材料、控制等方面进行前瞻布局,加强中国航天航空科技基础研究,增强高超声速科学技术研究的源头创新能力,这些工作对我国高超声速技术的发展起到了巨大的推动和支撑作用。

由于航空航天技术涉及国防安全,美国航空航天学会(American Institute of Aeronautics and Astronautics,AIAA)每年举办的近 30 场系列国际会议大都仅限于美国本土举办。近年来,随着我国高超声速技术的崛起,全球高超声速业界都将目光聚焦中国。2017 年 3 月,第 21 届国际航天飞机和高超声速系统与技术大会首次在中国厦门举办,这也标志着我国已成为高超声速科学与技术领域的一支重要力量,受到国际同行高度关注。

高超声速技术作为航空和航天技术的结合点,涉及高超声速空气动力学、计算流体力学、高温气动热力学、化学反应动力学、导航与控制、电子信息、材料结构、工艺制造等多门学科,是高超声速推进、机体/推进一体化设计、超声速燃烧、热防护、控制技术、高超声速地面模拟和飞行试验等多项前沿技术的高度综合。高超声速飞行器是当今航空航天领域的前沿技术,是各航空航天强国激烈竞争的热点领域。近年来国内相关科研院所、高校等研究机构广泛开展了高超声速相关技术的研究,取得了一大批基础理论和工程技术研究成果，推动了我国高超声速科学技术的蓬勃发展。

在当前国际重要航空航天强国都在全面急速推进高超声速打击武器实用化发展的时代背景下，我国在老中青几代科研工作者的传承和发展下，形成了具有我国自主特色的高超声速科学技术体系，取得了举世瞩目的成果。从知识传承、人才培养和科技成果展示的视角，急需总结提炼我国在该领域取得的研究成果，“高超声速科学与技术丛书”的诞生恰逢其时。本套丛书的作者均为我国高超声速技术领域的核心专家学者，丛书系统地总结了我国近20年高超声速科学技术领域的理论和实践成果，主要包括进排气设计、结构热防护、发动机控制、碳氢燃料、地面试验、组合发动机等主题。

相信该丛书的出版可为广大从事高超声速技术理论和实践研究的科技人员提供重要参考，能够对我国的高超声速科研和教学工作起到较大的促进作用。

“高超声速科学与技术丛书”编委会

2018年4月

前 言

发动机控制是超燃冲压发动机研究的五大关键技术之一。与航空发动机和亚燃冲压发动机相比,超燃冲压发动机由于在更高马赫数下飞行带来了特殊问题。受到飞行包线的影响,与低马赫数飞行相比,高马赫数飞行导致用于飞行器加速的净推力减小。随着飞行马赫数的增加,在加速工况下,经常需要工作在进气道边界附近,气动稳定裕度小,容易出现流动失稳现象,需要研究流动失稳监测和控制问题。在从低马赫数向高马赫数加速的过程中,发动机匹配不同的燃烧模态才能在宽马赫数范围下获得较好的性能参数,需要研究燃烧模态转换控制问题。飞行马赫数的增加导致飞行器/发动机(飞/发)一体化耦合程度增强,如何基于开展飞/发一体化控制系统设计是值得研究的问题。基于这些认识,围绕发动机工作过程中的核心矛盾和关键技术问题,提出了具体的解决方案,具体阐述如下:

第 1 章介绍了历史上仅有的几次高超声速飞行试验,分析了飞行试验中暴露的控制问题。对超燃冲压发动机控制面临的基本问题进行了讨论,主要包括推力控制、进气道不起动状态监测及其保护控制、燃烧模态转换控制等。

第 2 章从双模态超燃冲压发动机工作的原理出发,对发动机工作过程的特殊性进行了讨论。

第 3 章讨论了美国 X-51A 飞行过程中的控制问题,在此基础上结合发动机的具体需求提出了双模态冲压发动机推力调节/安全保护的控制框架。

第 4 章通过对双模态超燃冲压发动机分布参数特性分析并对比不同维数数学模型的优缺点,指出一维模型在控制问题研究中的必要性和可操作性,论证双模态超燃冲压发动机控制时间尺度后可利用频域分析与频域截断技术将控制问题简化。

第 5 章讨论了双模态超燃冲压发动机推力与燃烧室壁面压力积分之间的关系,论证了壁面压力积分作为发动机推力控制回路反馈变量的合理性和可行性。设计了发动机推力回路控制系统,并开展了地面试验验证。

第 6 章讨论了燃烧模态转换马赫数的选择准则并对燃烧模态转换边界及影响

因素进行了分析，提出了转换过程中的突变与滞环问题，通过对燃烧模态转换控制的任务分析，设计了转换控制方案并进行了仿真研究。

第 7 章将高超声速进气道不起动监测问题转化为起动/不起动模式分类问题，获得了用于进气道模式分类的特征约简方法和识别准则的构建方法，在此基础上讨论了最优分类准则的优化方法。为了降低测量噪声和外界干扰对分类精度的影响，引入了多分类器融合决策方法以提高其分类精度。

第 8 章讨论了高超声速进气道不起动边界的影响因素，分析了不起动边界随这些影响因素的变化规律；在此基础上定义了进气道稳定裕度，并构建了进气道稳定裕度保护控制回路，利用仿真平台验证了稳定裕度保护控制系统的正确性。

第 9 章针对单点燃油喷射下的发动机推力调节/进气道保护切换控制研究，重点讨论了基于 Min 规则和积分重置的两种切换控制策略，分析了不同切换控制策略的设计参数及其影响规律。在此基础上，讨论了两点燃油喷射下的发动机燃油优化分配方案，设计了两点燃油喷射下的发动机推力调节/进气道保护切换控制系统，并利用地面试验验证了控制系统的有效性。

第 10 章主要讨论了超声速燃烧室最优释热规律设计及控制，提出了超声速燃烧释热规律最优控制问题，提出了一种考虑释热速率约束的释热分布一维建模方法，在考虑超温边界和不起动边界的约束下求解燃烧室内型线与释热分布最优控制问题，给出最优的超声速燃烧室设计和控制方法。

第 11 章主要讨论了以冲压发动机推进的飞/推一体化的最优加速轨迹问题。考虑飞行过程中的进气道不起动约束和飞行动压约束，构造了最小油耗轨迹的最优控制问题，得到了最小油耗轨迹下的各参数分布曲线及其性能和边界参数的分布曲线。研究了飞/推系统性能与各种工作边界对最优加速轨迹结果的影响，分析了动压限制对飞/推系统加速过程的影响，最后讨论了基于冲压发动机推进的飞/推一体化的最优加速轨迹。

本书内容新颖，适合于从事航空航天推进系统设计、分析、教学与生产的科技人员，特别适合从事高超声速推进技术、航空航天发动机技术的科研人员阅读，也可以作为大学航空航天推进技术专业和工程热物理专业的高年级本科生及硕士研究生的教学参考书。

作者要感谢国家自然科学杰出青年基金（No. 50925625）、国家自然科学基金重点项目（No. 90816028）、国家自然科学基金委创新研究群体科学基金（No. 51121004）、国家自然科学基金面上项目（No. 11372092）和国家自然科学青年基金（No. 10902033）的资助，特别感谢博士生马继承的文档整理和校稿工作。

由于作者水平有限，书中难免存在不足之处，敬请读者批评指正。

作者

2018 年 5 月

目录

常用符号表

英文字母

A	面积
C	系数
c_p	定压比热容
De	水力直径
E	动能
F	推力
f	摩擦系数
G	重力
g	重力加速度
H	高度;哈密顿函数
h	焓
I_{sp}	比冲
k	定熵指数
L	长度
l	航程
M	质量
Ma	马赫数
$\dot{m}$	质量流量
p	压力;动压
Q	总吸热量或放热量
q	单位质量吸热量或放热量
Re	雷诺数
r	半径
S	飞行器特征截面面积
s	熵
T	温度
t	时间
v	速度
W	总功
w	单位质量功
Y	质量分数

希腊字母

α	攻角
β	偏航角
γ	航迹角
θ	加热比
η_{th}	循环热效率
η_{p}	推进效率
η_0	发动机总效率
σ	总压恢复系数
φ	流量捕获系数
ρ	密度
ϕ	当量比
ψ	温升比
π	压升比
τ	摩擦应力

上角标

*	发动机流路截面总参数

下角标

0	自由来流参数;初值
a	空气
D	阻力
c	燃烧室
cyc	循环过程
f	燃料;终值
t	发动机流道截面总参数;喉部
i	第 i 种组分
i	入口
L	升力

第1章 绪论

为满足未来军事斗争对武器系统的要求，以及人类对高超声速远程飞行的梦想，吸气式高超声速推进技术作为实现空天飞行与高超声速武器系统的重要技术支撑长久以来被寄予厚望。

当要求飞行器在大气层内以高超声速远程飞行时，作为吸气式推进装置的超燃冲压发动机，其在比冲、单位迎面推力、耗油率、航程等方面具有较大优越性。美国的 X－43A、X－51A 等成功飞行，表明以超燃冲压发动机为动力的高超声速飞行已成为可能，超燃冲压发动机研究也是目前世界大国研究的热点之一。

自从超声速燃烧的概念提出以来，超燃冲压发动机研制工作经历了理论分析、数值模拟、地面试验等阶段，近年来，随着研究工作的日益深入，超燃冲压发动机研制技术已步入飞行试验验证阶段。围绕着 HyShot[1-3]、X－43A[4-7]、X－51A[8,9]、HIFiRE[10,11] 等高超声速研究计划已开展了数十次飞行试验，在超燃冲压发动机的性能分析、控制系统研制、燃烧组织等多方面都积累了大量的经验。

双模态超燃冲压发动机是一种崭新的发动机，尚没有成熟的控制方法用于此种发动机[12]。而发动机总体技术发展离不开其控制系统的发展，控制系统决定了发动机的可靠性和性能，所以对其控制系统的研究应同步于甚至提前于发动机其他方面技术的发展步伐。图 1－1 为不同类型推进系统的性能比较。几十年来，在控制系统方面，从事双模态超燃冲压发动机技术研究的主要国家都相继展开了多项研究计划。本书就是在这样的背景下，针对双模态超燃冲压发动机在建模与控制方面面临的一系列挑战，对一些关键技术做了系统的阐述。

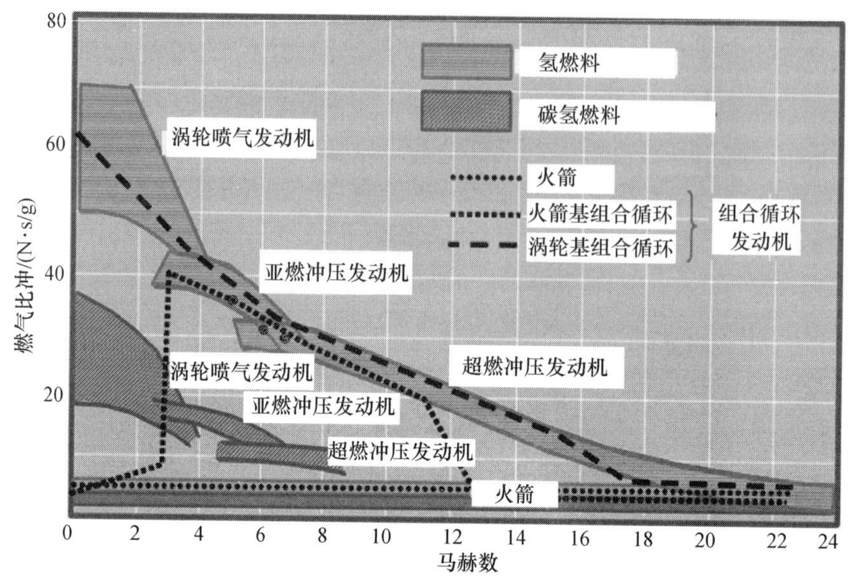

图 1－1　不同类型推进系统的性能比较

1.1　双模态超燃冲压发动机的典型飞行试验

以双模态超燃冲压发动机作为推进系统的高超声速飞行器技术兴起于 20 世纪 50 年代，从 90 年代起，美国和俄罗斯两大航空航天大国开展了多次验证性飞行试验。

始于 1986 年的美国国家空天飞机计划（National Aero－Space Plane，NASP）是极具代表性的国家级可重复使用航天运载器（Reusable Launch Vehicle，RLV）发展计划。X－30 是 NASP 的概念飞行器，该飞行器采用升力体气动布局、飞/推一体化设计，是具有单级入轨、水平起降能力，以吸气式组合发动机为动力的高超声速飞行器[13]。同在 20 世纪 80 年代，另一个代表性的空天运输计划是德国开展的两级入轨 Sänger 计划。但相比于当时的技术水平，NASP 与 Sänger 计划的研制目标都过于超前，技术成熟度低，加之资金支持不足等多方面原因，两项计划皆终止于 1995 年。尽管如此，其间一些关键技术理论的建立及经验积累为之后高超声速技术发展奠定了坚实基础。

1998 年，俄罗斯中央航空发动机研究院（Central Institute of Aviation Motors，CIAM）与美国国家航空航天局（National Aeronautics and Space Administration，NASA）联合进行了双模态超燃冲压发动机的飞行试验[14]。此次耗资 1 亿美元的

Ma3.5~6.5 的高超声速飞行试验中出现了进气道不起动事故。具体而言，进气道不起动控制系统出现故障，使发动机在试验初始阶段进入不起动状态，在进气道起动后又误认为进气道不起动错误地进行了燃料供给，飞行试验远没有达到预期目标。俄罗斯发起的高超声速飞行主要研究进展如表1-1所列。

表1-1 俄罗斯发起的高超声速飞行主要研究进展[15]

研究阶段	研究内容及特点	成果	问题
第一阶段	发动机的飞行试验(三次)	(1) 实现了发动机的点火； (2) 在飞行中完成了发动机的模态转换[16,17]； (3) 设计的控制系统在发动机飞行试验中得到应用和验证； (4) 设计的燃油供给系统得到应用	控制系统可靠性还不足，整体性能还有待于提高
第二阶段	(1) 与 NASA 合作完成试验飞行速度为 Ma6.5 发动机的控制； (2) 冷却剂测量装置都有所改进； (3) 采用超温保护控制	验证了燃油供给系统的鲁棒性对于试验的关键作用	—
第三阶段	制订了 IGLA 计划	突破了单模块的飞行试验	—
第四阶段	将实现 IGLA 计划[18,19]	超燃冲压发动机控制系统研究更接近工程实际	—

NASA 于1996年开启 Hyper-X 计划，该项目旨在深入研究高超声速技术。X-43A是 Hyper-X 计划中的无人双模态超燃冲压发动机试验飞行器，与 X-30 之间有明显的继承性。X-43A 由 NASA 德莱顿研究中心(Dryden Flight Research Center，DFRC)开发，其为升力体气动布局，飞/推一体化设计，总长3.7m、翼展1.5m，采用氢燃料。X-43A 分别于2001年6月2日、2004年3月27日和2004年11月16日进行了三次飞行试验，前两次为 Ma7 的飞行试验，第三次为 Ma10 的飞行试验。B-52B 在一定高度和速度下将 X-43A 投放后，由飞马座火箭(Pegasus Booster)助推加速爬升至分离点(巡航点)，即 Ma7、28956m 与 Ma10、33528m，而后超燃冲压发动机工作5~10s，飞行器巡航。这两次试验获得了成功，验证机实际飞行速度分别达到了 Ma6.8 与 Ma9.68，创造了飞行器在大气层内有动力飞行的最高速度纪录[4-7]。

与 Hyper – X 计划同期，美国空军启动了 HyTech 计划，X – 51A 是该计划为验证吸热型碳氢燃料（JP – 7）超燃冲压发动机性能而设计的无人技术验证机。与 X –43A类似，X – 51A 由 B – 52H 在亚声速下投放，再由助推器加速爬升至大约 *Ma*4. 5，高度 15088m。但不同点在于，助推器分离发动机点火后，超燃冲压发动机需要完成 *Ma*4. 5 ~6. 5 的加速过程，然后再进入巡航状态。X – 51A 分别于 2010 年 5 月 26 日、2011 年 6 月 13 日、2012 年 8 月 14 日以及 2013 年 5 月 1 日共进行了四次飞行试验，其中前三次都不同程度地以失败告终。第一次试验中，发动机和机体喷管之间的热密封泄漏，高温燃气损坏了飞行器内部结构和设备，使得发动机实际工作时间（143s）比设计工作时间（210s）少了大约 1/3，飞行器也没有按计划加速到 *Ma*6（实际加速到 *Ma*4. 88）；第二次飞行试验，发动机先由乙烯点火，但在转换为 JP – 7 燃料后，发动机出现了进气道不起动问题，并且多次尝试点火也未能重新起动发动机，不得已提前终止试验；第三次飞行试验，尾翼故障使飞行器坠毁；最后一次飞行试验，X – 51A 由固体火箭加速到 *Ma*4. 8 后超燃冲压发动机点火工作，有动力飞行 240s，加速爬升至 18000m 高空，飞行速度达到 *Ma*5. 1，此次试验是吸气式高超声速飞行器有史以来最长的有动力飞行记录，但此次飞行试验中飞行器也未能加速到预定的巡航速度[8,9]。图 1 – 2 为停放在美国爱德华空军基地的 X – 51A 飞行器装置，图 1 – 3 为 X – 51A 搭载在 B – 52H 轰炸机机身下的情形。

图 1 – 2　X – 51A 飞行器停放在爱德华空军基地

图 1 – 3　X – 51A 搭载在 B – 52H 轰炸机机身下

1.2 双模态超燃冲压发动机控制研究现状分析

控制系统研究在双模态超燃冲压发动机研究中属于难度比较大的课题，在理论上需要建立对象的动态模型，分析控制模型的稳定性、可控性和能观性，并且需要研究控制系统的设计方法以及被控量的测量方法等。在试验方面，需要对控制方法开展软件、硬件实现，地面试验验证，飞行试验验证等方面的研究。因此，如果从系统工程视角来分析，对于双模态超燃冲压发动机控制系统方面的研究不能孤立进行，需要与其应用对象的研究同步，以便于缩短整体的研发周期，节省研发成本[20]。

随着双模态超燃冲压发动机的研制进入飞行试验阶段，发动机控制系统的研制需求日益迫切。作为一种与飞行器姿态紧密关联的、在很宽马赫数范围工作的，且以超声速燃烧为特点的吸气式高超声速推进系统，双模态超燃冲压发动机呈现出了复杂的控制机理，对其控制问题的研究需要深入到内部物理过程，掌握流动、燃烧过程中起主导作用的物理效应及相互耦合关系对于发动机控制特性的影响，方能准确提炼出控制需求和控制问题。双模态超燃冲压发动机在其加速到巡航状态的过程中，内部流场和发动机几何流道的匹配困难，发动机需要经历多种流动、燃烧状态的转换来适应不同的飞行条件。在发动机飞行过程中，控制系统要承担起改变发动机内部燃烧状态、控制发动机推力和施加保护控制的任务。但是发动机飞行条件变化大，稳定边界狭窄，对于各种扰动非常敏感，且与飞行器的前后体和飞行姿态耦合严重，导致发动机控制面临不少困难，而国际上仅有的几次飞行试验也暴露出一些重要问题，如NASA/CIAM联合高超声速飞行试验没有实现预定的燃烧模态转换，同时又出现了进气道起动状态的误判等问题[21]，因此需要重视双模态超燃冲压发动机控制问题的研究。

在双模态超燃冲压发动机主控制回路研究领域，文献[22]针对双模态超燃冲压发动机分析了其控制特性，并给出控制系统基本框架，通过对发动机控制研究，得出双模态超燃冲压发动机控制研究实质上属于分布参数的控制问题。文献[12]根据双模态超燃冲压发动机地面/飞行试验的需求，阐述了双模态超燃冲压发动机控制中的基本问题，初步给出控制系统的基本框架和控制任务的解决方案。文献[23]针对双模态超燃冲压发动机总体方案的设计展开研究，建立了发动机热力分析方法和系统子模型，形成了发动机总体设计方法，在给定任务下对发动机总体方案进行设计，并对基准方案中内流道进行优化研究。文献[24]根据双模态超燃冲压发动机控制通道之间强耦合性及其控制过程快速性要求，研究设计了应用于双模态超燃冲压发动机控制的分布式比例积分微分(PID)解耦控制器。文献[25]基于线性矩阵不等式(LMI)理论提出了一种单输入单输出系统比例积分(PI)控制器参数整定方法,基于该方法设计了双模态超燃冲压发动机单点喷油推力闭环控制系统的PI控制器。文献[26]从控制需求出发,建立了双模态超燃冲压发动机一维仿真模型,并开展了发动机分布参数控制仿真研究。文献[27]以双模态超燃冲压发动机多路燃油为控制量,最大推力为优化指标,设计了发动机最大推力控制器。

1.2.1 飞行试验中发动机控制现状分析

在以美国为代表的一些国家中,在开展双模态超燃冲压发动机的研究之初就开始相关控制理论与技术方面的研究工作。文献[28]中提到早在20世纪60年代,美国布罗姆利航空研究院在其开展的高超声速研究发动机(Hypersonic Research Engine,HRE)计划中就把双模态超燃冲压发动机控制技术作为其计划中一个重要的课题,但该计划仅局限于给出一些针对发动机控制基本问题的功能性方案。

图1-4为俄罗斯Kholod双模态超燃冲压发动机控制系统功能图。该发动机[14]为轴对称型双模态超燃冲压发动机,曾于1998年进行了CIAM/NASA联合试验,通过SA-5地空导弹驱动到*Ma*3.5,然后自主飞行到*Ma*6.4。在亚声速燃烧模态下,发动机只有第二、三路燃油喷嘴工作,控制系统根据来流条件,按照预定的调节规律给出控制指令;在超声速燃烧模态下进行工作时,发动机三路燃油喷嘴同时喷油。在飞行过程中,发动机超温保护控制监测的对象为发动机燃烧室壁温,进气道保护控制监测的对象为压比。但在实际飞行试验时,对发动机进气道起动状态判断错误,导致发动机第一路燃料供给阀门没有打开,燃油供给系统并未完全按照设计的调节规律工作,直接影响到双模态超燃冲压发动机工作性能和试验结果。可以看出,发动机控制系统在实际应用中除了对控制系统功能性要求外,对其鲁棒性也提出较高要求,以满足发动机复杂多变的实际运行环境。

图1-5为X-43A双模态超燃冲压发动机控制系统原理图[29]。其控制系统根据发动机飞行高度、马赫数、攻角等来流条件,飞行器姿态和隔离段压力等信息解算发动机燃油供给规律,通过控制喷油量实现对发动机的状态控制,并通过传感器测量隔离段压力、检测激波位置等信息实时监测进气道状态,从而对燃油供给规律进行修正。

HyTech计划推出的X-51A是对X-43A的改进和发展[30]。X-51A发动机结构由发动机子系统、飞行控制子系统和燃油供给子系统以及一些辅助系统等组成。X-51A燃料控制通过一套为PWR-F119发动机设计的全权限数字发动机控制(FADEC)系统实现[31,32]。由于 X－51A 发动机采用主动冷却方式,它也无法避免高温燃油供给系统所引发的一系列问题。

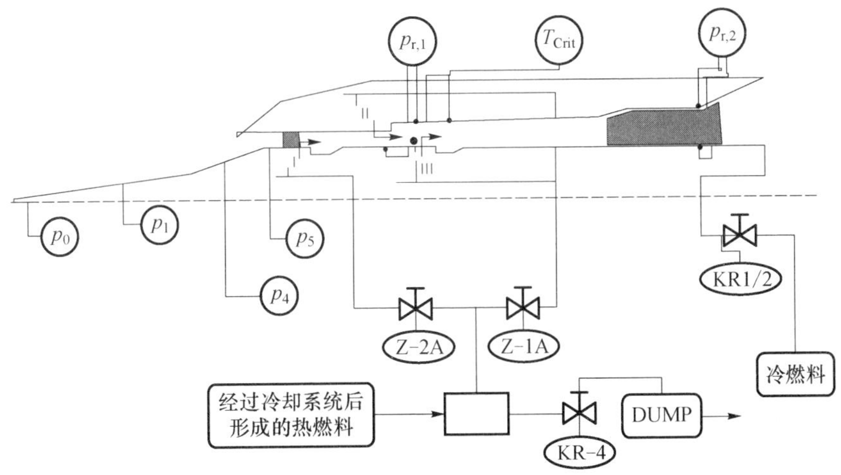

图 1－4　Kholod 双模态超燃冲压发动机控制系统功能图[14]

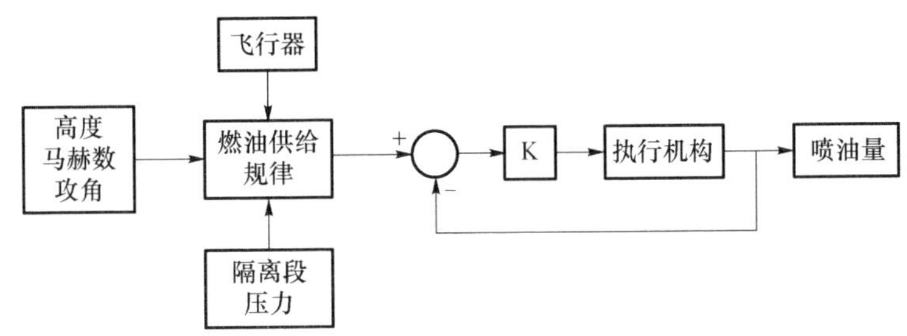

图 1－5　X－43A 双模态超燃冲压发动机控制系统原理图

1.2.2　进气道不起动监测及保护控制现状分析

当进气道出现不起动后,较高的背压将隔离段内的激波串推出隔离段,外压缩波系向上游移动,导致较大的溢流量,进气道捕获流量急剧降低,并且激波强度增大使得总压损失增大。燃烧室内气流不足使得推力降低,严重时可能会熄火。不起动往往伴随着强烈的压力振荡,给发动机结构带来疲劳性破坏。不起动现象在飞行器实际飞行中必须能够及时监测到,这样才能立即采取适当的控制手段让进气道迅速再起动以保证发动机的正常工作。为了保证发动机的正常工作,不起动的预防控制以及再起动控制是必须研究的。对于进气道的保护控制,可以从两个方面实现。一方面是消除进气道低能的附面层。由于不起动激波是因为激波与附面层干涉使得附面层分离诱导形成的，因此可以将低能的附面层去除或者增加附面层的能量来抑制附面层分离。这方面开展的研究工作比较多，如抽吸、漩涡发生器等。另一方面是控制规律的研究以保证进气道合理地工作。目前，在轴流式压气机上，喘振控制规律的研究较为成熟，如主动增稳控制。因此有必要建立一个低阶的面向控制的双模态超燃冲压发动机不起动的数学模型，并开展相应的控制规律研究。

在发动机实际运行中，多种因素会导致不起动，因此如何监测和预测不起动的发生对双模态超燃冲压发动机的控制尤为重要。根据不起动的机理可知不起动的发展过程与隔离段内激波串有关[33-37]，为了保证进气道的正常工作，激波串的前缘位置要严格控制在隔离段内，为此许多学者对激波串的特性展开了研究。Le 等[38]对一个等截面积的隔离段在 $Ma2$ 的风洞中开展了试验研究，结果表明在激波串前缘位置处，压力以及压力的振荡幅度都有明显的升高。Lin 等[39,40]利用数值模拟和试验的方法研究了隔离段的截面形状以及温度与热传递对激波串结构的影响，结果表明圆形截面的隔离段抗反压能力较强，增加热会使附面层变厚，隔离段更容易壅塞，使其性能下降。谭慧俊等[41]研究了激波串在弯曲的变截面隔离段内的特性，结果表明在低马赫数时，激波串的压升符合 Waltrup 经验公式[42]，只是激波串长度因为弯曲的管道、伴随的激波和膨胀波而增长；在较高的马赫数下，激波串特性不满足 Waltrup 经验公式，激波串存在明显的振荡。Fischer 等[43]研究了壁温和气流总温对隔离段激波串特性的影响。这些研究都是单独对隔离段内激波串特性的研究，然而在实际的双模态超燃冲压发动机中，隔离段内的激波串还受进气道的背景波系和燃烧室影响。谭慧俊等[44]通过试验的方法研究了背景波系对激波串特性的影响，结果表明背景波系能够加强激波串的振荡特性。Choi 等[45]和 Fotia 等[46,47]分别通过数值模拟和试验的方法研究了有燃烧情况下隔离段激波串的特性，结果表明燃烧室和隔离段有强烈的耦合作用。

利用激波串流场区域压力较高以及其前缘的上下游振荡特性的差异，可以监测激波串的前缘位置。Le 等[48,49]试验研究了根据 150% 的压力幅值增量、150% 的压力标准方差增量和压力标准方差的最大值来监测激波串前缘到达指定位置。Hutzel 等[50]根据压升、压比、标准方差、功率谱在流动方向分布的 150% 的增量，用背压法和压力总和法来监测激波串的前缘位置，结果表明压升分布法和功率谱分布法有较高的监测精度。基于压力分布的监测方法可以实现激波串前缘位置在整个隔离段内位置的监测，但是其监测精度受传感器数目制约。为此，常军涛等[51]利用遗传算法保证监测精度下实现了对压力测点数目的约简。

由于激波串的前缘与进气道不起动有关,激波串前缘如果到达喉部处,一旦背压再升高,就会导致不起动的出现。所以监测激波串前缘是否到达喉部处压力测点可以作为不起动的监测结果,如文献[48]和文献[49]所提到的激波串监测算法。Donbar 等[52]进行了隔离段/燃烧室的试验,结果表明隔离段内激波串的位置与燃烧室的压力呈线性关系,因此提出根据压力总和的不起动监测算法,其结果比文献[49]中的四种方法有所提前。Srikant 等[53]根据一个传感器的压力信号,为了监测不起动的出现,研究了三种激波串前缘位置的监测算法,分别是:①压升法;②压力信号标准方差(STD)的增加法。图 1-6中给出了基于标准方差和功率谱密度的结果。研究结果表明压升法只有 50% 的成功率。基于功率谱的方法,如果选择的传感器离隔离段出口比较近,则对不起动问题开始非常敏感,但是也存在误判。Hutchins 等[54]对四种不同构型的隔离段/燃烧室模型开展了试验,根据试验结果对比了累积和(CHSUM)监测算法及文献[53]提到的三种方法,结果表明累积和方法更具有通用性。

相对不起动监测,预警更为重要,这样能够尽可能地避免不起动的发生。Cox 等[55]提出了根据计算流体力学(CFD)得到的不起动边界,时刻监测进气道的流场参数得到不起动裕度来实现不起动预警,但这种方法需要复杂的预警系统以及丰富的先验知识。Trapier 等[56]对超声速进气道壁面的压力信号进行分析,发现在不起动出现之前存在先兆信号,并提出两种监测方法,即累积和算法和广义似然比算法来检测该先兆信号。谭慧俊等[57]对二维高超声速进气道的试验结果表明,进气道不起动前,分离包诱导激波周期性地扫过风罩最上游的传感器,因此可以作为不起动的先兆信号,并利用累积和与广义似然比的方法成功实现不起动的预警。Kelley 等[54]对不同发动机构型开展了进气道不起动监测试验,试验中比较了基于压力大小、标准方差、功率谱密度及累积和算法,结果表明累积和算法不需要根据发动机构型设定阈值,有较好的通用性。图 1-7 给出了文献中基于累计和算法的不起动监测结果。

因此,尽管对于不起动已经发展了一些监测方法,但这些方法都是针对特定的试验数据开展的,并且目前已有的监测方法都存在一些缺点。例如,基于标准方差、基于功率谱密度的方法虽然对压力信号很敏感,但通用性不强,而累积和监测算法通用性最强。

不起动给发动机性能带来巨大的危害,不起动是激波和附面层干涉使得附面层分离造成的,因此可以采取将低能的附面层移除或者通过射流的方法增加附面层的能量等方法来抑制不起动的发生。抽吸是最常用的方法,学者们投入了大量的数值模拟[58-63]和试验研究工作[64-72]。Kouchi[58]、Hamed[59]、Lim[60]和 Atkin-

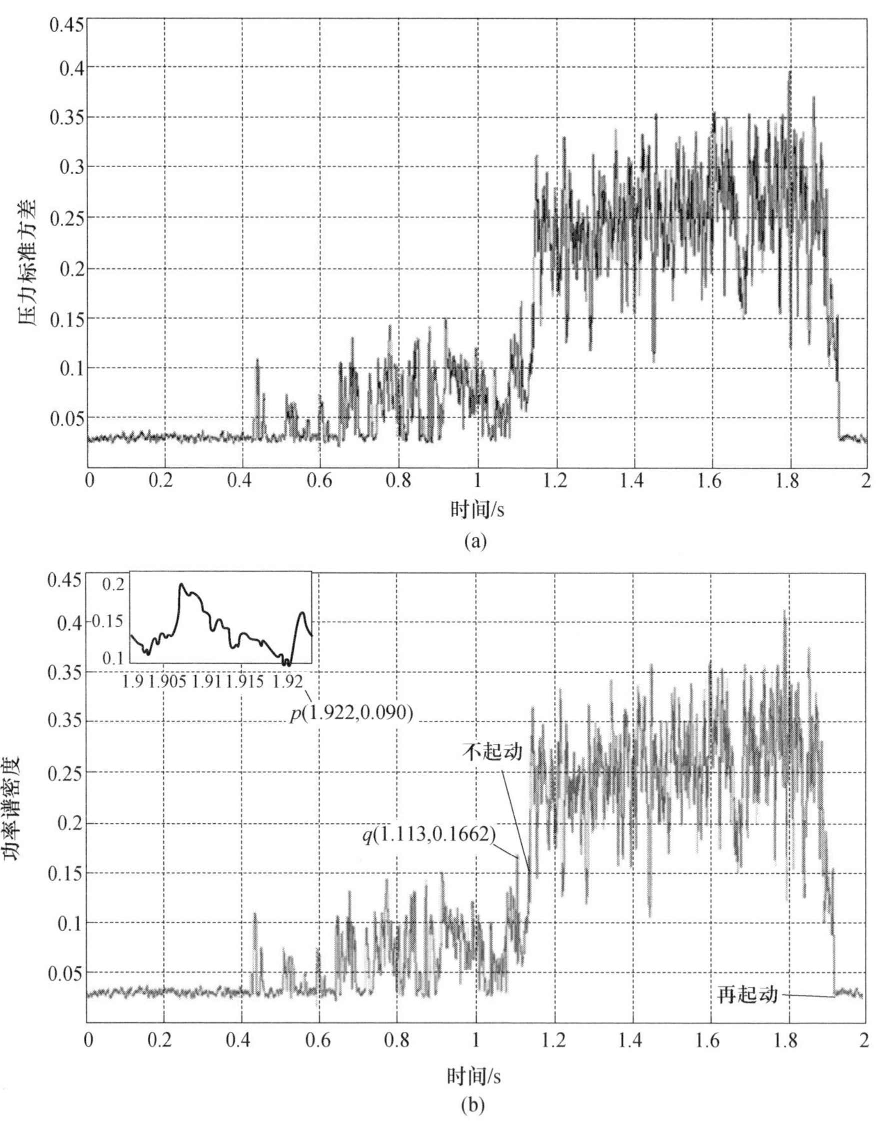

图 1-6　文献[53]中不起动的监测结果

(a)基于标准方差的不起动监测结果;(b)基于功率谱密度的不起动监测结果。

son[61]等利用数值模拟方法分别对燃烧室附面层抽吸、抽吸小孔的排列、凹凸式进气道抽吸、抽吸控制附面层-激波干涉进行了研究,结果表明抽吸能较好地抑制附面层分离,改善进气道性能。Ghosh 等[62]研究了数值方法对抽吸模拟结果的影响。Bauer 等[63]利用数值模拟研究了抽吸对进气道整体性能的影响。

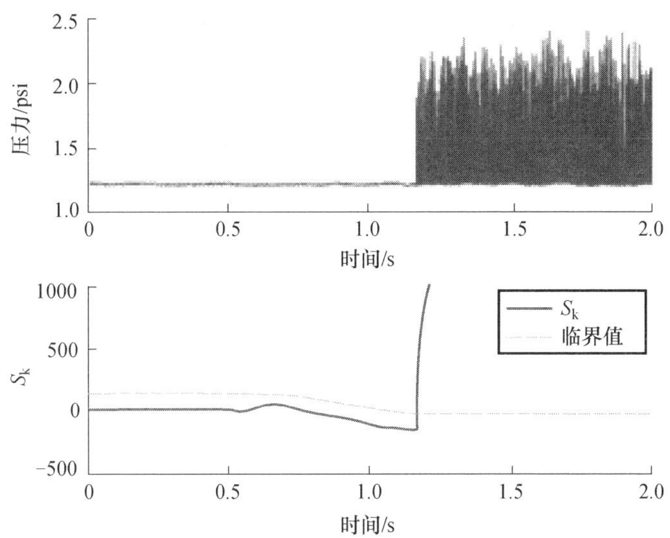

图1-7 文献[54]中根据累计和不起动的监测结果(1psi=6.895kPa)

Häberle[64,65]、Herrmann[66]和Tinapple[67]等试验研究了抽吸对超声速/高超声速进气道性能的影响。Koderal[68]、Häberle[69]和Davis[70]等试验研究了抽吸对进气道和发动机性能的影响规律。Liou等[71]利用遗传算法以总压恢复和抽吸总量为目标对超声速进气道抽吸进行了优化。Oorebeek等[72]利用先进的测量手段激光多普勒测速仪、纹影仪和示踪粒子技术试验研究了超声速进气道的流场,为抽吸提供进一步的阐述。除了抽吸这种主动控制途径外,Valdivia等[73]利用漩涡发生器和楔块增加附面层的能量从而抑制不起动或实现再起动控制。目前,磁流体控制技术广泛用于流场控制,如边界层的再附着[74]、延迟边界层转捩[75]、控制湍流边界层[76]和产生漩涡[77]等。同样,对于进气道的不起动流动控制[78,79],学者们也做了大量工作,并取得了一些理论性成果。

以上的工作都是根据辅助设备来抑制不起动或实现再起动控制的,然而喘振现象在轴流式压缩系统中普遍存在,并且喘振控制方法已经比较成熟,如变频器调速防喘振法[80]、模糊PID控制[81]、神经网智能系统[82]。罗雄麟等[83,84]在压气机二阶MG喘振模型以及改进的四阶MG模型的基础上,根据主动控制的思想,运用Backstepping非线性控制系统方法,设计了轴流压缩系统失稳现象(旋转失速和喘振)的主动控制规律,仿真结果如图1-8所示。仿真结果表明主动控制方案扩大了压缩机的稳定工作范围,并能很好地抑制旋转失速和消除喘振。然而,在超声速/高超声速进气道不起动控制方面,还没有相应的控制方法研究。

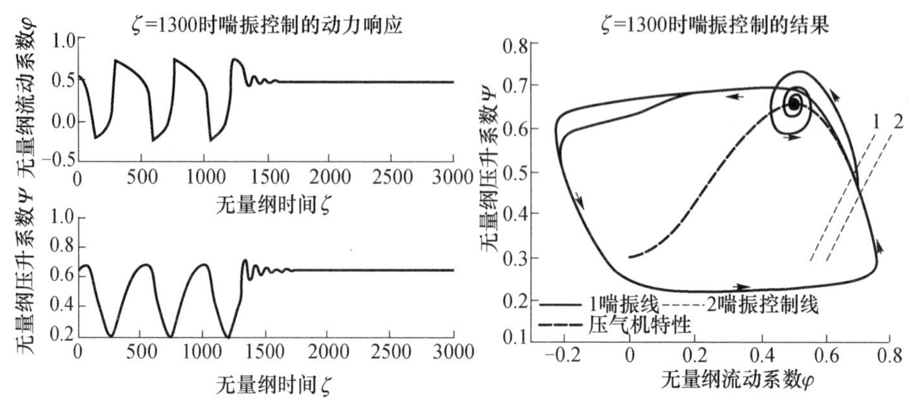

图1-8 压气机喘振的主动控制结果

1.2.3 燃烧模态转换控制现状分析

伴随着双模态超燃冲压发动机概念的提出，关于发动机燃烧模态转换特性的试验研究就开始了。Debout[85]设计了一种带几何喉道的双模态燃烧室，这种燃烧室通过改变燃料喷射位置来实现不同的燃烧模态。在亚燃模态时，燃料喷注位置靠后，燃烧在等直型的燃烧室内进行；在超燃模态时，燃料喷注位置靠前，燃烧在扩张+等直的燃烧室内进行，燃烧室内的气流保持为超声速状态。由于几何喉道的存在，这种燃烧室的工作范围极其有限。1998年，CIAM与NASA合作，成功进行了双模态超燃冲压发动机的空中飞行试验[14,86]，在飞行马赫数为3.5~6.4的范围内，实现了亚燃到超燃的模态转换过程。

Dessornes等[87]通过地面试验和数值模拟相结合的方法研究了双模态超燃冲压发动机，主要模拟了飞行马赫数为4.9、5.8和7.6三种来流状态。该发动机燃烧室采用多点燃料注入，试验中通过改变燃油当量比实现了燃烧模态转换，证明通过调节燃料喷射方案实现燃烧模态转换是可行的。Brandstetter等[88]研究了采用支板喷射燃料的双模态超燃冲压发动机燃烧室，在喷油支板上安装了圆柱形钢管来形成稳定回流区以达到稳燃的目的。尽管在试验过程中作为火焰稳定器的钢管被高温烧坏，但通过改变氢燃料的喷射压力，实现了从亚燃模态到超燃模态的转换。Micka等[89]研究了带凹腔火焰稳定器的双模态超燃冲压发动机。试验中发现了两种火焰稳定的模态，分别是射流稳定模式和凹腔稳定模式，在两者之间存在过渡稳定模式。

众多的研究工作旨在探究对燃烧模态转换特性产生影响的物理因素。Chun等[90]采用试验研究的方法，给出了燃烧模态转换边界随发动机燃烧室扩张角和来流总压的变化,如图 1-9 所示。图中直线上方为强燃烧模态,直线下方为弱燃烧模态。从图上可以看出:随着来流总压的升高,需要更高的燃油当量比才能触发燃烧模态转换;随着扩张角的增大,触发燃烧模态转换的燃油当量比也是增大的。促使燃烧模态发生转换的机理是燃烧产生的高反压导致燃烧室中激波结构发生改变。

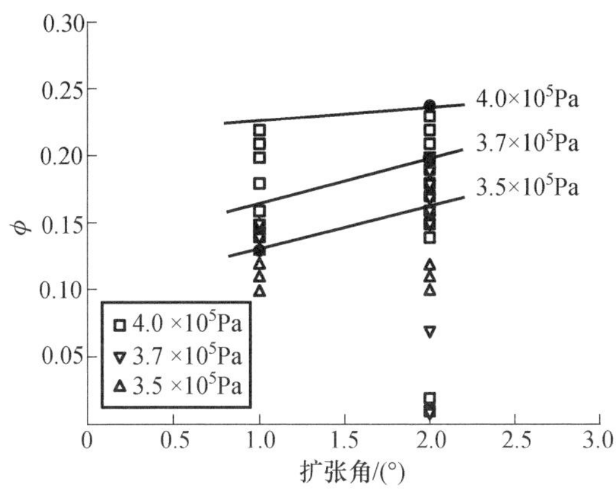

图 1-9　燃烧模态转换边界与扩张角和来流总压的关系[90]

在双模态超燃冲压发动机地面试验系统中,通常采用高焓气流来模拟真实的来流,高焓气流一般采用氢气或酒精燃烧加热的方式来获取。与真实飞行条件下的来流相比,地面试验所模拟的来流中 H_2O 和 CO_2 的含量有所增加。Haw[91]、Goyne[92] 和 Mitani[93] 等分别研究了来流中 H_2O 的含量对发动机燃烧模态及性能的影响。研究结果表明,随着来流中污染组分(H_2O 和 CO_2)的增加,在同样燃油当量比下燃烧室的压力会有所下降,隔离段内激波串长度缩短,同时会造成推力大约 5% ~10% 的下降。此外,还发现来流中污染组分的增加会推迟发动机燃烧模态转换边界。

Masumoto 等[94] 通过地面试验研究了边界层对于燃烧模态转换的影响。在试验过程中,从隔离段进行边界层的抽吸。结果发现边界层抽吸能够实现燃烧模态的转换。

推力是双模态超燃冲压发动机研究最关心的性能指标。在双模态超燃冲压发动机工作过程中,飞行器阻力很大,发动机的推力绝大部分用来平衡阻力,飞行马赫数越高,发动机静推力越小,加速能力越弱,此时飞行器对发动机推力变化敏感性越强[95]。经测算,在飞行马赫数为 8 时,喷管性能 5% 的偏差能引起发动机净推力 35% 的变化,因而研究燃烧模态转换过程中推力的变化具有重要意义。

Sullins[96] 在地面直连式试验台上研究了一个氢燃料的超燃冲压发动机燃烧

模态转换过程。试验过程模拟了 $Ma5.9 \sim 6.2$ 的加速过程。在加速过程中，燃油当量比保持不变，发动机实现了从亚燃模态（隔离段存在预燃激波串）到超燃模态（隔离段不存在预燃激波串）的转换。如图 1－10 所示，试验发现在燃烧模态转换过程中发动机推力只出现了轻微的波动，但没有出现比较明显的幅值上的变化。

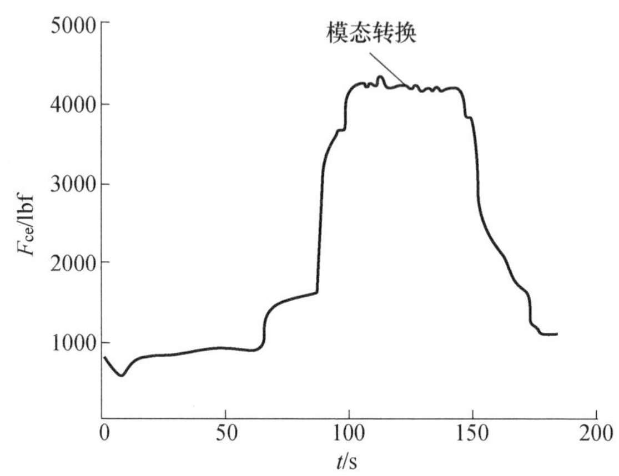

图 1－10　燃烧模态转换过程中测量推力变化（1lbf＝4.45N）[96]

在日本 ALJ 的超燃冲压发动机地面试验中[97,98]，燃烧室由等直段＋扩张段＋等直段构成，在轴向上共有 5 个燃料喷射位置。在试验过程中，保持燃烧室入口条件和燃料总流量不变，通过改变燃料注入位置实现了不同的燃烧模态。结果发现在不同的燃烧模态下发动机的推力增益并没有明显的变化。

Micka[99]在超燃冲压发动机燃烧室地面试验中发现，在燃烧模态转换点附近，不同的燃烧模态之间存在振荡现象。如图 1－11 所示，燃烧模态的振荡频率在2～10Hz 之间，而发动机在一种燃烧模态下的持续时间在 10～500ms 之间。同时发现，燃烧模态转换时发动机参数存在突变性，当发动机由亚燃模态转换到超燃模态时，燃烧室隔离段的出口马赫数由 0.9 变化到 1.89，同时伴随着很大的压力脉动。这种压力脉动对飞行器的稳定工作极为不利。Micka 认为一个可能的解决方法是在燃烧模态转换发生之前通过改变燃料的喷射位置迅速改变燃烧室内的释热分布，从而实现对振荡的抑制。

潘余等[100]通过连续调节燃料喷射位置和当量比，实现了超燃冲压发动机燃烧室内燃烧模态的动态切换，发现两个燃烧模态转换过程中存在过渡过程，从亚燃模态转换到超燃模态，过渡过程大约需要 260ms。研究结果表明燃料的分布情况对发动机燃烧模态有决定作用。

路艳红等[101]用一维分析方法得到的计算结果表明通过气动热力调节实现双

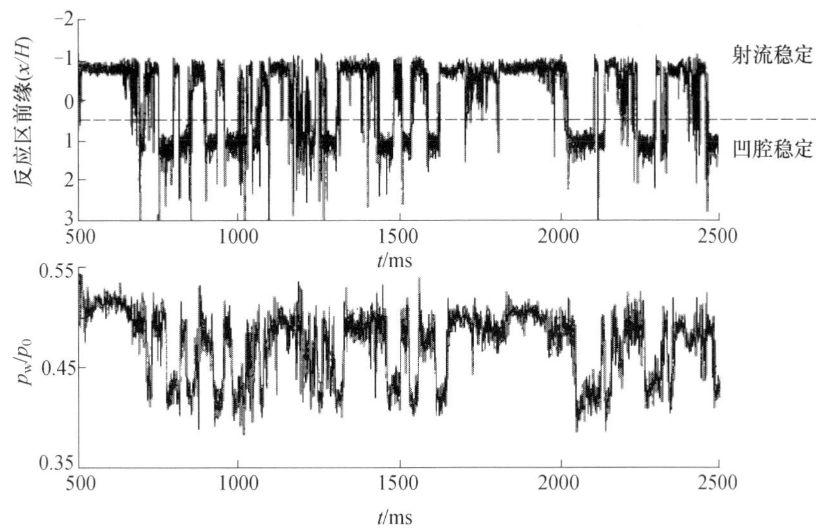

图 1-11 燃烧模态转换中的燃烧区和燃烧室压力的振荡现象[99]

模态超燃冲压发动机燃烧模态转换是可行的。叶中元等[102]对国内外双模态超燃冲压发动机研制过程中出现过的经验教训及技术创新点进行了分析,在讨论多模态冲压发动机的不同工作模态特性的基础上,提出了改进进气道/燃烧室/尾喷管参数协调状态的技术途径。

地面试验和数值模拟都发现双模态超燃冲压发动机燃烧模态转换存在突变等问题,针对此问题,于达仁等[12]通过简单的机理模型,分析了双模态超燃冲压发动机燃烧模态转换过程的突变、滞后等本质非线性现象,研究发现了双模态超燃冲压发动机燃烧模态转换边界在扰动变量空间中的分布存在着规律性——拓扑不变性。这种特性的存在可以使燃烧模态转换边界在高维空间的建模问题得到有效简化,并为燃烧模态转换控制路径的设计提供依据。

1.2.4 吸气式飞/推系统轨迹优化研究现状分析

考虑到吸气式飞/推系统推进方式的特殊性,其轨迹优化问题主要关注宽空域飞行的高超声速飞/推系统的能耗和稳定性,尤其是在加速爬升过程中。一般认为吸气式飞/推系统的加速过程均为先水平加速,待飞行器获得一定速度后再开始爬升的过程。考虑到实际飞行任务的需求,如果能优化加速过程的飞行轨迹,节省更多的燃料或者时间,便可以在巡航和其他后续任务过程中获得很大的性能提升。

20 世纪 90 年代,计算机技术的迅猛发展有效地加强了一系列基于非线性微分方程的初值、边值问题的求解能力,这有力地推进了与其相关的最优控制理论和非线性规划理论在工程中的应用。而针对吸气式飞/推系统的轨迹最优化问题,被认为是最优控制理论在一般飞行力学方向上的重要应用之一[104]。

早在 1988 年,Calise 等[105]就开始研究解决吸气式飞/推系统轨迹优化问题与控制规律问题的相关方法,并引入奇异摄动法求解最优控制问题。1989 年,Vian 等[106]研究了冲压发动机推进的飞/推系统规避飞行环境风险的轨迹优化问题。基于极小值原理,应用奇异摄动法求解给出了最小风险轨迹。1990 年,Miele[107]研究了吸气式飞行器通过大气风切变区域的最优轨迹和控制问题。Waller 等[108]讨论了非线性规划理论在吸气式飞行器轨迹优化中的若干应用。此后,Corban 等[109]在研究吸气式飞/推系统单级入轨的轨道优化问题时,采用双模态超燃冲压发动机和火箭发动机组合的推进形式,考虑大气环境对飞行器的动压和气动热约束,通过奇异摄动法求解最小燃油的爬升轨迹。其研究给出了基于能级和火箭发动机控制的最优飞行包线,提出了一个近似基于高度和航迹角的变化规律的升力反馈控制方法,并且给出了无约束和最大动压约束下的最优爬升轨迹。Powell 等[110]研究了竖直平面的飞/推系统加速轨迹最优化问题的加速度与飞行动压的关系和控制方法。考虑了系统热边界约束并分析其对飞/推系统性能的影响。Olds 等[111]发现在考虑飞行器与发动机工况约束的条件下,增大飞行动压有利于提高飞行器推进性能。Dijkstra[112]通过 Dial 最短轨迹算法和改进的离散算法来求解 Hamilton - Jacobi 方程,有效地提高了收敛速度。

1994 年,Hans 等[113]基于极小值原理研究了竖直平面吸气式飞行器的最优轨迹。考虑载荷参数和阀门控制,在动压约束和一些必要的边界条件下求解末端时间固定的最优轨迹。1995 年,Lu 等[114]研究了高速飞行器地形跟踪的最优轨迹问题。David[115]以最小燃料消耗为性能指标,研究了吸气式飞行器跨声速飞行中对高度和航迹角的控制方法。通过分离比冲和高度随航迹角的动态特性,将高度 - 航迹角控制设定为初场边界层的奇异摄动问题。通过求解临域最优控制方程,得到了闭环控制规律。最后用数值方法对计算结果进行了验证。

1997 年,Ilana 等[116]研究了竖直平面内无人机的最小时间次优轨迹问题。Marco 等[117]给出了考虑容错的高超声速飞行器的控制方法,允许发动机进气道在加速过程中出现不起动并再起动,提出了飞行轨迹的稳定跟踪方法。由于超声速燃烧的释热总是伴随着大量的总压损失,Vladimir[118]提供了一种估计理论最大效率和比冲关系的算法,其结果表明发动机能达到的最大效率单调随速度的增大而增大,随给定的初始比冲的增加而减小。最大效率达到极大值后,在高马赫数飞行状态下随马赫数增大而渐进地减小。1999 年,Sakawa[119]基于最小值理论提出了 Sakawa - Shindo 方法求解冲压发动机推进飞/推系统的最小油耗轨迹问题。

加速爬升过程的最优化问题逐渐受到了广泛的关注，并发展了一系列有效的求解方法，如鲁棒轨迹优化算法[120]、动态逆向法[121,122]、序列二次规划方法[123]和非线性配点法[124]等。

2013年，Pierre等[125]针对亚声速飞行器，研究考虑了航程中风向因素的最优轨迹问题。基于非线性现行规划理论，应用五阶配点法求解微分代数方程，给出了最优轨迹及相关参数对其的影响。Roux等[126]介绍了针对基于Brayton循环的理想超燃冲压动机，利用简单参数代数方程描述性能的方法，可以用于评估发动机理想的最优性能。并且给出不同燃烧马赫数下，冲压发动机单位质量流量的推力变化，以及理想超燃冲压发动机获得最大比推力时，最优的来流马赫数随燃烧马赫数的变化，如图1-12所示。

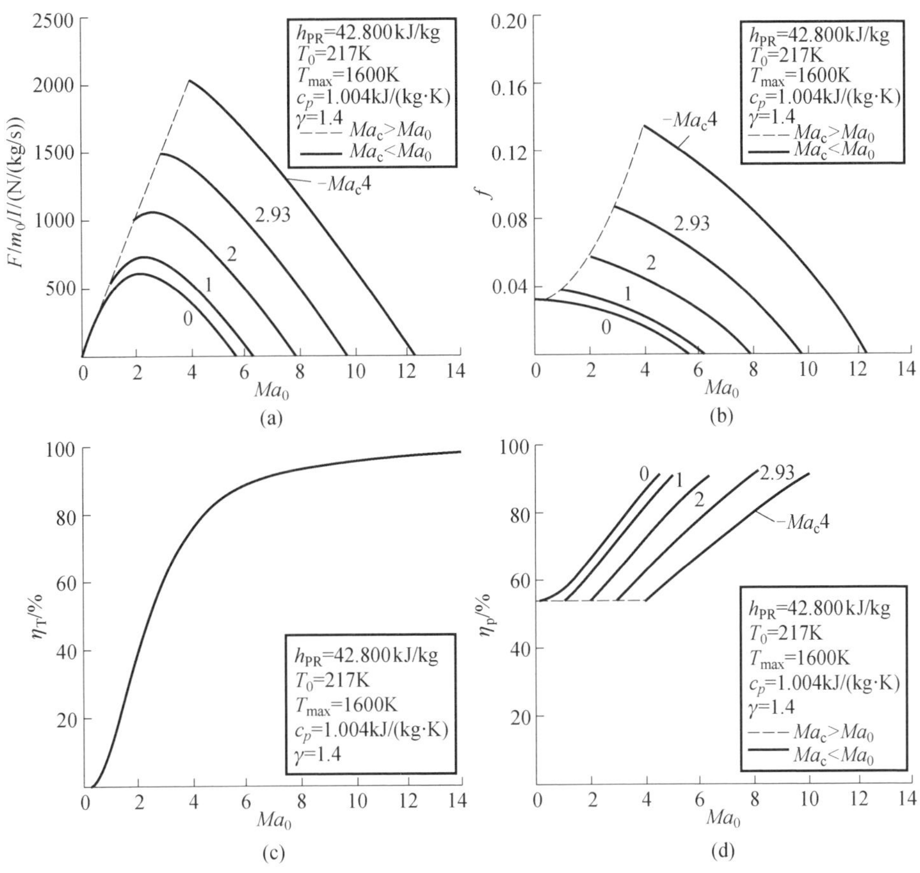

图1-12 最优轨迹下各参数分布[126]

(a)比推力；(b)油气比；(c)热效率；(d)推进效率。

Doolan[127]针对高超声速飞行器从 $Ma3$ 加速并在 $Ma4\sim9$ 之间巡航的飞行过程，利用两自由度动力学模型研究其理想性能。结果表明，燃料储存能力和动压对飞行包线及平均速度有重要影响。在 14 个设计参数分别受到扰动时，对飞行器的敏感性进行了扰动分析，得到总压损失在高马赫数巡航（$Ma6.7\sim9$）时对性能的影响最大，其次是结构质量分数、燃烧效率和气动力学参数。在低马赫数巡航（$Ma4\sim6.7$）时，结构参数主导性能，其次是气动力学参数和发动机运行参数，如图 1－13 所示。

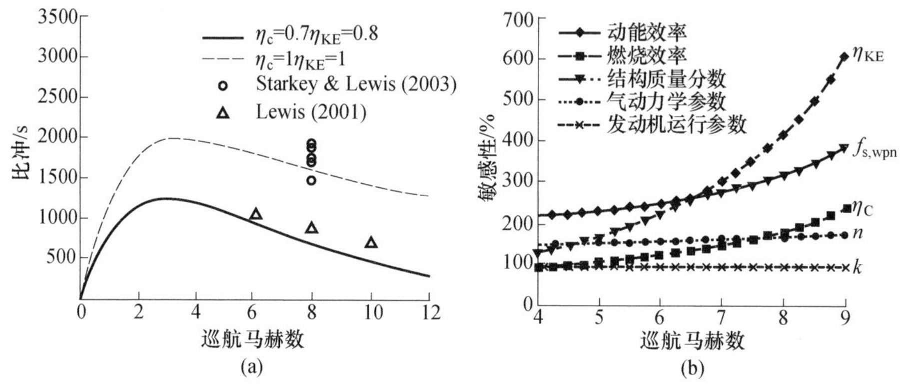

图 1－13 高超声速飞行器性能与敏感性随巡航马赫数变化关系[127]

（a）性能随巡航马赫数变化关系；（b）敏感性随巡航马赫数变化关系。

在加速过程控制方法的研究方面，Corban 等[109]研究了吸气式飞行器单级入轨的飞行路径，实时优化加速路径并提出控制规律。假定飞行器作为质点，建立一个包含奇异摄动的四阶动态模型并引入近似能量状态分析方法。设计一种可以实时实现的算法，计算得到燃料最优的加速飞行包线以及相应的控制方法。特别地，在适当的假设条件下，得到了有效控制最优转换的推力环之间的解析切换条件。控制方法的相关参数包括攻角、推力、加速度限制、最大动压和最大气动热流的约束条件，如图 1－14 所示。

Dinkelmann[128]设计和实现了一个包括巡航状态和重回巡航状态的飞行路径的最优控制，建立了一个数学模型耦合飞行器动态特征，描述热保护系统中的不稳定热传导，并提出了一个解决巡航状态的最优控制方法。Akio 等[129]提出了一种新的制导与控制系统。由于飞行器具有很强的非线性特性，对其进行解析最优控制和设计稳定的弹道跟踪系统显得非常困难。文献中设计了一个不包含任何近似的精确线性化状态空间的方法，求解了两点边值问题，提出了最小加速制导律。文献还设计了一个轨道控制系统（图 1－15（a）），跟踪制导系统给出了参考飞行轨迹（图 1－15（b））。

此外，密西根大学的团队对一个采用双模态超燃冲压发动机作为推进器的高

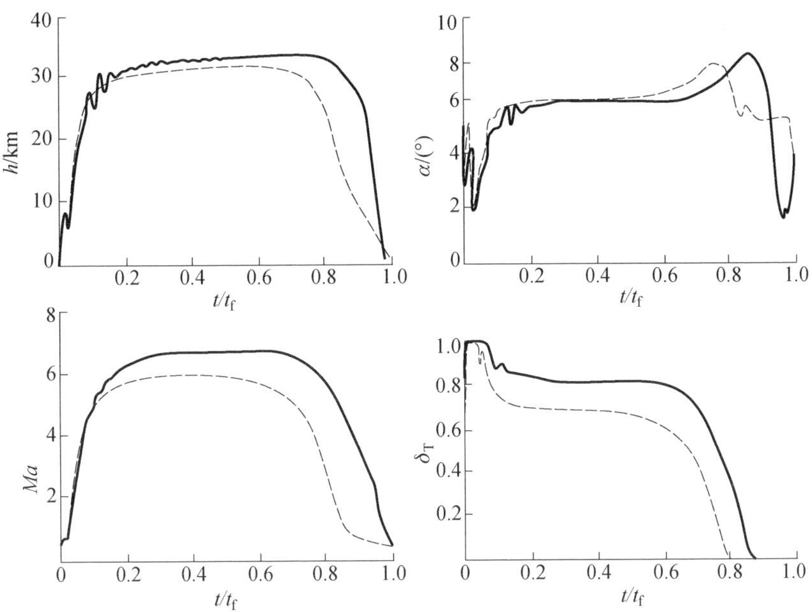

图1-14 最优控制优化后的参数随时间的分布[109]

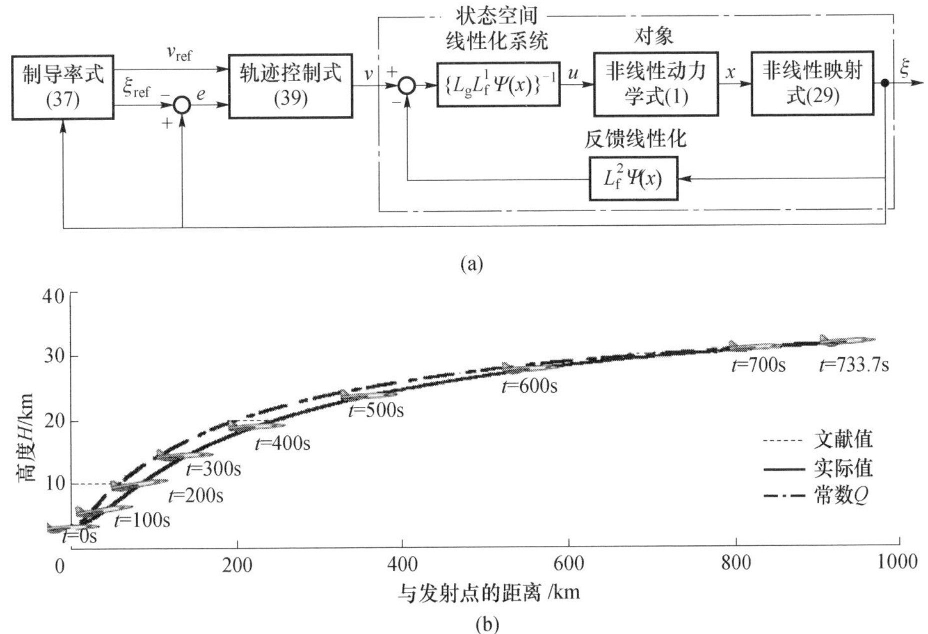

图1-15 最优控制框图和飞行包线[129]

(a)控制框图;(b)飞行包线。

超声速飞行器进行了较为深入的轨迹优化研究[130]。研究发现,对于等动压飞行的轨道来说:55kPa 轨迹需要冲压发动机在不起动边界允许的最大工作值下工作,并允许发动机维持在亚声速燃烧模态而达到更高的飞行马赫数;而 100kPa 轨迹需要冲压发动机尽快达到最大加速度限制并维持到接近模态转换点。对于不同的等动压条件,模态转换点的选择也是轨迹优化问题所考虑的重点。图 1－16 给出了 100kPa 和 55kPa 条件下油耗分布情况及模态转换点。可以看到,100kPa 轨迹中发动机在接近 *Ma*6 时进行模态转换,而 55kPa 轨迹则在末端接近 *Ma*7 时进行。100kPa 轨迹比 55kPa 轨迹多消耗了 10% 左右的燃油。特别地,可以发现两条轨迹在 *Ma*6 之前的马赫数－油耗分布区别不大,而只是在 *Ma*6 之后,维持亚声速燃烧的 55kPa 轨迹油耗明显减小。从时间上看,如图 1－17 所示,100kPa 轨迹显然会更早地达到 *Ma*6,并以更短的时间结束航程。发生模态转换后,两种轨迹都出现燃油流量骤减的现象。尽管在最后的阶段,55kPa 轨迹要求发动机以更高的燃料流量工作,但亚声速的低油耗优势仍使得其总油耗低于 100kPa 轨迹。

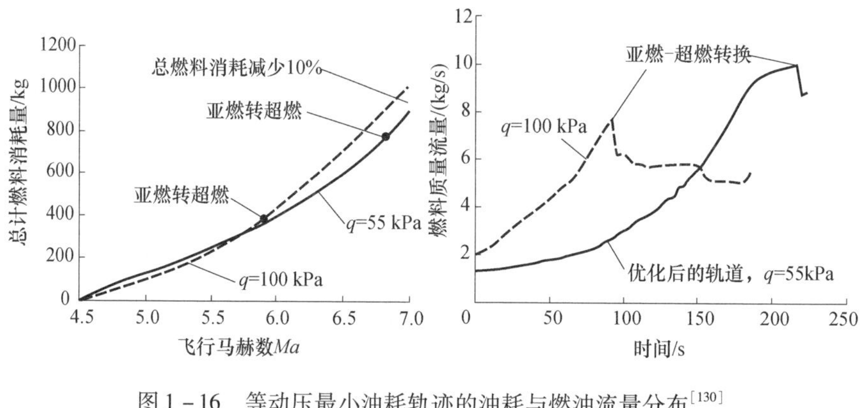

图 1－16　等动压最小油耗轨迹的油耗与燃油流量分布[130]

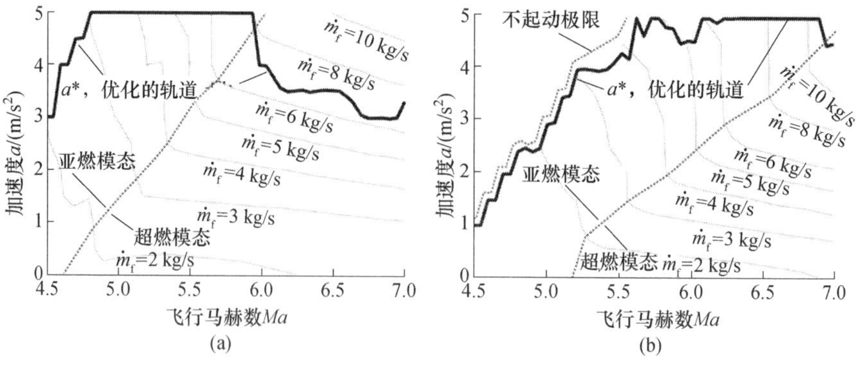

图 1－17　等动压最小油耗轨迹的马赫数－加速度分布[130]

(a) $q=100$kPa; (b) $q=55$kPa。

对于吸气式飞/推系统的多目标优化研究，Luo 等[132]基于多目标优化的退火算法等方法，研究包括最小燃料消耗、最小飞行时间以及考虑轨道摄动时的最大安全性能的三目标轨迹最优化问题。此外，目前较热的组合推进系统也涉及加速过程的轨迹优化问题。在考虑飞行轨道优化的问题时，对于 TBCC、RBCC 等组合循环的动力推进系统，需要分析其各子系统的耦合关系，在各阶段航程中选取合适的系统工作方式，匹配飞行环境、飞行器姿态以及实时工作的推进系统性能，才可以得到最优的飞行轨迹。

值得注意的是，对于高超声速的吸气式飞/推系统，其特殊构型设计决定了其各子系统之间的相互作用非常强烈。尤其是飞行器与推进系统之间的耦合作用，使得在对其研究中涉及的气动传热、流动燃烧、系统控制等问题变得更加复杂[133]。飞行器的高度、攻角、马赫数等参数直接决定发动机进气道入口条件，其变化直接影响发动机内部的流动和燃烧过程，并体现在发动机工作状态和输出推力上。发动机推力在抵消飞行气动阻力的同时也以推力矩的形式影响飞行器的稳定性。对于高超声速飞/推系统，发动机一般安装在飞行器底部，这使得其提供的推力矢量无法经过飞行器质心，也使得飞行器前/后体下表面不仅是为飞行器提供升力的气动形面，也分别是超声速进气道的外压段与发动机喷管的自由膨胀段。在飞行中，气流经过前体被诱导成斜激波捕获，而后在后体形成膨胀波，同时也对飞行器施加了升力和俯仰力矩。此外，还涉及结构一体化和热防护一体化等，这些特性使得发动机性能与飞行器状态之间的联系变得越发紧密。两者之间的性能耦合关系，无论在设计上还是控制上都再无法回避。

针对这个特点，航空航天领域开始以飞/推系统一体化的思路考虑其设计和控制问题。从飞/推一体化的角度出发，吸气式飞/推系统的设计和控制需要针对指定的飞行任务需求进行优化，在优化设计的基础上进行控制。这使得在研究吸气式飞/推系统轨迹优化问题的同时，还需要考虑必要的发动机的优化设计与控制问题。

1.3　双模态超燃冲压发动机推力控制问题分析

为了保证双模态超燃冲压发动机在宽马赫数条件下工作所需要的推力，既要保持比较高的燃烧效率，又要可靠地实现自主飞行，需要对双模态超燃冲压发动机推力进行闭环控制。因此，为其设计一套能适应多种复杂工况变化要求的精确而稳定的控制系统至关重要。

研究双模态超燃冲压发动机推力控制，首先需要通过研究控制对象，建立被控对象数学模型。建模的最终目标就是得到燃油流量与推力的关系。但是由于双模态超燃冲压发动机在工作时，在超声速流动下其流场和燃烧场复杂，除了常规的化学反应、摩擦和热效应等，还涉及边界层和激波等，要想只通过理论方式建立准确的数学模型比较困难。

双模态超燃冲压发动机推力控制实质是控制发动机的推力，但是由于在飞行时发动机推力不易测量，因此需要寻找发动机推力的表征方法。如何表征发动机推力就成为研究发动机主推力回路的一个首要问题。对于发动机地面试验，虽然可以通过推力传感器或者发动机内壁面压力积分来表征推力，但压力积分推力对压力测点的选择依赖性很强，而压力测点选择直接影响发动机内部流动与燃烧过程，如何既能最大限度地减小对发动机性能的影响，又能保证发动机推力的准确测量，这也是发动机推力控制所要解决的问题。在地面试验时，在允许的条件下可以选择足够多的压力测点来保证推力估计的准确，但是在飞行过程中，由于发动机结构、重量等因素限制了压力测点数量，如何在使用极少量传感器的前提下实现发动机推力精确估计也是发动机推力控制亟待解决的问题。

双模态超燃冲压发动机推力控制系统研究的特殊性体现在以下几个方面：

（1）在不同的工作阶段对双模态超燃冲压发动机控制的任务和目标不同。

在发动机起动阶段，控制目标是实现发动机状态的快速改变，其控制任务就是使发动机推力最大化；当发动机处于巡航阶段时，其控制任务就是要抑制干扰，使发动机在平稳工作的基础上实现经济性最优。与控制任务相适应，控制规律也复杂多变。表 1－2 给出了关于双模态超燃冲压发动机控制策略的特点，从表中可以看出，在不同的应用需求下发动机控制策略不同。

表 1－2　双模态超燃冲压发动机控制策略的特点

控制策略	特点
等燃烧室总温 T_c^* 或等加热比 θ 控制	控制燃烧室温升，反映了发动机的推力水平
等燃油流量控制	仅仅控制燃油流量
等油气比控制	在不同来流条件下控制油气比
等马赫数控制	控制飞行器/发动机的飞行马赫数
推力控制	控制发动机推力

当然，双模态超燃冲压发动机不同的控制策略之间不是相互独立的，而是存在着某种耦合关系。以双模态超燃冲压发动机加速过程为例来说明。在双模态超燃冲压发动机加速过程中，为了让发动机在保证安全前提下实现最大的推力输出，应利用等余气系数的控制策略。但是从保护进气道安全角度出发，也可以选用进气道稳定裕度策略来控制。原因在于，此时发动机燃烧室内流场压力较高，发动机工作状态已经接近了进气道不起动边界。因此，在该阶段要选择哪一种控制策略需要综合考虑多方面因素，如不同策略下的控制方案（包括控制算法、干扰估计等）

以及被控量的表征等问题。

(2) 来自双模态超燃冲压发动机自身的特殊性。

发动机燃烧组织在超声速条件下完成,且飞行器在完成整个飞行任务过程中来流马赫数变化范围比较宽,使得发动机自身呈现出比较复杂的控制特性。主要表现为:

① 被控对象体现出比较强的分布参数特性;

② 发动机内部流动和燃烧组织过程存在迟滞、分岔和突变现象;

③ 对于带主动冷却的双模态超燃冲压发动机,燃料冷却过程和燃烧过程存在强耦合特性;

④ 双模态超燃冲压发动机存在多种安全工作边界。

鉴于双模态超燃冲压发动机存在着诸多特殊性,对于发动机推力控制的研究工作需要充分考虑对象的这种特殊性,并在此基础上研究相对应的控制手段。同时,对其推力控制研究需要在满足控制技术实现的前提下,分析发动机推力的可控性和可测性,并开展具体控制方法研究。

1.4 双模态超燃冲压发动机不起动监测与控制问题

由于高超声速飞行进入超高速、高温的极端热物理环境,目前发动机控制领域遇到若干科学和技术问题。作为发动机控制的重要组成部分,进气道不起动控制也面临新的问题,需要引入新的思路和研究方法。进气道不起动的主要特征是在进气道进口附近出现强激波系,此时进气道流量捕获急剧下降,流场品质变坏,使发动机不能产生推力,甚至造成喘振、结构破坏、超温或熄火等[135,136]。

NASA 和 CIAM 联合进行的一次耗资 1 亿美元的 $Ma3.5 \sim 6.5$ 高超声速飞行试验事故引起了国际学术界对进气道不起动控制的重视[137]。在对此次试验分析中重点提到了不起动控制可靠性问题,希望能够提高进气道不起动控制在宽马赫数飞行范围的适应能力和鲁棒性,同时也指出进气道不起动控制由于内部流动的复杂性而非常具有挑战性[138]。

1.4.1 高超声速进气道不起动监测

当进气道进入不起动状态后,必须对其做出快速、准确的识别和分类,以指导进气道或发动机做出相应调节,使进气道迅速重新起动。为此,进气道起动/不起动模式分类以及相应的识别方法相当重要,是发动机控制的重要组成部分,并直接影响着发动机的控制策略[139]。在高超声速进气道不起动模式形成机理方面,大部分研究直接根据导致不起动的因素对其进行分类。可以将其分为反压过高、收缩比过大、折转角过大(即激波/边界层干扰过强)三大类[140]。

文献[141]中将进气道不起动状态分为面积收缩比过大和反压过高两大类,文献中针对风洞试验的需要,对二元超声速进气道不起动状态($Ma2.5\sim5.0$)的识别方法进行了探索性研究,分别讨论了基于高速纹影摄像、喉道前与喉道后时均静压关系、喉道附近壁面瞬态静压特征的三种不起动状态识别方法。第一种方法直观、可靠,但需要复杂的光路系统,仅在地面试验中可行,在实际飞行中显然不现实。第二种方法实现简单,但判别准则因具体的进气道设计参数、飞行马赫数而异,难以做到通用,且当实际参数与建立判别准则的理论值存在差异时容易出现误判。后来 CIAM 和 NASA 联合飞行试验的进气道状态监测失败便是一个教训:以中心体肩部下游附近壁面静压与二级锥壁面静压的比值作为依据来判别进气道起动与否,结果成功地识别了进气道的首次不起动,却未检测出进气道再起动这一重要现象。事后分析认为,这主要是由再起动状态下内通道的实际流态与地面试验预测的结果存在差异,且不起动识别方法的鲁棒性不够所导致的。第三种方法是从非定常的角度对进气道的不起动状态进行识别,其主要优点是以动态压强信号的时域和频域特征为主要依据,受时均静压估计误差的影响较小,因而所建立的识别方法有望获得较高的准确度,且可能具有通用性,是目前不起动状态识别研究的一个新方向。其主要缺点是所需的信息量和运算量偏大,对机载测试及数据处理系统的实时性要求较高。并且,构建第三种识别算法的难度也较大:①信号的特征提取、判别准则的建立、信号采样频率的选择、传感器的布置等均显著地依赖于对被检测对象的认识,因此必须对高超声速进气道的各类不起动非定常流态有深入而准确的了解;②需要对干扰信号进行区分,以防止机载测试系统本身或外来电磁干扰导致的错误识别。

文献[142]中将进气道不起动分为马赫数过低和反压过高两大类,文献中首次将机器学习方法引入了高超声速进气道的起动/不起动建模过程,使进气道起动/不起动边界之间出现了隔离带,一定程度上提高了判别准则的抗干扰能力。然而,机器学习方法是建立在大量、可靠、全面的样本数据基础之上,同时又由于对不同的进气道而言样本数据不具备通用性,因此大量样本数据的获取是该方法的一个现实困难,对于高超声速进气道而言,昂贵的试验代价使得这一困难尤为突出。

1.4.2 高超声速进气道不起动保护控制

双模态超燃冲压发动机在整个运行过程中,其各部件必须稳定可靠地工作,如何使双模态超燃冲压发动机高性能地工作并保证进气道处于正常工作状态是发动机控制系统需要达到的目标。从发动机性能要求角度来说,发动机越靠近临界状态工作,其性能越好,推力越大;从发动机控制系统角度来说,发动机越靠近临界状态工作,其发动机稳定裕度越低;而进气道起动-不起动-再起动存在滞环特性,一旦出现进气道不起动,进气道的流量捕获、总压恢复就会急剧下降,流场品质变坏,对发动机性能的影响是致命的,通常要降低很多背压才能将激波串退回到隔离段内,并且这个过程会消耗很多燃料和时间。另外,发生再起动需要一定条件并且存在失败的可能。通常通过合理的发动机稳定裕度控制进行避免,但为了降低风险,进气道通常采取一种较为保守的控制方法,即控制隔离段内的激波串与隔离段入口的距离,距离较大进气道安全裕度较高。这种方法是以牺牲发动机性能为代价来换取其稳定工作。若对进气道稳定裕度进行精细控制,可以将发动机性能提升至最大。

激波串是决定发动机是否能处于稳定运转状态的关键因素,所以可以通过控制激波串的位置来实现进气道稳定裕度的控制。在发动机工作中,燃烧室一旦过度供给燃料,激波串将被推出隔离段从而导致进气道不起动[35]。此外,进气道-隔离段的性能也取决于激波串强度和激波串在隔离段中的位置[41]。当双模态超燃冲压发动机工作于亚声速燃烧模式时,激波串作为预燃激波存在[143]。进气道不起动就是进气道-隔离段入口受到激波串(系)的扰动,无法得到足够的空气捕获量。通常为了实现进气道再起动,当检测到不起动信号时,应及时减少燃料供给降低隔离段出口压力,进气道入口的不起动波系可以吸入隔离段内,进而实现从不起动转为再起动。

在高超声速进气道不起动保护控制研究过程中,首先需要寻找描述进气道不起动边界的本质因素,给出不起动边界的表达形式。其次从两个方面来考虑问题:一方面考虑采用主动控制技术来扩大进气道不起动边界;另一方面构建进气道保护回路,研究高超声速进气道保护控制方法,保证发动机和进气道的稳定可靠工作。文献[144]对进气道不起动-再起动控制进行了试验研究,重点分析了不起动-再起动的控制逻辑、控制策略对控制系统的影响。文献[145]重点对混压式进气道进行了不起动控制的研究,通过控制湍流度来避免不起动的出现,并分析了不同控制策略对控制系统的影响。

综上所述,发动机控制系统需要引入进气道保护控制回路,使得发动机既靠近稳定边界运行,又不至于出现进气道不起动。对高超声速进气道不起动边界和稳定裕度控制方面开展具体的研究工作尤为重要。

1.5 双模态超燃冲压发动机燃烧模态转换控制问题

1.5.1 燃烧模态转换特性

双模态超燃冲压发动机在宽马赫数范围工作需求决定了燃烧模态转换问题的

存在[146,147]。工作过程中需要通过优化选择燃烧模态和燃烧模态转换控制来提高发动机的推力性能及经济性能。燃烧模态转换一般发生在发动机加速或减速阶段，此时为了获得高性能，发动机通常都是贴着安全边界工作。这样，在燃烧模态转换控制过程中，发动机极有可能因为某些扰动因素而越过安全边界进入危险工况。例如，双模态超燃冲压发动机会出现传热特性改变[148]、推力输出突变[149-152]与滞环[33,153-156]、燃烧模态转换边界附近燃烧模态的振荡[158]等现象。在进行燃烧模态转换控制方案设计时，必须考虑燃烧模态转换控制回路与其他保护控制回路的协调问题，确保发动机不会因为燃烧模态转换控制而出现不稳定情况。因此，双模态超燃冲压发动机燃烧模态转换特性及其控制方法的研究对于发动机正常工作至关重要。

1. 燃烧模态的定义与分类问题

为了拓宽双模态超燃冲压发动机的工作范围，研究者提出了通过匹配来流条件和燃烧释热分布，实现超燃、亚燃等多种燃烧模态。燃烧模态概念最早的认识是基于发动机燃烧室入口气流的速度，当燃烧室入口气流被压缩到亚声速状态时，发动机工作在亚燃模态，此时燃烧室热力喉道保持在临界状态。如果进气道和隔离段压缩程度较低，进入燃烧室的气流保持为超声速状态，发动机则工作在超燃模态。随着对其燃烧过程的研究不断深入，燃烧模态概念变得越来越丰富。但从当前的研究现状来看，对于燃烧模态概念定义以及分类等问题，学术界和工程界还没有形成统一的认识。各种文献中在使用“燃烧模态”(Combustion Mode)一词时也有不同的含义。究其原因，可以从以下几点来看：

(1) 超声速燃烧室内燃料燃烧过程自身的复杂性导致研究者缺少对燃烧模态的直观认识。燃料在超声速气流中掺混燃烧，流动时间常数和化学反应时间常数的数量级大致相同，这使得超声速燃烧过程成为流动和燃烧强耦合的过程。燃烧模态概念是基于气流马赫数定义的，而气流马赫数不能够直接测量，由于流场不均匀性，试验中间接测量计算得到的气流马赫数也很难准确反映气流的真实状态。因此在很多情况下，研究者只能通过燃烧室压力分布情况来认识发动机的燃烧模态。此外，超声速燃烧过程对发动机几何构型和燃料分布很敏感，不同研究者所采用的试验用双模态超燃冲压发动机使用不同的燃烧室构型、不同的稳燃装置(凹腔稳燃或支板稳燃)等，也使得不同研究者获得的燃烧模态信息不尽相同。

(2) 不同研究者研究燃烧模态问题的视角和目的不同，因此对燃烧模态的描述存在差别。双模态超燃冲压发动机性能分析和设计者关注发动机工作在不同燃烧模态时的基本特性及性能变化，因此对燃烧模态的认识较为概括，定义方式更具有普适性，燃烧模态对于他们来说其实就是发动机的工作状态。而流体力学相关问题研究者更多地关注流动和燃烧过程的细节，如火焰亮度、稳燃状态、传播速度等。

因此，尽管双模态超燃冲压发动机的研制已经取得了很大进展，但燃烧模态概念的定义和分类还是一个需要深入研究的问题。对相关概念深入研究是双模态超燃冲压发动机相关理论研究必不可少的，有利于加深对发动机特性的认识和科学问题的发现。

2. 燃烧模态选择问题

双模态超燃冲压发动机要求在 $Ma3\sim8$ 的宽马赫数范围内工作，这使得发动机在很长时间内都会工作在非设计工况点。在整个加速过程中，发动机来流条件和内部气流状态都会不断变化，因此必须设计多种燃烧模态来适应大范围的来流变化，而不同燃烧模态对应着不同的热力循环过程。

图1-18给出了一个燃烧模态选择的示意图[147]，按照通常认识，在低马赫数飞行阶段，双模态超燃冲压发动机工作在亚燃模态的热力循环条件下具有更高性能，此时隔离段内具有很强的预燃激波串使得燃烧室入口气流变为亚声速。而到了高马赫数飞行阶段，超燃模态的热力循环变得具有更高性能，此时边界层不发生分离，隔离段内不存在预燃激波串，整个流道为超声速气流。在中等马赫数飞行阶段，带有预燃激波串的超燃模态热力循环具有更高性能，此时隔离段存在较弱的预燃激波串，因为隔离段出口仍为超声速状态。

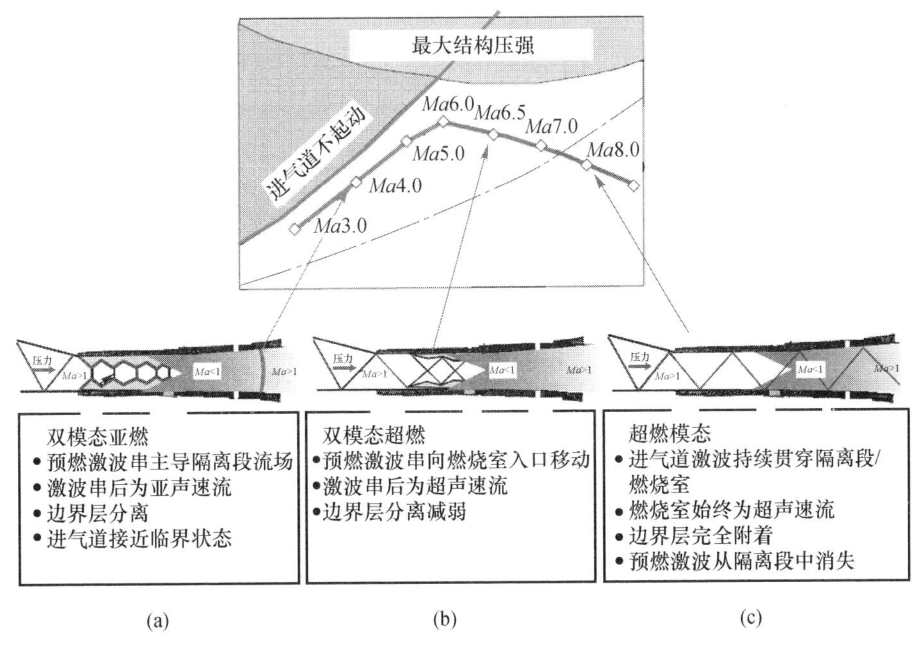

图1-18　不同飞行状态下燃烧模态的选择

随着发动机来流条件的变化，不同燃烧模态所对应的热力循环性能也会改变。

发动机被设计成多模态工作,主要是为了提高其在整个飞行马赫数范围内的性能。在给定飞行条件下,哪种燃烧模态具有更高性能,就应该选择这种燃烧模态作为发动机工作模态。按照图1-18的分析,在低马赫数飞行时,亚燃模态性能要高于超燃模态,而在高马赫数飞行时,超燃模态性能要高于亚燃模态。这样,在发动机飞行过程中,燃烧模态转换必不可少。对于一个实际工作的双模态超燃冲压发动机,必须确定一个合理的燃烧模态转换马赫数。燃烧模态转换马赫数选择的原则是通过热力循环性能对比分析选择具有最大性能的燃烧模态。

1.5.2 燃烧模态转换控制

1. 燃烧模态转换过程中推力突变与滞环问题

一些研究发现[68],双模态超燃冲压发动机在实现燃烧模态转换时会伴随着突变和滞环现象出现。如图1-19所示,当发动机从弱燃烧模态转换到强燃烧模态时,发动机推力突然大幅值增加,达到原来的2倍。

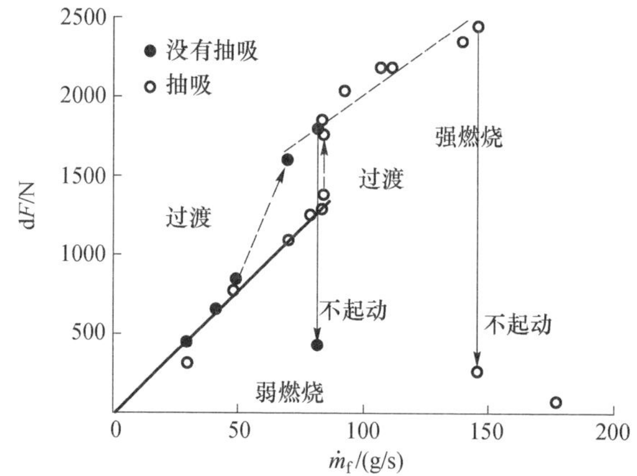

图1-19 燃烧模态转变过程中的突变现象

但如前所述,在一些关于燃烧模态转换的试验过程中却没有发现推力突变现象。从当前已发表的研究结果中还不能找到燃烧模态转换过程中推力发生突变的充要条件。当前的突变现象也是由试验观测得到,对其形成的物理机制还没有深入理解。

对于双模态超燃冲压发动机控制来说,燃烧模态转换中存在突变和滞环的特性必须引起重视,它会对发动机控制系统的稳定性和有效性产生重大影响。如果考虑不周全,极有可能引起控制系统失稳而导致飞行任务失败。

2. 燃烧模态转换控制与其他控制回路的协调问题

在正常加速和巡航过程中,双模态超燃冲压发动机都以推力控制为发动机主控制回路,以满足飞行器对推力的需求。但发动机存在进气道不起动、超温等危险工况,当发动机工作状态接近危险工况时,需要采取一定的控制手段实施保护控制。更有甚者,发动机一旦进入到危险工况,控制系统必须及时采取措施将发动机拉回到安全包线以内。由此可见,双模态超燃冲压发动机存在若干个控制任务,会存在多个控制回路。

为了在宽马赫数工作范围内高性能运行,双模态超燃冲压发动机必须在合适条件下进行燃烧模态转换。一般情况下,燃烧模态转换需要采取主动控制,如调节燃料流量和燃料注入位置、改变发动机几何构型等。在这个控制过程中,发动机其他控制回路可能会处于离线状态。而燃烧模态转换一般发生在发动机加速阶段,此时为了获得高性能,发动机通常都是贴着安全边界工作的。这样,燃烧模态转换控制过程必须确保实现与其他控制回路的协调,以避免因燃烧模态转换而导致发动机失稳。

3. 燃烧模态转换控制的任务分析

从前面的分析可以看出,在双模态超燃冲压发动机工作过程中,控制系统根据来流条件和飞行器推力需求进行燃油调节,只要来流条件和燃油当量比满足一定条件,即达到燃烧模态转换边界,发动机将必然实现燃烧模态转换。由此可见,燃烧模态转换是双模态超燃冲压发动机自身的一种工作特性。与进气道不起动一样,燃烧模态的实质也是双模态超燃冲压发动机的工作状态。同样,与进气道不起动边界一样,燃烧模态转换边界是发动机工作状态的边界线,这一点从图1-18中可以明显看出。

双模态超燃冲压发动机在燃烧模态转换过程中,一般会出现突变和滞环特性,这种推力的非线性变化不仅引起飞行器加速度变化,而且会引起飞行器力矩不平衡,导致飞行器失稳,因此必须引起重视。

在双模态超燃冲压发动机工作过程中,由于来流条件和性能需求的变化,发动机有可能进入到不安全的工作状态。燃烧模态转换控制的任务与进气道不起动保护控制、超温保护控制一样,都是为了通过有效的调节手段,防止和避免发动机出现不安全因素对发动机正常工作产生不利影响。换句话说,燃烧模态转换控制也可以看作一种保护控制。

1.6 冲压发动机飞/推系统设计与控制面临的主要问题

1.6.1 考虑飞/推系统强耦合特性的最优轨迹问题

对于一个高超声速飞行器,飞/推系统强耦合特性使得其设计和控制方法都需要以一体化系统的方法提出总体规划意见。对于发动机而言,以冲压发动机为例,内流场依赖进气道捕获气流,飞行器的姿态扰动会严重影响超声速进气道内波系结构,使得发动机内流场流量、压力等参数发生很大的波动,进而对燃烧室内的燃烧过程和流动换热产生影响,导致发动机性能下降甚至出现不起动或熄火等严重安全事故。对于飞行器而言,在高超声速的飞行过程中,飞行器姿态或舵角度的扰微动都会直接影响飞行器的阻力。冲压发动机一般会对飞行器提供平衡力矩来维持飞行姿态,但其可提供的净推力会随着飞行速度的增加而降低。如果扰动使得发动机的推力性能下降,势必对飞行器的控制产生很大的影响。所以,在对高超声速飞/推系统进行优化时,发动机、飞行器以及实际的飞行过程不再是单独的个体,需要综合考虑各部分的影响,给出统筹的优化结果。

系统轨迹优化方法一般通过对飞/推系统进行理论简化建模,然后通过适当的优化方法进行求解。但是,吸气式飞行器的流动、传热和燃烧过程十分复杂,再加上发动机的结构和燃油控制,使得对发动机输出推力的建模较为复杂。一些着眼于飞行器动力学特性的研究将关注点都置于飞行器控制上,对于发动机的推力只是将其简化为一个关于飞行马赫数与飞行器姿态的函数来表征。尽管在工程应用上不失其精度需求,也不影响对飞行器动力学特征进行控制研究,但在实质上,推力函数的表征过度简化了发动机推力输出与飞行器姿态以及飞行环境之间的关系。发动机推力输出的机理被简化,使得飞/推系统在飞行过程中的一些重要的特性可能被掩盖,实际上并不利于飞/推系统的机理研究和轨迹优化控制。所以,需要建立一个考虑发动机推进机理的飞/推耦合模型,以此应用于飞/推系统轨道优化研究,结合发动机设计与控制方法给出飞/推系统的最优轨迹。

1.6.2 复杂热力系统多变量多约束最优控制问题

无论是考虑冲压发动机机理的轨迹优化问题,还是优化冲压发动机燃烧室内的流动和燃烧过程,本质上都属于复杂热力系统的动态优化控制问题。对冲压发动机的控制包含燃油控制和关键界面控制,对飞行器而言,一般只有飞行舵角控制。那么,针对飞/推一体化系统的优化设计和控制问题不可避免地涉及多变量控制问题。

在飞行过程中,飞/推系统正常工作时会涉及一些工作边界,即约束。例如:在流动方面,飞行器攻角的约束用以维持飞行器姿态和推阻平衡,以及保证发动机进气道正常的波系结构和捕获流量;燃烧室静压约束使得燃烧稳定,也保证发动机不至于出现进气道不起动。在燃烧方面,当量比的限制用以防止出现熄火、超温和飞行器超速。此外,也会涉及诸如飞行器机体扭矩约束、喷管出口静压约束、超温保护约束等。如此繁杂的约束使得在对飞/推系统进行优化时面临复杂的多变量多约束的优化和控制问题。

目前尚无有效的方法来求解非线性最优控制问题,一般采用数值方法。间接法主要求解由最优控制的一阶必要条件得到的边值问题,其主要优势是一旦找到数值解,就可以保证其局部最优性[160]。然而间接法的缺点是数值解的收敛半径较小,并且当非线性最优控制问题非常复杂时,对没有物理意义的协态初值猜测存在困难,导致非线性两点边值问题的求解成为一个挑战性的课题。直接法一般将连续时间非线性最优控制问题转化为大规模离散变量的非线性规划问题。其主要优点是数值解具有较大的收敛半径,并且不需要猜测协态变量初值。但多数属于直接法范畴的数值方法不提供协态变量信息,所以很难证明直接法的结果满足最优控制的一阶必要条件。值得关注的是近年来在轨迹优化研究中广泛应用的高斯伪谱方法[124],通过此方法离散得到的非线性规划问题的 KKT (Karush - Kuhn - Tucker)条件与最优控制一阶必要条件严格等价,使其成为求解面向飞/推系统最优化问题最有效的理论方法之一。

1.7 小结

本章首先针对国际上仅有的几次双模态超燃冲压发动机飞行试验进行了分析讨论,在此基础上讨论了双模态超燃冲压发动机控制需求和面临的控制问题,主要包括推力控制、进气道不起动保护控制与燃烧模态转换控制等。

参考文献

[1] Boyce R R, Gerard S, Paull A. The HyShot scramjet flight experiment - flight data and CFD calculations compared[C]// 10th AIAA/NAL - NASDA - ISAS International Space Planes and Hypersonic Systems and Technologies Conference. AIAA Paper 2003 - 7029, 2003.

[2] Ingenito A, Bruno C, Cecere D. LES of the HyShot scramjet combustor[C]//48th AIAA Aerospace Sciences Meeting Including the New Horizons Forum and Aerospace Exposition. AIAA Paper 2010 - 0758, 2010.

[3] Chapuis M, Fedina E, Fureby C, et al. A computational study of the HyShot II combustor performance[J]. Proceedings of the Combustion Institute, 2013, 34(2): 2101 - 2109.

[4] Marshall L A, Corpening G P, Sherrill R. A chief engineer's view of NASA X - 43A scramjet flight test[C]// AIAA/CIRA 13th International Space Planes and Hypersonics Systems and Technologies Conference. AIAA Paper 2005 - 3332, 2005.

[5] Bahm C, Baumann E, Martin J, et al. The X - 43A Hyper - X Mach 7 flight 2 guidance, navigation, and control overview and flight test results[C]//AIAA/CIRA 13th International Space Planes and Hypersonics Systems and

Technologies Conference. AIAA Paper 2005 - 3275, 2005.

[6] Marshall L A, Bahm C, Corpening G P, et al. Overview with results and lessons learned of the X - 43A Mach 10 flight[C]//AIAA/CIRA 13th International Space Planes and Hypersonics Systems and Technologies Conference. AIAA Paper 2005 - 3336, 2005.

[7] McClinton C. X - 43 scramjet power breaks the hypersonic barrier: dryden lectureship in research for 2006 [C]//44th AIAA Aerospace Sciences Meeting and Exhibit. AIAA Paper 2006 - 0001, 2006.

[8] Hank J, Murphy J, Mutzman R. The X - 51A scramjet engine flight demonstration program[C]//15th AIAA International Space Planes and Hypersonic Systems and Technologies Conference. AIAA Paper 2008 - 2540, 2008.

[9] 温杰. X - 51A 验证机的设计特点浅析[J]. 航空科学技术, 2010(6): 2 - 5.

[10] 沈娟, 李舰. HIFiRE 项目研究概述[J]. 飞航导弹, 2010, 42(11): 18 - 21.

[11] Jackson K, Gruber M, Buccellato S. HIFIRE flight 2 - A program overview[C]//17th AIAA International Space Planes and Hypersonic Systems and Technologies Conference. AIAA Paper 2013 - 0695, 2013.

[12] 于达仁, 常军涛, 崔涛, 等. 超燃冲压发动机控制方法[J]. 推进技术, 2011, 31(6): 764 - 772.

[13] Sullivan W. Conducting the NASP ground test program[C]//AIAA 3rd International Aerospace Planes Conference. AIAA Paper 1992 - 17820, 1992.

[14] Voland R T, Auslende A H, Smart M K, et al. CIAM/NASA Mach 6.5 scramjet flight and ground test[C]// 9th AIAA International Space Planes and Hypersonic Systems and Technologies Conference. AIAA Paper 1999 - 4848, 1999.

[15] 刘桐林. 俄罗斯高超声速技术飞行试验计划[J]. 飞航导弹, 2000, 32(4): 23 - 30.

[16] 朱爱平, 叶蕾. 法俄联合进行 Kholod 双模冲压发动机飞行试验分析[J]. 飞航导弹, 2010, 42(2): 64 - 69.

[17] 马杰, 梁俊龙. 液体冲压发动机技术发展趋势和方向[J]. 火箭推进, 2011, 37(4): 12 - 17.

[18] 吴先宇. 超燃冲压发动机一体化流道设计优化研究[D]. 长沙: 国防科学技术大学, 2007.

[19] 毕士冠. 国外超声速巡航导弹发展战略与技术途径讨论(下)—类别地位与发展态势评析[J]. 飞航导弹, 2007, 39(2): 1 - 8.

[20] 于达仁, 崔涛, 鲍文, 等. 超燃冲压发动机控制系统总体设计的关键技术[C]//2003 年高超声速技术研讨会. 北京: 北京动力机械研究所.

[21] Rodriguez C G. Computational fluid dynamics analysis of the central institute of aviation Motors/NASA scramjet [J]. Journal of Propulsion and Power, 2003, 19(4): 547 - 555.

[22] 崔涛. 超燃冲压发动机控制方法研究[D]. 哈尔滨: 哈尔滨工业大学, 2005.

[23] 王超. 超燃冲压发动机总体方案设计与优化研究[D]. 长沙: 国防科学技术大学, 2011.

[24] 孙少林, 李华聪, 韩小宝. 超燃冲压发动机 PID 解耦控制设计[J]. 计算机测量与控制, 2011, 19(8): 1892 - 1894.

[25] 卢彬, 史新兴, 林敏, 等. 基于 LMI 的超燃冲压发动机鲁棒 PI 控制器设计[J]. 战术导弹技术, 2011 (3): 94 - 97.

[26] 曹瑞峰. 面向控制的超燃冲压发动机一维建模研究[D]. 哈尔滨: 哈尔滨工业大学, 2011.

[27] 和舒. 超燃冲压发动机最大推力稳态优化控制方法研究[D]. 哈尔滨: 哈尔滨工业大学, 2008.

[28] Yeager W C. Hydrazine based propellant experience at air research manufacturing company[J]. SAE Technical Paper Series, 1985.

[29] Huebner L D, et al. Hyper - X flight engine ground testing for flight risk reduction[J]. Journal of Spacecraft

and Rockets, 2001,38(6):844 -852.

[30] 陈英硕,叶蕾,苏鑫鑫. 国外吸气式高超声速飞行器发展现状[J]. 飞航导弹,2008,40(12):25 -32.

[31] Hank J, Murphy J, Mutzman R. The X -51A scramjet engine flight demonstration program[C]//AIAA International Space Planes and Hypersonic Systems and Technologies Conference. AIAA Paper 2008 -2540,2008.

[32] 宋博,沈娟. 美国的 X -51A 高超声速发展计划[J]. 飞航导弹,2009,41(5):36 -40.

[33] Tan H J,Guo R W. Experimental study of the unstable - unstarted condition of a hypersonic inlet at Mach 6 [J]. Journal of Propulsion and Power, 2007,23(4):783 -788.

[34] Tan H J,Sun S. Oscillatory flows of rectangular hypersonic inlet unstart caused by downstream mass - flow choking[J]. Journal of Propulsion and Power, 2009,25(1):138 -147.

[35] Tan H J, Li L G, Wen Y F,et al. Experimental investigation of the unstart process of a genetic hypersonic inlet [J]. AIAA Journal,2011,49(2):279 -288.

[36] Wagner J L,Yuceil K B,Valdivia A,et al. Experimental investigation of unstart in an inlet/isolator model in Mach 5 Flow[J]. AIAA Journal,2009,47(6):1528 -1542.

[37] Wagner J L,Yuceil K B,Clemens N T. Velocimetry measurements of unstart in an inlet - isolator model in Mach 5 Flow[J]. AIAA Journal,2010,48(9):1875 -1888.

[38] Le D B,Goyne C P,Krauss R H,et al. Experimental study of a dual - mode scramjet isolator[J]. Journal of Propulsion and Power,2008,24(5):1050 -1057.

[39] Lin K C,Chun J T,et al. Characterization of shock train structures inside constant - area isolators of model scramjet combustors[C]. AIAA Paper 2006 -816,2006.

[40] Lin K C,Chun J T,et al. Effects of temperature and heat transfer on shock train structures inside constant - area isolators[C]. AIAA Paper 2006 -817,2006.

[41] Tan H J, Sun S. Preliminary study of shock train in a curved variable - section diffuser[J]. Journal of Propulsion and Power,2008,24(2):245 -252.

[42] Waltrup P J,Billig F S. Structure of shock waves in cylindrical ducts[J]. AIAA Journal,1973,11(10):1404 -1408.

[43] Fischer C,Olivier H. Experimental investigation of the shock train in an isolator of a scramjet inlet[C]. AIAA Paper 2011 -2220,2011.

[44] Tan H J,Sun S,Huang H X. Behavior of shock trains in a hypersonic inlet/isolator model with complex background waves[J]. Experiment in Fluids,2012,53:1647 -1661.

[45] Choi J Y,Noh J,Byun J R,et al. Numerical investigation of combustion/shock - train interactions in a dual - mode scramjet engine[C]. AIAA Paper 2011 -2395,2011.

[46] Matthew L,Fotia M L,James F,et al. Isolator - combustor interactions in a direct - connect ramjet - scramjet experiment[J]. Journal of Propulsion and Power,2012,28(1):83 -95.

[47] Matthew L,Fotia M L,James F,et al. Ram - scram transition and flame/shock - train interactions in a model scramjet experiment[J]. Journal of Propulsion and Power,2013,29(1):261 -273.

[48] Le D B,Goyne C P,et al. Shock train leading edge detection in a dual - mode scramjet[C]. AIAA Paper 2006 -0815,2006.

[49] Le D B,Goyne C P,et al. Shock train leading - edge detection in a dual - mode scramjet[J]. Journal of Propulsion and Power,2008,24(5):1035 -1041.

[50] Hutzel J R,Decker D D,Cobb R G,et al. Scramjet isolator shock train location techniques[C]. AIAA Paper

2011 - 402, 2011.

[51] Chang J T, Li B, Bao W, et al. Shock train leading - edge detection in an isolator using genetic algorithm. Proceedings of the institution of mechanical engineers[J]. Journal of Aerospace Engineering, 2011, 226(11): 1424 - 1431.

[52] Donbar J M, Graham J L. High - frequency pressure measurements for unstart detection in scramjet isolators [C]. AIAA Paper 2010 - 6557, 2010.

[53] Srikant S, Wagner J L, Valdivia A, et al. Unstart detection in a simplified - geometry hypersonic inlet/Isolator flow[J]. Journal of Propulsion and Power, 2010, 26(5): 1059 - 1071.

[54] Hutchins K E, Akella M R, Clemens N T, et al. Detection and transient dynamics modeling of experimental hypersonic inlet unstart[C]. AIAA Paper 2012 - 2808, 2012.

[55] Cox C, Lewist C, Pap R, et al. Prediction of unstart phenomena in hypersonic aircraft[C]//International Aerospace Planes and Hypersonics Technologies. AIAA Paper 1995 - 6018, 1995.

[56] Trapier S, Deck S, Duveau P, et al. Time - frequency analysis and detection of supersonic inlet buzz[J]. AIAA Journal, 2007, 45(9): 2273 - 2284.

[57] 李留刚,谭慧俊,孙姝,等. 二元高超声速进气道不起动状态的信号特征及预警[J]. 航空学报, 2010, 31(12): 2324 - 2331.

[58] Kouchi T, Mitani T, Masuya G. Numerical simulations in scramjet combustion with boundary - layer bleeding [J]. Journal of Propulsion and Power, 2005, 21(4): 642 - 649.

[59] Hamed A, Li Z. Simulation of Bleed - Hole rows for supersonic turbulent boundary layer control[C]// 46th AIAA Aerospace Sciences Meeting and Exhibit. AIAA Paper 2008 - 67, 2008.

[60] Lim S, Koh D H, Kim S D, et al. A computational study on the efficiency of boundary layer bleeding for the supersonic bump type inlet[C]//47th AIAA Aerospace Sciences Meeting Including The New Horizons Forum and Aerospace Exposition. AIAA Paper 2009 - 34, 2009.

[61] Atkinson M D. Numerical investigation of a super - sonic inlet using bleed and micro - ramps to control shock - wave/boundary layer interactions[C]//2007 45th AIAA Aerospace Sciences Meeting and Exhibit. AIAA Paper 2007 - 24, 2007.

[62] Ghosh S, Choi J I, Edwards J R. Simulation of shock/boundary - layer interactions with bleed using immersed - boundary methods[J]. Journal of Propulsion and Power, 2010, 10(2): 203 - 214.

[63] Bauer C, Kurth G. Importance of the bleed system on the overall air intake performance[C]//47th AIAA/ASME/SAE/ASEE Joint Propulsion Conference & Exhibit. AIAA Paper 2011 - 5759, 2011.

[64] Häberle J, Gülhan A. Investigation of the performance of a scramjet inlet at mach 6 with boundary layer bleed [C]//14th AIAA/AHI Space Planes and Hypersonic Systems and Technologies Conference. AIAA Paper 2006 - 8139, 2006.

[65] Häberle J, Gülhan A. Investigation of the flow field of a 2D SCRAM - Jet inlet at Mach 7 with optional boundary layer bleed[C]//43rd AIAA/ASME/SAE/ASEE Joint Propulsion Conference & Exhibit. AIAA Paper 2007 - 5068, 2007.

[66] Herrmann D, Blem S, Gülhan A. Experimental study of boundary - layer bleed impact on ramjet inlet performance[J]. Journal of Propulsion and Power, 2011, 27(6): 1186 - 1195.

[67] Tinapple J A, Surber L E. Evaluation of non - bleed shock wave boundary layer interaction control using a new mixed compression inlet simulator model[C]//50th AIAA Aerospace Sciences Meeting including the New Ho-

rizons Forum and Aerospace Exposition. AIAA Paper 2012 – 0271,2012.

[68] Koderal M,Tomioka S,Kanda K,et al Mach 6 test of a scramjet engine with boundary – layer bleeding and two – staged fuel injection[C]. AIAA Paper 2003 – 7049,2003.

[69] Häberle J,Gülhan A. Internal flowfield investigation of a hypersonic inlet at Mach 6 with bleed[J]. Journal of Propulsion and Power,2007,23(5):1007 – 1017.

[70] David O,Davis D O,Vyas M,et al. Research of supersonic inlet bleed[C]//50th AIAA Aerospace Sciences Meeting including the New Horizons Forum and Aerospace Exposition. AIAA Paper 2012 – 0272,2012.

[71] Liou M F,Benson T J. Optimization of bleed for supersonic inlet[C]//13th AIAA/ISSMO multidisciplinary analysis optimization conference. AIAA Paper 2010 – 9172,2010.

[72] Oorebeek J M,Babinsky H. Flow physics of a normal – hole bleed supersonic turbulent boundary layer[C]//51st AIAA Aerospace Sciences Meeting including the New Horizons Forum and Aerospace Exposition. AIAA Paper 2013 – 0526,2013.

[73] Valdivia A,Yuceil K B,Wagner J L,et al. Active control of supersonic inlet unstart using vortex generator jets [C]//39th AIAA Fluid Dynamics Conference. AIAA Paper 2009 – 4022,2009.

[74] Sung Y,Kim W,Mungal M G,et al. Aerodynamic modification of flow over bluff objects by plasma actuation [J]. Experiments in Fluids,2006,42(3):479 – 486.

[75] Grundmann S,Tropea C. Experimental transition delay using glow – discharge plasma actuators[J]. Experiments in Fluids,2007,42(4):653 – 657.

[76] Porter C O,Baughn J W,McLaughlin,et al. Plasma actuator force measurements[J]. AIAA Journal,2007,45 (7):1562 – 1570.

[77] Jukes T N,Choi K S. Dielectric – barrier – discharge vortex generators:Characterisation and optimisation for flow separation control[J]. Experiments in Fluids,2012,5:329 – 345.

[78] Im S K,Do H,Cappelli M A. Plasma control of an unstarting supersonic flow[C]//17th AIAA International Space Planes and Hypersonic Systems and Technologies Conference. AIAA Paper 2011 – 2360,2011.

[79] Leonov S B,Firsov A A,Yarantsev D A,et al. Plasma effect on shocks configuration in compression ramp [C]//17th AIAA International Space Planes and Hypersonic Systems and Technologies Conference. AIAA Paper 2011 – 2362,2011.

[80] 何龙,张瑞妍. 离心式压缩机防喘振研究[J]. 压缩机技术,2009(5):14 – 16.

[81] 庞天照. 离心式压缩机防喘振模糊 PID 控制系统研究[J]. 科技创新导报,2011(13):51 – 52.

[82] 李方涛,李书臣,苏成利,等. 离心式压缩机防喘振控制及故障诊断系统研究与应用[J]. 化工自动化及仪表,2011,38(5):589 – 592.

[83] 王小艳,赵虹,罗雄麟. 叶轮压缩系统喘振的主动控制[J]. 动力工程,2006,26(7):808 – 813.

[84] 罗雄麟,马领,段东升,等. 轴流压缩系统失稳现象的主动控制[J]. 计算机与应用化学,2007,24(7):861 – 894.

[85] Debout B. French research and technology program on advanced hypersonic propulsion [C]. AIAA Paper 1991 – 5003,1991.

[86] 龙玉珍. 国际性超燃冲压发动机研究进入飞行阶段[J]. 飞航导弹,1998,3D(12):53 – 56.

[87] Dessornes O,Scherrer D. Tests of the JAPHAR dual mode ramjet engine[J]. Aerospace Science and Technology,2005,9(3):211 – 221.

[88] Brandstetter A,Rocci Denis S,Kau H P,et al. Flame stabilization in supersonic combustion[C]. AIAA – Pa-

per 2002 - 5224,2002.

[89] Micka D J,Driscoll J F. Dual - mode combustion of a jet in cross - flow with cavity flameholder[C]. AIAA Paper 2008 - 1062,2008.

[90] Chun J,Scheuermann T,von Wolfersdorf J,et al. Experimental study on combustion mode transition in a scramjet with parallel injection[C]. AIAA Paper 2006 - 8063,2006.

[91] Haw W L,Goyne C P,Rockwell R D,et al. Experimental study of vitiation effects on scramjet mode transition [J]. Journal of Propulsion and Power,2011,272(2):506 - 508.

[92] Goyne C P,Mcdaniel J C,Krauss R H. Test gas vitiation effects in a dual - mode scramjet combustor[J]. Journal of Propulsion and Power,2007,23(3):559 - 565.

[93] Mitani T,Hiraiwa T,Sato S,et al. Comparison of scramjet engine performance in Mach 6 vitiated and storage - heated air[J]. Journal of Propulsion and Power,1997,13(5): 635 - 642.

[94] Masumoto R,Tomioka S,Kudo K,et al. Experimental study on effect of boundary layer on combustion modes in a supersonic combustor [C]. AIAA Paper 2010 - 6720,2010.

[95] 刘祥静,叶蕾. 法国的 LEA 飞行试验计划[J]. 飞航导弹,2008,40(12):5 - 9.

[96] Sullins G A. Demonstration of dual mode transition in a scramjet combustor[J]. Journal of Propulsion and Power,1993,9(4):515 - 520.

[97] Takeshi Kanda,Nobuo Chinzei,T Kenji Kudo,et al. Dual mode operation in a scramjet combustor dual mode [C]. AIAA Paper 2011 - 1816,2011.

[98] Kobayashi K,Tomioka S,Kato K,et al. Performance of a dual - mode combustor with multistaged fuel injection [J]. Journal of Propulsion and Power,2006,22(3):518 - 526.

[99] Micka D J. Combustion stabilization structure and spreading in a laboratory dual - mode scramjet combustor [D]. Ann Arbor:University of Michigan,2010.

[100] 潘余,李大鹏,刘卫东,等. 超燃冲压发动机燃烧模态转换试验研究[J]. 爆炸与冲击,2008,28(4): 293 - 297.

[101] 路艳红,凌文辉,刘敬华,等. 双模态超燃燃烧室计算[J]. 推进技术,1999,20(3):57 - 61 + 91.

[102] 叶中元,黄伏军,董建明. 多模态冲压发动机提高性能的技术途径[J]. 推进技术,2001,22(6): 441 - 445.

[103] Yu D,Cui T,Bao W. Catastrophe,hysteresis and bifurcation of mode transition in scramjet engines and its model[J]. Science in China Series E: Technological Sciences,2009,52(6):1543 - 1550.

[104] Patnaik S N,Lavelle T M,Hopkins D A. Optimization of air - breathing propulsion engine concept[J]. Commmuciations in Numerical Methods in Engineering,1997,13(8):635 - 641.

[105] Calise J,Corban J E,Flandro G A. Trajectory optimization and guidance law development for national aerospace plane applications[C]//American Control Conference. Troy,NY:American Automatic Control Council,1988.

[106] Vian J L,Morre J R. Trajectory optimization with risk minimzation for military aircraft[J]. Journal of Guidance,Control,and Dynamics,1989,12(3):311 - 317.

[107] Miele. An optimal trajectories and guidance trajectories for aircraft flight through windshears[C]//29th IEEE Conference on Decision and Control. Honolulu,HI:IEEE,1990.

[108] Waller M C,Rigopoulos J G,Blackman D R. Considersions in the application of dynamic - programming to optimal aircraft trajectory generation[C]//National Aerospace and Electronics CONF. Dayton,OH:1990.

[109] Corban J E, Calise A J, Flandro G A. Rapid near - optimal aerospace plane trajectory generation and guidance [J]. Journal of Guidance, Control, and Dynamics, 1991, 14(6): 1181 - 1190.

[110] Powell R W, Shaughnessy J D, Cruz C I, et al. Ascent performance of an air - breathing horizontal - takeoff launch vehicle[J]. Journal of Guidance, Control, and Dynamics, 1991, 14(4): 834 - 839.

[111] Olds J R, Budianto I A. Constant dynamic pressure trajectory simulation with POST[C]//Aerospace Sciences Meeting and Exhibit. Reno, NV, USA: AIAA Paper 1998 - 0302, 1998.

[112] Dijkstra J N. Efficient algorithms for globally optimal trajectories[J]. IEEE Transactions on Automatic Control, 2017, 40(9): 1528 - 1538.

[113] Hans S, Cliff Eugene M., Well Klaus H. Range optimal trajectories for an aircraft flying in the vertical plane [J]. Journal of Guidance, Control, and Dynamics, 1994, 17(2): 389 - 398.

[114] Lu P, Bion L. Optimal aircraft terrain - following analysis and trajectory generation[J]. Journal of Guidance, Control, and Dynamics, 1995, 18(3): 555 - 560.

[115] David K S. Optimum mission performance and multivariable flight guidance for airbreathing launch vehicles [J]. Journal of Guidance, Control, and Dynamics, 2012, 20(6): 1157 - 1164.

[116] Ilana S, Joseph Z B. Near - optimal horizontal trajectories for autonomous air vehicles[J]. Journal of Guidance, Control, and Dynamics, 1997, 20(4): 735 - 741.

[117] Marco B, Yakup G, Andrea S, et al. Robust control for unstart recovery in hypersonic vehicles[C]//AIAA Guidance, Navigation, and Control Conference. Minneapolis, Minnesota, USA: AIAA, 2012.

[118] Vladimir L Z. Theoretical maximum efficiency and specific impulse of the external burning scramjet[J]. Journal of Propulsion and Power, 2013, 29(5): 1031 - 1040.

[119] Sakawa Y. Trajectory planning of a free - flying robot by using the optimal control[J]. Optimal Control Applications and Methods, 1999, 29(5): 235 - 248.

[120] Mcginnis P M. Robust hypersonic conceptual design trajectory techniques for pmdo applications using POST [C]//41st AIAA/ASME/SAE/ASEE Joint Propulsion Conference and Exhibit. Tucson, Arizona, USA: AIAA Paper 2005 - 4423, 2005.

[121] Lu P. Inverse dynamics approach to trajectory optimization for an aerospace plane[J]. Journal of Guidance, Control, and Dynamics, 1993, 16(4): 726 - 732.

[122] Lu P. Analytical solutions to constrained hypersonic flight trajectories[J]. Journal of Guidance, Control, and Dynamics, 1993, 16(5): 956 - 960.

[123] Brinda V, Dasgupta S, Madan L. Trajectory optimization and guidance of air breathing hypersonic vehicle [C]//14th AIAA/AHI Space Planes and Hypersonic Systems and Technologies Conference. Canberra, Australia: AIAA Paper 2006 - 7997, 2006.

[124] Hargraves C, Paris S. Direct trajectory optimization using nonlinear programming and collocation[J]. Journal of Guidance, Control, and Dynamics, 1987, 10(4): 338 - 342.

[125] Pierre B, Alberto O, Manuel S, et al. Multiphase mixed - integer optimal control approach to aircraft trajectory optimization[J]. Journal of Guidance, Control, and Dynamics, 2013, 36(5): 1267 - 1277.

[126] Roux J A, Shakya N, Choi J. Revised parametric ideal scramjet cycle analysis[J]. Journal of Thermophysics and Heat Transfer, 2013, 27(1): 178 - 183.

[127] Doolan J D. Hypersonic missile performance and sensitivity analysis[J]. Journal of Spacecraft and Rockets, 2007, 44(1): 81 - 87.

[128] Dinkelmann M. Modeling of heat transfer and vehicle dynamics for thermal load reduction by hypersonic flight optimization[J]. Mathema - tical and Computer Modeling of Dynamical Systems,2002,8(3):237 - 255.

[129] Akio A,Yuzo S,Kenji U. Minimum acceleration guidance law for spaceplane in ascent phase via exact linearization[J]. Transactions of the Japan Society for Aeronautical and Space Sciences, 2005, 48 (161): 135 - 142.

[130] Dalle D J,Torrez S M,Driscoll J F. Minimum - fuel ascent of a hypersonic vehicle using surrogate optimization[J]. Journal of Aircraft,2014,51(6):1973 - 1986.

[131] Dalle D J,Driscoll J F,Torrez S M. Ascent trajectories of hypersonic aircraft:operability limits due to engine unstart[J]. Journal of Aircraft,2015,52(4):1345 - 1354.

[132] Luo Yazhong,et al. Multi - objective optimization of perturbed impulsive rendezvous trajectories using physical programming[J]. Journal of Guidance,Control,and Dynamics,2008,31(6):1829 - 1832.

[133] Benyakar A,Hanson RK. Cavity flame - holders for ignition and flame stabilization in scramjets:An overview [J]. Journal of Propulsion and Power,2001,17(4):869 - 877.

[134] Seiner J M,Dash S M,Kenzakowski D C. Historical survey on enhanced mixing in scramjet engines[J]. Journal of Propulsion and Power,2001,17(6):1273 - 1286.

[135] McClinton C R, Rausch V L. Preliminary X - 43 flight test results[J]. Acta Astronutica, 2005,57(2): 266 - 276.

[136] Susumu M, Keiichi K. Unstart phenomenon due to thermal choke in scramjet module[C]//AIAA/NAL - Nasda - Isas International Space Planes and Hypersonic Systems and Technologies Conference. AIAA Paper 2001 - 1887,2001.

[137] Ogorodnikov D A, Vinogradov V A. Russian research on experimental hydrogen - fueled dua - mode scramjet:Conception and preflight tests[J]. Journal of Propulsion and Power,2001,17(6):1041 - 1048.

[138] Alexandre S R, Valery I K. French - russian analysis of kholod dual - mode ramjet flight experiments[C]// AIAA/CIRA, International Space Planes and Hypersonics Systems and Technologies Conference. AIAA Paper 2005 - 3320,2005.

[139] 谭慧俊,卜焕先,张启帆,等. 高超声速进气道不起动问题的研究进展[J]. 南京航空航天大学学报, 2014,46(4):501 - 508.

[140] Cox C,Lewist C,Pap R,et al. Prediction of unstart phenomena in hypersonic aircraft[C]. International Aerospace Planes and Hypersonics Technologies AIAA Paper 1995 - 6018, 1995.

[141] Hawkins W. R,Marquart E J. Two - dimensional generic inlet unstart detection at Mach 2.5 - 5.0[C]. AIAA Paper 1995 - 6019,1995.

[142] Yu D R,Chang J T,Bao W,et al. Optimal classification criterions of hypersonic inlet start/unstart[J]. Journal of Propulsion and Power,2007,23(2):310 - 316.

[143] Curran E T,Heiser W H,Pratt D T. Fluid phenomena in scramjet combustion systems[J]. Annu Rev Fluid Mech,1996,28:323 - 360.

[144] Kojima T,Sato T,Sawai S,et al. Experimental study on restart control of a supersonic airbreathing engine[J]. Journal of Propulsion and Power,2004,20(2):273 - 279.

[145] Soreide D,Bogue R K,Ehernberger L J,et al. The use of a lidar forward - looking turbulence sensor for mixed - compression inlet unstart avoidance and gross weight reduction on a high speed civil transport[R]. NASA Technical Memorandum 104332.

[146] 乐嘉陵,胡欲立. 双模态超燃冲压发动机研究进展[J]. 流体力学实验与测量,2000,14(1):1-12.

[147] Andreadis D. Scramjet engines enabling the seamless integration of air & space operations[J]. The Industrial Physicist,2004,10(2):24-27.

[148] Markarian C F. Heat transfer in shock wave - boundary layer interaction regions[R]. Naval Weapons Center Rept,Nwc TP-4485.

[149] Thomas S R,Guy R W. Scramjet testing from Mach 4 to 20 - present capability and needs for the nineties [C]//16th Aerodynamic Ground Testing Conference, AIAA Paper 1990-1388,1990.

[150] Sullins G A. Demonstration of dual mode transition in a scramjet combustor[J]. Journal of Propulsion and Power,1993,9(4):515-520.

[151] Le D B,Goyne C P,Krauss R H,et al. Experimental study of a dual mode scramjet isolator[J]. Journal of Propulsion and Power,2008,24(5):1050-1057.

[152] Kouchi T,Masuya G,Mitani T,et al. Mechanism and control of combustion - mode transition in a scramjet engine[J]. Journal of Propulsion and Power,2012,28(1):106-112.

[153] Liu K,Zhang K,Guo B. Experiments of sidewall compression scramjet inlet on dynamic characteristic of angle-of-attack[J]. Journal of Aerospace Power,2011,26(8):1794-1800.

[154] Bao W,Yang Q,Chang J,et al. Dynamic characteristics of combustion mode transitions in a strut - based scramjet combustor model[J]. Journal of Propulsion and Power,2013,29(5):1244-1248.

[155] Rockwell R,Goyne C P,Haw W,et al. Experimental study of test medium vitiation effects on dual - mode scramjet performance[J]. Journal of Propulsion and Power,2011,27(5):1135-1142.

[156] Mitani T,Tani K,Miyajima H. Flow choking by drag and combustion in supersonic engine testing[J]. Journal of Propulsion and Power,2007,23(6):1177-1184.

[157] Yu D,Cui T,Bao W. Catastrophe,hysteresis and bifurcation of mode transition in scramjet engines and its model[J]. Science in China Series E: Technological Sciences,2009,52(6):1543-1550.

[158] Matthew L F,Driscoll J F. Experimental investigation of ram/scram mode transition mechanics[C]//18th AIAA/3AF International Space Planes and Hypersonic Systems and Technologies Conference. AIAA Paper 2012-5838,2012.

[159] Kodera M,Tomioka S,Kanda T,et al. Mach 6 test of a scramjet engine with boundary - layer bleeding and two - staged fuel injection[C]. AIAA Paper 2003-7049,2003.

[160] David A B, Geoffrey T H, Tom P T, et al. Direct trajectory optimization and costate estimation via an orthogonal collocation method[J]. Journal of Guidance, Control, and Dynamics, 2006, 29(6): 1435-1440.

第2章 双模态超燃冲压发动机工作原理

本章介绍双模态超燃冲压发动机的工作原理，首先，对双模态超燃冲压发动机的流动特点与模态定义进行说明，重点讨论双模态超燃冲压发动机的循环过程，对其能量转换过程、重要的性能指标等进行介绍；然后，提出进气道性能参数与典型工作状态，讨论进气道起动/不起动问题，列出燃烧室若干基本概念并对燃烧室性能分析方法进行简要介绍；最后，由于双模态超燃冲压发动机需要在宽马赫数范围内高性能运行且没有旋转部件，整个流道呈现为一个一维管道，其工作过程具有一定的特殊性，所以对其强分布参数特性和多模态优化选择开展了讨论。

2.1 双模态超燃冲压发动机的流动特点与模态定义

图2-1给出了双模态超燃冲压发动机的典型结构。双模态超燃冲压发动机主要由进气道、隔离段、燃烧室和尾喷管四个部件组成。高超声速来流经过进气道压缩后，在进气道出口仍然为超声速。压缩后的超声速气流进入隔离段，由于存在激波/边界层的相互作用，会在隔离段内形成一个预燃激波串，气流在预燃激波串中继续减速增压。气流离开隔离段进入燃烧室，然后燃料在燃烧室中喷入，两者掺混后燃烧产生高温高压的燃气。最后燃气在扩张型尾喷管中膨胀，进而产生推力[1,2]。

可以看出，双模态超燃冲压发动机与其他常规发动机类似，气流在发动机内部都是经过了压缩、燃烧和膨胀三个热力过程。其特别之处在于隔离段的存在。隔离段是为了避免燃烧室和进气道的耦合而引入的，它通过内部存在的预燃激波串匹配进气道和燃烧室的气流状态。隔离段内预燃激波串的强度主要取决于进入隔离段气流的状态和隔离段下游燃烧室内的压力水平。由此可见，气流在隔离段内也是一个压缩过程，因此在发动机热力循环分析的过程中，通常将隔离段内的流动并入进气道一起考虑，共同构成热力循环的压缩过程。但在很多情况下，尤其是在研究发动机流动参数的一维分布时，为了研究的方便，通常又将隔离段并入燃烧室

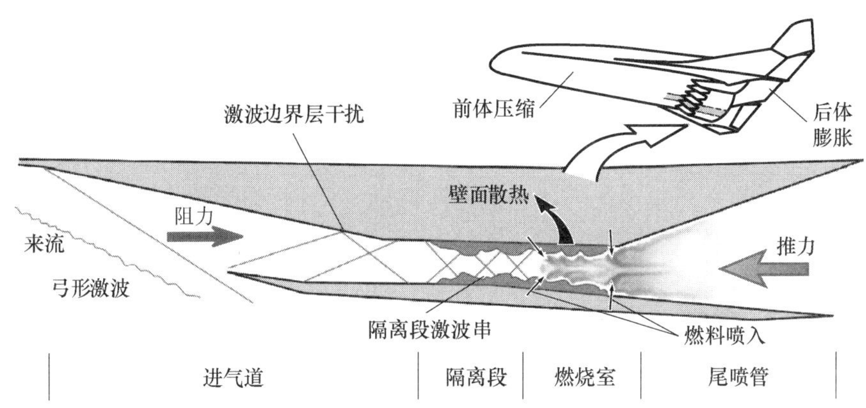

图 2－1　双模态超燃冲压发动机的典型结构

一起考虑。

双模态超燃冲压发动机可以工作在两种燃烧模态,即超燃模态和亚燃模态。当燃烧室内压力较低时,预燃激波串较弱,隔离段出口气流仍为超声速,此时发动机工作在超燃模态;当燃烧室内压力较高时,预燃激波串较强,隔离段出口气流变为亚声速,此时发动机工作在亚燃模态。

随着研究的深入,冲压发动机工作的燃烧模态还可以进行更加详细的划分。同时,根据研究视角的不同,也存在其他的燃烧模态定义形式。更多的定义可以详见本章后的相关文献。需要指出,发动机燃烧模态不仅仅是指燃烧室内气流的流动状态,它更多的是反映了整个发动机的工作状态。

此外,双模态超燃冲压发动机还有一个值得注意的流动特点是热力喉道。常规的亚燃冲压发动机采用一个拉伐尔喷管作为尾喷管,而双模态超燃冲压发动机为了顺利实现超燃模态,在设计时构型上不存在几何喉道。这样,当双模态超燃冲压发动机工作在亚燃模态时,由于大量热量的加入,通常会在扩张型的燃烧室通道内形成一个声速截面,这个声速截面称为热力喉道。这样,燃烧室内热力喉道上游的气流是亚声速的,热力喉道下游的气流是超声速的。

2.2　双模态超燃冲压发动机热力循环及性能指标

将燃料的化学能通过燃烧过程变为热能,然后转化为机械能的装置称为热能机械,简称热机。双模态超燃冲压发动机就是一种热机,由热力学定律可知,所有的热机都无法将吸收的热能全部转化为机械能。那么对于双模态超燃冲压发动机来说,燃料燃烧释放出来的热量有多少能转化为机械能,转化得到的机械能又有多少能够转化为飞行器的动能,如何评价能量的转化效率。要回答这些问题,就需要对双模态超燃冲压发动机的热力循环和能量转换过程进行深入分析。

2.2.1 发动机的热力循环过程

双模态超燃冲压发动机的热力循环过程主要有进气道(包括前体和隔离段)的压缩过程、燃烧室中的燃烧释热过程和尾喷管中的膨胀过程。一种经典的分析方法将冲压发动机的循环过程看作一个 Brayton 循环,即燃烧室中是一个等压加热过程。实际上,双模态超燃冲压发动机的燃烧过程是一个极其复杂的流动燃烧耦合过程,具有很强的分布参数特性[3]。

1. Brayton 循环

图 2-2 给出了理想 Brayton 循环的 $p-v$ 图和 $T-s$ 图,从图上可以看出,理想 Brayton 循环由等熵压缩过程 0-2、等压加热过程 2-3、等熵膨胀过程 3-4 和等压放热过程 4-0 组成。热力循环过程中单位质量工质的吸热量(实际上是燃料燃烧释放出的热量)为 q_1,放热量为 q_2。

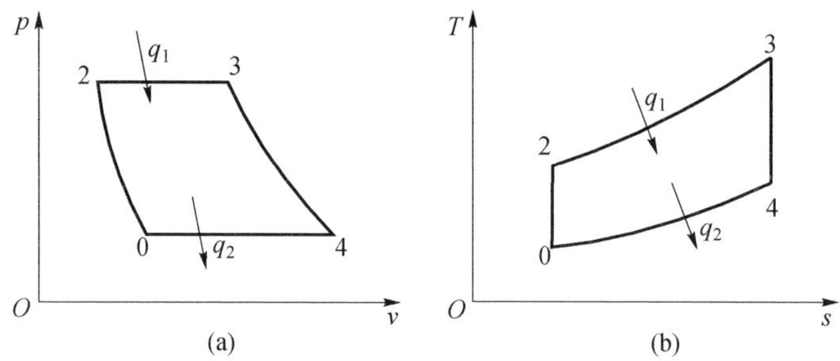

图 2-2 理想 Brayton 循环

(a) $p-v$ 图;(b) $T-s$ 图。

由热力学知识可知,2-3 和 4-0 过程都是等压过程,故 q_1 和 q_2 可以由与过程相应的焓差来表示,即

$$q_1 = h_3 - h_2 \tag{2-1}$$

$$q_2 = h_4 - h_0 \tag{2-2}$$

在循环过程中单位质量工质所做的功为

$$w = q_2 - q_1 \tag{2-3}$$

定义循环功与加热量的比值为循环热效率,用 η_{th} 表示,则有

$$\eta_{th} = \frac{w}{q_1} = 1 - \frac{q_2}{q_1} = 1 - \frac{h_4 - h_0}{h_3 - h_2} \tag{2-4}$$

如果将循环工质当作比热容恒定的理想气体，则循环过程的四个状态点之间存在如下关系：

$$\frac{h_0}{h_2}=\frac{T_0}{T_2}=\left(\frac{p_0}{p_2}\right)^{\frac{\gamma-1}{\gamma}}=\left(\frac{p_4}{p_3}\right)^{\frac{\gamma-1}{\gamma}}=\frac{T_4}{T_3}=\frac{h_4}{h_3} \tag{2-5}$$

一般地，定义压缩过程的温升比和压比为

$$\psi=\frac{T_2}{T_0} \tag{2-6}$$

$$\pi=\frac{p_2}{p_0} \tag{2-7}$$

这样，式(2-4)可以进一步化简为

$$\eta_{\text{th}}=1-\frac{h_0(h_4/h_0-1)}{h_2(h_3/h_2-1)}=1-\frac{T_0(T_4/T_0-1)}{T_2(T_3/T_2-1)}=1-\frac{1}{\psi}=1-\frac{1}{\pi^{\gamma-1/\gamma}} \tag{2-8}$$

由此可见，Brayton 循环的热效率取决于进气道压缩过程的压比（或者温升比）。压比越高，热效率越高。

2. 双模态超燃冲压发动机实际循环过程

实际的双模态超燃冲压发动机在工作过程中，由于摩擦、激波、边界层分离等物理因素的存在，其热力循环过程与理想 Brayton 循环存在很大差别。图2-3给出了典型的双模态超燃冲压发动机实际热力循环 $T-s$ 图。

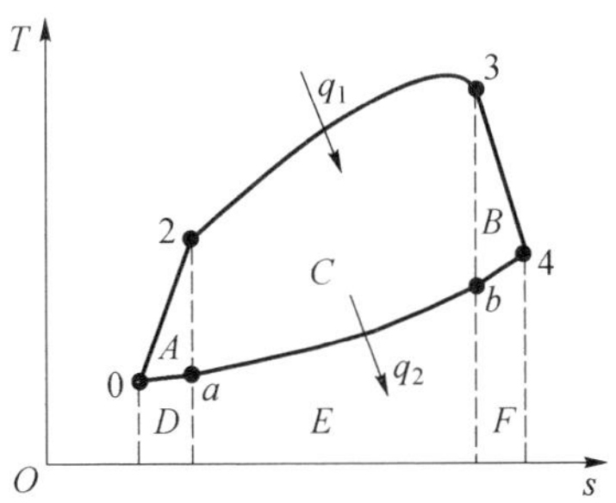

图2-3　双模态超燃冲压发动机实际热力循环 $T-s$ 图

0-2过程为进气道中的压缩过程。在超声速进气道中，引起气流总压损失的主要因素是激波和摩擦，这些因素的存在使得进气道中的压缩过程是一个熵增过程。3-4过程为尾喷管中的膨胀过程。尾喷管的损失主要是由气流的黏性引起的摩擦导致的。此外，在某些情况下，双模态超燃冲压发动机尾喷管中还可能存在化学反应。这些因素使得尾喷管中的膨胀过程也是一个熵增过程。双模态超燃冲压发动机实际循环中的0-2过程和3-4过程与实际 Brayton 循环没有很大差别。

双模态超燃冲压发动机实际循环与实际 Brayton 循环的最大差别在于燃烧过程。实际 Brayton 循环的燃烧过程是一个等压过程，而双模态超燃冲压发动机实际循环的燃烧过程是一个复杂的热力过程。导致燃烧过程中热力状态变化复杂的原因是双模态超燃冲压发动机燃烧室存在很强的分布参数特性。考虑了分布参数特性以后，双模态超燃冲压发动机实际循环中 2－3 过程需要利用一维模型来求解。

此时发动机循环热效率的计算方法变为

$$\eta_{\mathrm{th}}=1-\frac{q_2}{q_1}=1-\frac{1}{\tau-1}\left(1+\frac{\gamma-1}{2}Ma_0^2\right)\left(\mathrm{e}^{\frac{\Delta s_{\mathrm{cyc}}}{c_p}}-1\right) \tag{2-9}$$

式中 $\tau=T_{t3}/T_{t2}$——加热过程的加热比；

Ma_0——来流马赫数；

$\Delta s_{\mathrm{cyc}}=s_4-s_0$——压缩过程、燃烧过程和膨胀过程的熵增之和，为整个循环过程的熵增，也是放热过程需要通过向环境放热而减小的熵。

2.2.2 发动机的能量转换过程

作为热机，双模态超燃冲压发动机实现了从燃料化学能到热能再到机械能的转化。下面借助对热力循环过程的分析，说明双模态超燃冲压发动机在工作过程中是如何进行能量转换的。

在图 2－3 中，面积 A、B、C、D、E 和 F 分别代表了不同的能量形式。由热力学知识可知，热力循环的吸热量 $q_1=C+E$，放热量 $q_2=D+E+F$。同时可知图中 $A+D$ 为进气道内熵增产生的热量，$B+F$ 为尾喷管内熵增产生的热量，两者都是由摩擦、激波等不可逆因素引起的机械能向热能的转换（注意 0－2 和 3－4 过程都是绝热过程，与外界无热量交换）。这样，发动机单位质量工质产生的循环功 $w=q_1-q_2=C-(D+F)$。如果发动机工质的质量流量为 $\dot{m}$，则双模态超燃冲压发动机吸热量 $Q_1=\dot{m}q_1$，放热量 $Q_2=\dot{m}q_2$，循环功为 $W=\dot{m}w$。发动机循环功是在热力循环过程中由热能转化而来的机械能，那么这些机械能都以什么形式存在呢？

首先在绝对坐标系下讨论问题，此时发动机以 v_0 的速度向前飞行。气流是静止的，被进气道吞入到发动机内部，然后经过燃烧和膨胀后排出发动机，排出的速度为 v_4-v_0。进入发动机的空气流和燃料流在发动机内部反应后，以燃气流的形式离开发动机，这相当于两股气流的动能分别从其初始动能水平增加到排出时对应的燃气流的动能水平，即两股气流的动能都有所增大。此外，通过热力循环，发动机必然会产生推力，会对整个飞行器做功。这样，双模态超燃冲压发动机循环功主要转换为三部分能量，即

$$W = \Delta E_{k,v} + \Delta E_{k,a} + \Delta E_{k,f} \tag{2-10}$$

（1）$\Delta E_{k,v}$是发动机产生的推力对飞行器所做的功，即飞行器的动能增量。假设发动机产生的推力为 F，则发动机对飞行器所做的功为

$$\Delta E_{k,v} = Fv_0 \tag{2-11}$$

（2）$\Delta E_{k,a}$是空气流的动能增量。假设空气的质量流量为 $\dot{m}_a$，则有

$$\Delta E_{k,a} = \frac{1}{2}\dot{m}_a[(v_4 - v_0)^2 - 0] = \frac{1}{2}\dot{m}_a(v_4 - v_0)^2 \tag{2-12}$$

（3）$\Delta E_{k,f}$是燃料的动能增量。燃料具有与发动机一样的初速度 v_0，离开发动机时的速度为 $v_4 - v_0$，假设其质量流量为 $\dot{m}_f$，则有

$$\Delta E_{k,f} = \frac{1}{2}\dot{m}_f[(v_4 - v_0)^2 - v_0^2] \tag{2-13}$$

很多情况下我们都习惯将坐标系固定在发动机上考虑问题，此时发动机是静止不动的，气流以速度 v_0 进入发动机内部，在燃烧室中与燃料发生化学反应放热，产生的高温燃气在尾喷管中膨胀，最后以速度 v_4 离开发动机。在这种情况中发动机同样产生了推力，但由于发动机静止不动，推力不做功。这样，双模态超燃冲压发动机循环功全部转化为燃气的动能增量，即

$$W = \frac{1}{2}(\dot{m}_a + \dot{m}_f)v_4^2 - \frac{1}{2}\dot{m}_a v_0^2 \tag{2-14}$$

2.2.3　性能指标

1. 推力

一般地，发动机的推力定义为发动机所有固壁湿表面所受的力在轴向的合力。这里的湿表面是指发动机与气流接触的表面，既包括与燃气接触的发动机内表面，也包括与环境大气接触的发动机外表面。

首先来分析发动机内表面的受力情况。以发动机飞行方向为正方向，取发动机内表面以及发动机进出口截面所围成的控制体进行受力分析，可得发动机内表面所受的力在发动机轴线方向的合力与发动机飞行方向相同，表现为推力。称这个合力为发动机内推力，记为 F_{in}。由动量定理可得

$$F_{in} = (\dot{m}_a + \dot{m}_f)v_4 + p_4v_4 - \dot{m}_a v_0 - p_0v_0 \tag{2-15}$$

也就是说，发动机内推力 F_{in} 等于发动机出口截面气流冲量和入口截面气流冲量的差值。

再来分析发动机外表面的受力情况。显然，发动机外表面所受力的轴向合力

为发动机外表面压力 p 和摩擦应力 τ 沿外表面积分值的轴向分量。用 F_{out} 来表示这个力，则有

$$F_{out} = \int_0^4 (p\sin\theta + \tau)\mathrm{d}A_{out} \tag{2-16}$$

显然，F_{out} 的方向与发动机飞行方向相反，为阻力。F_{out} 的计算通常是非常复杂的，更一般的做法是将它分成两部分进行分析，即有

$$F_{out} = \int_0^4 (p\sin\theta + \tau)\mathrm{d}A_{out} = F_1 + F_2 \tag{2-17}$$

$$F_1 = \int_0^4 p_0\sin\theta\mathrm{d}A_{out} = p_0(A_4 - A_0) \tag{2-18}$$

$$F_2 = \int_0^4 [(p - p_0)\sin\theta + \tau]\mathrm{d}A_{out} \tag{2-19}$$

这样，定义发动机的推力 F 为发动机内推力 F_{in} 与发动机阻力的分量 F_1 的合力：

$$F = F_{in} - F_1 = (\dot{m}_a + \dot{m}_f)v_4 + p_4v_4 - \dot{m}_a v_0 - p_0v_0 - p_0(A_4 - A_0) \tag{2-20}$$

即

$$F = \dot{m}_a[(1+f)v_4 - v_0] + (p_4 - p_0)A_4 \tag{2-21}$$

式中　F_2——发动机的外阻力，需要根据具体情况进行评估。

需要注意的是，在飞行过程中，发动机提供给飞行器的实际推力仍然为 $F_{in} - F_{out} = F - F_2$，因此，一般将式(2-21)中定义的推力称为双模态超燃冲压发动机的名义推力，而将 $F - F_2$ 称为发动机净推力。

2. 比冲与比推力

比冲是指单位质量的燃料所产生的冲量，即单位质量流量的燃料所产生的推力，用 I_{sp} 表示。其定义式为

$$I_{sp} = \frac{F}{\dot{m}_f} \tag{2-22}$$

这里需要注意的是还有一个平均比冲的概念，它是指在一段时间 Δt 内消耗的燃料总量与产生的总冲量的比值，即

$$\bar{I}_{sp} = \frac{\int_{t_1}^{t_1+\Delta t} F\mathrm{d}t}{\int_{t_1}^{t_1+\Delta t} \dot{m}_f\mathrm{d}t} \tag{2-23}$$

比推力是指单位质量流量的空气所产生的推力，用 F_s 表示，其定义式为

$$F_s = \frac{F}{\dot{m}_a} \tag{2-24}$$

3. 发动机推进效率与总效率

定义发动机对飞行器所做的功 $\Delta E_{k,v}$ 与发动机循环功 W 的比值为发动机的推进效率，即

$$\eta_p = \frac{\Delta E_{k,v}}{W} = \frac{Fv_0}{W} \tag{2-25}$$

可见，推进效率 η_p 反映了发动机对飞行器所做的功占总循环功的比例，它是由发动机的气动因素决定的。

定义发动机对飞行器所做的功 $\Delta E_{k,v}$ 与循环过程燃料燃烧总释热量 Q_1 的比值为发动机的总效率，即

$$\eta_0 = \frac{\Delta E_{k,v}}{Q_1} = \frac{Fv_0}{Q_1} \tag{2-26}$$

由上面的定义可见，发动机总效率 η_0 可以写成发动机热效率 η_{th} 与发动机推进效率 η_p 的乘积，即

$$\eta_0 = \frac{\Delta E_{k,v}}{Q_1} = \frac{W}{Q_1}\frac{\Delta E_{k,v}}{W} = \eta_{th}\eta_p \tag{2-27}$$

2.3　双模态超燃冲压发动机进气道

双模态超燃冲压发动机都是工作在高马赫数飞行条件下，因此其进气道为超声速进气道。进气道的主要作用是：①从环境大气中捕获足够的空气；②将高速低压的超声速来流进行减速增压，以匹配燃烧室内燃烧的组织。这样，对进气道的基本要求是：①在减速增压过程中，总压损失要尽可能小；②在所有飞行条件和发动机工作状态下都尽量捕获更多的空气；③在所有飞行条件和发动机工作状态下都尽量保证气流参数的均匀性以利于燃烧组织；④进气道外阻力要足够小。进气道的热力过程对应于图 2-3 中的 0-2 过程。

根据对气流压缩形式的不同，超声速进气道主要可以分为四种类型：皮托式进气道、内压式进气道、外压式进气道和混压式进气道。不同的进气道适合于不同的工作条件，对于工作在较高和较宽马赫数范围的双模态超燃冲压发动机，一般采用混压式进气道。

2.3.1　进气道性能参数

超声速进气道的任务是为发动机提供足够“数量”和足够“质量”的空气，这样

就有很多参数对进气道的性能进行描述和评估。

从热力循环的角度出发，可以定义的进气道性能参数有压升比 π、温升比 ψ、绝热压缩效率 η_C、动能效率 η_{kE}、压缩过程熵增 Δs_C 等。从做功能力的角度出发，可以定义的进气道性能参数有流量捕获系数 φ、总压恢复系数 σ 等。此外，还有进气道出口气流畸变指数 D_p、进气道稳定裕度 ξ、进气道阻力系数 C_D 等性能参数。

表 2-1 给出了这些性能参数的基本定义。需要注意的是，这些性能参数之间并不都是独立的，部分性能参数之间存在相互转化的关系。

表 2-1 双模态超燃冲压发动机进气道性能参数

性能参数	定义式	说明
压升比	$\pi = \dfrac{p_2}{p_0}$	进气道进口静压与自由来流静压的比值
温升比	$\psi = \dfrac{T_2}{T_0}$	进气道进口静温与自由来流静温的比值
总压恢复系数	$\sigma = \dfrac{p_2^*}{p_0^*}$	进气道进口总压与自由来流总压的比值
流量捕获系数	$\varphi = \dfrac{A_0}{A_c}$	实际捕获面积与唇口结构截面积的比值
绝热压缩效率	$\eta_C = \dfrac{h_2 - h_a}{h_2 - h_0} = \dfrac{T_2 - T_a}{T_2 - T_0}$	理想压缩过程焓差与实际压缩过程焓差之比
动能效率	$\eta_{kE} = \dfrac{v_a^2}{v_0^2} = \dfrac{v_0^2 - 2c_p(T_a - T_0)}{v_0^2}$	压缩后气流等熵膨胀到自由来流压力得到的动能与自由来流动能的比值
熵增	$\dfrac{\Delta s_C}{c_p} = -\dfrac{\gamma - 1}{\gamma}\ln\sigma$	与总压恢复系数对数呈比例关系
畸变指数	$D_p = \dfrac{p_{max}^* - p_{min}^*}{p_{mean}^*}$	进气道出口截面最大总压和最小总压的差值与出口总压平均值的比值(还有其他定义方式)
稳定裕度	$\xi = \dfrac{p_{2,max} - p_2}{p_{2,max}}$	进气道出口静压与进气道起动允许最大出口静压的比值(还有其他定义方式)
阻力系数	$C_D = \dfrac{F_D}{\frac{1}{2}\rho_0 v_0^2 A_{ref}}$	进气道阻力与自由来流动压和参考面积乘积的比值

2.3.2 进气道典型工作状态

双模态超燃冲压发动机通常采用混压式进气道，该类型进气道的喉部在进气道入口的下游位置。一般情况下进气道压缩波系会同时存在外压斜激波和结尾正激波。通常,当结尾正激波处于进气道喉部时,称该进气道处于临界状态。与之对应,当结尾正激波在喉部之前时称为亚临界状态,反之为超临界状态。同时,飞行马赫数对进气道的工作状态也有很大影响。按照结尾正激波的位置和飞行马赫数与设计马赫数的大小关系,混压式进气道的典型工作状态可以分为九种。图2-4给出了混压式进气道九种工作状态下的气流波系结构。

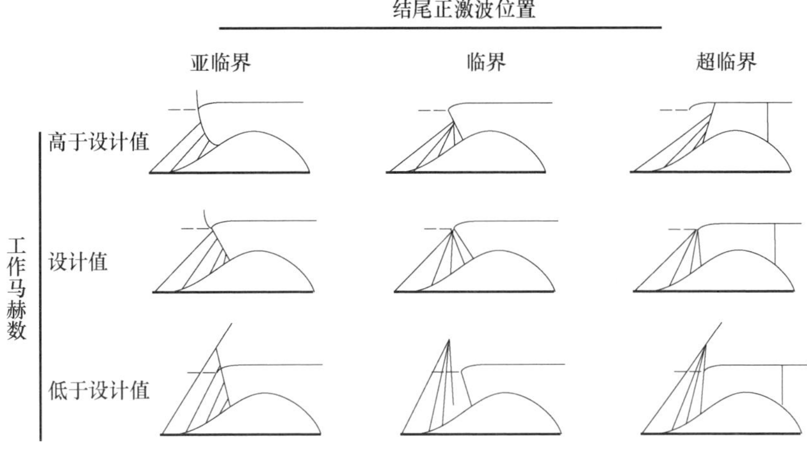

图2-4　双模态超燃冲压发动机混压式进气道九种典型工作状态

当进气道处于亚临界状态时,结尾正激波被推出进气道喉部,此时存在较大的亚声速溢流情况,附加阻力比较大。当进气道处于超临界状态时,结尾正激波在进气道喉部之后或者不存在结尾正激波。

当飞行马赫数小于设计马赫数时,进气道流量捕获系数总小于1,此时处于临界状态与超临界状态的进气道存在超声速溢流情况,这种溢流附加阻力比较小。当飞行马赫数大于设计马赫数时,处于临界状态与超临界状态的进气道流量捕获系数都等于1,而且此时有部分自由来流进入进气道,导致激波干涉,掺混损失较大。

2.3.3　进气道起动/不起动

为了实现更大的压缩能力,双模态超燃冲压发动机超声速进气道一般都采用一个较大的内收缩比(内收缩比是指进气道喉部面积 A_t 与进口面积 A_1 的比值)。当飞行马赫数小于一定值或者进气道下游反压高于一定值时,都可能使进气道内的结尾正激波推出进气道喉部而在进口之前形成脱体激波。此时进气道会工作在亚临界状态。称此时进气道处于不起动状态。

当进气道进入不起动状态后，进入发动机的空气流量会急剧减少，同时进气道的附加阻力急剧增大，从而发动机能够提供的净推力会急剧下降，甚至出现负推力的情况，这对飞行器的正常工作来说是不允许的。因此必须采取相应的控制措施以防止发动机进入不起动状态。

对于进气道设计者而言，需要合理地选择进气道内收缩比来确保进气道具有较好的自起动和再起动特性。混压式进气道的起动特性较为复杂，根据大量的试验分析，研究者拟合出了一个混压式进气道起动面积比的经验公式：

$$\frac{A_t}{A_1}=0.05-\frac{0.52}{Ma}+\frac{3.56}{Ma^2},\quad 2.5<Ma<10 \tag{2-28}$$

对于一个已经正常起动的进气道，一般以下三种因素会造成进气道进入不起动状态：①飞行马赫数减小；②进气道出口反压过高；③其他因素导致的进气道入口流场发生严重畸变[4]。

对于第一种情况，一般需要采用一个比进气道设计马赫数小很多的进气道起动马赫数来避免。第二种情况通常是由进气道下游燃烧室中的燃烧强度增强引起的。为避免这种情况出现，需要减小燃烧室内的燃料注入量或者把燃料注入量进行轴向分级注入。第三种情况一般是由飞行器的飞行姿态变化导致的进气道攻角和侧滑角的较大变化引起的，为避免这种情况发生，在飞行过程中需要对飞行器的姿态做必要的控制。

对于双模态超燃冲压发动机而言，进气道处于正常起动状态是必须确保的。因此，在双模态超燃冲压发动机控制中，需要特别设计进气道保护控制回路。进气道保护控制回路的一个作用是防止进气道发生不起动，另一个作用是在进气道由于某些原因而进入不起动状态时能够及时地通过控制使其回到正常起动状态。

此外需要注意的一个问题就是双模态超燃冲压发动机进气道的起动/不起动存在滞环特性。这样，进气道从起动状态进入不起动状态和从不起动状态重新进入起动状态的两个过程中，进气道的流动状态变化轨迹并不重合，而是存在一个滞后效应。

图2-5给出了高超声速进气道流量系数随来流马赫数的变化规律，从图2-5中可以看到，进气道再起动过程的流量系数和进气道从起动到不起动时的变化曲线不是重合的，而是存在一个迟滞环，进气道流量系数在 $Ma7.9$ 时才闭合。可见，高超声速进气道再起动过程存在迟滞回路现象，进气道加速再起动过程中，流量系数均随着来流马赫数的增加而逐渐增大，其中，当接近进气道再起动马赫数时，变化较为迅速，进气道再起动后流量系数曲线闭合[5,6]。

迟滞回路现象在高超声速进气道再起动过程中不可避免，因此实际应用时应充分考虑由此可能给高超声速进气道正常工作带来的影响。从图 2－5 给出的进气道流量系数随来流马赫数的变化曲线可以看出：当来流马赫数由高到低变化时，进气道的来流起动马赫数较低，工作范围较宽；当来流马赫数由低到高变化时（即进气道再起动时），进气道的再起动马赫数较高，工作范围较窄。因此对于超燃冲压发动机而言，若在较低来流马赫数下就打开进气道，进气道不起动，会造成在工作马赫数时进气道不能正常工作（不起动）。若在较低来流马赫数下关闭进气道，当来流马赫数较高时再打开进气道，则在相对较低的来流马赫数下进气道就可起动（见图 2－5*A* 点进气道起动，*B* 点不起动）。因此高超声速飞行器飞行中，发动机在未工作时通常都关闭进气道，在达到工作马赫数时才打开进气道（如 X－43A 验证飞行器试验时低马赫数下关闭进气道，在到达工作马赫数后才打开进气道）。当然，这其中也有降低热载荷和降低阻力等原因。

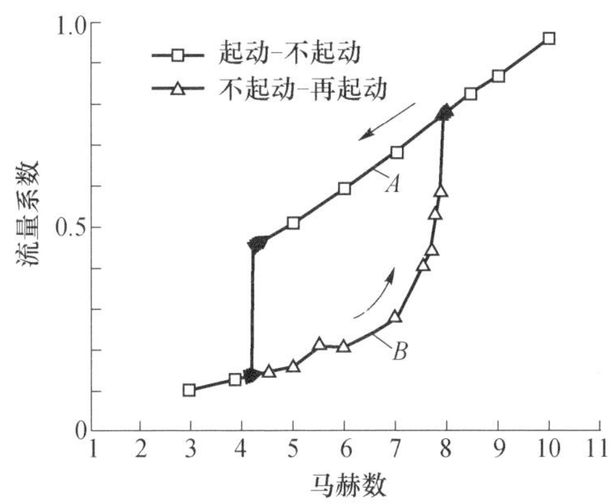

图 2－5　流量系数随来流马赫数的变化规律

图 2－6 给出了流量系数随来流攻角的变化规律。从图 2－6 中可以看出，在来流马赫数固定的条件下，来流攻角相同时，进气道再起动过程的流量系数与进气道从起动到不起动时的性能参数并不相同。在起动到不起动过程中，随着来流攻角的增加，进气道实际捕获面积增加，导致流量系数增大。当来流攻角增加到 10°（*Ma*4.1）时，进气道不起动，流量系数突然下降。在不起动到再起动过程中，随着来流攻角的降低，进气道实际捕获面积减少，导致流量系数降低。当来流攻角降低到 －5°（*Ma*4.1）时，进气道重新起动，流量系数突然上升。来流马赫数 3.6 和 4.1 对应的再起动攻角分别为 －10°和 －5°，对应的不起动攻角分别为 7.5°和 10°[7,8]。

进气道起动/不起动的滞环特性对发动机不起动保护控制和再起动控制存在不利影响，因此在进气道设计时，要尽量减弱其滞环特性。

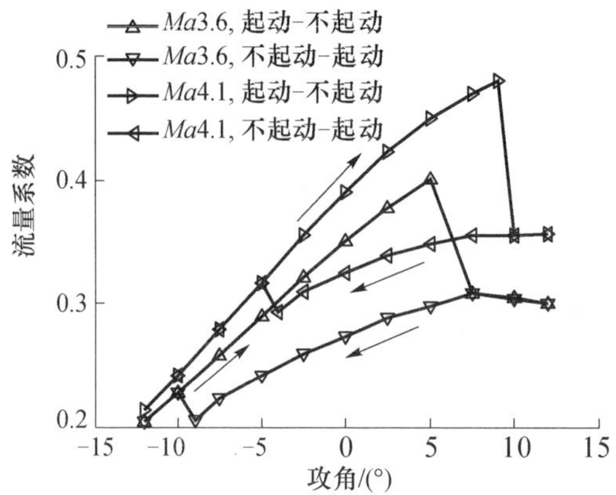

图 2-6 流量系数随来流攻角的变化规律

2.4 双模态超燃冲压发动机燃烧室

双模态超燃冲压发动机的燃烧室是将燃料的化学能转化为热能的部件。经过进气道压缩的高温高压气流进入燃烧室,与发动机供给的燃料进行混合燃烧,将燃料的化学能转化为气流的热能,提高气流的总温,为发动机尾喷管膨胀做功提供必需的气流状态。

为了避免燃烧室过早地出现热阻塞,双模态超燃冲压发动机的燃烧室通常设计成一个扩张型的通道。同时为防止燃烧室内释热造成的高反压前传影响到进气道内的流动,通常在燃烧室和进气道之间设计一个等截面或者略带扩张的通道作为隔离段。当燃烧室内的燃料注入量较小时,燃烧引起的反压不高,不会前传到隔离段内。当燃烧室内的燃料注入量逐渐增加时,燃烧引起的反压也逐渐升高,当反压升高到一定程度以后,就会前传进入隔离段,在隔离段内形成一个预燃激波串,经过进气道压缩后的气流会在预燃激波串中进一步压缩以匹配燃烧室的高反压。随着燃料注入量的进一步增加,预燃激波串的强度不断增强,燃烧室入口的马赫数从超声速逐渐变为亚声速。因此可以说,双模态超燃冲压发动机利用隔离段中的预燃激波串来调节燃烧室和进气道的相互影响,达到其在多种燃烧模态下工作的目的。在超燃模态下,燃烧室内入口气流为超声速;在亚燃模态下,燃烧室入口气流为亚声速。

双模态超燃冲压发动机燃烧室的设计涉及火焰的传播与稳定、点火、燃料喷入和雾化、构型优化、冷却等众多关键技术问题,这些关键技术的突破涉及热力学、化学动力学、燃烧学、气体动力学等诸多学科。对于燃烧室的研究是双模态超燃冲压发动机研究的重中之重。限于篇幅和本书的主旨，这里不对这些问题做详细的论述，简要介绍与燃烧室相关的几个基本概念、燃烧室性能分析方法等。

2.4.1　若干基本概念

燃烧室是燃料和空气进行掺混及燃烧释热的场所。表 2－2 给出若干和燃料与空气掺混燃烧相关的基本概念。

表 2－2　双模态超燃冲压发动机燃烧室若干基本概念

基本概念	定义式	说明
油气比	$f=\dfrac{\dot{m}_{\mathrm{f}}}{\dot{m}_{\mathrm{a}}}$	燃料与空气的质量流量之比，也称燃空比
空燃比	$a=\dfrac{\dot{m}_{\mathrm{a}}}{\dot{m}_{\mathrm{f}}}=\dfrac{1}{f}$	空气与燃料的质量流量之比
化学恰当油气比	f_{st}	燃料与空气恰好完全反应所需的油气比
化学恰当空燃比	$L_{\mathrm{st}}=\dfrac{1}{f_{\mathrm{st}}}$	燃料与空气恰好完全反应所需的空燃比
当量比	$\phi=\dfrac{f}{f_{\mathrm{st}}}$	实际油气比与化学恰当油气比的比值
余气系数	$\alpha=\dfrac{a}{L_{\mathrm{st}}}=\dfrac{1}{\phi}$	实际空燃比与化学恰当空燃比的比值

燃烧室有一个关键的性能参数：燃烧效率。对于燃烧效率的定义有很多种形式。第一种定义方式为燃料实际放热量与理论燃烧的放热量之比，即

$$\eta_{\mathrm{C}}=\frac{(\dot{m}_{\mathrm{f}}+\dot{m}_{\mathrm{a}})c_{p3}T_3^*-\dot{m}_{\mathrm{f}}c_{\mathrm{f}}T_{\mathrm{f}}-\dot{m}_{\mathrm{a}}c_{p2}T_2^*}{\dot{m}_{\mathrm{f}}H_{\mathrm{f}}} \tag{2-29}$$

还可以简单地定义为实际总温升与理论总温升的比值，即

$$\eta_{\mathrm{C}}=\frac{T_3^*-T_2^*}{T_{3,\mathrm{th}}^*-T_2^*} \tag{2-30}$$

还有一个关于燃烧效率的定义方式是用于下面要讲到的燃烧室性能一维分析的。其定义式为

$$\eta_{\mathrm{C}}(x)=\frac{\dot{m}_{\mathrm{r}}(x)}{\dot{m}_{\mathrm{f}}} \tag{2-31}$$

式中　$\dot{m}_{\mathrm{r}}(x)$——x 位置处已经与空气充分混合能够实现燃烧的燃油量。

$\dot{m}_r(x)$通常根据先验知识直接给定或者按照研究者选择的燃烧模型计算得到。该定义反映了整个燃烧过程在燃烧室内部的分布情况。

2.4.2 燃烧室性能分析方法

对于双模态超燃冲压发动机,为了防止燃烧室过早出现热阻塞,通常把燃烧室设计成扩张型的。在进行发动机热力循环分析时,很多时候都将燃烧室内的燃烧流动过程近似成一个等压加热过程。这是对实际燃烧过程的简化,对认识燃烧室的工作特性有所帮助。

然而,随着对双模态超燃冲压发动机特性认识的深入和对发动机性能的不断追求,要求对燃烧室内的燃烧流动过程的数学描述更加接近实际情况。这种情况下,较为通用的一种方法是一维分析方法。它将发动机燃烧室(通常包括隔离段)流道看作一个一维管道,然后利用一维气体动力学方程来求解这个一维管道内的流动,从而获得双模态超燃冲压发动机燃烧室的基本特性。关于一维分析方法的详细介绍参见第4章。

高维的CFD方法可以对发动机进气道、燃烧室和尾喷管中的流动及燃烧过程进行模拟,是进行双模态超燃冲压发动机性能分析的有利工具。在进行燃烧室流场的数值模拟时,选取合理的湍流模型和化学反应模型是提高模拟水平的关键。

2.5 双模态超燃冲压发动机尾喷管

在双模态超燃冲压发动机中,尾喷管的主要作用是将从燃烧室出来的高温高压燃气进行降温降压并加速,即燃气流在尾喷管中进行膨胀后排出发动机。在这个过程中,燃气流的焓转变为动能,高速燃气流从尾喷管喷出时对喷管产生作用力,形成发动机的推力。

尾喷管的性能对整个发动机的净推力影响很大,因此必须对其予以足够的重视。尾喷管的热力过程对应于图2-3中的3-4过程。在理想循环过程分析时,尾喷管中的膨胀过程被看作等熵过程。在双模态超燃冲压发动机实际循环过程中,尾喷管中的流动存在各种各样的损失,如散热损失、摩擦损失、非对称损失、化学非平衡损失、激波损失等。

对于双模态超燃冲压发动机,从燃烧室出来的燃气是超声速的,因此尾喷管采用的是扩张型的构型。同时,为了将推进系统和飞行器进行一体化设计以获得较高的综合气动性能,常常都将喷管设计成非对称的单壁扩张形式。这种非对称的构型会使尾喷管出口气流具有很大的不均匀性,这会对尾喷管流程结构和气动性能等产生影响。

双模态超燃冲压发动机工作在高超声速飞行条件下，自由来流总温很高，经过压缩后进入燃烧室的气流温度较高，这样在燃料燃烧过程中，高温会使部分燃烧产物离解成原子和自由基，离解过程会吸收热量从而降低燃气温度。当燃气流在尾喷管中膨胀时，随着温度和压力的降低，这些离解后的原子和自由基重新复合成燃烧产物并放出热量。由于燃气在尾喷管中的停留时间很短，这种热量的回收作用很有限。

对于尾喷管的性能分析，可以定义和进气道性能分析类似的参数，如总压恢复系数、动能效率、膨胀效率等。

2.6　双模态超燃冲压发动机工作过程的特殊性

双模态超燃冲压发动机工作在高温、高速、高热流、高强度燃烧的极端条件下，此外又要求在很宽的马赫数范围内具有高性能，这使双模态超燃冲压发动机的工作过程变得复杂。同时，双模态超燃冲压发动机没有旋转部件，整个流道只是简单地呈现为一个一维管道。这样，与常规的亚燃冲压发动机相比，双模态超燃冲压发动机的工作过程具有一定的特殊性。

2.6.1　强分布参数特性

随着飞行进入高超声速阶段，激波压缩与超声速燃烧过程面对更大的阻力，热力循环的不可逆损失加大。超声速燃烧过程存在较大的波阻、摩擦阻力，还伴随着较大的辐射散热损失。更为重要的是，超声速燃烧过程面临巨大的瑞利损失，它构成了燃烧室损失的主要部分。由于超声速燃烧加热的损失与流动马赫数平方的指数函数成正比，超声速燃烧本身的不可逆损失要比亚声速燃烧大得多。只有通过高效的燃烧组织，降低超声速燃烧的损失，才能使双模态超燃冲压发动机达到所期望的推力。

常规的亚燃冲压发动机的燃烧过程采用亚声速的燃烧模式，瑞利损失较低，通常具有比较高的燃烧效率和总压恢复，在此情况下，其燃烧性能主要取决于燃料注入的总流量，燃料流量在空间中的分布特性对发动机性能的影响程度远小于超燃冲压发动机。在超燃冲压发动机的能量转换过程中，其能量转换效率和损失等性能参数与流动、燃烧场的组织过程密切相关，需要关注流动、燃烧场的参数分布，通过有效地组织流场参数分布与燃烧释热分布规律的匹配来降低阻力，以此来提高发动机的推力和比冲。这与常规的亚燃冲压发动机相比较，表现出了特殊性，即双模态超燃冲压发动机表现出很强的分布参数特性。

因此，在进行双模态超燃冲压发动机的性能分析中，必须考虑流场参数的分布情况。这就是在双模态超燃冲压发动机燃烧室性能分析时使用一维分析方法的根本原因。同时，对于双模态超燃冲压发动机的控制而言，如果能够控制发动机参数沿空间的分布特性，对于提高双模态超燃冲压发动机的经济性将非常有效。除此之外，控制发动机参数沿空间的分布特性对于发动机的安全也很重要，可以通过合理地控制燃烧释热和流场参数的匹配规律来防止进气道、燃烧室进入不稳定的工作状态。

2.6.2 多模态优化选择

如前所述，双模态超燃冲压发动机能够工作在亚燃和超燃两种燃烧模态。工作在亚燃模态的发动机需要将超声速来流深度压缩到亚声速状态，因此压缩过程会引起很大的熵增，而此时燃烧室内气流马赫数较低，燃烧过程的损失较小。工作在超燃模态的发动机只需要将超声速来流进行部分的压缩，压缩后气流仍为超声速。因此压缩过程引起的熵增较小，但此时燃烧室内的气流马赫数较大，燃烧过程的损失较大[9-11]。

如此可见，亚燃模态和超燃模态各自都具有优势，那么在给定飞行马赫数条件下，双模态超燃冲压发动机工作在哪种模态才能获得更好的性能？这个问题涉及双模态超燃冲压发动机的多模态优化选择，是双模态超燃冲压发动机实际运行时必须考虑的问题。

已有的认识告诉我们：在飞行马赫数较低时，采用亚燃模态具有较高的比冲性能；在飞行马赫数较高时，采用超燃模态具有较高的比冲性能。这是由双模态超燃冲压发动机工作特点给出的定性认识。对于确定构型的发动机，进行燃烧模态优化选择的主要依据是宽马赫数、不同燃烧模态下发动机性能变化规律。

2.7 小结

本章介绍了双模态超燃冲压发动机的基本工作原理，讨论了发动机流动特点和燃烧模态的分类；分析了双模态超燃冲压发动机热力循环过程和能量转换过程，定义了发动机的性能指标；重点给出了双模态超燃冲压发动机三大部件：进气道、燃烧室和尾喷管的基本特性；最后讨论了双模态超燃冲压发动机工作过程的特殊性。

本章得到如下结论：

（1）与其他类型发动机相比，双模态超燃冲压发动机存在强分布参数特性，在对发动机控制问题研究中，需要充分考虑该特性对控制的影响。

（2）由于双模态超燃冲压发动机需要在宽马赫数条件下工作，为了在宽马赫数范围均能够获得较高性能,需要开展模态优化选择。

参考文献

[1] 徐旭. 冲压发动机原理及技术[M]. 北京:北京航空航天大学出版社,2014.

[2] Heiser W, Pratt D, Daley D, et al. Hypersonic airbreathing propulsion[M]. American Institute of Aeronautics and Astronautics, 2010.

[3] 曹瑞峰. 超燃冲压发动机燃烧模态转换及其控制方法研究[D]. 哈尔滨:哈尔滨工业大学,2016.

[4] 常军涛,于达仁,鲍文. 攻角引起的高超声速进气道不起动/再起动特性分析[J]. 航空动力学报,2008,23(5):816 - 821.

[5] 袁化成,梁德旺. 高超声速进气道再起动特性分析[J]. 推进技术,2006,27(5):390 - 393.

[6] 袁化成,梁德旺. 高超声速侧压式模型进气道不起动特性分析[J]. 南京航空航天大学学报,2004,36(6):683 - 687.

[7] Cui T, Yu D, Chang J, et al. Catastrophe model for supersonic inlet start/unstart[J]. Journal of Aircraft, 2009, 46(4):1160 - 1166.

[8] 崔涛. 超燃冲压发动机控制方法研究[D]. 哈尔滨:哈尔滨工业大学,2005.

[9] Cao R, Chang J, Bao W, et al. Analysis of combustion mode and operating route for hydrogen fueled scramjet engine[J]. International Journal of Hydrogen Energy, 2013, 38(14):5928 - 5935.

[10] Cao R F, Chang J T, Tang J F, et al. Study on combustion mode transition of hydrogen fueled dual - mode scramjet engine based on thermodynamic cycle analysis[J]. International Journal of Hydrogen Energy, 2014, 39(36):21251 - 21258.

[11] Yu D R, Tao C, Wen B. Catastrophe, hysteresis and bifurcation of mode transition in scramjet engines and its model[J]. Science in China, 2009, 52(6):1543 - 1550.

第3章 双模态超燃冲压发动机控制问题分析和控制方案

双模态超燃冲压发动机由于其在高超声速段的推力优势,已被证明是未来高超声速飞行器最理想的推进系统。然而,由于双模态超燃冲压发动机同时又包含极其复杂的压缩、燃烧和膨胀等过程,随着飞行环境以及工作状态的改变,其特性也会发生改变甚至跳跃,乃至出现不稳定的危险工况。例如,由于来流条件变化或隔离段反压变化出现的进气道不起动、燃料供应变化导致的燃烧室贫/富油熄火、剧烈燃烧导致的燃烧室壁面温度超限等,都可能引起双模态超燃冲压发动机性能急剧下降进而导致高超声速飞行器飞行失败[1-3]。对双模态超燃冲压发动机进行控制的目的主要有两个:①快速跟踪控制指令以便保证发动机能够适应飞行器的各种飞行状态,体现为对发动机主推力的控制;②保证发动机在各种安全边界内安全可靠地工作,体现为多种危险模式的保护控制。

3.1 双模态超燃冲压发动机控制问题分析

双模态超燃冲压发动机主控制回路是推力控制,并且在工作中存在着很多安全边界,从而发动机控制也存在着诸多限制,在控制中如何处理这些限制因素是一个需要考虑的问题,为此需要首先研究这些限制条件的作用机理。双模态超燃冲压发动机的安全边界限制条件主要包括进气道不起动边界限制、燃烧室壁面温度边界限制、燃烧室贫/富油熄火边界限制等[4]。

3.1.1 推力回路控制问题分析

双模态超燃冲压发动机工作的首要任务是提供高超声速飞行器加速所需推力,因此双模态超燃冲压发动机主推力控制是实现双模态超燃冲压发动机飞行任务的核心技术之一。对于几何不可调发动机而言,推力控制就是通过调节发动机燃油供给量来满足飞行器对发动机的推力要求;对于几何可调发动机,推力控制可以通过同时调节燃油量和发动机几何型面来实现。为了实现高比冲性能,一般情况下,推力控制的基本原则是通过调整不同轴向位置喷嘴的燃油量以最小总燃油量来实现给定的推力要求。对于双模态超燃冲压发动机推力控制来说,主要包括如下几个方面的控制问题:

(1) 双模态超燃冲压发动机的建模问题。双模态超燃冲压发动机推力控制研究的前提是要建立对象的控制模型。对于双模态超燃冲压发动机来说,由于发动机流场和燃烧场非常复杂,要想只通过理论的方式来建立系统准确的数学模型是困难的。对于多点喷射双模态超燃冲压发动机而言,燃油调节规律的复杂多样性,导致发动机推力控制对象的不确定性。因此需要紧密结合试验来对发动机的稳态和动态特性进行分析研究,进而建立控制对象的控制模型。

(2) 推力控制的控制规律如何给定。为了适应宽工况工作范围,双模态超燃冲压发动机采用多点燃油喷射工作方式。多点燃料喷射使得发动机内部流场和燃烧场表现出比较强的分布参数特性。理论上,在保持发动机推力恒定下,多点喷射发动机的燃油可以有多种组合,这对发动机推力控制的研究是极为不利的。因此,双模态超燃冲压发动机推力控制的研究涉及发动机燃油分配规律如何设计的问题以及燃油调节规律在实际中如何实现的问题。

(3) 飞行试验下的发动机推力估计问题。在地面试验时,可以用推力传感器来测量得到试验台架推力。但是双模态超燃冲压发动机在飞行过程中,推力传感器无法继续使用。在地面试验中可以通过测量发动机内部流场的参数(如壁面压力等)来表征发动机的推力性能。在飞行试验时压力测点的数量受到极大的限制,推力如何估计成为发动机飞行试验亟待解决的问题。

3.1.2　进气道不起动保护控制问题分析

超声速进气道不起动是双模态超燃冲压发动机的典型流动现象,是一种由于发动机工作状态改变导致进气道内激波系统改变,从而产生的空气流量突然降低的现象,是一种不非稳定状态,在实际工作中应当尽量避免。引起进气道不起动的因素主要有飞行马赫数过低、攻角过大、隔离段反压过高等。对于双模态超燃冲压发动机不起动保护控制方面的研究,主要包括如下几个方面的控制问题:

(1) 进气道不起动边界的获取。主要通过大量的数值模拟和发动机试验,寻求准确描述进气道不起动边界的参数,给出进气道不起动边界的数学表达式。

(2) 进气道稳定裕度表征方法及其变化特性。研究进气道稳定裕度的不同定义方式之间的差异性和特殊性,获取宽马赫数范围内的稳定裕度特性变化规律,建立稳定裕度和其影响因素之间的数学模型,为开展稳定裕度保护控制回路控制系统设计提供支撑。

(3) 进气道稳定裕度保护控制回路控制系统设计及其地面试验验证技术。构建进气道稳定裕度控制回路，基于所建立的数学模型设计控制系统，进行数值仿真和地面试验，验证控制系统的有效性。

(4) 扩展进气道不起动边界的流动主动控制方法研究。对于进气道不起动保护控制方法而言：一方面可以通过构建保护控制回路防止进气道不起动发生；另一方面可以采用流动主动控制方法扩展进气道不起动边界，增加其稳定裕度，进而防止进气道不起动发生。

3.1.3 超温保护控制问题分析

双模态超燃冲压发动机在工作过程中，燃烧室处于高温环境下，燃料燃烧和气动加热使发动机承受着分布极不均匀的热载荷。采用主动冷却的双模态超燃冲压发动机一般由燃油来冷却，由于可用于燃烧室冷却的燃油流量较小，导致燃烧室工作时壁面温度较高，甚至会接近发动机材料的极限温度值。如果采用被动热防护，会使燃烧室壁面温度更高。由于燃烧室内热流分布极为不均，如果燃烧室内温度过高，会因局部高温而烧损。

根据当前的材料与结构研究及应用现状，能用于双模态超燃冲压发动机结构的材料只能承受一定极限的热应力负荷，这就要求燃烧室内的温度和压力不能超过一定的极限。相关计算表明，双模态超燃冲压发动机燃烧室壁面温度高达2500℃以上。双模态超燃冲压发动机的这些特性使得其结构限制问题尤其突出，因此在发动机设计之初以及发动机控制过程中，都需要加以考虑，防止对结构造成的局部冲击和破坏。对于双模态超燃冲压发动机超温保护控制方面的研究，主要包括如下几个方面的控制问题：

(1) 燃烧室壁面温度的估计方法。对于被动冷却双模态冲压发动机来说，需要发展高温热电偶技术，实时监测燃烧室壁面温度；对于主动冷却双模态冲压发动机来说，需要建立相应的数学模型，结合主动冷却燃油的实测温度，发展相应的燃烧室壁面温度估计方法。

(2) 燃烧室超温保护控制方法。对于被动冷却双模态冲压发动机来说，需要研究燃烧室超温保护控制策略及控制方法；对于主动冷却双模态冲压发动机来说，在考虑超温保护控制的同时，还需结合进气道不起动保护控制需求，考虑二者之间耦合给出超温保护控制策略和控制方法。

3.1.4 燃烧室贫/富油熄火限制

在双模态超燃冲压发动机加速阶段，必须给双模态超燃冲压发动机喷入更多的燃料以便得到更大的推力。但是燃料喷入量过多，会发生“吹熄”现象，即出现富油熄火状态，这是发动机在工作中应当尽量避免的。燃料喷射通常都是基于燃料当量比或燃空比来供应的,从而需要对燃料当量比上界做出限制,以防止发生富油熄火;此外,从结构安全角度考虑,也需要限制燃料当量比上限,避免释热过度从而造成进气道不起动现象出现。同时也需要对燃料当量比的下界做出限制,以防止出现贫油熄火状态。即只有将燃料当量比限制在一定范围内,双模态超燃冲压发动机才能稳定可靠地工作。双模态超燃冲压发动机的贫/富油燃空比限制可以包含在发动机的推力控制回路当中,也可以单独对其进行限制。

3.2　双模态超燃冲压发动机控制方案

3.2.1　美国 X－51A 控制方案分析

图 3－1 和图 3－2 分别给出了美国 X－51A 第一次飞行试验中加速度和燃油泵转速随时间的变化规律。从图中可以看出,从第 40s 发动机点火开始直至第 160s,由于外界干扰发动机的实际加速度一直在下降,在这期间,发动机的燃油泵转速一直保持不变。这表明,发动机推力回路为开环控制,飞行器马赫数回路为开环控制,并没有由于推力下降和加速度下降进而调节燃油泵转速及燃油流量。如果发动机推力采用闭环控制,推力和预定加速度比设定值低,控制系统将会增加燃油泵转速和燃油流量,此时将会加剧进气道不起动的发生。从这个意义上说,采用发动机推力闭环控制策略必须考虑进气道稳定裕度控制,保证发动机可靠安全。也就是说,发动机推力闭环控制和进气道稳定裕度控制是天生耦合在一起的。

从图 3－1 中可以看出,发动机在第 160s 出现了进气道不起动现象,导致飞行器加速度急剧降低,此时发动机燃油泵转速降低导致进入燃烧室的燃油流量降低,燃烧室反压降低,进气道重新起动,飞行器加速度由负值变为正值,而且比之前的加速度数值要大,更接近于给定值。这表明,控制系统具备进气道不起动监测功能,同时具备进气道再起动控制功能。在同样的燃油流量下,进气道不起动前和进气道再起动后飞行器加速度存在较大差异,这表明,双模态超燃冲压发动机燃烧室的燃烧组织不仅与来流条件和燃油流量大小有关,也与燃油流量的变化路径有关。

3.2.2　推力调节/安全保护切换控制方案提出

控制系统是双模态超燃冲压发动机的重要组成部分,其主要功能是快速跟踪控制指令保证发动机能够适应飞行器的飞行状态,并且保证发动机稳定可靠地工作。控制系统包括多种控制回路(存在多种控制任务)、推力控制回路和危险模式

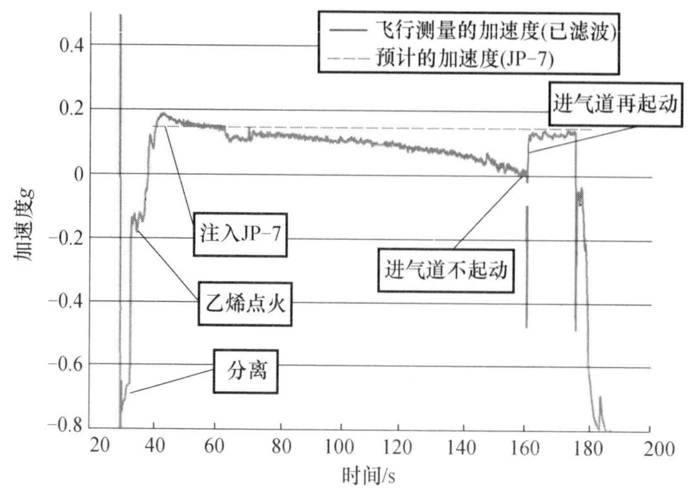

图 3-1 美国 X-51A 第一次飞行试验加速度随时间的变化规律

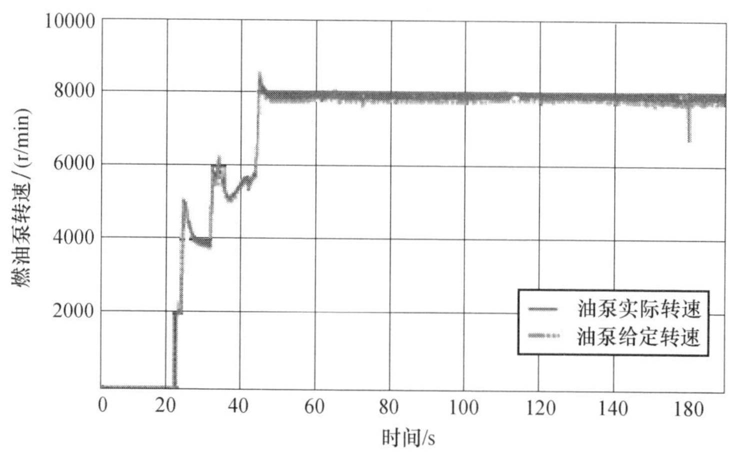

图 3-2 美国 X-51A 第一次飞行试验燃油泵转速随时间的变化规律

保护控制回路。其中发动机危险模式主要包括进气道不起动、燃烧室壁面超温、贫/富油熄火等。对于固定几何结构的双模态超燃冲压发动机，控制变量只有燃油流量及燃油喷嘴之间的分配比例。如何保证双模态超燃冲压发动机处于安全模式，并能够跟随控制指令是非常重要的。

要保证发动机始终处于安全模式，通常的解决思路可以分为两类：①发动机各危险模式保护控制回路采用开环控制，即通过各保护控制回路被控量和燃油流量之间的关系，根据控制总体要求的发动机保护回路裕度设定值，换算出各保护回路对燃油流量的限制值，从而实现各危险模式的保护控制。②发动机各保护控制回路采用闭环控制,即通过实时测量发动机各保护回路的裕度值,实现发动机各保护回路的闭环控制。发动机控制系统作为各个子控制回路的上级控制,需要根据飞行器的飞行状态,对各个控制回路进行调度和切换,各个子控制回路之间如何进行切换是发动机控制的重要研究内容。需要引入切换控制的相关研究成果解决发动机调节/保护多回路切换控制面临的稳定性、动态性能等问题,从而保证发动机的可靠稳定运行[5-8]。

快速性和安全性是双模态超燃冲压发动机控制系统设计的主要矛盾。从控制功能实现的角度,在飞行包线内根据控制指令与飞行条件变化,双模态超燃冲压发动机控制系统需满足两大功能要求:①保证发动机在各种情况下能提供所需的推力,即实现发动机实际推力跟随推力指令;②保证发动机在宽空域、各种变工况条件下均能实现稳定可靠地工作,即各种安全边界保护控制。基于此,提出了一种双模态超燃冲压发动机推力调节/安全保护多回路切换控制方案(图 3-3),该方案由两部分组成:

(1) 多回路分解。将发动机控制系统快速响应性能要求与安全性间的矛盾拆解为多个相互独立的子控制回路,即主推力控制子回路与进气道保护控制、温度保护控制、贫/富油熄火保护控制等多个安全保护控制子回路。其中,设计推力控制子回路时以满足快速响应性要求为主,设计保护控制子回路时以满足安全性要求为主。

(2) 切换逻辑和切换规则。切换逻辑定义了各子回路自身切入(出)闭环回路工作的判定条件,以及各子回路间交替工作的协调性准则。切换规则使得控制系统在执行切换逻辑时,可保证每种控制模式的切换过程都能获得平滑的控制信

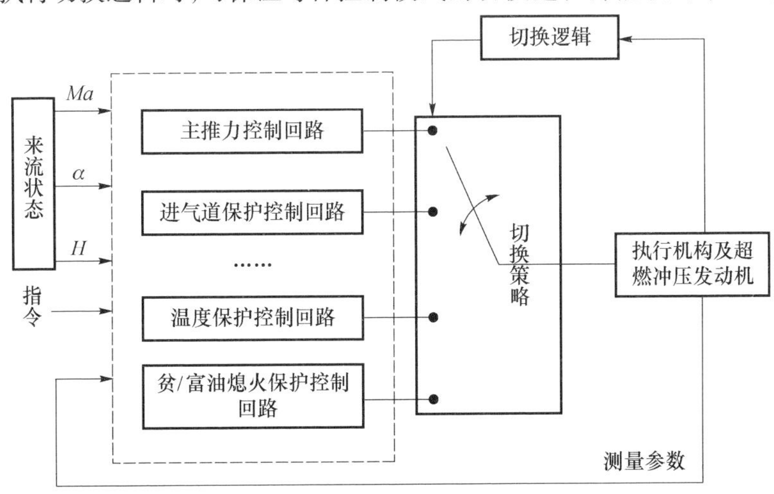

图 3-3　双模态超燃冲压发动机控制系统框图

号变化(平稳的发动机性能过渡),不发生性能跳跃或突变。

多回路分解是问题解决的前提和基础,切换逻辑是调节/保护控制的内涵和实施目标,而切换规则是调节/保护控制方案可实现的关键和根本保障。三者缺一不可,只有这三方面都得到科学合理的考虑和设计,才能最终实现双模态超燃冲压发动机推力调节/安全保护多回路切换控制问题的有效解决[9,10]。

3.2.3 控制回路组成及分析

1. 发动机主推力控制

推力表征是双模态超燃冲压发动机主推力控制的一个关键问题。对于一个吸气式发动机而言,在大气中飞行时是很难直接进行推力测量的,因此必须采用其他的一些易测物理量来表征发动机推力。涡喷发动机转子转速与发动机推力存在一定的正比关系,因此采用转速来表征推力;常规的亚燃冲压发动机燃烧室压力与发动机推力存在一定的正比关系,因此采用燃烧室压力来表征推力。如前所述,双模态超燃冲压发动机没有旋转部件,同时具有很强的分布参数特性,发动机任何截面上的参数都难以用来表征发动机推力。大量研究发现,双模态超燃冲压发动机燃烧室壁面压力的积分值与发动机推力存在一定的正比关系,因此在双模态超燃冲压发动机推力控制系统设计中,常采用燃烧室壁面压力积分来表征推力。

由前面分析可知,双模态超燃冲压发动机存在很强的分布参数特性,发动机燃烧状态随着来流条件的变化不断变化。在低马赫数飞行阶段,进气道稳定裕度较低,燃烧室前段释热较强,极易引起进气道不起动,因此需要将主要释热区布置在燃烧室后段。随着飞行马赫数的增大,在确保进气道安全的情况下释热区域可以逐渐前移。这样,推力控制系统就要根据发动机来流条件和飞行器推力需求的不断变化,实时调节发动机燃油流量来确保较优的释热分布,实现比冲的最大化。此外,在不同燃烧模态下,双模态超燃冲压发动机存在一定差异,即发动机具有较强的非线性特性,在控制器设计过程中需要考虑发动机特性随飞行状态的变化。

综合上面对推力控制系统的论述,双模态超燃冲压发动机推力控制结构框图如图 3-4 所示。推力控制系统根据发动机飞行状态(飞行马赫数、高度、攻角等)和燃烧室燃烧状态,进行性能优化,进而得到在当前条件下能够实现推力需求的最佳燃油分配方案。

2. 进气道不起动保护控制

进气道不起动是双模态超燃冲压发动机进气道的重要流动现象,无论是在设计状态还是在非设计状态,进气道能否正常起动工作、发挥其正常功能对整个推进系统性能都起着关键性的作用。进气道不起动必然会制约整个推进系统功能的发挥和性能的提高,甚至会使发动机不能产生推力,易引起动载荷,造成结构破坏,同

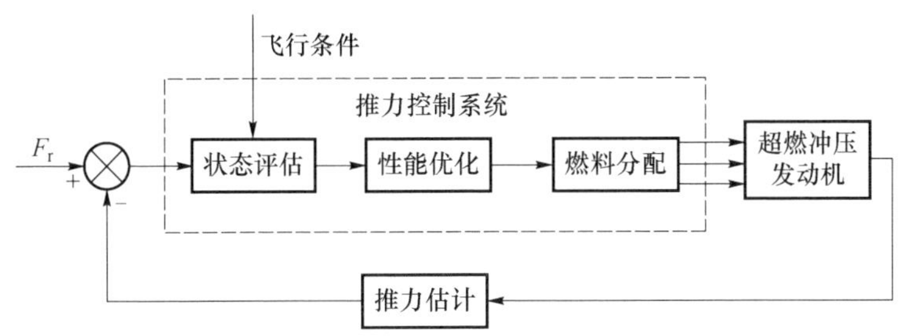

图 3-4　双模态超燃冲压发动机推力控制结构框图

时使飞行器更加难以控制。另外,进气道从起动到不起动的时间短,燃料喷射来不及变化,易造成燃烧室过热或熄火。因此双模态超燃冲压发动机进气道不起动保护是一个重要的限制条件。双模态超燃冲压发动机的控制系统必须实时监控进气道的起动状态并对其进行控制[11]。

进气道保护控制的核心问题是进气道起动状态的实时监测和进气道当前工作状态距离不起动边界裕度(即进气道稳定裕度)的实时估计。进气道的稳定裕度通常采用进气道和隔离段的压力来表征。

双模态超燃冲压发动机进气道不起动保护控制系统结构框图如图 3-5 所示。进气道不起动保护控制的基本思想是:当发动机进气道稳定裕度大于给定的稳定裕度时,发动机主推力控制系统正常工作,不起动保护控制系统不起作用。当由于某些原因导致进气道稳定裕度小于给定的稳定裕度时,发动机将按照给定的稳定裕度进行控制。

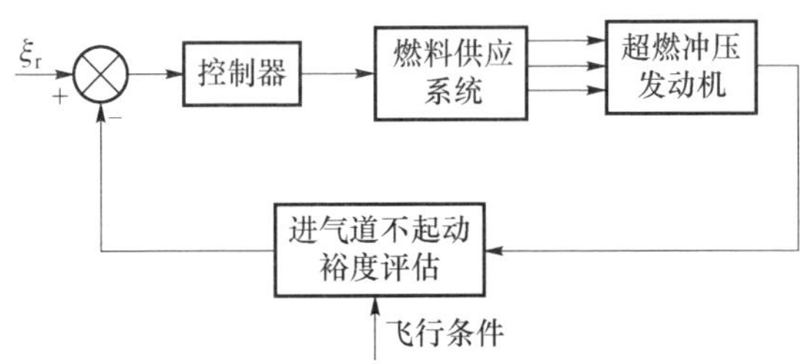

图 3-5　双模态超燃冲压发动机进气道不起动保护控制系统结构框图

进气道保护控制系统的动态响应速度和超调对发动机性能及运行可靠性有着很大影响。控制器的动态超调和稳态调节偏差越小,给定的稳定裕度就可以越小,这样就能够得到更好的推进性能,否则由于控制器设计限制会导致发动机性能下降。

3. 燃烧室超温保护控制

双模态超燃冲压发动机工作在高马赫数下,因此来流总温很高,再加上燃料燃烧释放的热量，燃烧室内的工作温度很高，如果在工作过程中不考虑材料的温度限制，极有可能出现严重的超温问题。发动机一旦发生超温，将会大大缩短其工作寿命，甚至会在短时间烧毁发动机，从而导致飞行任务失败。因此，必须对双模态超燃冲压发动机采取超温保护控制。

双模态超燃冲压发动机超温保护控制系统结构框图如图 3 – 6 所示。超温保护控制的基本思想是：当发动机壁面最高温度没有超过材料温度限制时，发动机超温保护控制不起作用。当发动机壁面最高温度超过了材料温度限制时，发动机燃油流量将按照材料温度限制值乘以相应的安全裕度进行控制，即控制发动机壁面最高温度不超过给定的温度值。

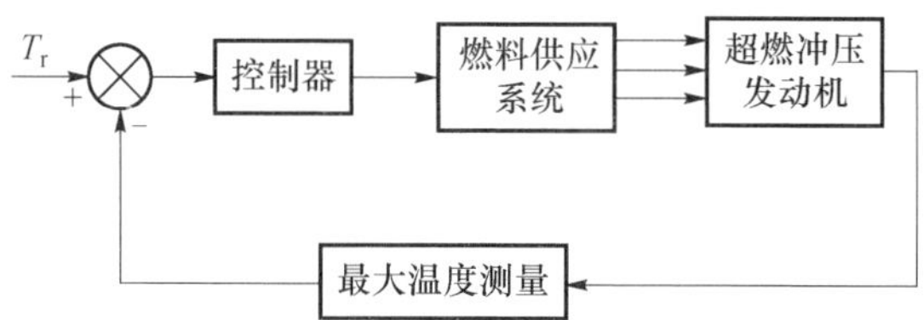

图 3 – 6　双模态超燃冲压发动机超温保护控制系统结构框图

超温保护控制的一个核心问题是最大温度发生位置的预测。由于双模态超燃冲压发动机存在很强的分布参数特性，在不同飞行条件下，发动机燃烧室内最大温度发生位置存在很大差异，这使得超温保护控制必须采用多个温度传感器来采集燃烧室轴向多个位置的温度。为了采用尽量少的温度测点，在超温保护控制系统设计时需要对发动机燃烧特性进行大量分析，并采用优化算法进行测点优选。

除了上面论述的主推力控制、燃烧模态转换控制、进气道稳定裕度保护控制和超温保护控制外，双模态超燃冲压发动机还存在其他控制任务，如采用主动热防护的发动机需要考虑热流超标保护控制、进气道再起动控制等[12,13]。

为研究问题方便，后续内容将以双模态超燃冲压发动机推力控制和进气道安全保护控制两个回路为例，研究两个回路的切换规则及切换策略，所得到结果也可推广到双模态超燃冲压发动机多个控制回路之间的切换。双模态超燃冲压发动机推力调节/进气道保护双回路切换控制方案的基本思想是：当发动机进行正常的工作（推力调节）时，利用所提出表征发动机进气道状态的安全裕度监测进气道的工作状态，根据安全裕度的大小实时判断发动机进气道工作状态是否安全，若安全裕度越过所设定安全边界，则立即激活（切换到）进气道稳定裕度保护控制回路进行进气道保护控制。图 3 – 7 是发动机推力调节/进气道保护双回路切换控制系统基本框图。

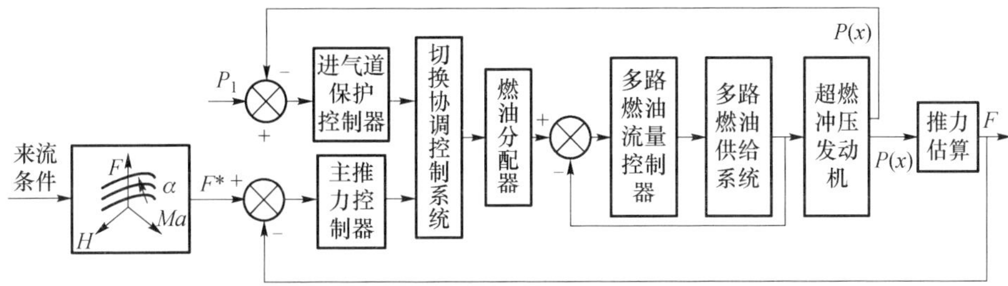

图 3 - 7　双模态超燃冲压发动机推力调节/进气道保护双回路切换控制系统基本框图

3.3　小结

本章重点分析了双模态超燃冲压发动机主推力控制回路和极限工作状态，主要包括进气道不起动边界、贫/富油熄火边界和超温边界等，在对 X - 51A 飞行试验控制系统方案分析的基础上，提出了双模态超燃冲压发动机多模式切换控制方案：

（1）该控制方案的核心思想在于将双模态超燃冲压发动机的控制指标进行分解，一个是快速性指标，一个是安全性指标。针对不同性能指标设计不同的控制回路来满足发动机要求，通过合适的协调切换策略保证发动机的高效可靠工作。

（2）该控制方案包括发动机主推力控制、进气道不起动保护控制和燃烧室超温保护控制等多个控制回路。

参考文献

[1] 姚照辉．考虑飞/推耦合特性的超燃冲压发动机控制方法研究[D]．哈尔滨：哈尔滨工业大学，2010.

[2] 于达仁，常军涛，崔涛，等．超燃冲压发动机控制方法[J]．推进技术，2010，31(6)：764 - 772.

[3] 刘晓锋．航空发动机调节/保护系统多目标控制问题研究[D]．哈尔滨：哈尔滨工业大学，2008.

[4] Yao Z, Bao W, Jiao H, et al. Modeling for coupled dynamics of integrated hypersonic airbreathing vehicle and engine[C]//AIAA/ASME/SAE/ASEE Joint Propulsion Conference & Exhibit. AIAA Paper 2009 - 5431, 2009.

[5] 高耸．超燃冲压发动机推力控制系统设计[D]．哈尔滨：哈尔滨工业大学，2010.

[6] 齐义文．超燃冲压发动机无扰切换控制方法研究[D]．哈尔滨：哈尔滨工业大学，2012.

[7] Bao W, Qi Y, Yu D, et al. Bumpless switching scheme design and its application to hypersonic vehicle model [J]. International Journal of Innovative Computing Information & Control, 2012, 8(1): 677 - 689.

[8] Qi Y, Bao W. Switching performance optimal controller design for hypersonic vehicle model[C]//International Symposium on Systems and Control in Aeronautics and Astronautics. IEEE, 2010: 137 - 142.

[9] Bao W, Qi Y, Zhao J, et al. Robust dynamic bumpless transfer: An exact model matching approach[J]. IET

Control Theory & Applications,2012,6(10):1341 - 1350.

[10] Qi Y,Wen B. Dynamic bumpless transfer:an exact model matching approach[J]. International Journal of Hydrogen Energy,2014,39(36): 21251 - 21258.

[11] Cao R,Chang J,Tang J,et al. Switching control of thrust regulation and inlet unstart protection for scramjet engine based on min strategy[J]. Aerospace Science & Technology,2015,45(2):484 - 489.

[12] Bao W,Qi Y,Chang J,et al. Multi - objective regulating and protecting control for ducted rocket using a bumpless transfer scheme[J]. Proceedings of the Institution of Mechanical Engineers Part G Journal of Aerospace Engineering,2013,227(2):311 - 325.

[13] Qi Y,Bao W,Zhang Q,et al. Command switching based multiobjective safety protection control for inlet buzz of scramjet engine[J]. Journal of the Franklin Institute,2015,352(11):5191 - 5213.

第4章 双模态超燃冲压发动机控制模型

在双模态超燃冲压发动机研制过程中，数学模型发挥着极其重要的作用。特别是对于发动机控制方法研究来说，一个合理有效的发动机数学模型会使研究工作达到事半功倍的效果。双模态超燃冲压发动机是一个极度复杂的动力学系统，它涉及气体动力学、热力学、燃烧学等多个学科，建立一个准确的双模态超燃冲压发动机数学模型是一个非常复杂的问题。已有分析发现，与控制系统执行机构的动态相比，双模态超燃冲压发动机本身的时间常数很小，在进行发动机控制研究时，可以将双模态超燃冲压发动机特性看作一个稳态增益。

本章首先提出建立一个合理有效且准确的数学模型的重要性，在分析双模态超燃冲压发动机的分布参数特性以后，综合对比分析不同维度数学模型的优缺点，认为一维简化在控制问题研究中有重要意义。在控制的时间尺度方面，讨论了激波的低频动态响应、熵波、声波的传播滞后频带、燃烧延迟时间等，并提出利用控制理论的频域分析与频域截断技术把复杂的双模态超燃冲压发动机控制问题简化的思想，最后在被控变量选择问题上讨论了发动机推力与进气道稳定裕度等参数。

4.1 双模态超燃冲压发动机稳态数学模型

在常规的涡喷、涡扇和亚燃冲压发动机研究过程中，一般都采用集中参数方法进行分析[1]。这种方法将发动机各个部件看作一个整体，以部件连接处的参数为发动机特性参数对发动机整体性能进行分析。这种方法的一个突出特点是不需要关注流动参数在空间上的分布，发动机性能只取决于若干个有限的截面参数。双模态超燃冲压发动机的强分布参数特性已在 2.6.1 节中详细介绍。

因此如果能够控制发动机参数沿空间的分布特性，对于提高双模态超燃冲压发动机的经济性将非常有效。除此之外，控制发动机参数沿空间的分布特性对于发动机的安全也极为重要，可以通过合理控制燃烧释热和流场参数的匹配规律来防止进气道、燃烧室进入不稳定的工作状态。对此物理问题进行抽象，提炼出的控制问题可归结为通过改变燃烧释热的连续分布来控制发动机流场参数分布，属于分布参数控制问题的范畴。对具有分布参数特性的发动机进行数学建模必须考虑到这种分布参数特性对发动机性能的影响。由分布参数系统相关理论可知，一个分布参数系统在本质上是一个无穷维系统，因此在双模态超燃冲压发动机燃烧过程建模时，我们要做的就是如何实现对它的降维，即如何选择合理的数学模型维数[2]。

4.1.1 数学模型的维数选择

首先分析零维的情况。双模态超燃冲压发动机工作机理复杂，仅因少数特征截面的参数难以准确描述超声速流场与燃烧场的状态，容易提供给控制系统不可靠的信息，无法完成控制要求。实际中是依靠发动机参数的空间分布特性来可靠识别超声速流场与燃烧场的状态，并与之对应地采取分布测量的方法来实现。因此如果采用零维方法来准确描述分布参数对象的控制特性将造成状态维数、控制维数的极大提高（相当于必须以足够致密的网格进行离散化近似），由此引起控制系统结构异常复杂、控制算法计算量过大、传感器测量信息过多等问题，大大增加了控制系统计算容量、速度和可靠性的要求，技术上难以实现。并且由于引入过多测量反馈量（如将大部分壁面压力作反馈），将导致反馈量大于控制量（有限点喷射燃油）而出现系统不可控的问题。

其次分析二维、三维的情况。由于实际的双模态超燃冲压发动机燃烧室流场非常复杂，从计算流体力学角度看，二维、三维的方法在计算时难以得到满意的效果。而从控制系统设计角度考虑，即使二维、三维的方法在计算时能够满足实际的精度，仍难以作为控制模型来设计控制规律，这受限于控制理论发展水平、设计实现技术、检测技术以及数值的实时性等。

分析了零维、二维和三维控制的性能与可行性限制，再来讨论一维控制的合理性。目前对于双模态超燃冲压发动机气动热力场参数的控制主要建立在对大量试验数据充分分析的基础上。在这个意义下，基于试验数据修正的一维方法具有较大的实用性，而试验中沿着燃烧室壁面测得的大量精确、可靠的静压等数据可以利用。事实上，这些静压数据包含燃烧过程的许多信息，如燃点位置、等压分离、燃烧效率和推力等。从双模态超燃冲压发动机流场与燃烧场分析的角度看，一维分析方法是折中使用的有效方法。从双模态超燃冲压发动机控制的角度看，针对系统一维模型的控制技术已取得较大进展，相关的解析方法特别是数值方法已能处理部分复杂对象的分布参数控制[3-5]。另外，一维方法因为反映了发动机流场的主特征信息（截面特征的平均化）而比较符合控制的宏观性与可控可检测性特点。至于一维简化引起的性能误差（截面平均参数误差在15%以内）与不确定问题，控制理论有较为完善的鲁棒分析与设计技术专门处理。这均表明一维控制具有必要性与可操作性。

4.1.2　发动机一维模型

在这种情况下,一维模型得到广泛研究和发展。一方面,一维模型能够克服零维模型(等压燃烧)无法准确描述分布参数特性的不足;另一方面,与高维模型相比,一维模型具有较快的运算速度,同时适中的精度也能够满足工程研究需要。

一维模型不考虑发动机具体构型,而是把它当成一个一维管道来考虑。这样就可以运用较为简单的一维气体动力学方程来描述双模态超燃冲压发动机内部的流动情况。在给定发动机几何构型、来流条件和燃料注入条件的情况下,通过求解一维气体动力学控制方程获得发动机燃烧室内流动参数沿发动机轴向的分布情况,然后通过流动参数的情况估算得到发动机性能参数。同时利用流动参数的分布情况可以获得双模态超燃冲压发动机其他一些特性,如进气道起动特性、燃烧模态转换特性等。按照一维流动控制方程形式上的不同,双模态超燃冲压发动机一维模型可以分为两类:基于偏微分方程的一维模型和基于常微分方程的一维模型[6-10]。

一维模型通常会考虑如下物理效应:

(1) 燃料喷入带来的质量添加;

(2) 壁面摩擦;

(3) 壁面散热;

(4) 流道截面积变化;

(5) 化学反应;

(6) 气体组分变化;

(7) 变比热容特性。

基于偏微分方程的一维模型最早由 Bussing 等提出,它是由二维纳维 - 斯托克斯方程中令 $\partial/\partial y=0$ 化简得到的非定常准一维流动控制方程。经过众多研究者的不断发展,更多影响因素被添加到基于偏微分方程的一维模型控制方程中,以更加准确描述发动机工作过程。一个较为完善的基于偏微分方程一维模型控制方程基本形式为

$$\frac{\partial \boldsymbol{U}}{\partial t}+\frac{\partial \boldsymbol{F}}{\partial x}=\boldsymbol{H} \tag{4-1}$$

其中:

$$\boldsymbol{U}=\begin{bmatrix}\rho Y_i A\\ \rho v A\\ \rho E A\end{bmatrix} \tag{4-2}$$

$$\boldsymbol{F}=\begin{bmatrix}\rho Y_i v A\\ (p+\rho v^2)A\\ (p+\rho E)vA\end{bmatrix} \tag{4-3}$$

$$\boldsymbol{H}=\begin{bmatrix}\dot{\omega}_i A+\dfrac{\mathrm{d}\dot{m}_i}{\mathrm{d}x}\\ p\dfrac{\mathrm{d}A}{\mathrm{d}x}-\dfrac{\rho v^2}{2}\dfrac{4A}{D}C_{\mathrm{f}}+u_{\mathrm{m,x}}\dfrac{\mathrm{d}\dot{m}_{\mathrm{f}}}{\mathrm{d}x}\\ \dfrac{\mathrm{d}\dot{Q}}{\mathrm{d}x}-\dfrac{d\dot{Q}_{\mathrm{loss}}}{\mathrm{d}x}+h_{\mathrm{t,f}}\dfrac{\mathrm{d}\dot{m}_{\mathrm{f}}}{\mathrm{d}x}\end{bmatrix} \tag{4-4}$$

$$E=\frac{p}{\rho(\gamma-1)}+\frac{v^2}{2} \tag{4-5}$$

基于常微分方程的一维模型最早是由 Shapiro 和 Herser 等提出。该方法假设流动为定常流动，通过联立质量、动量、能量守恒方程和状态方程、马赫数定义式等来求解气流参数沿空间的分布情况。与基于偏微分方程的一维模型一样，众多研究者不断发展，将更多的影响因素添加到基于常微分方程的一维模型控制方程中，以更加准确描述发动机工作过程。一个较为完善的基于常微分方程的一维模型控制方程基本形式为

$$\frac{1}{\rho}\frac{\mathrm{d}\rho}{\mathrm{d}x}+\frac{1}{A}\frac{\mathrm{d}A}{\mathrm{d}x}+\frac{1}{v}\frac{\mathrm{d}v}{\mathrm{d}x}=\frac{1}{\dot{m}}\frac{\mathrm{d}\dot{m}}{\mathrm{d}x} \tag{4-6}$$

$$\frac{1}{v}\frac{\mathrm{d}v}{\mathrm{d}x}=-\frac{1}{\rho v^2}\frac{\mathrm{d}p}{\mathrm{d}x}-\frac{2C_{\mathrm{f}}}{D}-\frac{(1-\varepsilon)}{\dot{m}}\frac{\mathrm{d}\dot{m}}{\mathrm{d}x} \tag{4-7}$$

$$c_p\frac{\mathrm{d}T}{\mathrm{d}x}=-\sum_i h_i\frac{\mathrm{d}Y_i}{\mathrm{d}x}-v\frac{\mathrm{d}v}{\mathrm{d}x}+\frac{1}{\dot{m}}\sum_i\left(h_{t,i}\frac{\mathrm{d}\dot{m}_i}{\mathrm{d}x}\right)_{\mathrm{add}}-\frac{2C_{\mathrm{f}}(h_{\mathrm{aw}}-h_{\mathrm{w}})}{DPr^{2/3}}-\frac{h_{\mathrm{t}}}{\dot{m}}\frac{\mathrm{d}\dot{m}}{\mathrm{d}x} \tag{4-8}$$

$$\frac{1}{p}\frac{\mathrm{d}p}{\mathrm{d}x}=\frac{1}{\rho}\frac{\mathrm{d}\rho}{\mathrm{d}x}+\frac{1}{T}\frac{\mathrm{d}T}{\mathrm{d}x}-\frac{1}{W}\frac{\mathrm{d}W}{\mathrm{d}x} \tag{4-9}$$

$$\frac{\mathrm{d}Y_i}{\mathrm{d}x}=\frac{\dot{\omega}_i W_i A}{\dot{m}}+\frac{1}{\dot{m}}\frac{\mathrm{d}\dot{m}_{i,\mathrm{add}}}{\mathrm{d}x}-\frac{Y_i}{\dot{m}}\frac{\mathrm{d}\dot{m}}{\mathrm{d}x} \tag{4-10}$$

基于偏微分方程的一维模型求解最常用的方法是麦科马克(MacCormack)方法,这种方法是一种显式有限差分方法,它采用时间推进解法,应用起来较为方便。而基于常微分方程的一维模型通常采用龙格-库塔法沿着 x 方向进行积分,即可获得所有参数沿燃烧室长度方向的分布。基于常微分方程的一维模型在数值求解上要比基于偏微分方程的一维模型简单,并且在模型求解时更容易加入一些描述物理效应的经验关系式,因此得到了更多的关注和发展。

但在求解基于常微分一维气体动力学方程组过程中存在一个很大的困难:数学奇异性,其具体形式为

$$\frac{1}{Ma}\frac{\mathrm{d}Ma}{\mathrm{d}x}=\frac{1}{1-Ma^2}G(x) \tag{4-11}$$

从式(4-11)可以看出,即当流动达到声速状态时(通常为从亚声速到超声速的跨声速过程),控制方程右边分母为0,出现“奇点”。这种数学奇异性会导致求解发散。控制方程出现奇异性的物理本质是超声速流动和亚声速流动中的信息传递方式存在根本性不同。在超声速气流中,上游的信息能够影响下游,而下游的信息无法传递到上游,这时采用从上游到下游的推进格式进行求解是合适的。当发生热阻塞时,燃烧室上游出现亚声速区域,下游的信息会向上游传递而影响上游的流动,如果此时仍然采用从上游到下游的推进格式进行求解,就会违背流动的物理本质[11,12]。

从微分方程的形式来看,超声速流动的控制方程是双曲型偏微分方程,亚声速流动的控制方程是椭圆型偏微分方程。而双模态超燃冲压发动机燃烧室内的流动为跨声速流动,其流场是既含有亚声速区域又含有超声速区域的混合型流场。亚声速区域和超声速区域的分界点是声速点。在求解以前,声速点的位置是未知的,需要求解混合型偏微分方程,这就给跨声速流动的数值求解带来困难。

从微分方程求解来看,超声速流动的求解是一个初值问题,而跨声速流动的求解是一个边值问题,声速点参数是方程的一个边值条件。

为了克服双模态超燃冲压发动机燃烧室一维分析过程中遇到的奇异性问题,研究者进行了很多努力。目前主要有两种方法来求解该问题。第一种方法的核心思想是根据流道面积和物理条件,利用式(4-11)确定流道中可能存在的声速点位置。如果确定该条件下存在声速点,则利用式(4-12)(即对于0/0的不定式,采用洛必达法则)求解声速点的导数,然后将该点当作求解方程的初始条件,从该

点开始分别向上下游进行积分求解。该方法需要采取很强的假设,忽略很多影响因素,只能处理较为简单的情形,即

$$\left(\frac{1}{A}\frac{\mathrm{d}A}{\mathrm{d}x}\right)_s=\frac{\gamma+1}{2}\left(\frac{1}{T_t}\frac{\mathrm{d}T_t}{\mathrm{d}x}\right)_s \tag{4-12}$$

$$\left(\frac{\mathrm{d}Ma}{\mathrm{d}x}\right)_s=\frac{\left(\frac{\mathrm{d}G}{\mathrm{d}x}\right)_s}{-2\left(\frac{\mathrm{d}Ma}{\mathrm{d}x}\right)_s} \tag{4-13}$$

第二种方法是通过分析方程的性质,利用变量代换的方法来消除数学奇异性。式(4-11)可以变形为

$$\frac{\mathrm{d}(Ma-1)^2}{\mathrm{d}x}=-\frac{2Ma}{(Ma+1)}G(x) \tag{4-14}$$

从式(4-14)可以看出:当 $G<0$ 时,马赫数远离1;当 $G>0$ 时,马赫数趋向于1。这样,当燃烧室内释热量不足以产生热阻塞时,整个流道内的马赫数都将大于1,即 $(Ma-1)^2$ 保持为一个正数,这意味着在该条件下发动机工作在超燃模态。当加入燃烧室的热量足以导致热阻塞发生时,发动机将工作在亚燃模态。如前所述,此时整个流道内的流动为跨声速流动,即气流初始状态为亚声速,随着向前流动逐渐达到声速并最后成为超声速。此时 $(Ma-1)^2$ 除了在声速点处等于0外将始终大于0。为了实现跨声速,在声速点之前必须有 $G<0$,在声速点处必须有 $G=0$,在声速点之后必须有 $G>0$。这样,则在声速点之前必然有 $\mathrm{d}(Ma-1)^2/\mathrm{d}x>0$,在声速点之后必须有 $\mathrm{d}(Ma-1)^2/\mathrm{d}x<0$。特别需要注意的是,只有在声速点 $Ma1$ 的地方才有 $(Ma-1)^2=0$ 和 $\mathrm{d}(Ma-1)^2/\mathrm{d}x=0$ 成立。

基于上面的分析,可令

$$S=(Ma-1)^2 \tag{4-15}$$

则式(4-14)可变为

$$\frac{\mathrm{d}S}{\mathrm{d}x}=-\frac{2Ma}{(Ma+1)}G(x) \tag{4-16}$$

可以看出式(4-16)在声速点并不具有数学奇异性。这样就可以实现对一维模型的稳定求解。

图4-1给出了双模态超燃冲压发动机一维模型的计算结果和试验结果的对比。由此证明一维模型能够描述发动机的基本工作特性,可以采用一维模型来开展发动机控制问题研究。

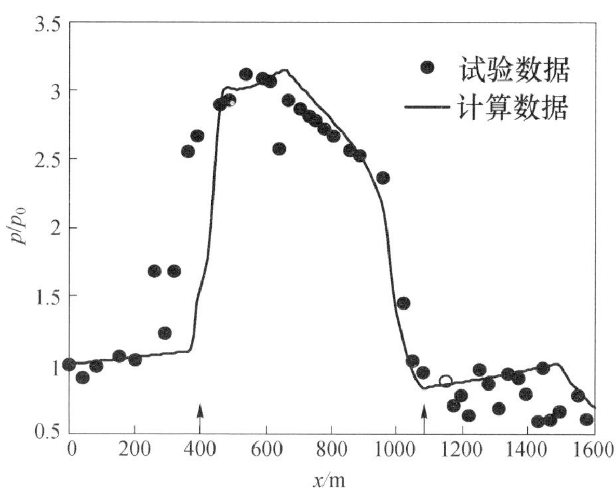

图 4-1　双模态超燃冲压发动机燃烧室压力分布

4.2　双模态超燃冲压发动机控制模型时间尺度分析

由于双模态超燃冲压发动机是典型且复杂的分布参数，目前对其完整的动态特性还缺乏足够的理解和认识，还很难建立准确的发动机分布参数动态模型。因此，寻求合理的简化变得尤为重要，可行的途径是从分析双模态超燃冲压发动机动态过程的物理机理出发，探寻频域简化的着手点与方法。

双模态超燃冲压发动机流动和燃烧过程的主要动态特性包括激波动态、扰动波传播滞后、分离流动态、燃烧延迟、燃烧振荡等。

激波动态产生的原因可作如下理论解释：运动激波动态过程取决于外加在激波上扰动（非平衡力）的作用，激波在扰动作用下产生了相对于流道的运动速度，而激波作为流动的一个强间断面，它的运动将使穿过该间断面的气流流量、动量发生变化，这种变化需要经过一个动态的调整时间，直到激波在某一个位置平衡下来，穿过激波面的气流参数才能重新达到新的平衡状态，在这个过程中，扰动的能量一部分被耗散掉（激波损失和沿程损失），另一部分被储存在穿过激波面的气流之中。根据相关文献研究结果，激波的低频动态响应在 10Hz 以上。

扰动波传播滞后由扰动波运动的惯性引起。扰动波的传播滞后包括熵波的传播滞后以及上行和下行声波传播滞后，其中熵波的传播方向与流动方向相同，传播速度等于流动速度 v，上行和下行声波的传播速度分别为 $v-a$ 和 $v+a$。数值计算和试验结果表明熵波、声波的传播滞后频带在 50～100Hz 范围。

附面层在反压增高情况下，裹入其中的气流流量和动量不断增加，到了一定程度，附面层发生分离，分离区上表面的气体被主流区带走，下表面的气体由反压造成的裹入气流来补充，形成回流。整个气流的裹入过程包含传质、动量传递和能量传递，同时由于附面层内气流运动速度相对较低，因此整个分析过程需要一个动态的调整时间，即为分离流动态时间。由相关试验结果可以看出，分离流的主导动态在 50～100Hz 之间。

燃料在喷入燃烧室以后，与超声速气流混合，但并不是立刻就会点火、燃烧，燃烧还存在一定的燃烧特征时间常数，它定义为燃料进入燃烧室，与空气混合加热，到点燃和反应放热过程的时间，燃烧延迟是由流场参数与燃料属性共同决定的，碳氢燃料的燃烧延迟时间略大于液氢燃料。

燃烧振荡是燃烧室压力波和燃烧周期释热耦合造成的，是燃烧室声学特性的体现。双模态超燃冲压发动机燃烧室中在一定条件下激发振荡燃烧，特征表现为有很大的压力振幅和一定的振荡频率，而该振荡频率取决于燃烧室声学特性。按照脉冲燃烧理论，热能能激发声振，燃烧过程热释放自发地激发系统中介质的压力脉动，气体的压力脉动与燃烧过程的相互作用导致周期性的热释放率，在燃烧区内，表征这个过程的状态参数主要有压力强度、气流温度及热释放率等，这些参数随时间周期性变化而变化，表现为燃烧过程中的振荡燃烧。燃烧室压力波和燃烧周期释热耦合造成燃烧振荡，燃烧振荡包括低频振荡和高频振荡。如图 4－2 给出了燃烧室进口 *Ma*1.9 时的燃烧振荡频谱图，采用的燃料为 JP－7，可以看出燃烧振荡的频带响应范围在 100Hz 以上。

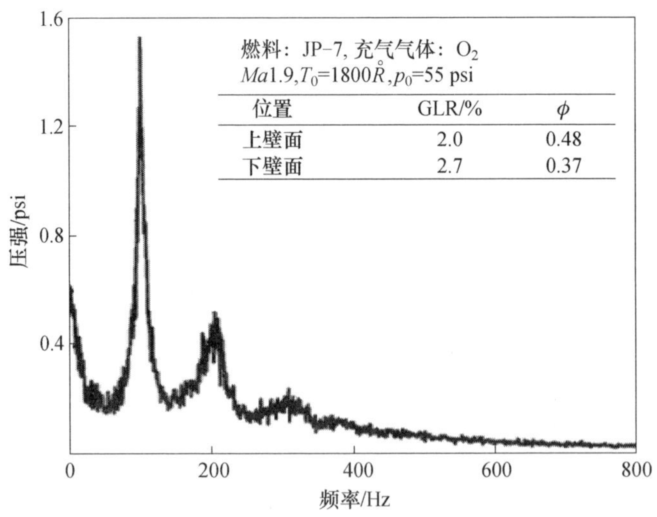

图 4－2　燃烧振荡的频率特性图（1psi＝6.895kPa）

数值计算与试验结果给出了双模态超燃冲压发动机主频带范围。相比之下，激波属于主导的低频动态，但是响应频率也在 10Hz 以上，而燃烧振荡第一阶振荡模态的频率接近于 100Hz。这些结果表明，双模态超燃冲压发动机属于快变的动态系统，这由超声速流动和燃烧反应的特征时间决定。但是，现有的执行机构很难达到这么快的速度，性能较好的执行机构响应速度大约为 5Hz 量级。此外，从发动机－飞行器一体化控制的角度考虑，飞行器控制系统的带宽一般低于 0.1Hz，而发动机控制系统作为一体化控制系统的内回路，其控制系统带宽比飞行器控制系统（外回路）的带宽大一个数量级就能满足一体化控制的要求。发动机流动和燃烧的动态过程则因为执行机构带宽的限制而受到大幅度衰减，可以将其处理为高频未建模动态，在各系统中忽略掉，因此燃油供给系统的动态便成为双模态超燃冲击发动机控制系统的主导动态。

双模态超燃冲压发动机实际流动和燃烧反应过程的动态控制机理极具复杂性，而利用控制理论的频域分析与频域截断技术可以把复杂的控制问题大大简化，从而获得了解决问题的合理途径，这也是技术上实现双模态超燃冲压发动机控制的一个重要前提。

4.3　双模态超燃冲压发动机被控变量选择

4.3.1　燃烧室最大压比

高超声速飞行器飞行包线的宽马赫特性决定了在全空域范围内，发动机入口参数（马赫数、静温、静压、空气流量等）会在较大区间内变化，发动机内部参数会伴随发动机入口参数变化而变化，但各发动机内部参数对外部参数变化的敏感程度不一。本节主要分析燃烧室压比参数与飞行参数之间的变化关系。燃烧室压比参数可用如下函数关系式表示，这里燃烧室压比指燃烧室最大压力与隔离段进口压力的比值：

$$\pi = \pi(Ma_0, \alpha, \phi) \tag{4-17}$$

$$\Delta\pi = \frac{\partial\pi}{\partial Ma_0}\Delta Ma_0 + \frac{\partial\pi}{\partial\alpha}\Delta\alpha + \frac{\partial\pi}{\partial\phi}\Delta\phi \tag{4-18}$$

按照随机误差的计算方法，有

$$(S\pi)^2 = \left(\frac{\partial\pi}{\partial Ma_0}\right)^2 (SMa_0)^2 + \left(\frac{\partial\pi}{\partial\alpha}\right)^2 (S\alpha)^2 + \left(\frac{\partial\pi}{\partial\phi}\right)^2 (S\phi)^2 \tag{4-19}$$

基于已有数据绘制图 4－3 与图 4－4。图 4－3 表示当量比恒定（$\phi = 0.6$）条件下，燃烧室压比参数随攻角变化的规律，图 4－4 表示马赫数恒定（$Ma_0 5$）条件下，燃烧室压比参数随攻角变化的规律。

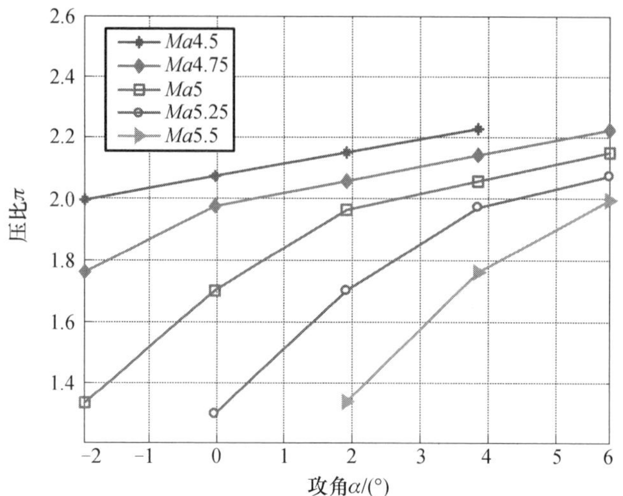

图4－3　等燃油当量比、不同来流马赫数条件下，压比参数随攻角的变化

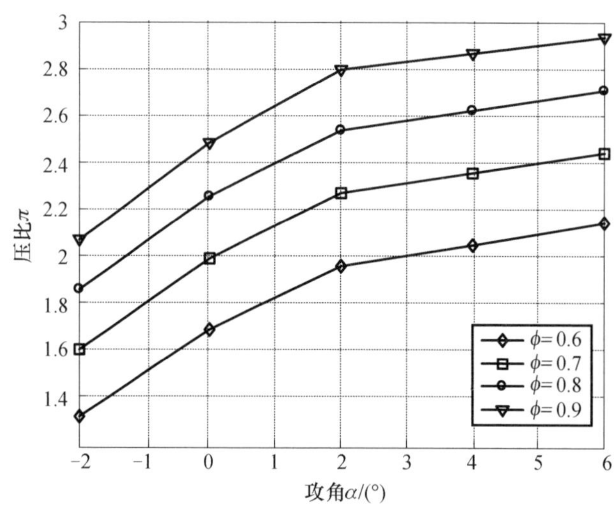

图4－4　等来流马赫数、不同燃油当量比条件下，压比参数随攻角的变化

可见，在自由来流马赫数恒定的条件下，当量比变化对系数$\frac{\partial \pi}{\partial \alpha}$几乎没有影响。当来流攻角 $\alpha=0°$、燃油当量比 $\phi=0.6$ 时，按照随机误差计算方法可得不同马赫数下的计算结果，即

$$\begin{cases}(S\pi)^2|_{Ma_04.50}=0.2871(SMa_0)^2+0.0012(S\alpha)^2+5.6787(S\phi)^2\\(S\pi)^2|_{Ma_04.75}=0.4041(SMa_0)^2+0.0031(S\alpha)^2+4.1331(S\phi)^2\\(S\pi)^2|_{Ma_05.00}=0.6158(SMa_0)^2+0.0203(S\alpha)^2+3.7869(S\phi)^2\\(S\pi)^2|_{Ma_05.50}=1.0685(SMa_0)^2+0.1522(S\alpha)^2+3.7908(S\phi)^2\end{cases}\tag{4-20}$$

分析比较所得计算结果可知,在任何一个工作点,燃油当量比不确定性对压比参数的影响大于马赫数和攻角的影响;随着马赫数的增大,马赫数和攻角不确定性的影响将显著增加,当量比不确定性的影响将降低。因此,如果采用燃烧室压比作为被控变量,将很好体现燃油当量比变化的影响,同时也对来流马赫数和攻角变化起到干扰抑制作用。

4.3.2 燃烧室壁面压力积分

基于上述分析可知,实测的外压进气道末段压力和燃烧室扩张段最大压力的比值对前向通道的不确定性不敏感,有利于抑制来流条件等方面引入的不确定性对发动机工作状态的扰动。

双模态超燃冲压发动机主要被控变量是发动机推力。双模态超燃冲压发动机作为高超声速飞行器的推进装置,其推力输出是最重要的性能参数,也是发动机控制的重点。发动机推力有内推力、名义推力和净推力之分。然而,推力作为发动机流动、燃烧的综合输出,在发动机实际工作过程中,都很难进行直接测量。因此,如何表征发动机推力对于双模态超燃冲压发动机主推力控制来说非常重要[13]。

发动机内推力为

$$F_{\text{in}}=(\dot{m}_{\text{a}}+\dot{m}_{\text{f}})v_4+p_4v_4-\dot{m}_{\text{a}}v_0-p_0v_0\tag{4-21}$$

由动量守恒可得,发动机内推力还可以表示为

$$F_{\text{in}}=\int p\,\mathrm{d}A_x-F_{\text{f}}\tag{4-22}$$

式中 $\int p\,\mathrm{d}A_x$——发动机内壁面压力积分的轴向分量;

F_{f}——黏性摩擦阻力。

在一般情况下,当来流条件确定时,F_{f} 随当量比的变化并不大,因此可以认为发动机内推力与发动机内壁面压力积分的轴向分量具有一致的稳态特性。这样,就可以采用壁面压力积分的轴向分量来对发动机推力进行表征。

图4-5给出了一个算例中利用一维模型计算得到的内推力与壁面压力积分轴向分量之间的关系。从图上可以看出,壁面压力积分的轴向分量与发动机内推

力之间有很好的线性关系。

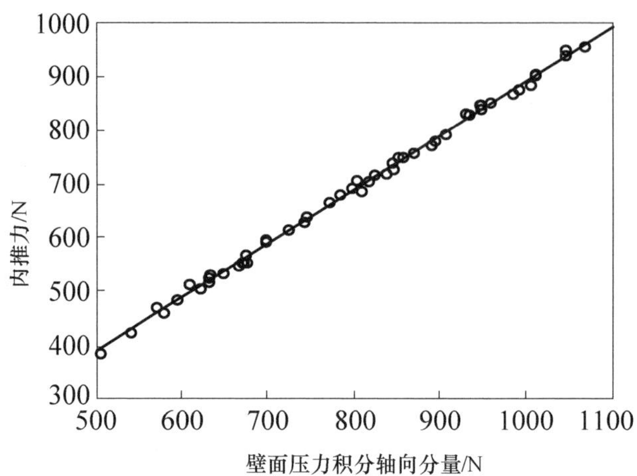

图 4-5　一维模型计算得到的内推力与壁面压力积分轴向分量之间的关系

需要注意的是，上面算例中的壁面压力积分是对所有计算节点上的压力进行了积分。在地面试验中，双模态超燃冲压发动机燃烧室测量流场参数的传感器可以安置很多个，而在飞行试验中不可能有那么多。这样，能够用于发动机推力表征的壁面压力测点就会很少。因此，选择最小的传感器数目和最佳的测量位置对于发动机推力控制十分必要，这也是推力控制被控变量选择的一个研究重点。

4.4　小结

本章首先提出建立一个用于双模态超燃冲压发动机控制问题研究合理数学模型的需求，考虑其具有分布参数特性以后，论证了一维模型在控制问题研究过程中的必要性与可操作性，并对发动机控制的时间尺度和变量选择问题进行详细说明。主要有如下结论：

(1) 求解一维模型时发现了奇异性，给出了具体解决方法。

(2) 时间尺度方面，讨论了激波的低频动态响应、熵波、声波的传播滞后频带、燃烧延迟时间等，并提出利用控制理论的频域分析与频域截断技术把复杂的双模态超燃冲压发动机控制问题简化的思想。

(3) 被控变量选择方面，可以利用压力加权平均或等价推力作为反馈控制的变量。

参考文献

[1] 于达仁,崔涛,鲍文. 高超声速发动机分布参数控制问题[J]. 航空动力学报,2004,19(2):259 - 264.

[2] 曹瑞峰. 超燃冲压发动机燃烧模态转换及其控制方法研究[D]. 哈尔滨:哈尔滨工业大学,2016.

[3] Cui T,Yu D,Bao W. Distributed Parameter Control Method for Dual - Mode Scramjets. [C]//AIAA/ASME/SAE/ASEE Joint Propulsion Conference & Exhibit. AIAA Paper 2006 - 4617,2006.

[4] Yu D,Cui T,Wen B. Distributed Parameter Control Problems of Scramjet Engines [C]//Chinese Control Conference. IEEE,2010:5945 - 5952.

[5] 杜飞平,谭永华,陈建华. 超燃燃烧室内流场数值模拟研究[J]. 火箭推进. 2011,37(4):28 - 34.

[6] Cao R,Cui T,Yu D,et al. New Method for Solving One - Dimensional Transonic Reacting Flows of a Scramjet Combustor[J]. Journal of Propulsion and Power,2016,32(6):1 - 10.

[7] 曹瑞峰. 面向控制的超燃冲压发动机一维建模研究[D]. 哈尔滨:哈尔滨工业大学,2011.

[8] 田璐,陈立红,陈强,等. 双模态燃烧室释热分布的模型研究[C]//高超声速专题研讨会暨第五届全国高超声速科学技术会议论文集. 北京:高温气体动力学国家重点实验室,2012.

[9] 张鹏,俞刚. 超燃燃烧室一维流场分析模型的研究[J]. 流体力学实验与测量,2003,17(1):88 - 92.

[10] 张雁翔,王振国,孙明波,等. 超燃燃烧室一维释热分布模型研究[J]. 推进技术,2015(12):1852 - 1858.

[11] Cui T,Da - Ren Y U,Wen B. Solution Method for Singular Initial Value Problems of One dimensional Steady Transonic Flow in a Dual - mode Scramjet[J]. Chinese Journal of Aeronautics,2005,18(2):97 - 101.

[12] 崔涛,鲍文,于达仁. 超燃冲压发动机一维跨声速流动奇异初值问题[J]. 哈尔滨工业大学学报,2006,38(5):705 - 707.

[13] 崔涛. 超燃冲压发动机控制方法研究[D]. 哈尔滨:哈尔滨工业大学,2005.

第5章 双模态超燃冲压发动机推力闭环控制方法

推力闭环控制是双模态超燃冲压发动机控制系统的主要控制功能,关系到发动机能否按照飞行器要求实现加减速控制功能。但推力在发动机实际工作过程中不能直接测量,本章首先研究了双模态超燃冲压发动机的推力表征方法,采用压力积分作为推力的表征量,并阐述推力增量与压力积分的关系,在对控制对象进行特性分析后建立物理模型,按照控制性能要求设计控制器并对控制系统进行仿真分析,然后对设计的控制器进行鲁棒性分析,以确保其在一定的增益摄动范围内还能够有效地发挥控制作用,最终开展双模态超燃冲压发动机控制系统地面试验验证。

5.1 双模态超燃冲压发动机推力表征

推力表征问题从发动机控制的角度出发研究发动机推进性能。双模态超燃冲压发动机作为高超声速飞行器的推进装置,其推力输出是最重要的性能参数,也是发动机控制的重点。然而,推力作为发动机流动燃烧的综合输出,实际测量是很困难的。常规涡轮发动机在控制中也很难直接对推力进行测量,均采用转子转速作为推力的表征量进行发动机推力控制。对于双模态超燃冲压发动机,由于没有转动部件测量转速作为反馈量,因此需要选择一个合适的推力表征量来作为发动机推力控制的反馈量[1]。

因此可以说,推力表征在本质上是为控制服务的,推力表征的实质是被控量和反馈量的选择。从发动机控制的角度出发,双模态超燃冲压发动机是以燃油流量为输入变量、推力为输出变量的系统,压力、温度、速度等参数沿空间的分布可以看作发动机的状态参数。

在这些状态参数中,燃烧室壁面压力分布是最容易测量的物理量,也是与发动机推力关系最密切的物理量,因此采用压力积分作为推力的表征量。本书研究的是发动机的状态(压力分布)控制。

5.1.1　地面直连式试验条件下的推力定义

双模态超燃冲压发动机地面直连式试验台架上的作用力主要有加热器推力，发动机推力，推力传感器的反作用力、预紧力、砝码拉力和导轨摩擦阻力[2,3]。受力图如图5－1所示。

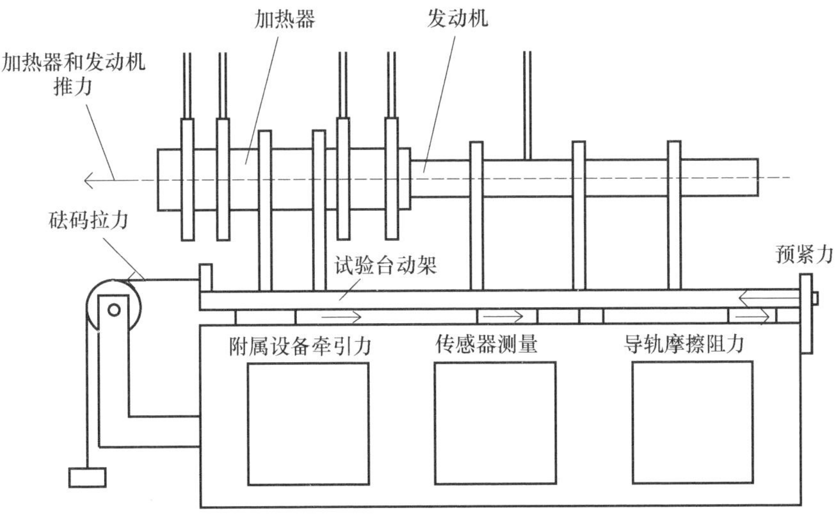

图5－1　发动机试验台架受力

砝码拉力用来对推力传感器进行标定，标定后摘下砝码。预紧力的作用是使推力传感器测量在量程的最佳范围，以保证推力测量的准确性[4]。推力传感器选择了BK－2FA型压电传感器，其将推力信号转换为电压信号。发动机试验中，轴向上除了发动机推力外还有加热器推力与预紧力，而阻力方向上则是台架阻力与传感器受压时对动架的反作用力(即台架推力)的合力。

通过受力分析，可以给出直连台上发动机的推力定义为

$$F_{in} = \Delta F_c - F_D \tag{5-1}$$

式中　F_{in}——发动机内推力；

ΔF_c——推力传感器实测推力增量；

F_D——发动机内部阻力。

由于冷内阻在同一个来流条件下几乎保持不变，可以认为推力增量与发动机推力是等效的。

图5－2为直连式试验台发动机结构示意图。该发动机采用一个渐缩段来模拟进气道，后面是一个等直的隔离段和一个扩张＋等直的燃烧室。在隔离段的出口位置安装一个支板用来喷注燃油，支板后是一个等离子点火器。加热后的高温

气体经过拉伐尔喷管加速到试验需要的状态后进入发动机，在发动机内与燃油进行掺混燃烧。沿着发动机侧壁面中心线有一排压力传感器对发动机内部压力进行测量。压力传感器量程为 0 ~ 1MPa，测量最大误差为 ±0.25%，采样频率为 0.5kHz。表 5-1 给出了各个压力测点编号和位置的详细情况。

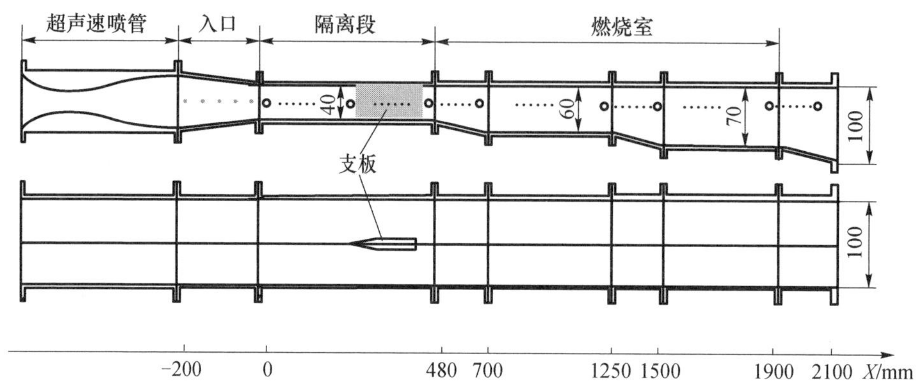

图 5-2　直连式试验台发动机结构示意图

表 5-1　各压力测点编号和位置

编号	位置/mm	编号	位置/mm	编号	位置/mm
N_1	55	N_{14}	780	N_{27}	1400
N_2	80	N_{15}	850	N_{28}	1440
N_3	105	N_{16}	880	N_{29}	1480
N_4	220	N_{17}	930	N_{30}	1520
N_5	250	N_{18}	960	N_{31}	1590
N_6	275	N_{19}	1005	N_{32}	1630
N_7	360	N_{20}	1040	N_{33}	1670
N_8	380	N_{21}	1100	N_{34}	1710
N_9	410	N_{22}	1170	N_{35}	1740
N_{10}	530	N_{23}	1240	N_{36}	1780
N_{11}	570	N_{24}	1280	N_{37}	1960
N_{12}	630	N_{25}	1320	N_{38}	1990
N_{13}	680	N_{26}	1360	N_{39}	2070

5.1.2　推力增量与压力积分的定义

从受力分析上可见，试验台架上的推力传感器测得的力除了发动机推力外，还有加热器推力、推力传感器的预紧力、导轨摩擦阻力等。在不同的试验中，这些作用力的大小不同，并且无法直接准确测量。结合发动机直连式试验台架结构特征和发动机试验过程，采用下式定义发动机推力为推力增量：

$$\Delta F_c = F_c - F_{hc} \tag{5-2}$$

式中　F_c——加热器和发动机共同工作时推力传感器测量到的推力；

F_{hc}——加热器单独工作时推力传感器测量得到的推力。

两者差值反映了发动机工作时提供的推力水平。图5－3是推力增量定义的示意图。

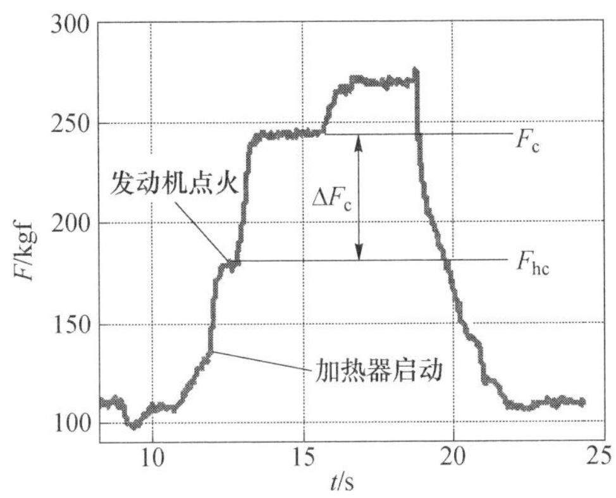

图5－3　推力增量定义示意图(1kgf≈9.8N)

通过前面分析可知，需要控制的量变成了推力增量，但在发动机实际工作中推力增量是无法直接测量的，因此需要寻找一个表征量来代替推力增量开展推力控制。

从受力分析可以看出，燃烧室壁面压力积分的轴向分量对发动机推力有很大贡献，因此我们试图寻求压力积分对推力增量进行表征。压力积分[5]的定义为

$$F_p = \int_{wall} p(x)\,dA_x \tag{5-3}$$

5.1.3　基于燃烧室壁面压力积分的推力增量表征

在本研究中，要通过压力积分对发动机推力进行表征，就需要通过试验获取两者之间的关系。图5－4分别给出了在 $Ma4$、$Ma5$ 和 $Ma6$ 来流条件下推力增量和压力积分随燃油当量比增大时的变化情况以及推力增量与压力积分之间的线性关系对比。经计算对比，两者差值的平均误差为5.6%，最大误差为15%。误差的大

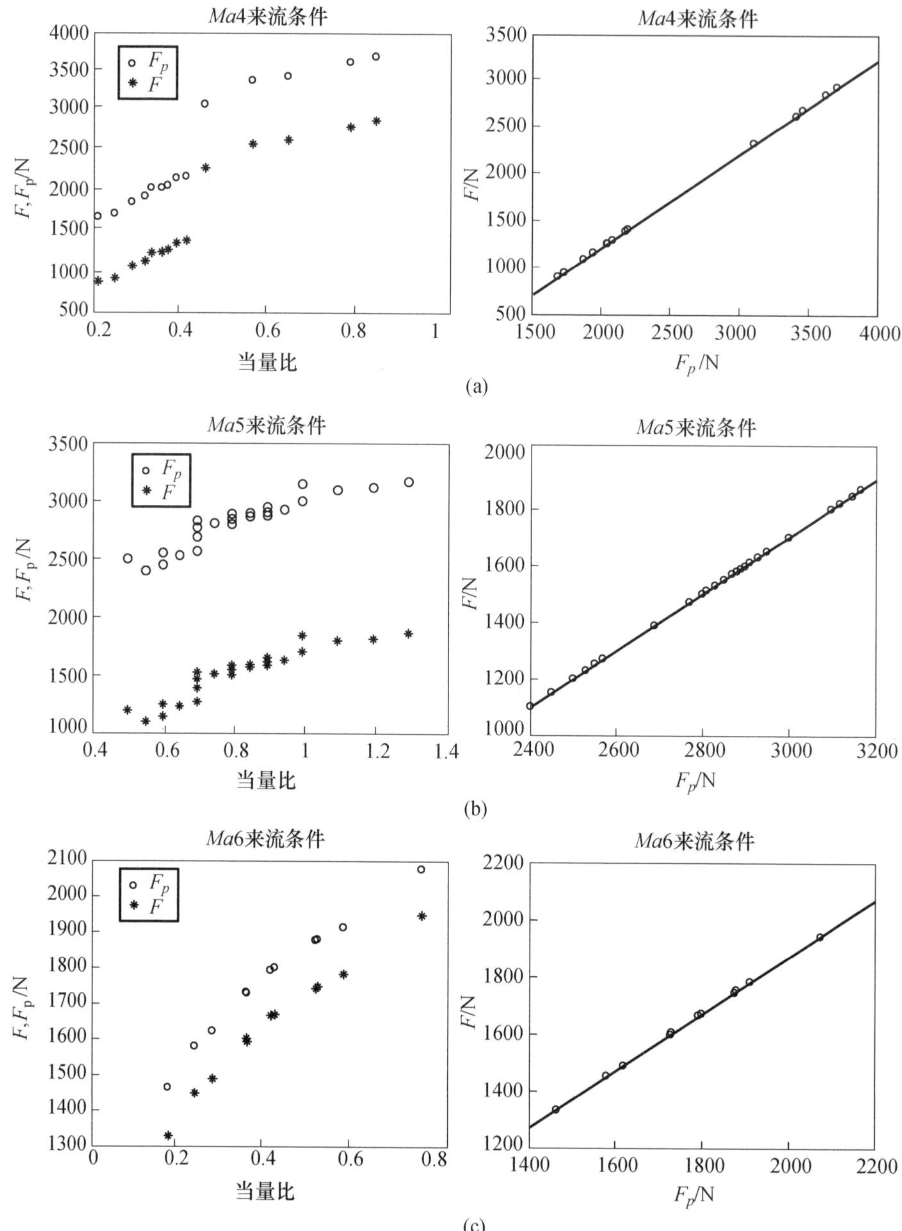

图 5-4　*Ma*4、*Ma*5 和 *Ma*6 来流条件下推力增量和压力积分随燃油当量比的变化情况

(a)*Ma*4 来流条件;(b)*Ma*5 来流条件;(c)*Ma*6 来流条件。

小与发动机热状态、燃油注入方式等相关[6,7]。

从图上可以看出，在不同马赫数下，压力积分和推力增量对燃油当量比具有基本相同的增益。此外还发现，在不同马赫数下，压力积分与推力增量基本都能够保持较好的线性关系。综上，可以采用压力积分代替推力增量实现推力控制。

这里需要对压力积分的计算方法进行一些说明。根据前面的定义，压力积分指的是燃烧室壁面压力积分的轴向分量，因此，只需要对发动机燃烧室扩张段部分的压力和轴向面积进行积分即可。最终选择 N_{10}、N_{11}、N_{12}、N_{13} 和 N_{28} 作为压力积分的压力测点进行上述推力表征和计算。

5.2　双模态超燃冲压发动机推力闭环控制系统设计

本节将在控制方案设计的基础上进行详细的控制系统设计。主要包括：①控制对象特性分析及建模；②控制性能要求分析与控制器设计。

5.2.1　控制对象特性分析及建模

图 5 -5 给出输入电流和压力积分随时间的变化关系。从图上可以看出，两者之间存在一个纯延迟，除此之外两者之间的关系近似为一个惯性环节，因此，将推力控制回路的对象传递函数确定为

$$\frac{K_1 K_2}{Ts+1}e^{-\tau s}=\frac{K_F}{Ts+1}e^{-\tau s} \tag{5-4}$$

式中　K_1——燃油调节阀驱动电流 I 到燃油流量 m_f 的增益；

K_2——燃油流量 mf 到发动机燃烧室压力积分 F_p 的增益；

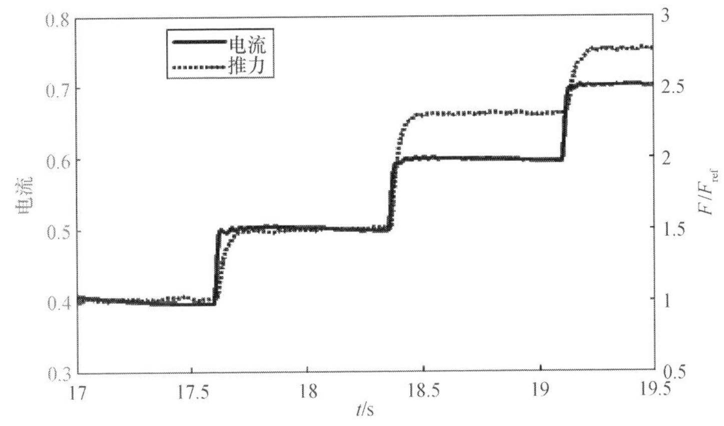

图 5 -5　输入电流和压力积分随时间的变化关系

T——惯性环节时间常数；

τ——纯延迟环节的延迟时间。

在上面的四个参数中，T 和 τ 在不同的来流条件和供油条件下变化很微小，因此可以认为保持不变。K_1 作为供油系统的增益，主要受伺服阀前后的压差影响较大，在不同的来流条件下，由于燃烧室静压不同，压差会有较大差别，因而导致燃油流量的增益存在变化，另外一个影响体现为不同供油伺服阀也存在差别。因此在地面试验中，针对不同的来流条件和不同的供油伺服阀，需要测定不同的 K_1 值。K_2 是喷入燃烧室的燃油流量到燃烧室壁面压力积分之间的增益，将在后面详细讨论。

5.2.2 控制性能要求分析与控制器设计

控制系统由两个控制回路组成，推力闭环控制回路要求能够对给定的压力积分值实现快速跟踪，进气道保护控制回路要求在进气道安全裕度超过警戒线后能够尽快将裕度控制到保护线上。因此两个控制回路都要求控制系统尽量快速响应[8,9]。然而，从系统特性分析可以看出，该控制对象的惯性时间常数较大，并且存在一个纯延迟，这样，过高的控制带宽必然导致系统在控制过程中出现反调现象，同时出现振荡问题。此外，在实际地面试验过程中，控制回路内部还存在一个滤波器，该滤波器会进一步限制系统的带宽提高。综合考虑，本研究选择的控制性能指标为控制系统带宽 1Hz，相角裕度 60°。

前面分析给出了控制对象的数学模型和控制系统的设计性能指标，从中可以看出，该对象具有一定的变参数特性，在给定马赫数下系统增益会有一定的变化，因此需要选择一个合适的增益进行控制器设计。

从双模态超燃冲压发动机工作过程可以知道，为了获得更大的推力，在这个过程中发动机主要工作在较高当量比范围内，因此选择进气道不起动边界所对应燃油当量比 0.8% 左右的系统增益为控制系统的名义增益进行控制器设计，在其他区域内的变增益特性当作模型摄动来处理。

由于在不同马赫数下地面试验中，燃油供给伺服阀驱动电流 I 到燃油流量 m_{f} 之间的增益不完全一致，我们对不同马赫数下的控制器单独进行了设计，各种情况下控制系统的设计指标保持一致。下面给出一个控制器设计的例子。

通过试验数据整理，在来流马赫数为 6 时，单点燃料注入驱动电流到燃烧室压力积分之间的传递函数可以大致表示为

$$F_p(s)=\frac{192}{0.1s+1}\mathrm{e}^{-0.03s}I_{\mathrm{u}}(s) \tag{5-5}$$

式中 I_{u}——伺服阀的驱动电流。

针对该控制器和前面提到的性能指标要求，我们设计的控制器为

$$C_1 \rightarrow I_u \rightarrow F_p: 0.0039 + \frac{0.0269}{s} \tag{5-6}$$

5.3　控制系统鲁棒性能分析

前面已经提到，在整个飞行包线内，发动机燃烧室压力积分存在一定的非线性，即在不同的燃油当量比和不同飞行马赫数下增益有所变化，同时在不同条件下系统的动态也会有所摄动。因此，需要对设计的控制器进行鲁棒性分析，以确保在一定的增益摄动范围内控制器还能够有效发挥控制作用[10]。

5.3.1　增益摄动时的鲁棒性

图 5-6 对比分析了系统增益摄动对系统控制质量的影响。从图上可以看出，当系统增益增大时，控制系统的相角裕度将下降，而剪切频率将增大，进而系统响应速度将变快。当系统增益减小时，控制系统的相角裕度将增大，而剪切频率将下降，进而系统响应速度将变慢。但在 0.5 ~2 倍的变化范围内，系统相角裕度都在 30°以上，且闭环系统稳定。因此可以说该控制器在该范围内是鲁棒稳定的。

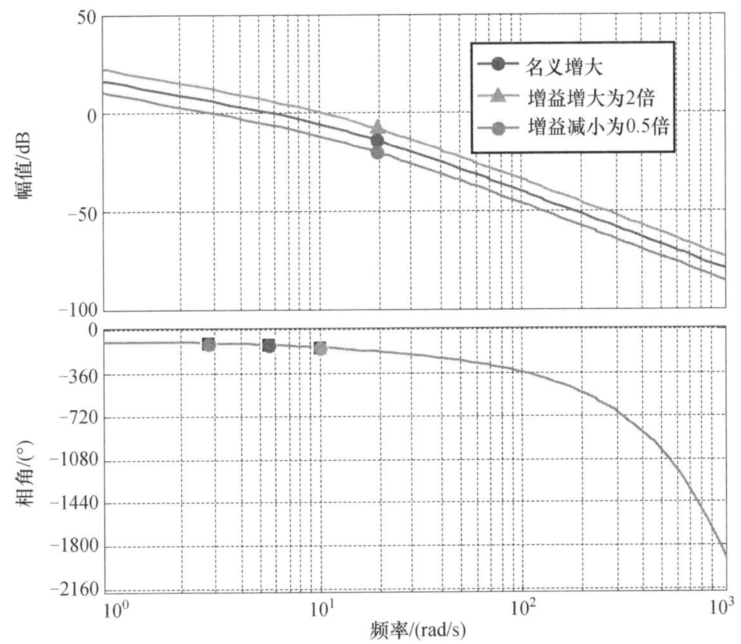

图 5-6　系统增益摄动对系统控制质量的影响

5.3.2 动态摄动时的鲁棒性

图5－7对比分析了系统时间常数摄动对系统控制质量的影响。从图上可以看出，当系统时间常数增大时，控制系统的相角裕度和剪切频率都将下降。当系统时间常数减小时，控制系统的相角裕度和剪切频率都将增大。但在0.5～2倍的变化范围内，系统相角裕度和剪切频率变化都不是很大，而且闭环系统稳定。因此可以说该控制器在该范围内是鲁棒稳定的。

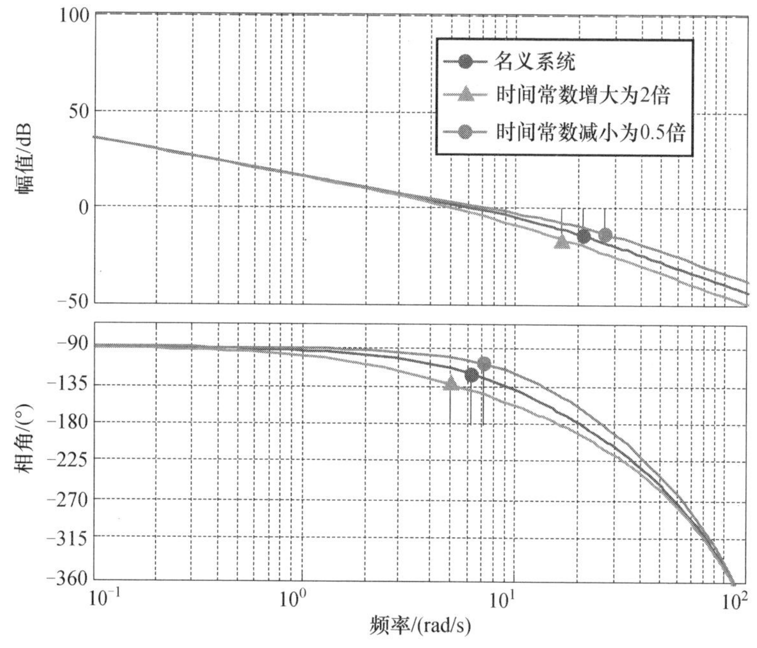

图5－7　系统时间常数摄动对系统控制质量的影响

同时对比图5－6和图5－7可以发现，增益摄动比时间常数摄动对控制的影响大，因此，对发动机控制对象建模时需要特别关注稳态特性的分析，以便准确获取系统增益，从而设计出实际可用的控制器。

5.4 推力闭环控制地面试验验证

通过地面试验结果进行燃烧室压力积分的特性分析，最终确定 *Ma*6 状态下的发动机数学模型如式(5－5)所示。

利用前面提到的控制器设计指标(此处控制器设计时考虑了滤波器，传递函数为 $1/(0.08s+1)$)，结合地面控制试验验证，确定该条件下的控制器为如式(5－6)

所示。

图5-8和图5-9是一次阶跃试验过程中各个变量的变化情况。从试验结果可以看出，控制系统能够很好地调节压力积分使其跟踪给定值，从而验证了设计的I_u对F_p控制器的有效性。总体来看，调节动态响应时间小于0.5s，最大超调量小于5%，稳态误差小于2%。

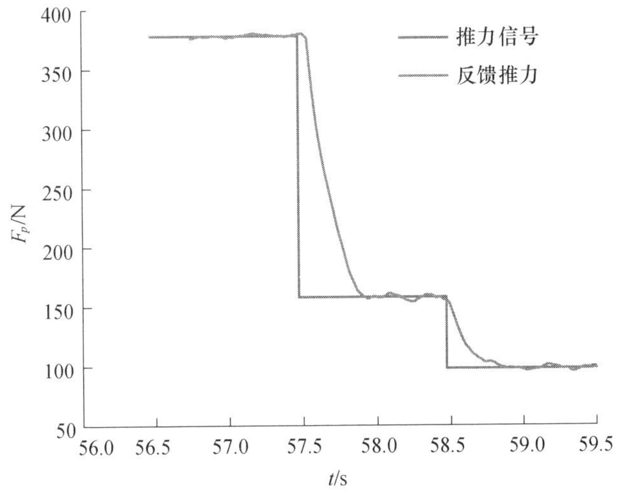

图5-8　推力变化

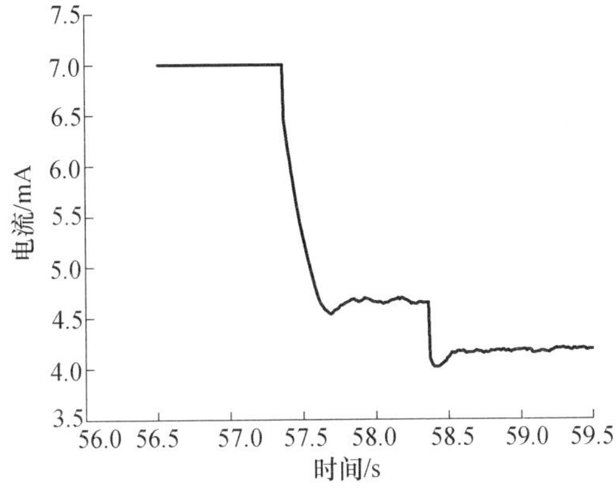

图5-9　燃油伺服阀电流变化

5.5　小结

本章针对双模态超燃冲压发动机推力闭环控制开展了研究。首先研究了双模态超燃冲压发动机的推力表征方法,利用燃烧室扩张段的壁面压力测点可以有效表征发动机推力,在此基础上开展控制对象特性分析、控制系统设计和仿真分析。然后对控制系统鲁棒性进行分析。最终利用地面试验验证了双模态超燃冲压发动机推力回路控制系统设计的有效性。

参考文献

[1] 和舒. 超燃冲压发动机最大推力稳态优化控制方法研究[D]. 哈尔滨:哈尔滨工业大学,2008.

[2] 高增耘. 两点燃料喷射超燃冲压发动机推力控制及地面实验研究[D]. 哈尔滨:哈尔滨工业大学,2012.

[3] 高耸. 超燃冲压发动机推力控制系统设计[D]. 哈尔滨:哈尔滨工业大学,2010.

[4] 鲍文,郭林春,崔涛,等. 超燃冲压发动机燃烧室传感器最佳位置选择[J]. 航空动力学报,2007,22(3):475-479.

[5] Curran W,Stiglic P. Hypersonic research engine integated propulsion control[J]. Journal of Aircraft,1971,8(8):652-656.

[6] 杨朗. 冲压发动机推力控制系统研究[D]. 哈尔滨:哈尔滨工业大学,2006.

[7] 鲍文,和舒,崔涛,等. 超燃冲压发动机推力优化控制仿真研究[C]//中国工程热物理学会2008年燃烧学学术会议. 西安:中国工程热物理学会,2008.

[8] 曹瑞峰. 面向控制的超燃冲压发动机一维建模研究[D]. 哈尔滨:哈尔滨工业大学,2011.

[9] 崔涛. 超燃冲压发动机控制方法研究[D]. 哈尔滨:哈尔滨工业大学,2005.

[10] 卢彬,史新兴,林敏,等. 基于LMI的超燃冲压发动机鲁棒PI控制器设计[J]. 战术导弹技术,2011(3):94-97.

第6章 双模态超燃冲压发动机燃烧模态转换及其控制

双模态超燃冲压发动机需要设计多种燃烧模态来适应宽马赫数范围工作带来的来流条件变化，并通过合理选择燃烧模态来提高宽马赫数范围内的性能。研究燃烧模态转换过程中发动机特性和燃烧模态转换控制方法，对双模态超燃冲压发动机高性能稳定运行具有重要的现实意义。本章将对下面四个关于燃烧模态转换的问题展开详细论述。

（1）双模态超燃冲压发动机通过合理设计可以工作在亚燃和超燃两种燃烧模态，但在不同的飞行工况下，两种模态所对应的发动机性能存在很大不同。因此，发动机需要根据不同的飞行条件和任务需求，进行燃烧模态的优化选择，进而实现性能最大化。

（2）在发动机飞行过程中，当来流条件和燃油注入情况的匹配满足一定条件时，发动机将发生燃烧模态转换。这个条件即燃烧模态转换边界，它受到多种因素的影响，如发动机燃烧室几何构型，燃烧释热分布，燃烧室壁面温度、壁面摩擦、来流组分等。燃烧模态转换边界将整个飞行包线分为亚燃和超燃两个区域，燃烧模态转换边界受到多种因素影响，跨过燃烧模态转换边界，发动机的特性将发生变化。因此，进行燃烧模态转换边界影响因素分析，对燃烧模态转换控制具有重要意义。

（3）双模态超燃冲压发动机在燃烧模态转换过程中存在突变和滞环特性，这种非线性特性会给发动机控制系统的设计带来困难，同时在发动机实际工作过程中容易导致系统失稳。因此，对燃烧模态转换过程中推力突变和滞环产生的物理机制的理解以及对突变幅值大小的预测，有利于双模态超燃冲压发动机燃烧模态转换控制乃至整个发动机控制系统的设计和运行[1,2]。

（4）由于在燃烧模态转换过程中，双模态超燃冲压发动机存在的推力突变和滞环特性会给发动机安全运行带来威胁，因此，必须采取有效的燃烧模态转换控制方法来消除这种安全隐患。

6.1 燃烧模态转换马赫数的选择准则

为了确保双模态超燃冲压发动机在整个宽马赫数范围内都有一个较高的性能,必须在飞行过程中选择适当的时机进行燃烧模态转换。双模态超燃冲压发动机燃烧模态转换准则问题,就是如何寻找适合进行燃烧模态转换的飞行马赫数。双模态超燃冲压发动机燃烧模态转换马赫数的选择,与各种燃烧模态下发动机性能随飞行马赫数的变化情况息息相关,同时也与飞行器所执行的飞行任务(即飞行轨线)相关[3-5]。

6.1.1 宽马赫数范围发动机性能分析

双模态超燃冲压发动机循环性能分析方法已经在第2章中给出,本节将对带等直型燃烧室的发动机热力循环特性进行分析。图6-1给出了分析所用的等直型燃烧室双模态超燃冲压发动机物理模型。发动机由进气道、燃烧室和尾喷管三部分组成。进气道包含一个收缩段和一个扩张段,在亚燃模态,进气道扩张段内将有激波存在。

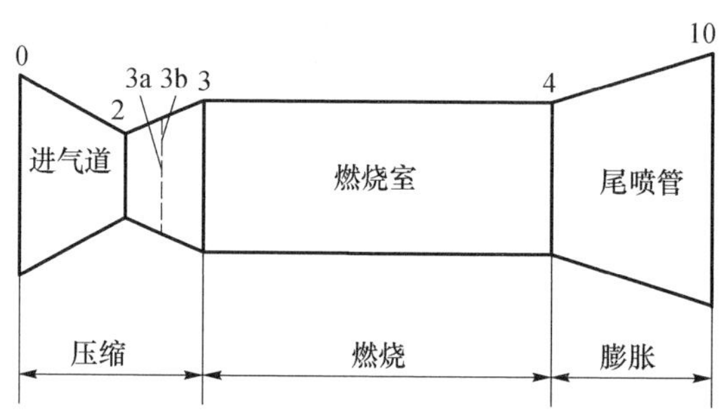

图6-1 等直型燃烧室双模态超燃冲压发动机物理模型

本节的分析过程将分别考虑理想条件和实际条件下发动机热力循环过程。这里的理想循环是指将热力循环中的压缩过程和膨胀过程都看作等熵过程,而实际循环是考虑了压缩过程和膨胀过程的不可逆损失。循环性能分析过程中所采用的部分参数值如表6-1所列,在分析过程中使用煤油为燃料。

表6-1 循环分析相关参数取值

Ma_0	T_0/K	$T_{\lim}$/K	γ	c_p/[kJ/(kg·K)]	H_{PR}/(kJ/kg)
5.5	217	2500	1.4	1.004	42,000

对于等直型燃烧室释热过程的分析,可以直接采用瑞利流动的相关解析关系式进行求解。瑞利流动是指在等直管道内发生的无摩擦加热流动。以下标i代表

入口条件，下标 o 代表出口条件，瑞利流动中管道进出口参数之间的关系为

$$\frac{T_{to}}{T_{ti}}=\frac{Ma_{o}^{2}}{Ma_{i}^{2}}\frac{(1+\gamma Ma_{i}^{2})^{2}}{(1+\gamma Ma_{o}^{2})^{2}}\frac{2+(\gamma-1)Ma_{o}^{2}}{2+(\gamma-1)Ma_{i}^{2}} \tag{6-1}$$

$$\frac{T_{o}}{T_{i}}=\frac{Ma_{o}^{2}}{Ma_{i}^{2}}\frac{(1+\gamma Ma_{i}^{2})^{2}}{(1+\gamma Ma_{o}^{2})^{2}} \tag{6-2}$$

$$\frac{p_{o}}{p_{i}}=\frac{1+\gamma Ma_{i}^{2}}{1+\gamma Ma_{o}^{2}} \tag{6-3}$$

$$\frac{s_{o}-s_{i}}{c_{p}}=\ln\left[\frac{Ma_{o}^{2}}{Ma_{i}^{2}}\left(\frac{1+\gamma Ma_{i}^{2}}{1+\gamma Ma_{o}^{2}}\right)^{\frac{(\gamma+1)}{\gamma}}\right] \tag{6-4}$$

1. 超燃模态

图 6-2 和图 6-3 分别给出了等直型燃烧室超燃模态理想循环和实际循环条件下最大比推力 $F_{s,\pi}$ 随着压比变化的情况，同时还给出了最大比推力 $F_{s,\pi}$ 所对应的比冲随着压比的变化。

从图 6-2 和图 6-3 可以看出，不论是理想循环还是实际循环，在给定马赫数下，都存在一个最佳压比，使得 $F_{s,\pi}$ 取得最大值，记为 $F_{s,Ma}$，它是该马赫数下工作在超燃模态时发动机所能提供的最大比推力性能。同时，每个给定的马赫数对应着一个最大压比，在该压比下发动机将不能再产生推力。如图 6-2(b) 所示，在低马赫数下，这个最大压比是由进气道压比约束限制的，在此压比下，燃烧室入口已经减速到了声速状态。在高马赫数下，这个最大压比是由超温限制的，在此压比下，燃烧室入口的温度已经达到了耐温极限 $T_{\lim}$。

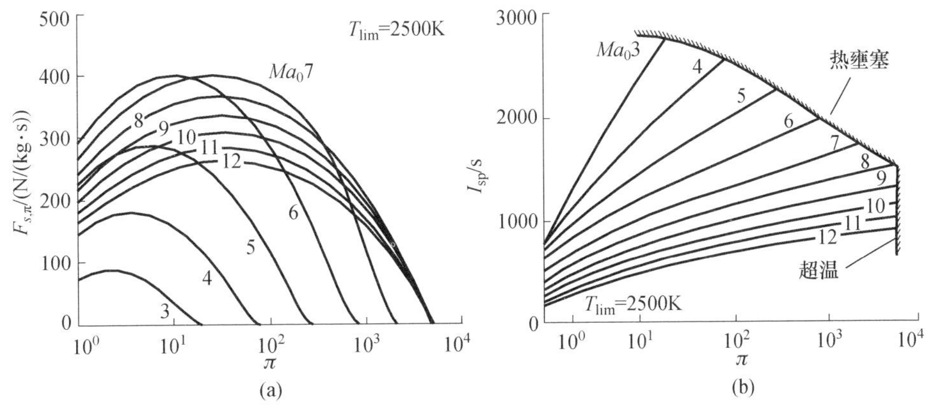

图 6-2　超燃模态理想循环最大比推力及其对应比冲随压比的变化

(a) 比推力；(b) 比冲。

对比图 6-2(b)和图 6-3(b),可以发现在理想循环时,最大比推力 $F_{s,\pi}$ 所对应的比冲随着压比的增大是单调增大的,而在实际循环时,最大比推力 $F_{s,\pi}$ 所对应的比冲随着压比的增大是先增大后减小的,存在一个极值。这是因为对于实际循环,比冲与发动机总效率成正比关系,当压比过大时,压缩过程和膨胀过程引起的熵增将增大,而此时能够加入的热量反而减少,这就导致发动机总效率急剧下降,进而比冲下降。

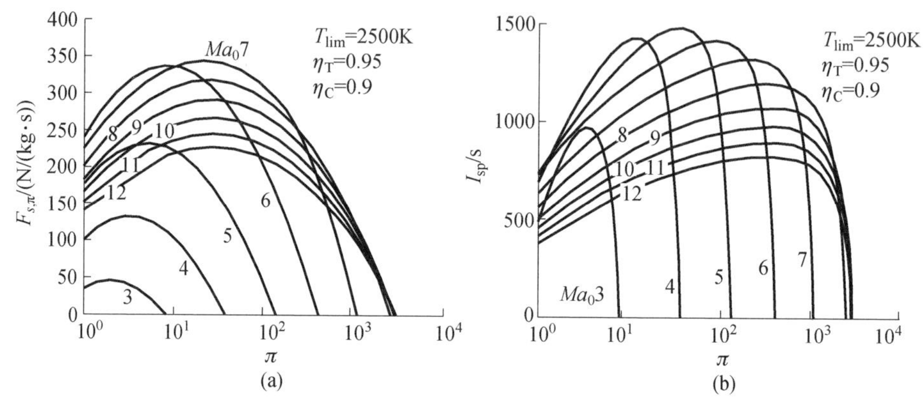

图 6-3　超燃模态实际循环最大比推力及其对应比冲随压比的变化
(a)比推力;(b)比冲。

2. 亚燃模态

图 6-4 和图 6-5 分别给出了等直型燃烧室亚燃模态下理想循环和实际循环的最大比推力 $F_{s,\pi}$ 随着压比变化的情况,同时还给出了最大比推力 $F_{s,\pi}$ 所对应比冲随着压比的变化。

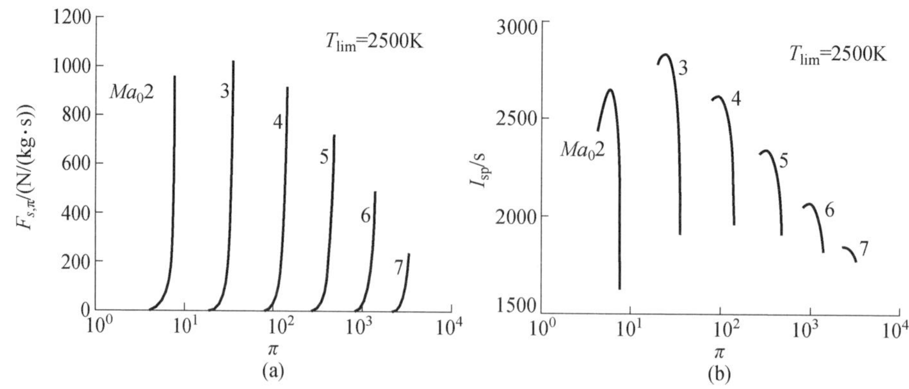

图 6-4　亚燃模态理想循环最大比推力及其对应比冲随压比的变化
(a)比推力;(b)比冲。

从图 6－4 和图 6－5 可以看出，不论是理想循环还是实际循环，在给定马赫数下，$F_{s,\pi}$随着压比的增大而增大。从图 6－4(b) 和图 6－5(b) 可以发现，在理想循环和实际循环时，最大比推力 $F_{s,\pi}$ 所对应的比冲随着压比的增大先增大后减小。但它们又存在不同之处：对于理想循环，比冲最大值出现在压比较低时，而当压比较高时比冲迅速下降；对于实际循环，比冲最大值出现在压比较高时，而当压比较低时比冲迅速下降，而且达到比冲为 0。特别需要注意的是当马赫数较高时，实际循环的比冲将变得单调增大。

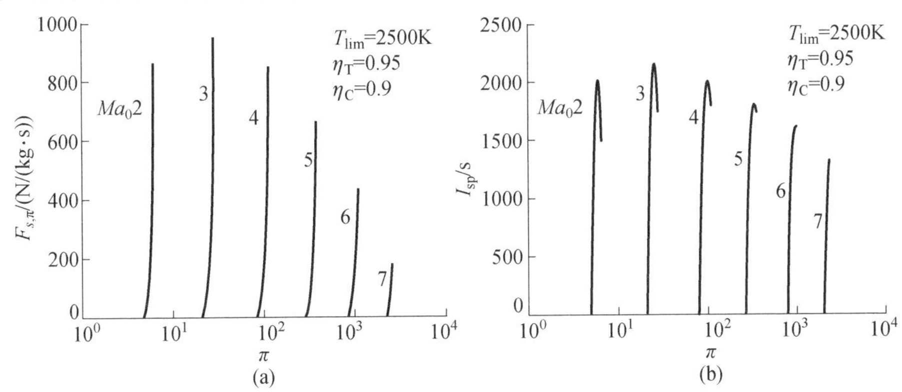

图 6－5　亚燃模态实际循环最大比推力及其对应比冲随压比的变化
(a) 比推力；(b) 比冲。

6.1.2　最大推力需求下的燃烧模态转换马赫数选择

当一个高超声速飞行器需要完成单级入轨或者临近空间的飞行任务时，就需要从低马赫数一直加速到 Ma10 以上。在整个任务过程中，为了给飞行器提供足够的加速能力，双模态超燃冲压发动机需要尽其所能提供最大的推力，即发动机需要一直工作在其最大推力输出能力的边界附近。在给定马赫数下，发动机最大推力输出能力取决于发动机热力循环的约束条件限制。在低马赫数下，超燃模态由于热力喉道临界的约束，不能加入过多热量，其最大推力输出能力较低，而此时亚燃模态具有较大的推力输出。在高马赫数下，由于超温限制的存在，亚燃模态不能加入过多热量，其最大推力输出能力较低，而此时超燃模态具有较大的最大推力输出能力。

综上，随着飞行马赫数的增大，亚燃模态最大推力输出会逐渐降低，在某个 Ma_{MT}下，亚燃模态最大推力输出将会等于超燃模态最大推力输出能力，超过这个马赫数，亚燃模态最大推力输出将小于超燃模态。这样，出于对飞行器最大加速能力的考虑，就需要双模态超燃冲压发动机在 Ma_{MT}时进行燃烧模态转换。

从图6-2和图6-4可以看出，对于等直型燃烧室的理想循环，在每个马赫数下，超燃模态和亚燃模态分别存在一个最大的推力$F_{s,Ma}$，将图6-2和图6-4上每个马赫数下的最大值取出，可得比推力$F_{s,Ma}$随马赫数的变化关系，如图6-6所示。从图6-6上可以看出，对于等直型燃烧室，随着飞行马赫数的增大，亚燃模态和超燃模态的最大推力都是先增大后减小。对于亚燃模态，在$Ma_0$2.75（C点）左右时，推力$F_{s,Ma}$取得了最大值，在$Ma_0$7.85（A点）左右时，压缩后的气流温度将超过温度限制，此时将不能再加入任何热量，最大推力输出也将变为0。对于超燃模态，在$Ma_0$6.35（D点）左右时，推力$F_{s,Ma}$取得了最大值。在$Ma_0<5.95$（B点左边）时，超燃模态热力循环的限制条件是热力喉道临界；在$Ma_0>5.95$（B点右边）时，约束条件变成了超温限制。当超温限制成为超燃模态的约束条件以后，随着飞行马赫数的增大，循环压比和当量比的增加变得很平缓，这意味着此时很难有更多能量加入到气流中。

从图6-6上还可以看出，在$Ma_0<6.3$（T点左边）时，亚燃模态最大推力大于超燃模态最大推力，反之，在$Ma_0>6.3$（T点右边）时，亚燃模态最大推力小于超燃模态最大推力。因此，对于等直型燃烧室理想循环，在考虑最大推力需求的情况下，应该设计在$Ma_0$6.3左右进行燃烧模态转换。

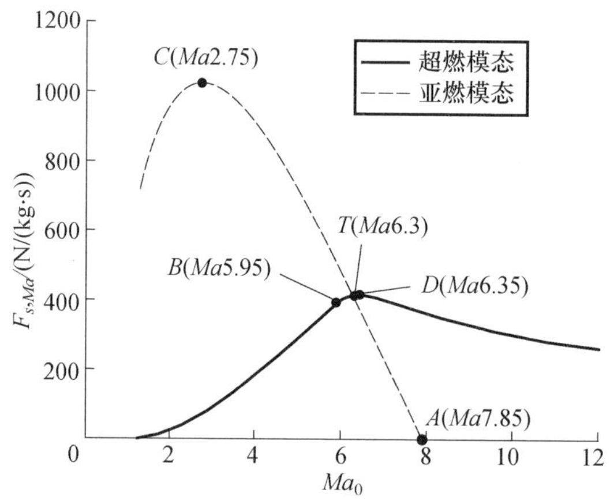

图6-6　等直型燃烧室理想循环最大比推力随马赫数的变化

从图6-3和图6-5可以看出，对于等直型燃烧室的实际循环，在每个马赫数下，超燃模态和亚燃模态分别存在一个最大的推力$F_{s,Ma}$，将图6-3和图6-5上每个马赫数下的最大值取出，可得比推力$F_{s,Ma}$随马赫数的变化关系，如图6-7所示。从图6-7可以看出，对于等直型燃烧室，随着飞行马赫数的增大，亚燃模态和超燃模态最大推力都是先增大后减小。对于亚燃模态，在$Ma_0$2.8（C点）左右时，推力$F_{s,Ma}$取得了最大值，在$Ma_0$7.65（A点）左右时，压缩后的气流温度将超过温度限制,此时将不能再加入任何热量,最大推力输出也将变为 0。对于超燃模态,在 $Ma_0$6.4(D 点)左右时,推力 $F_{s,Ma}$取得了最大值。在 $Ma_0<5.95$(B 点左边)时,超燃模态热力循环的限制条件是热力喉道临界;在 $Ma_0>5.95$(B 点右边)时,约束条件变成了超温限制。当超温限制成为超燃模态的约束条件以后,随着飞行马赫数的增大,循环压比和当量比的增加变得很平缓,这意味着此时很难有更多能量加入到气流中。

从图 6-7 还可以看出,与理想循环一样,在 $Ma_0<6.3$(T 点左边)时,亚燃模态最大推力大于超燃模态最大推力,反之,在 $Ma_0>6.3$(T 点右边)时,亚燃模态最大推力小于超燃模态最大推力。因此,对于等直型燃烧室的实际循环,在考虑最大推力需求的情况下,应该设计在 $Ma_0$6.3 左右进行燃烧模态转换。

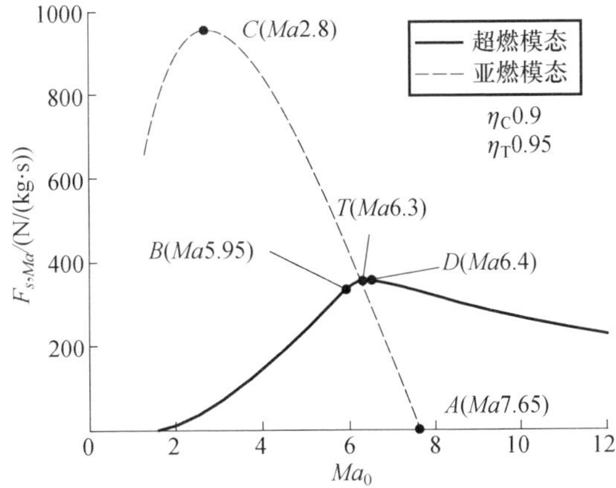

图 6-7　等直型燃烧室实际循环最大比推力随马赫数的变化

综上所述,为了满足飞行器加速的需求,双模态超燃冲压发动机需要在整个马赫数范围都工作在最大推力状态下,为了提供足够的推力性能,发动机需要在飞行过程中实现燃烧模态转换。对于采用等直型燃烧室的双模态超燃冲压发动机,不论是实际循环还是理性循环,都应该设计在飞行 Ma6.3 附近(即 Ma_{MT}6.3)进行燃烧模态转换才能获得最大的加速性能。

6.1.3　最大比冲需求下的燃烧模态转换马赫数选择

在实际应用中,飞行器会遇到这样一类任务需求,当飞行器加速到一定高度和马赫数以后,需要在该高度和马赫数下进行续航。此类飞行任务最关心的问题是飞行器航程远近。为了保证更远航程,此时需要发动机在能够提供续航所需推力的情况下尽量保持较高的比冲性能。

图 6-8 是等直型燃烧室理想循环条件下,不同比推力需求下最大比冲随马赫

数的变化情况。从图 6-8 可以看出,对于两种燃烧模态,在给定比推力需求下,随着飞行马赫数的增大,最大比冲先增大后减小,这个结果与前面的分析结果一致,即每种燃烧模态都存在一个最佳工作马赫数。最佳工作马赫数所对应的最大比冲随着比推力需求的增大而减小。有趣的是,随着比推力需求增大,亚燃模态所对应的最佳工作马赫数只有轻微的增大,几乎在 *Ma*3 附近保持不变,而超燃模态所对应的最佳工作马赫数随着比推力需求的增大却明显增大。同时可以发现,随着比推力需求的增大,各种模态能够正常工作的马赫数范围都有所减小,特别是对于超燃模态。

从图 6-8 可以看出,对于给定的比推力需求,在任何马赫数下亚燃模态比冲都明显高于超燃模态。这种趋势在比推力需求较高时更为明显,随着比推力减小而减弱。

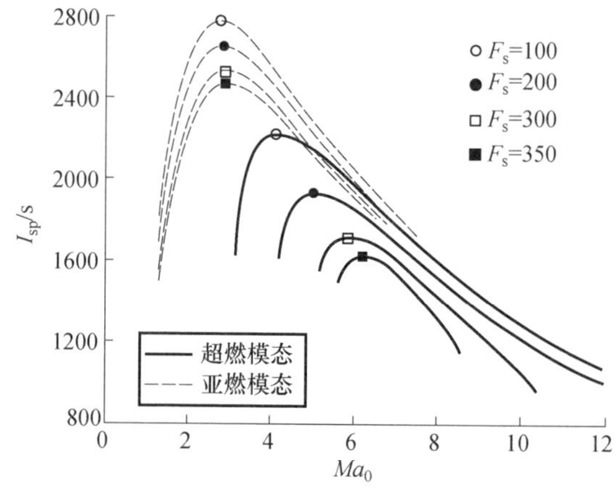

图 6-8　等直型燃烧室理想循环条件下最大比冲随马赫数的变化

图 6-9 是等直型燃烧室实际循环条件下,不同比推力需求下最大比冲随马赫数的变化情况。与理想循环一样,从图 6-9 可以看出,对于两种燃烧模态,在给定比推力需求下,随着飞行马赫数的增大,最大比冲先增大后减小,即存在一个最佳工作马赫数。但与理想循环不同,实际循环条件下,最佳工作马赫数所对应的最大比冲随着比推力需求的增大先增大后减小。同时在实际循环条件下,随着比推力需求的增大,亚燃模态和超燃模态所对应的最佳工作马赫数都明显增大,这与理想循环条件也有区别。还可以发现,随着比推力需求的增大,实际循环条件下各种模态能够正常工作的马赫数范围都有所减小,特别是对于超燃模态,这种趋势与理想循环条件一致,而且更为明显。

与理想循环条件一样,在实际循环条件下,对于给定的比推力需求,在任何马赫数下亚燃模态的比冲都明显高于超燃模态,但这种差距在实际循环条件下有所减小。

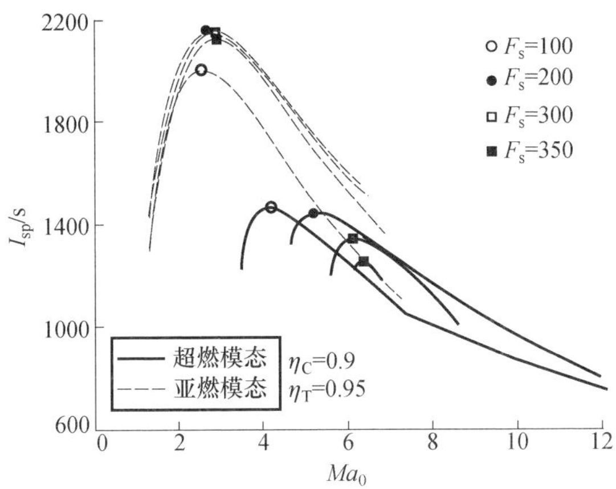

图 6－9　等直型燃烧室实际循环条件下最大比冲随马赫数的变化

综上所述，为了实现飞行器最大的续航能力，发动机应该在满足飞行器推力需求的情况下尽量选择比冲较高的工作模态。为此，对于采用等直型燃烧室的双模态超燃冲压发动机（最大马赫数 6 以下），不论是实际循环还是理性循环，发动机都应该尽量工作在亚燃模态，飞行器的推力需求越大，这种优势越明显。

6.2　燃烧模态转换边界及其影响因素分析

6.2.1　燃烧模态转换边界空间描述

一般情况下，双模态超燃冲压发动机都是工作在飞行包线内的某条预先选定的飞行轨线上，该飞行轨线是飞行马赫数和飞行高度组成的空间中的一条曲线。这样，飞行轨线上每一点的飞行马赫数和飞行高度均一一对应，即当飞行轨线确定后，仅使用飞行马赫数就可以确定双模态超燃冲压发动机的来流条件。表 6－2 所列为典型的双模态超燃冲压发动机飞行轨线，表中给出了飞行马赫数 4～7 的进气道出口马赫数、压力和温度等参数。这些参数是采用选定的飞行轨线和进气道几何构型，由高维 CFD 计算得到。本章后面的分析均在该飞行轨线上进行。

表 6－2　选定的双模态超燃冲压发动机飞行轨线

Ma	Ma_2	p_2/Pa	T_2/K
4	1.5	241044	659
5	2	156522	705
6	2.5	115452	721
7	3	83849	742

在给定飞行马赫数下，随着燃油当量比的增大，双模态超燃冲压发动机燃烧室内压力分布越来越高，马赫数越来越低。当量比增大到一定程度时，燃烧室内热力喉道将出现临界状态（即燃烧室内某个位置的流动达到声速状态）。按照燃烧模态的分类：当燃烧室内热力喉道处未达到临界状态时，发动机工作在超燃模态；当燃烧室内热力喉道处气流达到临界状态时，发动机工作在亚燃模态。这样，可以定义燃烧模态转换边界为双模态超燃冲压发动机恰好发生热力喉道临界时所对应的燃油当量比。换句话说，燃烧模态转换边界就是在给定的飞行马赫数下，发动机能够工作在超燃模态的最大燃油当量比或者能够工作在亚燃模态的最低燃油当量比[6-8]。

图 6-10 给出了一个典型的燃烧模态转换边界空间描述。在由飞行马赫数和燃油当量比组成的空间内，燃烧模态转换边界是一条单调增加的曲线，在曲线上方是亚燃模态，在曲线下方是超燃模态。从图 6-10 可以看出，随着飞行马赫数的增大，发生燃烧模态转换所对应的当量比增大。

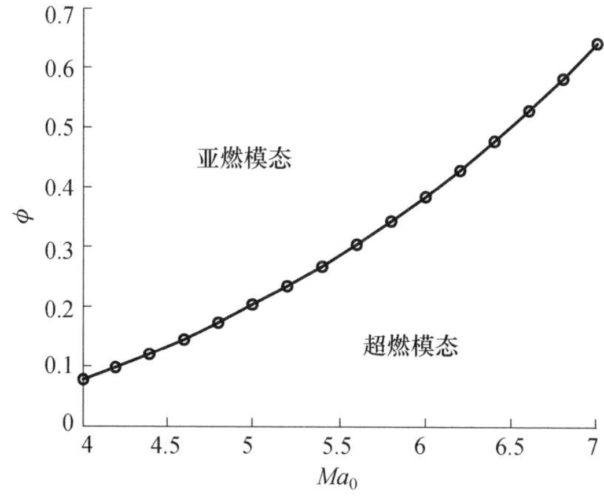

图 6-10　双模态超燃冲压发动机燃烧模态转换边界的空间描述

6.2.2　模态转换边界影响因素分析

燃烧模态转换边界即双模态超燃冲压发动机燃烧模态转换所对应的燃油当量比，它由众多因素共同决定。主要影响因素包括发动机几何构型、释热分布等，此外，燃烧室工作状态（如燃烧室壁面温度、燃烧室壁面光滑程度）和来流组分也对燃烧模态转换边界产生影响。本节将详细分析这些因素对燃烧模态转换边界的影响。表 6-3 给出了本节分析所选用的参数基准值，分析中采用的燃料为氢气。

表 6-3　分析选用的参数基准值

变量	值
Y_{N_2}	0.76
Y_{O_2}	0.23
Y_{H_2O}	0
Y_{Ar}	0.01
T_w/K	900
C_f	0.0005

1. 几何构型

双模态超燃冲压发动机的几何构型没有固定形式，当前研究多采用扩张型和扩张+等直型的燃烧室。对发动机性能影响较大的是燃烧室面积扩张比，在面积扩张比一定情况下，面积扩张速率也对发动机性能有一定影响。为了简化分析，假设发动机燃烧室面积变化满足

$$\frac{A(x)}{A_3}=1+(\tau_A-1)\frac{\theta_A\chi}{1+(\theta_A-1)\chi} \tag{6-5}$$

式中　A_3——燃烧室入口面积；

τ_A——面积扩张比；

θ_A——面积扩张速率因子；

χ——无量纲轴向位置。

图 6-11 给出了双模态超燃冲压发动机燃烧室扩张比对燃烧模态转换边界的影响。在分析中取 $\theta_A=1$，即燃烧室面积线性扩张。从图 6-11 可以看出，随着面积扩张比 τ_A 的增大，燃烧模态转换边界上移。这说明燃烧室面积扩张比越大，发动机能够更大程度地工作在超燃模态，同样可以通过改变燃烧室面积扩张比实现燃烧模态转换。工作在超燃模态的发动机可以通过减小燃烧室面积扩张比转换到亚燃模态，工作在亚燃模态的发动机可以通过增大燃烧室面积扩张比转换到超燃模态。此外，在高马赫数下燃烧室面积扩张比对燃烧模态转换边界的影响更加显著。

图 6-12 给出了双模态超燃冲压发动机燃烧室扩张速率对燃烧模态转换边界的影响。在分析中取 $\tau_A=2$。$\theta_A=1$ 代表燃烧室线性扩张，即 dA/dx 为常数，$\theta_A>1$ 代表燃烧室上游的扩张速率较大，即 dA/dx 越来越小，$\theta_A<1$ 代表燃烧室下游的扩张速率较大，即 dA/dx 越来越大。从图 6-12 可以看出，随着面积扩张速率因子 θ_A 的增大，燃烧模态转换边界上移。这说明在给定面积扩张时，燃烧室上游扩张

得越快，发动机越能够更大程度地工作在超燃模态。此外还可以发现，在高马赫数下，燃烧室面积扩张速率对燃烧模态转换边界的影响稍大，但并不是特别明显。

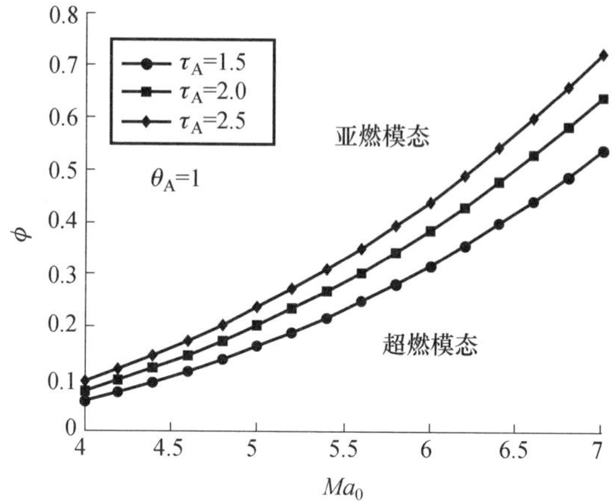

图 6－11　燃烧室面积扩张比对燃烧模态转换边界的影响

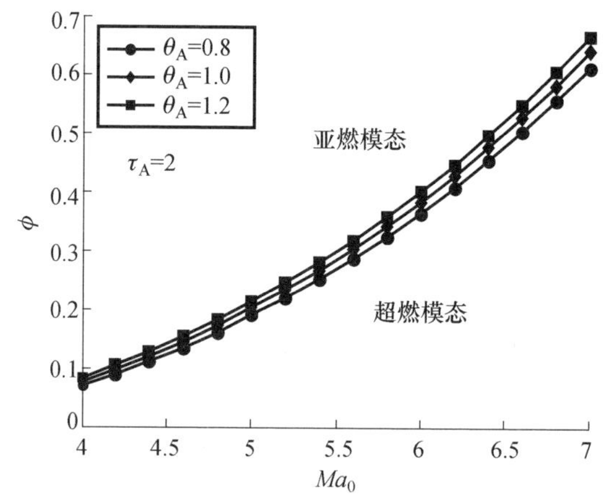

图 6－12　燃烧室面积扩张速率对燃烧模态转换边界的影响

2. 释热分布

燃烧释热是双模态超燃冲压发动机输出推力的能量来源，是对发动机性能产生影响的最大因素。由于燃料自身性质、燃料注入方式和燃烧室入口条件的不同，燃料在燃烧室内释热分布情况也存在很大不同。双模态超燃冲压发动机具有很强的分布参数特性，在同样燃油流量下，不同释热分布也会产生截然不同的发动机性能，同样对燃烧模态转换边界也存在影响。燃烧过程是一个很复杂的化学过程，很难用简单的参数化模型进行描述，为了简化分析，假设发动机燃烧室内的燃油分布

满足

$$\frac{\dot{m}_{\mathrm{r}}(x)}{\dot{m}_{\mathrm{f}}}=\frac{\theta\chi}{1+(\theta_{\mathrm{f}}-1)\chi} \tag{6-6}$$

式中　$\dot{m}_{\mathrm{f}}$——注入到发动机燃烧室的燃油总量；

$\dot{m}_{\mathrm{r}}(x)$——x 位置已经发生化学反应的燃油量；

θ_{f}——燃烧释热速率；

χ——无量纲轴向位置。

其中 θ_{f} 越大，表明燃烧室上游的燃烧释热越剧烈。

图 6-13 给出了双模态超燃冲压发动机燃烧释热速率对燃烧模态转换边界的影响。在分析中取 $\tau_{\mathrm{A}}=2,\theta_{\mathrm{A}}=1$。从图 6-13 可以看出，随着燃烧释热速率 θ_{f} 的增大，燃烧模态转换边界下移。这说明燃烧室上游燃烧释热越强，发动机越容易工作在亚燃模态，同样可以看出，通过改变燃烧释热速率可以实现燃烧模态转换。在不改变燃油总流量的情况下，将燃料注入位置往燃烧室上游移动，可以实现从超燃模态到亚燃模态的转换。此外还可以发现，在高马赫数下燃烧释热速率对燃烧模态转换边界的影响更为显著。在同一个飞行马赫数下，燃烧释热速率越小，影响效果越显著。

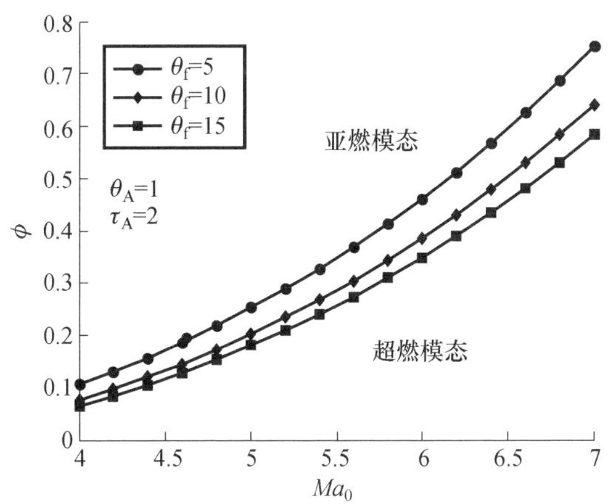

图 6-13　燃烧释热速率对燃烧模态转换边界的影响

3. 壁面温度

图 6-14 给出了燃烧室壁面温度对燃烧模态转换边界的影响。从图 6-14 细节放大图中可以看出，随着燃烧室壁面温度的上升，燃烧模态转换边界下移，即壁面温度升高发动机更容易工作在亚燃模态。但从整体来看，燃烧室壁面温度变化对燃烧模态转换边界影响很小，基本可以忽略不计。

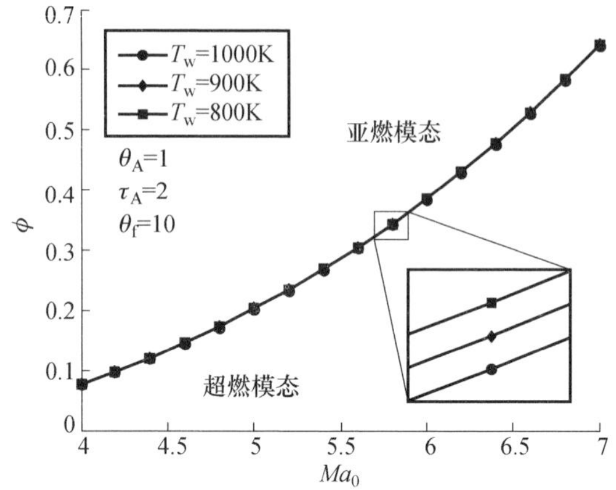

图 6 - 14　燃烧室壁面温度对燃烧模态转换边界的影响

4. 壁面摩擦

图 6 - 15 给出了燃烧室壁面摩擦对燃烧模态转换边界的影响。从图 6 - 15 可以看出,随着燃烧室壁面摩擦系数的增大,燃烧模态转换边界下移,即壁面摩擦增大,发动机更容易工作在亚燃模态。此外还可以发现,壁面摩擦对燃烧模态转换边界的影响在不同飞行马赫数下基本一致。

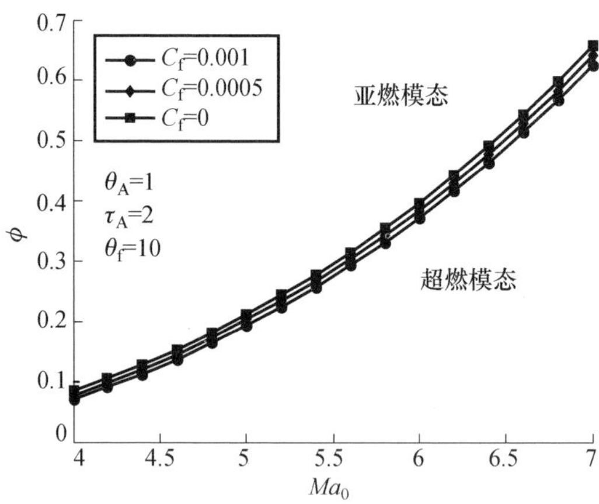

图 6 - 15　燃烧室壁面摩擦对燃烧模态转换边界的影响

5. 气流组分

图 6 - 16 给出了来流组分对燃烧模态转换边界的影响。这里主要分析了空气中水分子含量对发动机燃烧模态转换边界的影响。在分析过程中,假定氧气和氩气质量分数不变,增加水质量分数的同时减小氮气质量分数。这种情况与地面直连式试验系统基本吻合,在该系统上,通常采用燃烧酒精或者氢气来模拟高焓来

流,然后再通过补氧来保证氧气质量分数不变,这就不可避免地增大了气流中水的质量分数。

从图 6-16 可以看出,随着水分子质量分数的增大,燃烧模态转换边界上移,即气流中水分子增多,发动机更容易工作在超燃模态。这就意味着与真实的飞行状态相比,地面试验获得燃烧模态转换边界对应的燃油当量比偏高。这为修正地面试验结果、补偿天地不一致性提供一定的理论依据。

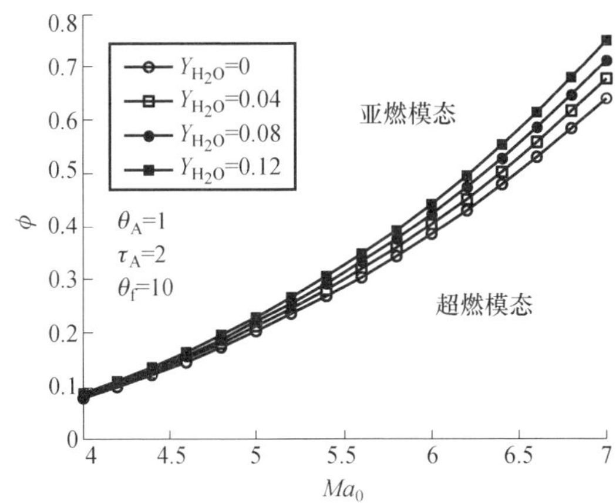

图 6-16　来流组分对燃烧模态转换边界的影响

6.3　燃烧模态转换中的突变与滞环问题

大量试验研究已经发现,双模态超燃冲压发动机在实现燃烧模态转换时会伴随着突变和滞环现象的出现。对于燃烧模态转换控制和发动机控制系统设计来说,必须重视突变和滞环特性,它会影响控制系统的稳定性和控制的有效性。在当前已有的研究结果中,双模态超燃冲压发动机燃烧模态转换时存在的突变和滞环特性主要由试验观察得到,对其形成的物理机制目前还没有统一认识和深入理解。

Fotia 给出了一种燃烧模态转换突变现象形成机制的解释。作者从一维流动控制方程出发,经过推导发现,为满足热力学第二定律,隔离段出口马赫数必须满足

$$\frac{kMa^2}{(1-Ma^2)}\frac{p}{A}-\left(\frac{\mathrm{d}p}{\mathrm{d}A}+\Omega_{\mathrm{Loss}}\right)\geqslant 0 \tag{6-7}$$

图 6-17 给出了 Ma_1 2.2, $k=1.34$ 条件下微分熵增(即式(6-7)左端项)随隔离段出口马赫数的变化关系。从图 6-17 可以看出,当 Ma_2 1.00~1.30 时,微分熵增为负值(即负熵区)。Fotia 认为这种情况不满足热力学第二定律,因此隔离段

出口马赫数在该范围内是一个不容许流动结构(Nonallowable Flow Configurations)。随着燃料当量比的增大,隔离段出口马赫数逐渐减小,当减小到一定值后(如本算例1.30),发动机进入不容许流场结构,此时隔离段出口马赫数将突变到1.00以下。Fotia认为正是这种不容许流场结构的产生导致了燃烧模态转换过程出现突变现象。

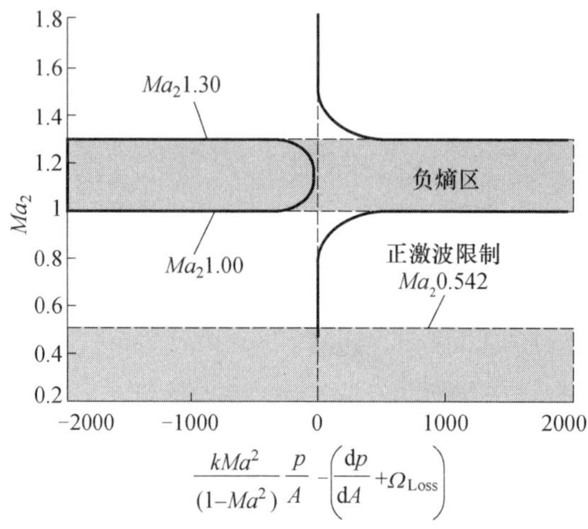

图6-17　微分熵增随隔离段出口马赫数的变化情况

针对燃烧模态转换过程中的滞环特性,Cui等开展了理论分析研究。经过对带有几何喉道和等直燃烧室的双模态超燃冲压发动机燃烧模态转换过程分析发现,燃烧模态转换现象满足一定的拓扑学规律,如图6-18所示。基于分岔理论,他们建立了一个机理模型,经过分析,他们认为导致双模态超燃冲压发动机燃烧模态转换中滞环特性的物理机制是收缩型通道内激波运动的正反馈效应。

由于真实的双模态超燃冲压发动机不带有几何喉道,在燃烧室中不具有收缩段,因此Cui等的研究没能完全回答双模态超燃冲压发动机燃烧模态转换过程中突变和滞环特性的形成机制。但是值得注意的是,他们的工作为研究该问题提供了一个不可获取的视角,那就是突变和滞环的形成必然由系统存在的不稳定性导致。对于一个双稳或多稳系统,通常存在着滞环特性(或称滞后特性)。系统滞环特性的一个显著特征是系统从一个稳定状态过渡到另一个稳定状态时,必然要发生状态突变。因此,通常情况下突变和滞环同时存在。研究发现,这种系统状态突变的形成是由于系统存在一种正反馈机制,而正反馈是一种不稳定反馈机制。即突变和滞环特性的产生是由不稳定的正反馈机制造成的。

双模态超燃冲压发动机存在流动和燃烧的强耦合,是一个特别复杂的动力学系统,很难建立一个简单的机理模型来分析它可能存在的正反馈机制。因此,可以通过对影响发动机特性的一些物理因素分析来寻找这种不稳定的因素。综合前面的分析,发现有两种因素可能导致出现突变和滞环特性:燃烧释热不稳定性和流动分离不稳定性。下面将利用一维模型方法对这两种因素进行详细分析。

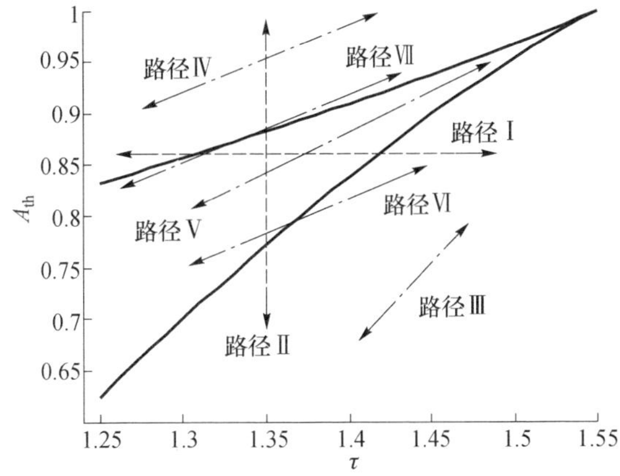

图6-18 Cui等[9]给出的燃烧模态转换的分岔集和典型控制路径

燃烧释热不稳定性是指当燃烧室燃油注入量或发动机来流条件发生某些变化时,燃烧室内燃烧状态会存在突然变化。这种突然变化主要表现在主要燃烧释热区域轴向位置的移动和燃烧强度的突然变化。在不同燃烧模态下,燃烧室火焰传播模式和稳燃方式都有明显不同。反过来,这些变化也是发动机燃烧模态发生转换的特征,是对燃烧模态进行分类的依据。图6-19给出了由燃烧释热变化引起燃烧模态转换中的突变和滞环特性。在分析过程中,燃烧释热的分布由式(6-6)给出。

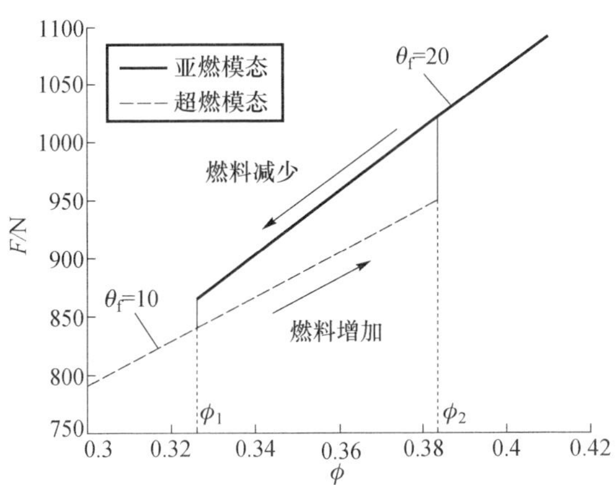

图6-19 燃烧释热变化引起的突变与滞环

发动机初始工作状态为超燃模态，此时假定 $\theta_f=10$。随着燃油当量比的增大，发动机推力逐渐增大。当燃油当量比增大到 ϕ_2 时，达到该条件下的燃烧模态转换边界。此时发动机将发生燃烧模态的转换，同时燃烧室上游的释热情况会出现明显的增强。按照已有的认识，从超燃模态转换到亚燃模态时燃烧释热速率将变大，因此假设此时存在 $\theta_f=20$。通过一维模型计算发现，从超燃模态转换到亚燃模态时，由于燃烧室上游燃烧释热突然增强，发动机推力会出现突然的增大。当发动机工作在亚燃模态以后，继续增大燃油当量比，发动机继续工作在亚燃模态。在此条件下，发动机燃烧模态转换边界变为 ϕ_1，因此当燃油当量比减小到 ϕ_2 时，发动机不会发生燃烧模态转换，只有当燃油当量比减小到 ϕ_1 时，发动机才从亚燃模态转换到超燃模态。随着燃烧模态转换的发生，燃烧室上游的释热情况会出现明显的变弱，此时 θ_f 从 20 变为 10。通过一维模型计算发现，从亚燃模态转换到超燃模态时，由于燃烧室上游燃烧强度突然降低，发动机推力会出现突然下降。综上所述，在燃烧释热存在不稳定性情况下，双模态超燃冲压发动机在燃烧模态转换过程中会出现突变和滞环特性。

流动分离不稳定性是指当燃烧室燃油注入量或发动机来流条件发生某些变化时，燃烧室内气流分离状态会出现突然变化。这种突然变化主要表现在气流分离区突然出现和消失以及分离区的上下游移动等。图 6－20 给出了由流动分离变化引起燃烧模态转换中的突变和滞环特性。在分析过程中，燃烧室几何构型由式（6－5）给出。

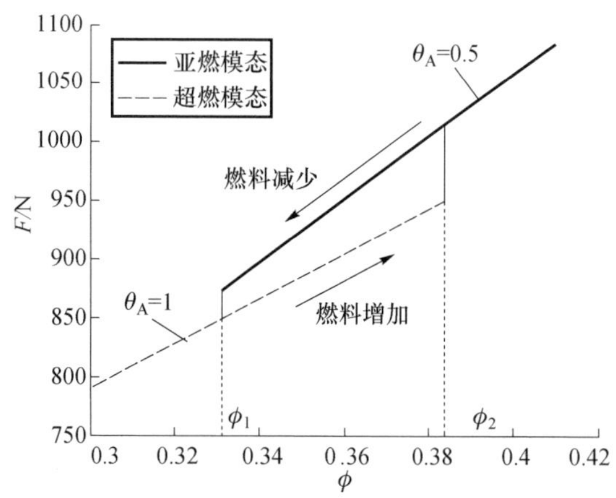

图 6－20　流动分离变化引起的突变与滞环

发动机初始工作状态为超燃模态，此时假定 $\theta_A=1$。随着燃油当量比的增大，发动机推力逐渐增大。当燃油当量比增大到 ϕ_2 时，达到该条件下的燃烧模态转换边界。此时发动机将发生燃烧模态转换，同时由于燃烧室内逆压力梯度增大，气流将发生局部分离，导致核心流面积减小，假设流动发生分离以后有 $\theta_A = 0.5$。通过一维模型计算发现，从超燃模态转换到亚燃模态时，由于流动分离区突然出现，发动机推力会出现突然增大。当发动机工作在亚燃模态以后，继续增大燃油当量比，发动机继续工作在亚燃模态。在此条件下，发动机燃烧模态转换边界变为 ϕ_1，因此当燃油当量比减小到 ϕ_2 时，发动机不会发生燃烧模态转换，只有当燃油当量比继续减小到 ϕ_1 时，发动机才从亚燃模态转换到超燃模态。随着燃烧模态转换的发生，燃烧室内逆压力梯度会减弱，此时 θ_A 从 0.5 变为 1。通过一维模型计算发现，从亚燃模态转换到超燃模态时，随着流动分离区的突然消失，发动机推力会出现突然下降。综上所述，在流动分离不稳定性的作用下，双模态超燃冲压发动机在燃烧模态转换过程中存在着突变和滞环特性。

这里需要特别指出的是，上面给出的分析结果只是在一个典型几何构型和释热分布条件下得到的。对于一个具体的真实运行双模态超燃冲压发动机，其具有更为复杂的几何构型（存在稳燃用的凹腔或支板等）和燃料注入方式（多角度、多位置注入等），还受到很多其他因素影响，在其燃烧模态转换过程中是否一定会存在突变和滞环特性，还要依赖于更多的试验分析和验证。

燃烧模态转换过程中存在的突变和滞环特性对于发动机控制来说是一种不利因素，它会增加控制系统设计的难度，影响控制系统运行的可靠性。因此，在发动机设计时，应采取一些相应措施，尽量消除发动机存在的不稳定正反馈机制，以减弱或消除燃烧模态转换过程中的突变和滞环特性。如果不能消除，在发动机控制系统设计时要考虑到突变和滞环幅度对控制系统的影响，设计专门的燃烧模态转换控制。

6.4　燃烧模态转换过程分析

本节将对典型燃烧模态转换过程进行分析，以便更深入认识燃烧模态转换特性，给出燃烧模态控制方案。

首先分析双模态超燃冲压发动机在整个飞行轨线上的行为。图 1－18 给出了一个典型的双模态超燃冲压发动机飞行轨线和飞行过程中燃烧模态转换示意图。当飞行马赫数较低时，发动机工作在亚燃模态，由于受到进气道不起动限制，此时发动机燃料供给不能过多，供油阀门不能完全打开。随着飞行马赫数增大，进气道不起动威胁会逐渐减弱。当飞行速度达到预先设计好的燃烧模态转换马赫数时，发动机将通过燃烧模态转换进入超燃模态工作。进入超燃模态以后，随着飞行马赫数增大，预燃激波串会逐渐变短并最终消失，此时发动机不会再进入进气道不起动状态，燃料阀门可以完全打开。同样，在飞行器返航过程中也会有类似的现象出现。

显然，双模态超燃冲压发动机在飞行中燃烧模态转换过程在一个很短时间内完成，在这段时间内，发动机飞行马赫数和飞行高度变化很小，因此可以认为在燃烧模态转换过程中发动机来流状态保持不变。下面再来分析一下发动机在燃烧模态转换马赫数下的工作特性。

图6－21给出了在固定当量比下，发动机燃烧模态转换点附近的发动机特性，图上白色虚线为燃烧模态转换边界，曲线左侧为亚燃模态，右侧为超燃模态。此示意图并未考虑燃烧模态转换过程中可能出现的推力突变，如果发生推力突变，燃烧模态转换边界右侧等推力线将向下平移。

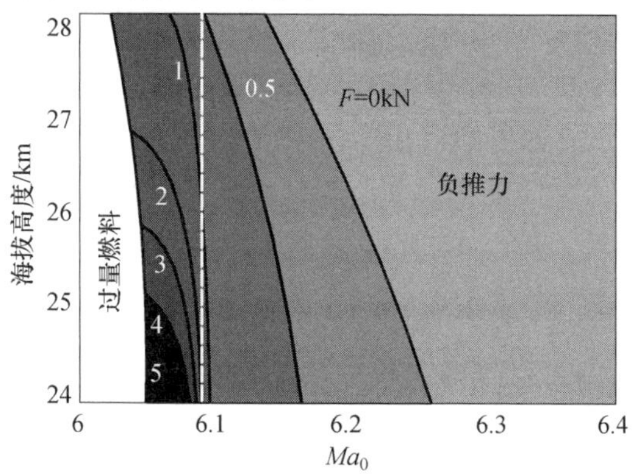

图6－21　给定当量比下燃烧模态转换点附近发动机特性示意图

6.4.1　转换路径的影响

这里所说的燃烧模态转换路径是指从超燃模态转到亚燃模态或者从亚燃模态转到超燃模态。从图6－21可以看出，保持燃料当量比不变，随着飞行马赫数的增大，发动机将实现从亚燃模态到超燃模态的转换。由等推力线可以看出，当发动机从亚燃模态转到超燃模态时，发动机推力将出现下降。

当发动机从亚燃模态转换到超燃模态时，隔离段内预燃激波串强度将减弱，前缘位置将明显向下游移动，发动机出现进气道不起动的可能性大大降低，此时发动机燃烧室最高温度也会一定程度地下降。因此，从亚燃模态到超燃模态转换过程中，发动机除了推力突然变化外，一般不会出现其他危险工况。

从图6－21可以看出，保持燃料当量比不变，随着飞行马赫数的减小，发动机将实现从超燃模态到亚燃模态的转换。由等推力线可以看出，当发动机从超燃模态转到亚燃模态时，发动机推力将出现上升。

当发动机从超燃模态转换到亚燃模态时，隔离段内预燃激波串强度将增加，其前缘位置将明显向上游移动，由于亚燃模态工作区域比较窄，此时极有可能因为超调而出现进气道不起动。此外，进入亚燃模态以后，燃烧室最高温度也会有一定程度的上升，从而也有出现超温的可能。因此，在从超燃模态到亚燃模态转换的过程中，发动机不仅会存在推力突然变化，而且存在进气道不起动和超温的危险。

6.4.2　突变特性的影响

燃烧模态转换过程中表现出的推力突变特性对发动机控制系统稳定工作有很大影响。这种影响程度可以用突变特性的强弱来描述。突变特性的强弱是一种相对的概念。

弱突变特性是指发动机在燃烧模态转换过程中推力突变的幅值较小，在发动机推力控制系统摄动抑制能力范围之内。在这种情况下，可以认为发动机在燃烧模态转换时推力的变化并不会对飞行器工作状态产生很大影响。这样不需要设计专门的燃烧模态转换控制方案，可以直接采用推力闭环控制就能实现燃烧模态平稳转换。此外需要指出的是，具有弱突变特性的双模态超燃冲压发动机对于发动机控制和运行来说具有很大好处，是发动机研究和设计的方向之一，值得深入研究。

强突变特性是指发动机在燃烧模态转换过程中推力突变的幅值较大，发动机推力控制系统摄动抑制能力对如此大幅非线性变化不能实现很好的控制，从而会在发动机燃烧模态转换时给发动机乃至飞行器的安全带来威胁。此时，必须设计合理的燃烧模态转换控制方案来应对模态转换过程中的推力突变问题。

6.4.3　滞环特性的影响

从内在形成机制来看，滞环特性是由发动机工作过程中不稳定因素引起的；从外在表现来看，燃烧模态转换过程中的滞环特性，可以看作发动机工作模态的一种自维持特性。当发动机处于一个燃烧模态时，就会尽量保持当前状态，在较小燃料流量变动之下不会改变其工作模态，只有当燃料流量出现较大变化时，发动机才能从当前模态转换到另一个模态，并在一定燃料变化范围内维持在该模态。这种维持自身原有工作状态的能力对发动机推力控制十分重要。如果滞环特性强，那么就有足够大的余地进行推力调节而不至于出现燃烧模态的频繁转换；如果滞环特性弱，那么在燃烧模态转换结束后就很难及时进行推力调节，否则会出现燃烧模态频繁转换。

滞环特性的强弱对发动机推力控制的稳定性有很大影响，因此需要对滞环特性的强弱进行量化，我们用滞环宽度来表征滞环特性的强弱。如图 6 - 22 所示，滞环宽度是指从亚燃模态到超燃模态和从超燃模态到亚燃模态两个燃烧模态转换边界所对应当量比的差值，即 $\Delta\phi=\phi_b-\phi_a$。如果 $\Delta\phi=0$，则意味着这个发动机不存在滞环特性。

有了滞环宽度的定义，还需要对滞环宽度的大小进行界定。滞环宽度的大小不是一个绝对概念，而是一个相对概念，它与推力控制相关。

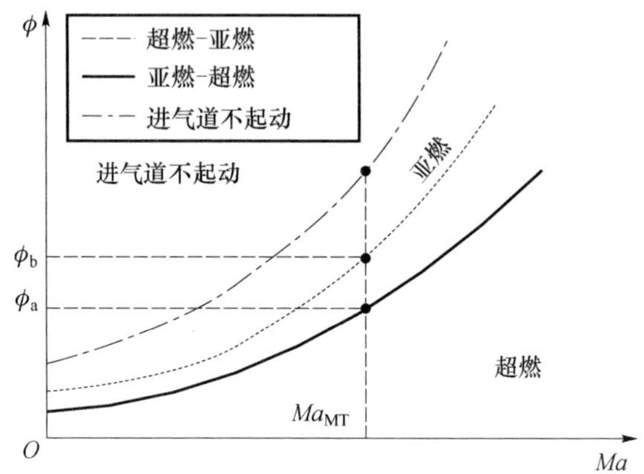

图 6-22　燃烧模态转换的滞环宽度定义

图 6-23 和图 6-24 给出了具有大滞环宽度特性的双模态超燃冲压发动机燃烧模态转换过程示意图。如图 6-23 所示，在某飞行马赫数下，当燃料当量比增大到 ϕ_b 时发动机将从超燃模态转换到亚燃模态，当燃料当量比减小到 ϕ_a 时发动机将从亚燃模态转换到超燃模态，而滞环宽度 $\Delta\phi=\phi_b-\phi_a$ 相对很大。

从图 6-23 可以看出，此时在燃烧模态转换边界对应的终点模态上（A 点和 C 点），发动机可以进行大范围推力调节。通常情况下，在燃烧模态转换前后，推力需求是连续的，这样在燃烧模态转换之后，输出推力突然增大，使输出推力大于推力需求，此时控制系统会进一步减小燃料流量。这一过程如图 6-24 所示。

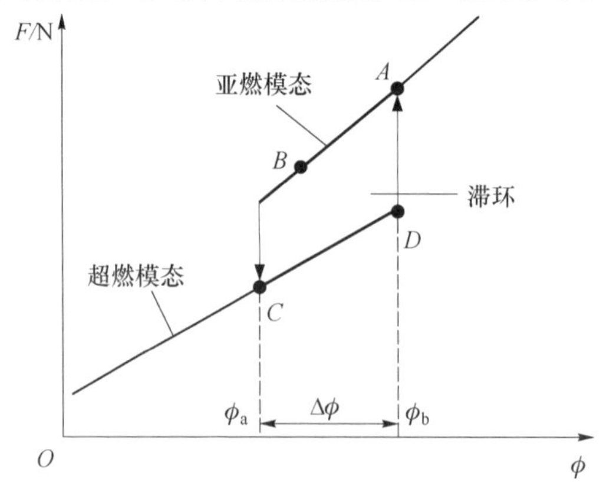

图 6-23　大滞环宽度特性下的燃烧模态转换过程示意图

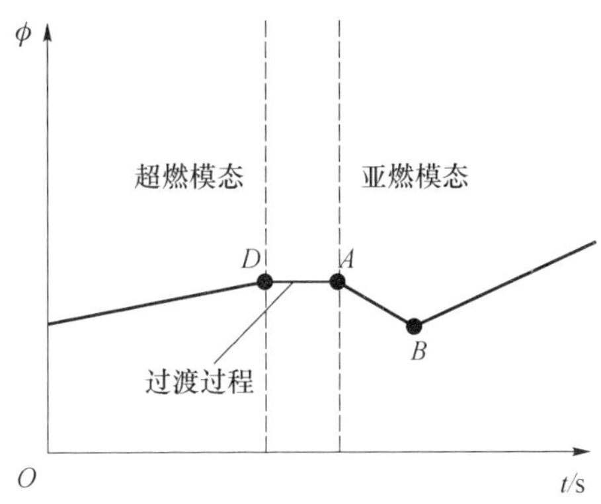

图 6 - 24　大滞环宽度特性下超燃到亚燃转换过程当量比变化示意图

图 6 - 25 和图 6 - 26 给出了具有小滞环宽度特性的双模态超燃冲压发动机燃烧模态转换过程示意图。如图 6 - 25 所示，当燃料当量比增大到 ϕ_b 时发动机将从超燃模态转换到亚燃模态，当燃料当量比减小到 ϕ_a 时发动机将从亚燃模态转换到超燃模态，而滞环宽度 $\Delta\phi = \phi_b - \phi_a$ 相对很小。

从图 6 - 25 可以看出，此时在燃烧模态转换边界对应的终点模态上（A 点和 C 点），发动机无法进行较大范围的推力调节，因为 A 点与从亚燃到超燃的模态转换边界过于接近，如果在 A 点附近进行推力控制极有可能使得发动机出现燃烧模态的振荡（C 点类似）。

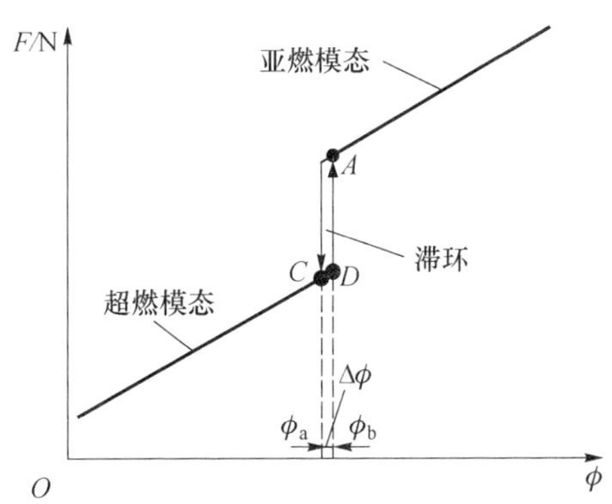

图 6 - 25　小滞环宽度特性下的燃烧模态转换控制方案示意图

从上面分析可以看出：双模态超燃冲压发动机在燃烧模态转换过程中可能出现的问题，与燃烧模态转换的路径、发动机突变特性的强弱和滞环特性的大小息息相关。因此，在燃烧模态转换控制方案设计中，需要对各种情况综合讨论，以便提出全局范围内合理有效的方案。

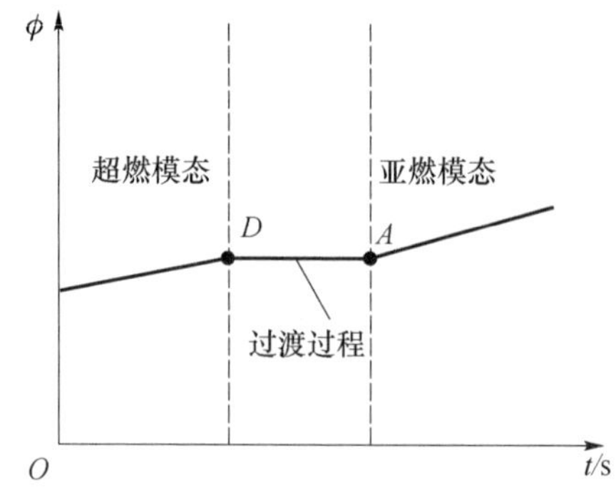

图 6-26　小滞环宽度特性下超燃到亚燃转换过程当量比变化示意图

6.5　双模态超燃冲压发动机燃烧模态转换控制

在双模态超燃冲压发动机飞行过程中，控制系统根据飞行任务需求进行燃料调节时，必然会出现燃烧模态转换，转换过程中突变和滞环特性会造成推力非线性变化，导致飞行器加速度变化，严重时会引发飞行器失稳出现事故。对发动机工作状态需要进行实时监测，在发动机进入到不安全工作状态时，控制系统通过相应调节确保燃烧模态转换过程中推力输出平稳过渡，不出现燃烧模态振荡现象，同时还要确保不会发生进气道不起动、超温等危险工况[10]。

6.5.1　燃烧模态表征与监测

在工作展开之前，先来分析一下燃烧模态的表征和监测问题。对于一个真实双模态超燃冲压发动机控制过程，仅仅对燃烧模态进行定义是不足的。特别是针对发动机燃烧模态转换控制，需要针对实际发动机情况，给出燃烧模态的表征变量，以便发动机控制系统对发动机工作状态进行实时监测和控制。

发动机燃烧模态监测最好的方法是通过建立基于测量压力的发动机一维反算模型，通过在线实时仿真来获取发动机马赫数分布，进而对燃烧模态进行识别。这种方法能够较为准确地识别出发动机所处的燃烧模态，但要受困于模型精度和仿真速度的限制。因此在实际的发动机控制过程中并不是特别适用，必须寻求一种适合于实际发动机控制应用的燃烧模态表征方法。

如前所述，双模态超燃冲压发动机燃烧室工作状态对几何构型和燃料分布非常敏感，而不同的发动机会采用不同的燃烧组织方式和燃料，这使得对发动机燃烧模态的表征很难有固定的方式，更多时候需要具体情况具体研究。在燃烧模态转换过程中，将伴随着隔离段内预燃激波串前缘位置的移动，同时燃烧室内压力峰值位置、隔离段出口压力值等都会发生突然变化。这些流场参数的突变特性为燃烧模态识别与分类提供了有利条件。

当前研究通常采用的燃烧模态表征方式是按照双模态超燃冲压发动机基本特性，选定某些特征压力测点，通过这些测点压力值或者压力值之间的关系来表征发动机燃烧模态。在发动机工作过程中，通过对这些表征变量的实时测量来实现对燃烧模态的实时监测。

6.5.2　燃烧模态转换控制基本方案

讨论了燃烧模态转换控制的基本任务和燃烧模态表征与监测问题，接下来讨论燃烧模态转换控制的基本方案。由前面分析可知，燃烧模态转换过程由多种因素影响，需要综合考虑。因此，先从突变特性的强弱来分析。对于弱突变特性的双模态超燃冲压发动机，推力控制系统的摄动抑制能力能够对燃烧模态转换过程中推力突变实现有效控制。因此，在这种情况下，可以认为发动机在燃烧模态转换时推力变化并不会对飞行器工作状态产生很大影响。这样就不需要设计专门的燃烧模态转换控制方案，直接采用推力闭环控制就能实现燃烧模态的平稳转换。因此下面主要分析强突变特性的双模态超燃冲压发动机燃烧模态转换控制方案。

对于强突变特性的双模态超燃冲压发动机，推力控制系统的摄动抑制能力对此类非线性变化不能实现很好的控制。此时如果继续采用推力闭环必将会引起发动机推力振荡和超调等问题。因此在对具有强突变特性的发动机燃烧模态转换控制过程中，发动机推力控制回路将不能够再处于闭环状态，而必须处于开环状态。即当监测到发动机达到了燃烧模态转换边界时，控制系统需要断开推力控制回路，固定燃料当量比。当监测到发动机已经成功实现了燃烧模态转换时，控制系统重新切回推力控制回路实现推力调节[11,12]。

前面已经提到，当滞环宽度较大时，发动机在燃烧模态转换完成之后，可以在燃烧模态转换边界终点模态上及时进行一定范围的推力调节。而当滞环宽度较小时，发动机在燃烧模态转换完成之后，不能及时在燃烧模态转换边界终点模态上进行推力调节，必须等待更长的时间以防止出现模态振荡。

综上所述，可以发现，不论滞环宽度大与小，在燃烧模态转换控制过程中，必须限制发动机燃料流量使其不能出现反向的转换甚至频繁切换。因此，燃烧模态转换控制方案的基本流程为：①实时监测发动机燃烧模态和来流条件，如果发现发动机当前工作状态（包括来流条件和燃料量）达到燃烧模态转换边界，则切断发动机推力控制回路，进入燃烧模态转换控制回路，必要时给飞行器发出相关协调控制指令。②保持燃料当量比为固定值，并实时监测发动机燃烧模态。③当判定燃烧模态转换成功实现后，切回发动机推力控制回路，同时根据燃烧模态转换路径对燃料当量比进行一定时长的限制。

从上面给出的燃烧模态转换控制方案来看,这种方案是一种开环控制方案,同时也是一种基于监测的时序控制方案。图 6-27 为燃烧模态转换控制方案的控制时序示意图。图 6-27 固定当量比控制时长 Δt_1 由具体的发动机响应特性决定,当量比限制控制时长 Δt_2 可由试验来确定一个固定值。

从图 6-27 可以看出,燃烧模态转换控制中燃料流量限制规则为:当发动机实现了从超燃模态到亚燃模态的转换后,限制燃料当量比不能低于 $\phi_a(Ma)+\delta\phi$;当发动机实现了从亚燃模态到超燃模态转换后,限制燃料当量比不能高于 $\phi_b(Ma)-\delta\phi$。其中 $\delta\phi$ 为控制裕度。

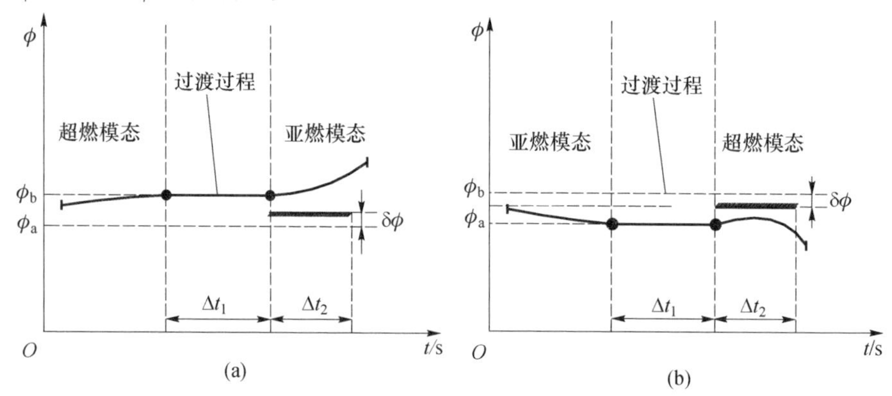

图 6-27 燃烧模态转换控制方案时序示意图

(a)超燃到亚燃的转换;(b)亚燃到超燃的转换。

6.5.3 控制方案仿真

1. 小突变情形下的仿真研究

本仿真算例将对小突变特性的双模态超燃冲压发动机燃烧模态转换控制方案进行仿真研究。本算例考虑了一个突变特性很小的双模态超燃冲压发动机,其推力特性如图 6-28 所示,可以看出采用的发动机特性基本上不存在明显突变。由前面给出的燃烧模态转换控制方案可知,在这种情形下,发动机不需要设计专门的燃烧模态转换控制,直接采用推力闭环控制就可实现燃烧模态的平稳转换。

仿真分析了一个加速过程,发动机在 20s 的时间内,从 $Ma_0$6.4 加速到 $Ma_0$6.6,在加速过程中随着推力需求的改变,发动机将实现从亚燃模态到超燃模态的转换。图 6-29 给出了仿真过程中发动机推力和燃料当量比的变化。

在仿真开始时,发动机工作在亚燃模态,来流马赫数为 6.4,此时发动机推力输出为 890N。随着飞行马赫数的增大和推力需求的改变,发动机燃料当量比逐渐增大。在 $t = 8.677$s 时，发动机飞行马赫数和燃料当量比的组合达到了燃烧模态转换边界并实现从亚燃模态到超燃模态的转换。随着加速过程的继续，发动机将继续在超燃模态工作。从图 6－29 可以看出，在燃烧模态转换过程中，虽然没有采取其他措施，但是发动机仍在推力闭环控制作用下平稳地实现了燃烧模态转换，从而验证了前面给出的对于不存在滞环特性的双模态超燃冲压发动机燃烧模态转换控制方案的有效性。

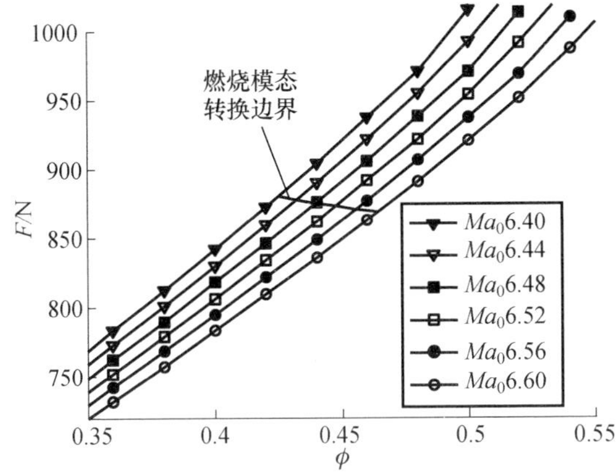

图 6－28　突变特性很小的双模态超燃冲压发动机推力特性

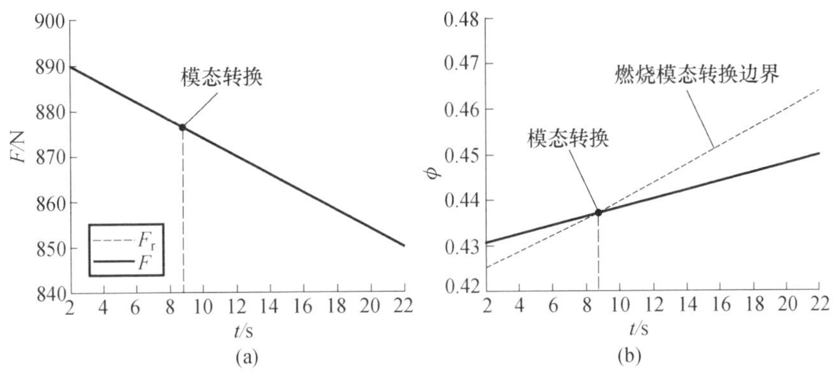

图 6－29　仿真过程中发动机推力和燃料当量比的变化

(a)推力变化；(b)当量比变化。

2. 小滞环情形下的仿真研究

本仿真算例将对带有小滞环特性的双模态超燃冲压发动机燃烧模态转换控制方案进行仿真研究。为了简化仿真，本算例直接考虑了一个只存在突变特性、不存在滞环特性的双模态超燃冲压发动机，其推力特性如图 6－30 所示。从图上可以看出，在燃烧模态转换过程中，推力的突变幅值大约为 80N，与发动机输出推力值相比，大约为 10% 的推力突变，此时在燃烧模态转换过程中直接采用推力闭环控制显然不可行。由前面给出的燃烧模态转换控制方案可知，在这种情形下，发动机需要采取专门的燃烧模态转换控制。

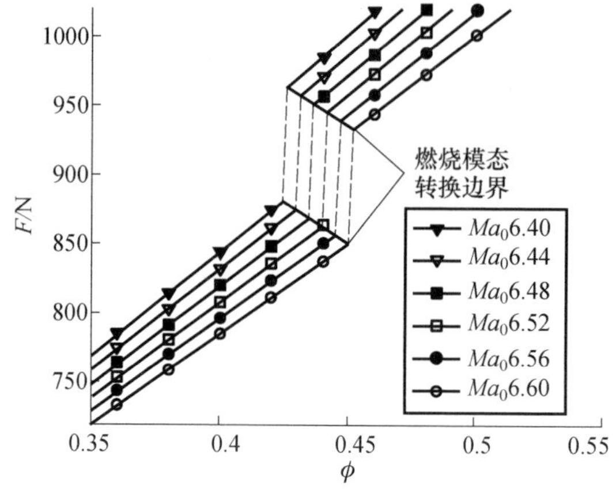

图 6－30　带有小滞环的双模态超燃冲压发动机推力特性

仿真分析了一个加速过程，发动机在 20s 的时间内，从 $Ma_0$6.4 加速到 $Ma_0$6.6，在加速过程中，随着推力需求的改变，发动机将实现从亚燃模态到超燃模态的转换。图 6－31 给出了仿真过程中发动机推力和燃料当量比的变化。

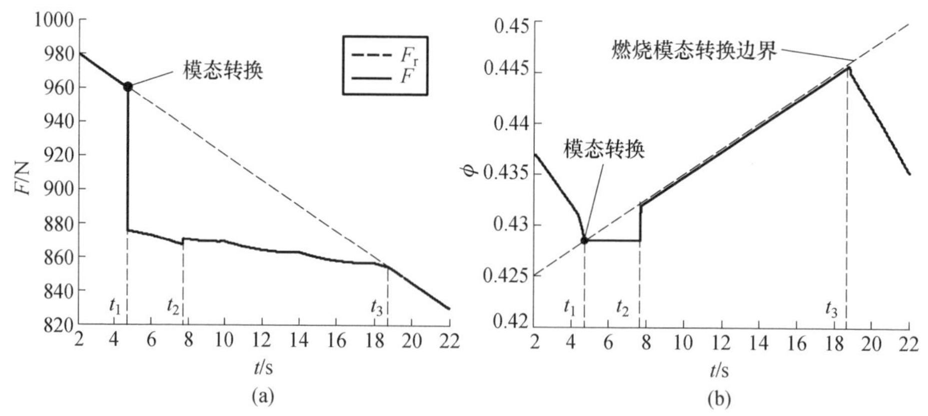

图 6－31　小滞环情形下仿真过程中发动机推力和燃料当量比的变化
(a) 推力变化；(b) 当量比变化。

在仿真开始时，发动机工作在亚燃模态，来流马赫数 $Ma_0$6.4，此时发动机推力输出为 980N。随着飞行马赫数的增大和推力需求的改变，发动机燃料当量比逐渐减小。在 $t=t_1=4.701$s 时，发动机飞行马赫数和燃料当量比的组合达到了燃烧模态转换边界。根据前面给出的燃烧模态转换控制方案，在 t_1 时刻断开推力闭环，固定当量比，发动机进入燃烧模态转换过渡过程，采用开环控制。从图 6 - 31 可以看出，在模态转换过渡过程中，由于当量比固定，飞行马赫数增大，因此发动机推力呈现出下降趋势。

正常情况下，控制系统监测到燃烧模态转换成功后即可重新切入到推力闭环控制状态，在本算例中，固定过渡过程时间为 3s。因此，发动机在 $t = t_2 = 7.701$s 时重新切入闭环。从图 6 - 31(a)可以看出，在发动机切入推力闭环时，推力需求比推力输出大很多，因此此时发动机当量比会很快增大。按照设计好的燃烧模态转换控制方案，此时必须对当量比进行限幅以防止发动机出现燃烧模态的频繁切换。从图 6 - 31(b)可以看出，切回推力闭环控制以后，发动机当量比将贴着燃烧模态转换边界值运行，发动机将一直在超燃模态工作，但此时推力输出不能够满足发动机推力需求。

随着加速过程的继续，发动机推力需求发生变化，在 $t = t_3 = 18.770$s，发动机燃烧模态转换边界对应的燃料当量比能够满足发动机推力需求，此时燃料当量比将不再紧贴边界运行，限幅失效。此后发动机推力输出将能够满足发动机推力需求。

从图 6 - 31 可以看出，由于采用了燃烧模态转换控制，在燃烧模态转换过程中，发动机实现了平稳的燃烧模态转换，并没有出现燃烧模态的频繁转换和推力的大幅振荡，从而验证了前面给出的对于小滞环特性双模态超燃冲压发动机燃烧模态转换控制方案的有效性。

3. 大滞环情形下的仿真研究

本仿真算例将对带有大滞环特性的双模态超燃冲压发动机燃烧模态转换控制方案进行仿真研究。本算例采用的双模态超燃冲压发动机推力特性如图 6 - 32 所示。从图上可以看出，在燃烧模态转换过程中，发动机推力的突变幅值大约为 80N，与发动机输出推力值相比，大约为 10% 的推力突变，此时在燃烧模态转换过程中直接采用推力闭环控制显然不行。此外，发动机存在较大的滞环特性，滞环宽度 $\Delta\phi$ 大约为 0.1。由前面给出的燃烧模态转换控制方案可知，在这种情形下，发动机需要采取专门的燃烧模态转换控制。

仿真分析了一个加速过程，发动机在 20s 的时间内，从 $Ma_0 6.4$ 加速到 $Ma_0 6.6$，在加速过程中随着推力需求的改变，发动机将实现从亚燃模态到超燃模态的转换。图 6 - 33 给出了仿真过程中发动机推力和燃料当量比的变化。

在仿真开始时，发动机工作在亚燃模态，来流 $Ma_0 6.4$，此时发动机推力输出为 850N。随着飞行马赫数的增大和推力需求的改变，发动机燃料当量比逐渐减小。在 $t = t_1 = 7.147$s 时，发动机飞行马赫数和燃料当量比的组合达到了燃烧模态转换边界。根据前面给出的燃烧模态转换控制方案,在 t_1 时刻断开推力闭环,固定当量比,发动机进入燃烧模态转换过渡过程,采用开环控制。从图 6-33 可以看出,在模态转换过渡过程中,由于当量比固定,飞行马赫数增大,因此发动机推力呈现出下降的趋势。

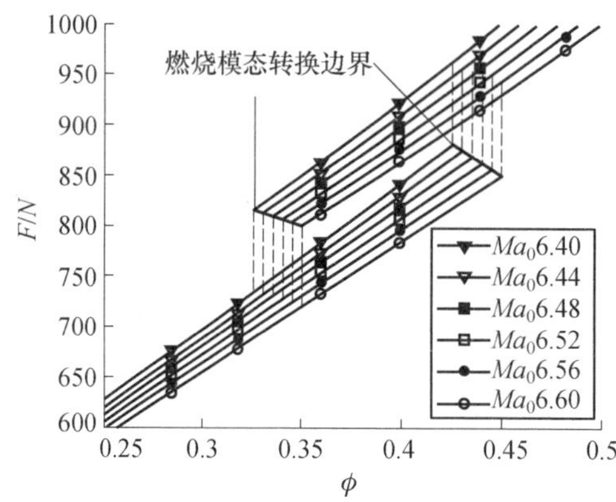

图 6-32　带有大滞环的双模态超燃冲压发动机推力特性

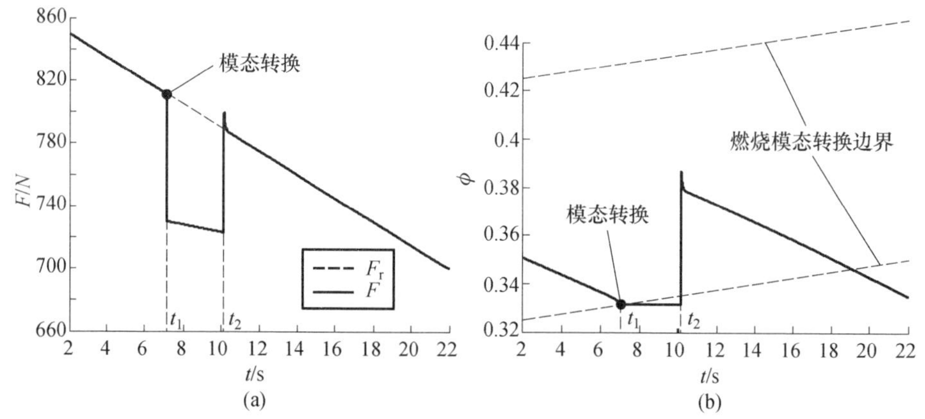

图 6-33　大滞环情形下仿真过程中发动机推力和燃料为量比的变化
(a)推力变化;(b)当量比变化。

正常情况下,控制系统监测到燃烧模态转换成功后即可切入到推力闭环控制状态,在本算例中,固定过渡过程时间为 3s。因此,发动机在 $t = t_2 = 10.147$s 时切入闭环。从图 6-33(a)可以看出,在发动机切入推力闭环时,推力需求比推力输出大很多,因此发动机当量比会很快增大。

按照设计好的燃烧模态转换控制方案,必须对当量比进行限幅以防止发动机出现燃烧模态的频繁切换。但与小滞环时情形不同,如图 6-33(b)所示,大滞环特性的发动机从超燃到亚燃模态转换边界要比从亚燃到超燃的模态转换边界高很多。因此，切回推力闭环控制以后，发动机当量比虽然快速增大，但并不会增大到燃烧模态转换边界，因此不会触发限幅。这样，在切回推力闭环控制以后，发动机在推力控制作用下，推力输出将能够满足发动机推力需求。

从图6－33可以看出，由于采用了燃烧模态转换控制，在燃烧模态转换过程中，发动机实现了平稳的燃烧模态转换，并没有出现燃烧模态频繁转换和推力大幅振荡，从而验证了前面给出的对于小滞环特性的双模态超燃冲压发动机燃烧模态转换控制方案的有效性。

6.6　小结

本章讨论了双模态超燃冲压发动机燃烧模态转换及其控制的相关问题，提出了综合考虑发动机性能和飞行任务的燃烧模态转换马赫数选择准则，给出了燃烧模态转换边界的空间描述并对其影响因素进行了分析，基于一维模型分析了燃烧模态转换过程中的突变和滞环现象形成的原因，详细分析了燃烧模态转换过程，最后给出了燃烧模态转换控制的基本方案并进行了仿真验证。

参考文献

[1] 曹瑞峰．超燃冲压发动机燃烧模态转换及其控制方法研究[D]．哈尔滨：哈尔滨工业大学，2016.

[2] Billig F S. Research on Supersonic Combustion[J]. Journal of Propulsion and Power,1993,9(4):499－514.

[3] Cao R F,Chang J T,Tang J F,et al. Study on Combustion Mode Transition of Hydrogen Fueled Dual－Mode Scramjet Engine Based on Thermodynamic Cycle Analysis[J]. International Journal of Hydrogen Energy,2014,39(36):21251－21258.

[4] Cao R,Chang J,Bao W,et al. Analysis of Combustion Mode and Operating Route for Hydrogen Fueled Scramjet Engine[J]. International Journal of Hydrogen Energy,2013,38(14):5928－5935.

[5] Sullins G A. Demonstration of Mode Transition in a Scramjet Combustor[J]. Journal of Propulsion and Power,1993,9(4):515－520.

[6] Chen Q,Chen L H,Gu H B,et al. Study on Judgment Method of Combustion Mode on Dual－mode Scramjet[J]. Procedia Engineering,2013,67(3):147－154.

[7] Masumoto R,Tomioka S,Yamasaki H. Study on Transition of Combustion Modes in a Dual－Mode Combustor[C]. AIAA Paper 2009－7364,2009.

[8] Fotia M L. Mechanics of Combustion Mode Transition in a Direct－Connect Ramjet－Scramjet Experiment[J]. Journal of Propulsion and Power,2014,31(1):69－78.

[9] Cui Tao,Tang Shunlin,Zhang Chao,et al. Hysteresis Phenomenon of Mode Transition in Ramjet Engines and Its Topological Rules[J]. Journal of Propulsion and Power,2012,28(6):1277－1284.

[10] Kouchi T,Masuya G,Mitani T,et al. Mechanism and Control of Combustion－Mode Transition in a Scramjet

Engine[J]. Journal of Propulsion and Power,2012,28(1):106 – 112.

[11] Denis S R,Kau H P,Brandstetter A. Experimental Study on Transition Between Ramjet and Scramjet Modes in a Dual – Mode Combustor[C]//12th AIAA International Conference,Space Planes and Hypersonic Systems and Technologies. Norfolk,VA,USA:2003.

[12] Kanda T,Chinzei N,Kudo K,et al. Dual – Mode Operations in a Scramjet Combustor[J]. Journal of Propulsion and Power,2015,20(4):760 – 763.

第7章 高超声速进气道不起动监测方法研究

不起动是高超声速进气道重要的流动现象,无论是在设计工况还是在非设计工况,进气道能否正常工作,都对整个推进系统起着关键性作用。进气道不起动引起捕获流量和总压恢复急剧下降,导致燃烧室无法正常工作,必然会制约整个推进系统功能和性能的提高,甚至会导致发动机不能产生推力[1]。因此,发动机控制系统必须能够实时监控进气道的工作状态,一旦出现进气道不起动的现象,控制系统就能够迅速给出控制指令使进气道快速退出不起动状态。然而,对于进气道起动状态的判断,目前还仅仅停留在定性分析和描述上,难以找到一个与特定流场参数有定量关系的判据。NASA 与 CIAM 于 1998 年联合进行了 *Ma*6.5 双模态超燃冲压发动机试验,利用进气道壁面两个压力的比值 p_5/p_4 作为进气道起动/不起动判断准则,结果由于控制系统没有正确判断进气道的工作状态,导致发动机未能按照预定计划进行飞行试验。

一般来说,高超声速进气道不同工作模式之间的分类边界是来流马赫数、唇口马赫数、自由来流压力、面积收缩比、来流攻角和燃油的流量等变量的函数,寻找边界的函数表达式非常困难,本书研究的重点避开寻找边界的函数表达式。对于一个固定几何形式的进气道,在一定飞行高度和来流马赫数范围内,首先对其进行数值模拟或者试验研究。基于这些数据引入统计学习理论的相关方法,通过对已知数据的学习,找到数据之间的依存关系,从而实现对未来数据进行预测或者对其性质进行判断,这就是通常所说的推广能力。这样,高超声速进气道工作模式分类就归结为一个标准的模式识别问题。模式识别是一种输入原始数据并根据其类别采取相应行为的能力。首先对要进行分类的物体利用传感器采样,并且进行预处理;然后特征提取和分类判别;最后输出类别结果。这也是研究模式分类问题的一般步骤。

本章对高超声速进气道进行了二维稳态流场数值模拟,基于流量捕获特性定义了进气道的不同工作模式,分析了进气道不起动的数据组成;利用支持向量机两种模式识别方法对高超声速进气道起动/不起动两种工作模式进行分类,得到进气道起动/不起动两种工作模式的分类面;利用 Fisher 线性判别分析方法对进气道起动/不起动分类面进行优化研究，并最终得到了其最优分类面；为了克服传感器测量噪声和故障的影响，对进气道起动/不起动模式分类进行了多传感器信息融合技术研究。对进气道不起动工作模式进行细化分类研究，分别利用支持向量机、Fisher 线性判别分析方法和多传感器融合方法对不起动模式分类进行应用研究。

7.1 进气道起动/不起动模式分类数据准备

模式识别理论[2]在过去几十年得到了长足的发展。首先对要进行分类的物体利用传感器（如摄像机）采样，并且进行预处理，然后是特征提取和分类判别，最后输出类别结果，这是模式分类的一般步骤。对于高超声速进气道起动/不起动模式分类来说，第一步需要获取进气道起动/不起动状态下壁面压力分布，这些数据可以基于数值模拟或者试验得到。

7.1.1 进气道物理模型

计算采用的进气道模型由文献[3]提供，其几何结构如图 7-1 所示。其中楔面长 $L_r=0.248\text{m}$，与水平面夹角 $\alpha=11°$，外罩长 $L_c=0.064\text{m}$，与水平面夹角 $\theta=3°$，进气道喉道高度 $H_{th}=0.01\text{m}$，隔离段总长 $L_1=0.09\text{m}$。

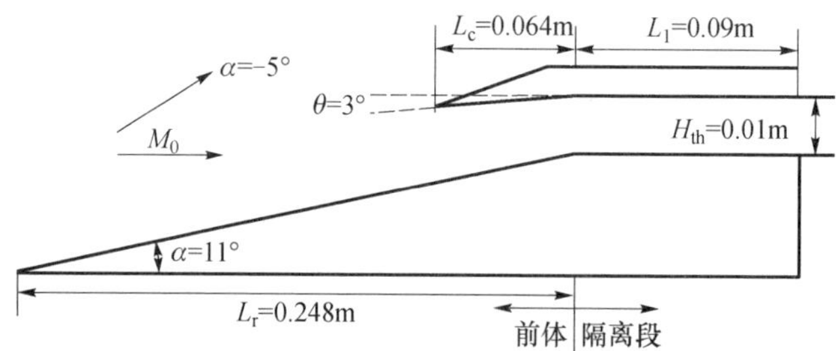

图 7-1 进气道物理模型简图

7.1.2 进气道不起动数据组成及分析

对于固定几何形式的进气道来说，一般有两种不起动模式：一种是反压不起动；一种是低马赫数不起动。不起动工况样本数据集包括这两种模式的进气道壁面压力分布。

对于双模态超燃冲压发动机，由于燃烧室内压力很高，在隔离段内部会产生预燃激波系。图 7-2 给出了不同隔离段出口背压条件下的壁面压力分布。高背压导致边界层分离，快速发展的附面层导致壁面压力分布具有很强的连续性。随着背压增加，激波系向隔离段上游移动。当背压压比增加到 37.5 时，隔离段抗反压能力达到最大值37.5。此时隔离段背压的略微增加会导致激波波系进入进气道收缩段，引起流动分离、流动阻塞和流量捕获下降，进气道流场不稳定，进而出现进气道不起动现象。

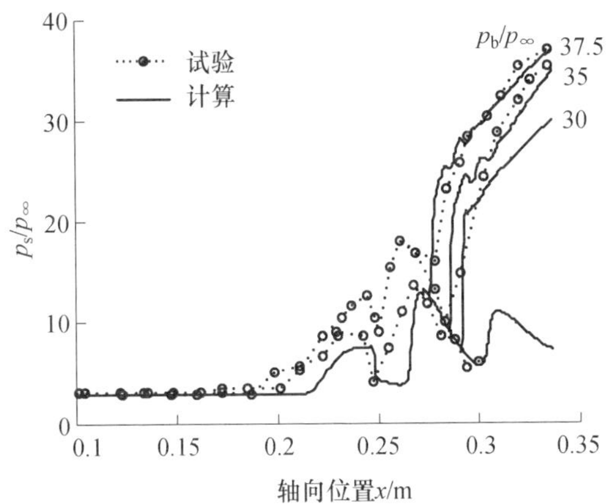

图7-2　不同背压下的进气道壁面压力分布

图7-3给出了流量捕获系数、总压恢复系数和动能效率随来流马赫数的变化关系，这里的性能参数均指隔离段出口截面的质量加权平均参数。随着马赫数降低，流量捕获系数和动能效率逐渐降低，总压恢复系数逐渐增加。当来流马赫数降低到3.5时，分离流动和后倾激波出现，引起进气道不起动，性能参数发生突变。在0°攻角下，该进气道起动马赫数为3.5。在同样的边界条件下，可能存在两个稳定的数值解：一个是起动状态；另外一个是不起动状态，最终稳态解取决于进气道的流场初值。如果进气道流场初值为起动状态，进气道的稳态数值解为起动；反之则是不起动。样本集合包括了同样边界条件的两种数值解。这里"起

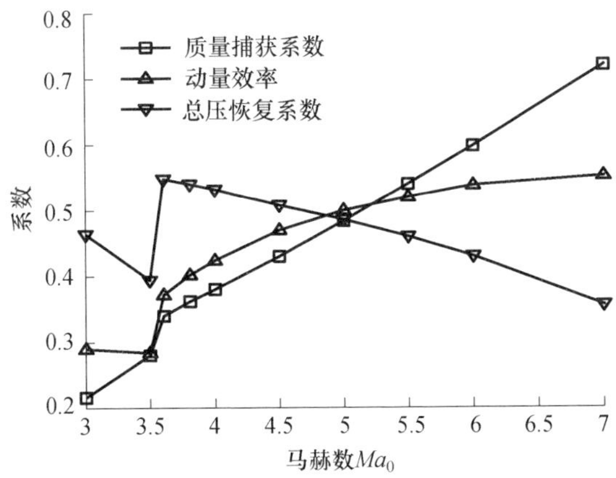

图7-3　进气道性能参数随来流马赫数的变化

动”状态指进气道内通道激波波系不影响进气道的流量捕获特性，这也是进气道起动/不起动的本质区别，进气道起动/不起动状态均可以基于流量捕获特性进行判断。

7.2 基于支持向量机的高超声速进气道起动/不起动模式分类

7.2.1 支持向量机的基本理论和方法

支持向量机（SVM）是20世纪90年代Vapnik等提出的一种基于统计学习理论的新型学习方法，在解决小样本、非线性及高维模式识别问题中表现出许多特有的优势。它是从线性可分情况下最优分类面发展而来，接着利用核函数将非线性不可分映射到高维特征空间线性可分，很好地解决了非线性可分情况。又由于实际数据中高维噪声影响，导致类与类之间有很大程度的重叠，完全可分的分类超平面不存在，因而提出了更能解决实际问题的广义最优分类面[4]。

对于线性可分的两类分类问题，训练样本数据$(x_1,y_1),(x_2,y_2),\cdots,(x_l,y_l)$，$\boldsymbol{x}\in R^n,\boldsymbol{y}\in\{-1,+1\}$，存在一个分类超平面能将两类样本没有错误地分开，这个超平面可表述为

$$(\boldsymbol{w}\cdot\boldsymbol{x})-\boldsymbol{b}=\boldsymbol{0} \tag{7-1}$$

基本原理如图7-4所示。图中的空心点和实心点分别表示两类训练样本，H为把两类没有错误分开的分类线，H_1、H_2分别为过各类样本中离分类线最近的点且平行于分类线的直线。H_1和H_2之间的距离称为两类的分类间隔。最优分类面是指将两类样本没有错误地分开，而且分类间隔最大的分类超平面，使分类间隔最大实际上就是对分类能力的控制。

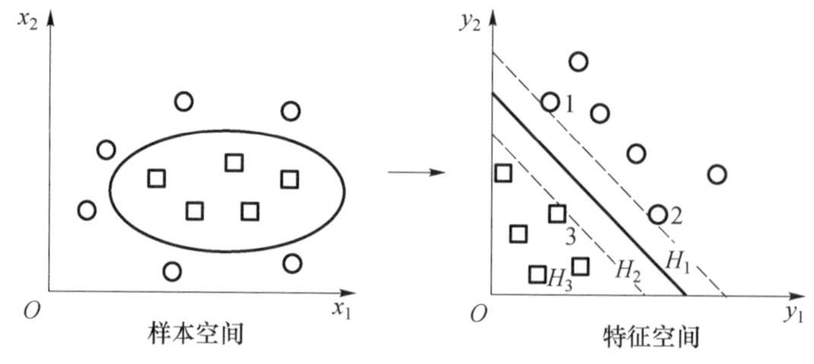

图7-4 SVM基本原理

将图7-4中边界超平面H_1和H_2归一化，对应的表达式为：

$$\begin{cases}(\boldsymbol{w}\cdot\boldsymbol{x})-\boldsymbol{b}=1\\(\boldsymbol{w}\cdot\boldsymbol{x})-\boldsymbol{b}=-1\end{cases}\tag{7-2}$$

满足上述表达式的样本 $\boldsymbol{x}$ 称为支持向量，因为它们支撑了最优分类面，对分类起决定性作用。那么，类别号与分类超平面有如下的关系：

$$(\boldsymbol{w}\cdot\boldsymbol{x}_i)-b\geqslant 1,\boldsymbol{y}_i=1$$

$$(\boldsymbol{w}\cdot\boldsymbol{x}_i)-b\leqslant -1,\boldsymbol{y}_i=-1\tag{7-3}$$

即

$$y_i[(w\cdot x_i)-b]\geqslant 1,\qquad i=1,2,\cdots,l\tag{7-4}$$

由上可确定，此两类分类问题的判别函数为

$$f(\boldsymbol{x},\boldsymbol{w},\boldsymbol{b})=\mathrm{sgn}\{(\boldsymbol{w}\cdot\boldsymbol{x})+\boldsymbol{b}\}\tag{7-5}$$

而且边界超平面方程可以得到分类间隔等于 $2/\|\boldsymbol{w}\|$，分类间隔最大就是使 $\|\boldsymbol{w}\|$ 最小。那么要解决的问题就是在训练样本区域中，找到间隔最大的分类超平面。问题转化为下述的最优二次规划问题：

$$\text{Minimize}\qquad \frac{1}{2}\|\boldsymbol{w}\|$$

$$\text{s. t.}\qquad y_i[(x_i\cdot\boldsymbol{w})-\boldsymbol{b}]\geqslant 1,\ i=1,2,\cdots,l\tag{7-6}$$

可将其转化为 Wolfe 对偶问题来求解：

$$\text{Maxmize}\qquad W(\boldsymbol{\alpha})=\sum_{i=1}^{l}\alpha_i-\frac{1}{2}\sum_{i,j}^{l}\alpha_i\alpha_j y_i y_j\boldsymbol{x}_i\cdot\boldsymbol{x}_j$$

$$\text{s. t.}\qquad \sum_{i=1}^{l}\alpha_i y_i=0$$

$$\alpha_i\geqslant 0,\qquad i=1,2,\cdots,l\tag{7-7}$$

式中 α_i——对应样本点 x_i 的拉格朗日乘子。

由 Kuhn - Tucker 条件，只有支持向量具有非零的系数 α_i，才有分类超平面参数解为

$$w=\sum_{\text{支持向量}}y_i a_i x_i,\ a_i\geqslant 0,\ i=1,2,\cdots,l$$

$$b=\frac{1}{2}[(w\cdot x(1))+(w\cdot x(-1))]\tag{7-8}$$

式中　$x(1)$、$x(-1)$——属于第一类和第二类的任意一个支持向量。

由于原最优化问题为凸二次规划，所得的分类超平面为 $f(x)=w_0\cdot x+b_0$，是全局最优解，利用所得的超平面则可对未知样本进行预测分类，判别函数为

$$f(x) = \mathrm{sgn}(w_0 \cdot \boldsymbol{x} + b_0) = \mathrm{sgn}\Big(\sum_{支持向量} \alpha_i^0 y_i \boldsymbol{x}_i \cdot \boldsymbol{x} + b_0\Big) \qquad (7-9)$$

利用 Wolfe 对偶问题,不但简化了原优化问题,而且使样本在新问题中仅以向量点积的形式出现,正是这一重要特点,使支持向量机能简单地利用核函数推广到非线性情况。

7.2.2 基于支持向量机的特征选择算法

支持向量机的特征选择方法最初在 1998 年由 P. S. Bradley 等提出[5],通过凹最小化来进行特征选择;而后 Guyon 等于 2000 年利用支持向量机来选择与癌症决策相关的基因[6]。其目的是在 d 维特征中找到一个能最大化分类器的性能,维数为 $r(<d)$的特征子集。Kaifeng Yao 等于 2003 年将留一法分类精度作为停止准则[7]。该方法同时考虑了经验风险和置信区间,用留一法的错误率表征经验风险,用特征子集的维数来表征置信区间。但是这些方法没有考虑线性冗余特征的剔除,从而在保证预测精度较小的条件下,不能保证特征数足够少。本节将主要介绍现有的支持向量机特征选择方法及发展。

1. 递归特征消除方法

利用支持向量机进行特征选择,是从判决函数入手的,其判决函数为 $f(x) = \mathrm{sgn}(w_0 \cdot x + b_0) = \mathrm{sgn}\Big(\sum_{支持向量} \alpha_i^0 y_i K(\boldsymbol{x}_i, x) + b_0\Big)$。从中可以看出,权向量 w_0 与 x 同维,进行决策时运算的是两者的点积,即对应维相乘,然后求和。那么权向量每维的数值代表了 x 中各维对决策的贡献。一个很直观的想法是,去掉某些较小量权值对应的特征,对决策造成影响的可能不大。

基于这个思想,Guyon 等利用支持向量机进行特征选择,提出了支持向量机的递归特征消除(Recursive Feature Elimination, RFE)方法(SVM-RFE)。该方法基于反向序列选择。起始应用所有的特征进行训练,接着每次剔除一个 w 值最小的特征(当特征数较多时,一次剔除 w 一系列小值对应的特征块),然后再重新训练,重新剔除。由于其进行基因特征选择的目的是选择出 r 个最有效的特征子集。故采用迭代停止准则为:当删除 w 对应较小的特征块后,剩下的特征为 r 个。其实现步骤如下:

(1) 利用线性支持向量机对所有的特征和数据进行训练,得出 w 值。

(2) 剔除 w 小值对应的特征,重新训练支持向量机,得出新的 w 值。

(3) 重复(2),直至特征维数为 r。

2. 引入经验风险停止准则的 RFE 方法

SVM-RFE 方法使用的停止准则是选择的特征维数需要满足 r 维,目标是选

出最好的 r 维特征子集。而在很多实际问题中，选择的特征维数并没有明确要求，主要目的还是要保证利用选出特征构建的分类器能获得较好推广能力。对于推广能力的评价有两种方法：一是利用结构风险最小化准则，期望风险通过其上界来体现；二是留一法的误差估计方法，这种方法是期望风险一个无偏估计，因此可以通过估计留一误差来估计期望风险。Kaifeng Yao 等将留一法分类精度作为停止准则[7]。但是当训练集包含 个样本点时，需要对包含 $l-1$ 个样本点的训练集使用 l 次算法，求出 l 个决策函数。显然，当 l 很大时，工作量是很大的。因此，本书将采用结构风险最小化的指导原则，期望风险的上界由经验风险和置信区间两部分组成。置信区间与 VC 维 h 成反比。而对 n 维空间中的线性指示函数集合来说，其 VC 维 $h=n+1$。因此，只要减少训练集中输入空间的维数，也就减少了 VC 维。减少输入空间的维数，就是减少输入的特征。依照此思想提出了序列极小化方法，在保持经验风险不增加的情况下，最大限度地减少特征数。特征选择过程如下：

（1）训练线性支持向量机，并计算其留一法错误率 error 和权重 w。

（2）剔除权重较小的一个或几个特征，重新训练线性支持向量机，并计算错误率 error1 和权重。

（3）如果 error1 $\leqslant$ error，则重复（2）；否则停止。

（4）由于应用留一法进行错误率计算，训练次数很多。本书直接采用整个训练集的错误率来表征经验风险。

7.2.3 基于支持向量机的进气道起动/不起动特征选择

样本集包括 117 种进气道起动状态下的壁面压力分布，62 种进气道不起动状态下的壁面压力分布，不起动工况包含两类不起动现象（低马赫数不起动和反压不起动），每个样本（壁面压力分布）包括 642 个数据，整个样本集的维数为 642×179，样本如图 7-5 所示。基于训练样本集利用支持向量机算法进行进气道起动/不起动特征选择。首先，对训练样本的所有属性进行训练进而得到其精确性；然后，应用 SVM-RFE 算法选择相关的特征子集；最后，得到两类特征属性。两类特征属性分别为[3, 7, 11]和[80, 91, 99, 110, 122, 130]，其中 3 表示每个样本（壁面压力分布）的第三个压力测点，以此类推，特征属性的轴向位置如表 7-1 所列。基于两类特征属性，可以得到用来进行进气道起动/不起动判断的 18 种特征属性组合，如表 7-2 所列。

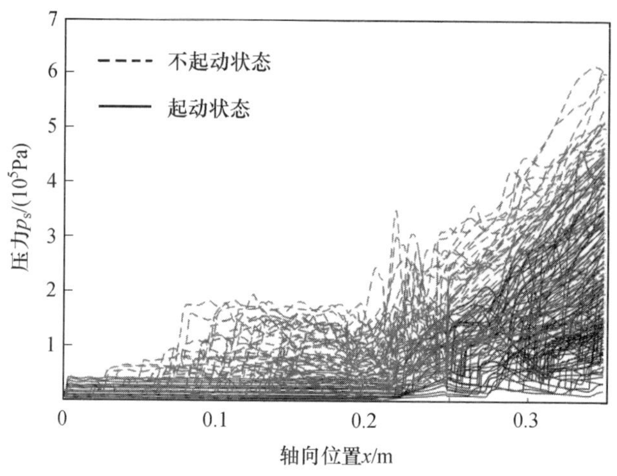

图 7-5　不同边界条件下的壁面压力分布

表 7-1　特征属性的轴向位置

特征属性	3	7	11	80	91
轴向位置/m	0.0039	0.0117	0.0200	0.1546	0.1761
特征属性	99	110	122	130	
轴向位置/m	0.1851	0.1884	0.1919	0.1942	

表 7-2　不同特征属性组合

序列号	1-1	1-2	1-3	1-4	1-5	1-6
特征属性	[3, 80]	[3,91]	[3,99]	[3,110]	[3,122]	[3,130]
序列号	2-1	2-2	2-3	2-4	2-5	2-6
特征属性	[7, 80]	[7,91]	[7,99]	[7,110]	[7,122]	[7,130]
序列号	3-1	3-2	3-3	3-4	3-5	3-6
特征属性	[11, 80]	[11,91]	[11,99]	[11,110]	[11,122]	[11,130]

7.2.4　进气道起动/不起动分类结果及验证分析

用来进行进气道起动/不起动模式分类的 18 种特征属性组合如图 7-6 所示，这里仅仅利用组合 1-1(特征属性为[3, 80])为例来说明进气道起动/不起动模式分类。首先随机选取总样本集合的 70% 作为训练集利用支持向量机进行训练，可以得到分类面 $p_2 - 1.0033 \times p_1 - 6995.3 = 0$，这里 p_1 和 p_2 分别表征每个样本第 3 个和第 80 个压力测点。存在两个边界，一个为起动边界，另外一个为不起动边界。基于上述分析分类准则可以描述如下：如果 $p_2 - 1.0033 \times p_1 - 14301 > 0$，进气道为不起动状态；如果 $p_2-1.0033\times p_1+310.4<0$，进气道为起动状态。利用剩余 30% 样本集合对分类准则进行了验证，如图 7－6(a)所示。其次再次随机选取总样本集合的 70% 作为训练集利用支持向量机进行训练，利用同样方法可以得到分类面，并利用剩余 30% 样本集合对分类准则进行了验证，如图 7－6(b)所示。

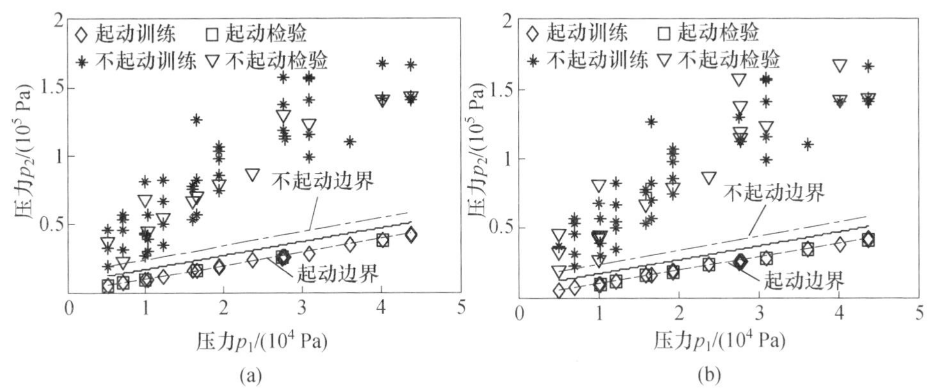

图 7－6　高超声速进气道起动/不起动分类和检验
(a)分类和检验Ⅰ；(b)分类和检验Ⅱ。

正如上面分析，存在 18 种特征属性组合可以用来进行进气道起动/不起动模式分类，如何衡量不同组合的好坏成为选择特征属性组合的标准。在模式分类问题中，通常利用类间距离和类内距离来表征模式分类的好坏。最优特征属性组合对应着最大类间距离和最小类内距离，这也用来表征分类准则的鲁棒性能。7.4 节将利用 Fisher 线性判别(FLD)分析方法寻找进气道起动/不起动最优分类准则。

7.2.5　分类方法的对比分析

文献[8]利用粗糙集方法对高超声速进气道起动/不起动模式分类进行了研究，本书应用该方法对上述样本进行了模式分类研究，得到的特征属性分别是 3 和 129，分类准则如图 7－7 所示。p_1 和 p_2 可以测量出进气道不起动时进口处形成的脱体激波，其中 p_1 和 p_2 分别表征每个样本的第 3 个和第 129 个压力测点，测点位置如表 7－3 所列。

$$p_2-p_1<5000\qquad 起动$$
$$p_2-p_1\geqslant 5000\qquad 不起动$$

表 7－3　选择出的测点位置

序号	p_1	p_2
位置/m	0.0039	0.1942

但利用粗糙集方法对高超声速进气道进行起动/不起动模式分类存在如下缺

点:(1)使用粗糙集分类方法需要选择切分点,切分点的选择对分类结果有重要影响。粗糙集理论仅仅适合于离散数据的特征选择,而 FLUENT 计算的数据类型具有连续性。针对这一问题,先对数据进行预处理,对数据进行离散化;离散化过程中需要选择一个切分点,通过与切分点进行对比得到离散化数据。最终的分类结果与切分点选择有密切关系,即分类结果依赖于切分点的选择,需要使用者对对象特性、样本数据特征有深刻理解。与粗糙集分类方法相比,支持向量机方法不需要加入主观人为因素,使用者更容易使用。(2)使用粗糙集方法得到的分类结果鲁棒性不强。与支持向量机方法相比,利用粗糙集方法仅仅能够得到高超声速进气道起动/不起动分类面,不能获取高超声速进气道起动/不起动隔离带。在存在测量噪声情况下,高超声速进气道起动/不起动分类很容易出现误判。因此,在处理进气道起动/不起动分类问题上,支持向量机方法比粗糙集方法表现出更强的优越性。

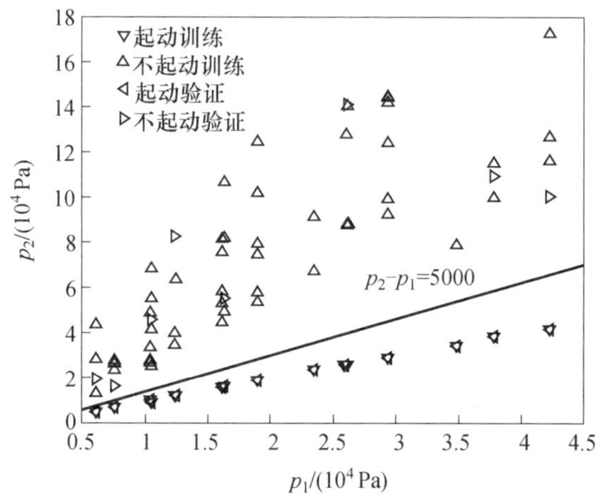

图 7-7 高超声速进气道起动/不起动分类及试验

7.3 基于 FLD 分析的进气道起动/不起动最优分类准则研究

7.3.1 FLD 相关的基本知识

Fisher 线性判别分析(FLD)广泛应用于模式分类。Fisher[9] 首先提出这种方法并应用到分类,Cui 等[10] 提出了类似的算法(他们称为 MDF(Most Discriminating Feature)算法)用于签字的识别问题,Liu[11] 继续发展了 FLD 算法用于手写字的特征提取,Belhumner 等[12]基于 FLD 方法发展了一种高效的人脸模式识别算法。

FLD 分析核心思想是寻找有效的分类方法[13],通过向这个方向投影便于更好地进行分类。考虑把 d 维空间中的数据点投影到一条直线上,即使不同类样本点在 d 维空间中能够形成互相分离、各自内部紧凑的集合,向任意方向直线作投影也有可能把这些不同类的数据点混在一起,反而降低了分类效果。然而,通过选择合适的投影直线,还是能够找到最大限度区分各类数据点的投影方向。

假设有一组 n 个 d 维的样本 $x_1,x_2\cdots,x_n$,它们分属于两个不同类别,即其中大小为 n_1 的样本子集 D_1 属于类别 w_1,大小为 n_2 的样本子集 D_2 属于类别 w_2。如果对 $\boldsymbol{x}$ 中各个成分作线性组合,就得到点积,结果是一个标量,即

$$\boldsymbol{y}=\boldsymbol{w}^{\mathrm{T}}\boldsymbol{x} \tag{7-10}$$

这样,全部的 n 个样本 $x_1,x_2\cdots,x_n$ 就产生 n 个结果 $y_1,y_2,\cdots,y_n$,相应的属于集合 Y_1 和 Y_2。从几何上说,如果 $\|\boldsymbol{w}\|=1$,那么每一个 y_i 就是把 x_i 向方向为 $\boldsymbol{w}$ 的直线进行投影的结果。事实上,$\boldsymbol{w}$ 的大小并不重要,因为其效果不过是把 y_i 乘上了一个标量倍数。而 $\boldsymbol{w}$ 的方向却非常重要,如果属于类别 w_1 的样本和属于类别 w_2 的样本在 d 维空间中分别形成两个显著分开的聚类,那么希望它们在向直线投影以后应尽量分开,而不是混在一起。图 7-8 给出一个例子,其中二维空间中的样本集分别向两个不同方向的直线作投影,产生的结果在可分程度上非常不同。当然也应该注意到,如果各个类别的样本在原始 d 维空间中就不可分,那么无论向什么方向投影都无法产生可分的结果,因此这个方法也就不适用了。

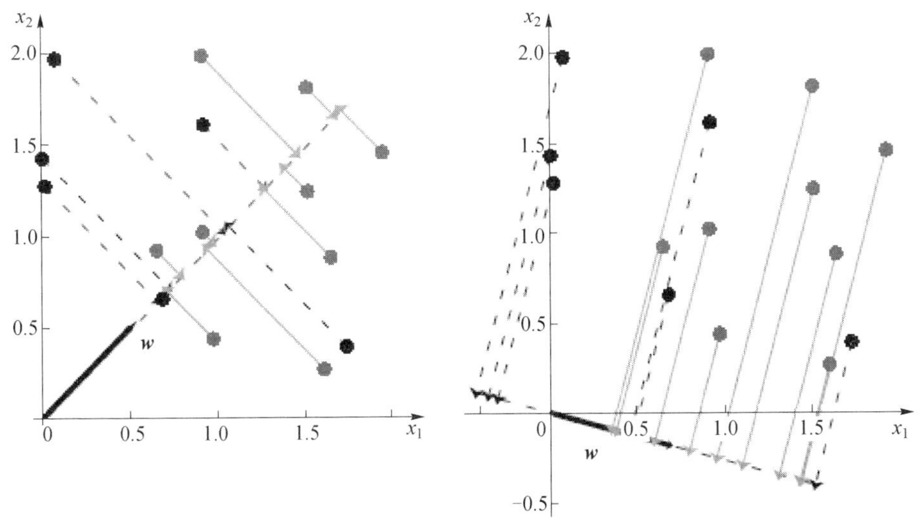

图 7-8　同一组样本点不同方向的投影

下面来讨论如何确定最佳直线方向 $\boldsymbol{w}$ 以达到最好的分类效果，一个用来衡量投影结果分离程度的度量就是样本均值的差。如果定义 m_i 为 d 维样本均值，即

$$m_i = \frac{1}{n_i}\sum_{x \in D_i} x \tag{7-11}$$

那么投影后点的样本均值为

$$\tilde{m}_i = \frac{1}{n_i}\sum_{y \in Y_i} y = \frac{1}{n_i}\sum_{x \in D_i} \boldsymbol{w}^{\mathrm{T}} x = \boldsymbol{w}^{\mathrm{T}} m_i \tag{7-12}$$

也就恰好是原样本均值 m_i 的投影。

投影后点的样本均值之差为

$$|\tilde{m}_1 - \tilde{m}_2| = |\boldsymbol{w}^{\mathrm{T}}(m_1 - m_2)| \tag{7-13}$$

可以通过增加 $\boldsymbol{w}$ 幅值的方法来得到任意大小投影样本均值之差。但投影样本均值之差总是相对而言的，否则问题就失去了意义。定义类别 wi 的类内距离为

$$\tilde{s}_i^2 = \sum_{y \in Y_i} (y - \tilde{m}_i)^2 \tag{7-14}$$

这样，$(1/n)(\tilde{s}_1^2 + \tilde{s}_2^2)$ 就是全部数据总体方差的估计，$\tilde{s}_1^2 + \tilde{s}_2^2$ 成为投影样本的总类内距离。Fisher 线形可分性准则要求在投影 $\boldsymbol{y} = \boldsymbol{w}^{\mathrm{T}}\boldsymbol{x}$ 下，准则函数最大化，即

$$J(w) = \frac{|\tilde{m}_1 - \tilde{m}_2|^2}{\tilde{s}_1^2 + \tilde{s}_2^2} \tag{7-15}$$

那么如何求解最优的 $\boldsymbol{w}$ 呢？为了把准则函数 $J(\cdot)$ 写成 $\boldsymbol{w}$ 的表达式，定义类内距离矩阵 $\boldsymbol{S}_i$ 和总类内距离矩阵 $\boldsymbol{S}_w$ 如下：

$$\boldsymbol{S}_i = \sum_{x \in D_i} (x - m_i)(x - m_i)^{\mathrm{T}} \tag{7-16}$$

$$\boldsymbol{S}_w = S_1 + S_2 \tag{7-17}$$

然后有

$$\tilde{s}_i^2 = \sum_{x \in D_i} (\boldsymbol{w}^{\mathrm{T}} x - \boldsymbol{w}^{\mathrm{T}} m_i)^2 = \sum_{x \in D_i} \boldsymbol{w}^{\mathrm{T}} (x - m_i)(x - m_i)^{\mathrm{T}} \boldsymbol{w} = \boldsymbol{w}^{\mathrm{T}} \boldsymbol{S}_i \boldsymbol{w} \tag{7-18}$$

因此各离散度之和可以写成

$$\tilde{s}_1^2 + \tilde{s}_2^2 = \boldsymbol{w}^{\mathrm{T}} \boldsymbol{S}_w \boldsymbol{w} \tag{7-19}$$

类似地，投影样本均值之差可以展开为

$$(\tilde{m}_1 - \tilde{m}_2) = (\boldsymbol{w}^{\mathrm{T}} m_1 - \boldsymbol{w}^{\mathrm{T}} m_2)^2 = \boldsymbol{w}^{\mathrm{T}} (m_1 - m_2)(m_1 - m_2)^{\mathrm{T}} \boldsymbol{w} = \boldsymbol{w}^{\mathrm{T}} \boldsymbol{S}_B \boldsymbol{w} \tag{7-20}$$

式中　$\boldsymbol{S}_B = (m_1 - m_2)(m_1 - m_2)^{\mathrm{T}}$。

把 $\boldsymbol{S}_w$ 称为总类内距离矩阵，$\boldsymbol{S}_B$ 称为总类间距离矩阵。若使用 $\boldsymbol{S}_B$、$\boldsymbol{S}_w$ 来表达，准则函数 $J(\cdot)$ 可以写成

$$J(\boldsymbol{w}) = \frac{\boldsymbol{w}^{\mathrm{T}} \boldsymbol{S}_B \boldsymbol{w}}{\boldsymbol{w}^{\mathrm{T}} \boldsymbol{S}_w \boldsymbol{w}} \tag{7-21}$$

这个表达式在数学物理中经常使用,通常称为广义的瑞利熵。容易证明,使得准则函数 $J(\cdot)$ 最大化的 $\boldsymbol{w}$ 必须满足

$$\boldsymbol{S}_B \boldsymbol{w} = \lambda \boldsymbol{S}_w \boldsymbol{w} \tag{7-22}$$

这是一个广义的本征值问题,其解为

$$\boldsymbol{w} = \boldsymbol{S}_w^{-1}(m_1 - m_2) \tag{7-23}$$

这样就得到了 Fisher 可分性判据下的 $\boldsymbol{w}$,这个 $\boldsymbol{w}$ 就是使得类间距离和类内距离比值达到最大的线性函数。

7.3.2　进气道起动/不起动最优分类准则

目标优化函数 $J(\boldsymbol{w})$ 表征样本类内距离与类间距离的比值。我们的目标是在 18 种不同特征属性组合寻找最大的 $J(\boldsymbol{w})$,使得类内距离最小,类间距离最大。通过最大化 $J(\boldsymbol{w})$,得到每一种特征属性组合的最优投影方向 $\boldsymbol{w}$ 和 $J(\boldsymbol{w})$,不同特征属性的 $J(\boldsymbol{w})$ 最大值如表 7-4 所列。图 7-9 给出了三类不同组合的 $J(\boldsymbol{w})$ 变化趋势,组合 1-1、2-1 和 3-1 的 $J(\boldsymbol{w})$ 分别是三类组合中最大的。特征属性组合 1-1的 $J(\boldsymbol{w})$ 是所有特征属性组合中最大的,因此选择该组合来获取进气道起动/不起动的最优分类准则。对应的坐标变换为 $p = p_1 - 0.557 \times p_2$,这里 p_1 和 p_2 分别表征每个样本第 3 个和第 80 个压力测点。基于上述分析分类准则可以描述如下:如果 $p > 2454\mathrm{Pa}$,进气道为起动状态;如果 $p < -4950\mathrm{Pa}$,进气道为不起动状态。最后利用测试样本集对进气道起动/不起动分类准则进行了验证,如图 7-10 所示。特征属性组合 1-1、1-3 和 3-6 的最优分类面分别如图 7-10(a)、图 7-10(b)和图 7-10(c)所示。起动边界和不起动边界之间距离分别为 7404Pa、5139Pa 和 4471Pa,该距离表征了分类准则的鲁棒性。

表 7-4　不同特征属性组合的 $J(\boldsymbol{w})$

序号	1-1	1-2	1-3	1-4	1-5	1-6
$J(\boldsymbol{w})$	0.0952	0.0734	0.0723	0.0687	0.0643	0.0618
序号	2-1	2-2	2-3	2-4	2-5	2-6
$J(\boldsymbol{w})$	0.0940	0.0728	0.0717	0.0681	0.0638	0.0613
序号	3-1	3-2	3-3	3-4	3-5	3-6
$J(\boldsymbol{w})$	0.0885	0.0689	0.0678	0.0642	0.0603	0.0581

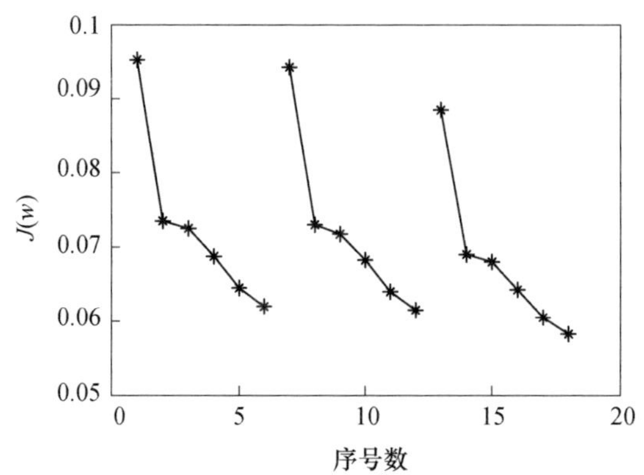

图 7-9　$J(\boldsymbol{w})$随不同特征属性组合的变化

7.3.3　分类准则的物理意义

正如前面所讨论的,利用压力点 p_1 和 p_2 可以判断进气道的起动状态。p_1 位于进气道第一道斜激波后面,其大小取决于激波强度,与自由来流马赫数、压力和攻角有关,其大小可以表征自由来流条件。当进气道出现不起动时,进口处产生分离流,后倾激波产生。此时 p_2 的大小相对于起动状态突然增加。当来流条件不变时,对于固定几何形式的进气道,仅仅利用 p_2 就可以判断进气道工作状态。当来流条件变化时,存在这样的情况,正攻角、高马赫数、起动状态的 p_2 大于负攻角、低马赫数、不起动状态的 p_2,此时仅仅利用 p_2 不能对进气道状态进行判断。

7.3.4　分类准则中隔离带的作用

高超声速进气道从起动模式到不起动模式,以及不起动模式之间的转化均不连续,是一个突变过程,因此任意两种模式之间存在隔离带,从图 7-6 和图 7-10 可以看出。在地面试验或者飞行试验中,隔离带内可能出现一些状态点,此时进气道状态不能确定,控制系统的决策也不同于任一种工作模式。如果进气道起动边界和不起动边界之间不存在隔离带,由于测量噪声影响,控制系统非常容易误判当前进气道的工作状态。隔离带的存在在某种程度上降低了测量噪声对高超声速进气道起动/不起动分类的影响。隔离带宽度大小反映了分类准则的鲁棒程度,隔离带越宽,分类准则鲁棒程度越强。隔离带的主要功能是提高进气道不同工作模式检测的可靠性,提前进行进气道不起动判断,以便采取措施避免发生进气道不起动。

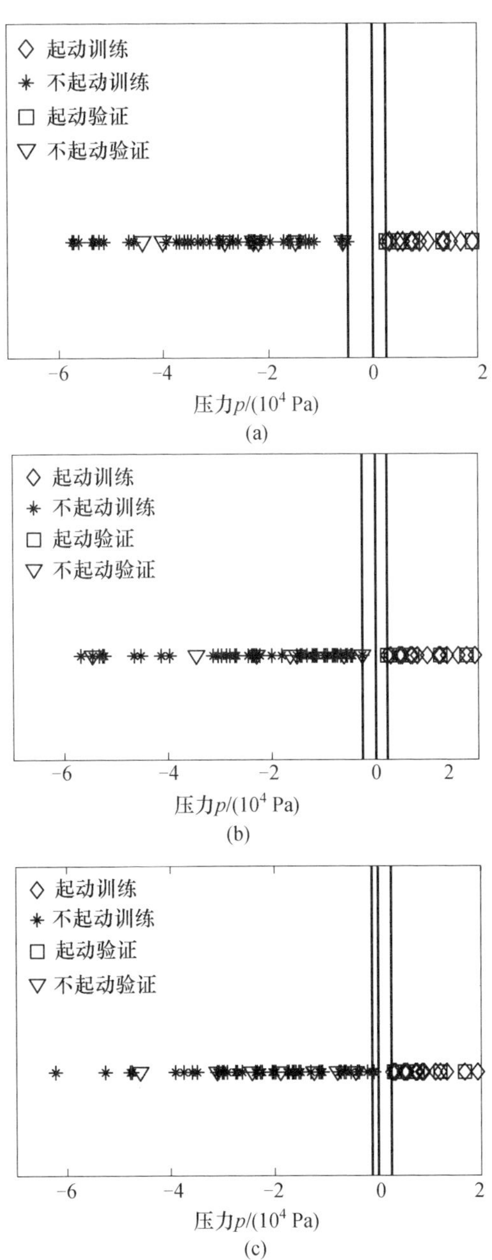

图 7－10　进气道起动/不起动的最优分类面

(a)利用组合 1－1 得到的最优分类面；

(b)利用组合 2－3 得到的最优分类面；(c)利用组合 3－6 得到的最优分类面。

7.4 多传感器融合的进气道起动/不起动分类方法研究

利用模式识别方法进行判断,在计算数据上能获得很好的判断效果。但其采用的单分类器决策系统,当某个传感器发生故障时,就会引起系统分类精度下降和误差积累,甚至导致整个分类系统瘫痪。

多分类器融合利用多个学习机器的分类结果,通过某种方式集成,给出最后的分类决策。多分类器融合方法,能够通过几个分类器融合决策,得到很好的分类精度[14]。一方面避免了单个分类器精度难以提高的难题;另一方面还能提高系统可靠性。近些年来,在试验分析和理论研究上均有广泛研究,主要集中在多个分类器获取、分类器如何融合以及为什么能提高精度这三个方面。多个分类器的获取,可以通过不同特征、不同样本或不同分类方法得到。粗糙集通过不同的约简方法得到不同特征集[15],Boosting 方法获取不同特征或者不同样本,不同的分类器,如神经网络、支持向量机、决策树等。分类器融合方法也有很多,对于非模糊决策融合,主要有投票法。而研究表明,模糊融合方法主要有最大值、最小值、均值、中值等,获得的分类精度一致地高于非模糊融合方法[16]。

本节在 7.3 节对高超声速进气道起动/不起动模式分类的基础上,分析了多传感器信息融合技术对进气道起动/不起动模式分类的影响,分别讨论了噪声、传感器断路和传感器短路对进气道起动/不起动模式分类精度的影响。

7.4.1 概率输出支持向量机

支持向量机理论引入了模糊集理论后,产生了重要成果。Lin[17]发展了模糊隶属度函数来评价样本数据点的重要程度,通过对一些测量噪声设置较小的隶属度来降低错误率。模糊支持向量机的泛化能力与标准支持向量机相当,甚至要好一些。研究者主要研究利用训练样本自动获取模糊隶属度函数[18]。总的来说,利用模糊输出支持向量机,通过引入模糊隶属度函数,不仅给出了样本决策类别,而且给出了样本属于该类的隶属程度。

Platt[19]给出了一种概率输出支持向量机方法,相对于标准支持向量机,该方法增加了 S 形隶属度,隶属度函数可以通过极大似然估计后验概率得到。后验概率 $P(y=1|f)$ 和 $P(y=-1|f)$ 可以通过下式得到,即通过对类条件概率密度 $p(f|y=1)$ 和 $p(f|y=-1)$ 进行贝叶斯估计得到:

$$P(y=1|f)=\frac{p(f|y=1)p(y=1)}{p(f|y=1)p(y=1)+p(f|y=-1)p(y=-1)} \tag{7-24}$$

$$P(y=-1|f)=\frac{p(f|y=-1)p(y=-1)}{p(f|y=1)p(y=1)+p(f|y=-1)p(y=-1)} \quad (7-25)$$

贝叶斯估计的后验概率分布通常为 S 形,可以用函数 $1/(1+e^{Af+B})$ 来表达,A、B 可以通过对后验概率进行极大似然估计得到,即最小化函数 $-\sum_i t_i\log(p_i)+(1-t_i)\log(1-p_i)$,这里 $p_i=1/(1+e^{Af_i+B})$,$t_i=(y_i+1)/2$。上述为概率输出支持向量机的核心思想,具体内容参考文献[19]。下面利用该思想针对进气道起动/不起动分类问题进行研究,得到其隶属度函数。

本书重点研究测量噪声对进气道起动/不起动分类精度的影响,因此测量噪声统计特性对分类至关重要。测量噪声统计特性参考文献[20]给出的压力信号功率谱分布,如图7-11所示。

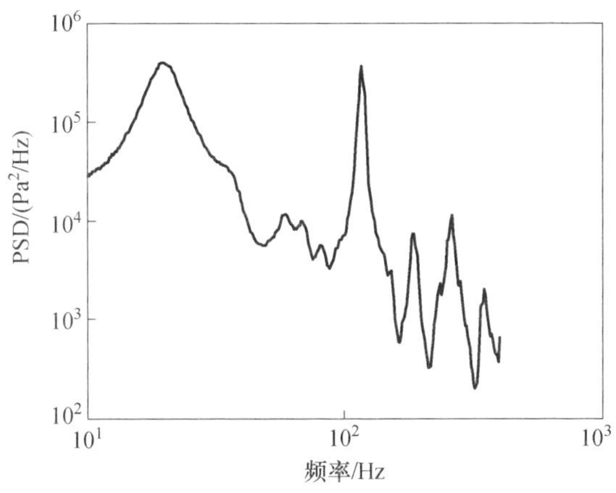

图7-11　压力信号的功率谱密度

测量噪声作用下类条件概率密度 $p(f|y=1)$ 和 $p(f|y=-1)$ 的直方图如图7-12所示,对其进行贝叶斯估计得到其后验概率 $p(y=1|f)$ 和 $p(y=-1|f)$,如图7-13所示。对后验概率进行极大似然估计,可以得到参数 A 和 B,其原始数据和拟合后曲线如图7-13所示。参数 A 和 B 的大小与测量噪声统计特性和幅值有关,在噪声统计特性不变的条件下,其主要与测量噪声强度有关,表7-5给出了不同测量噪声强度下参数 A 和 B 的大小。

表7-5　不同测量噪声强度下的参数 A、B

强度/dBW	40	45	50	55	60	70	80
A	-13.07	-13.51	-13.38	-9.20	-4.25	-1.93	-0.94
B	2.57	2.44	1.53	-0.75	-2.32	-2.55	-2.26

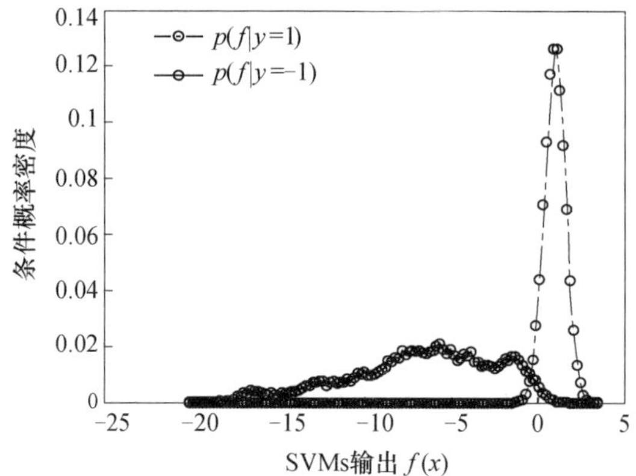

图 7-12 噪声作用下进气道起动/不起动的类条件概率密度

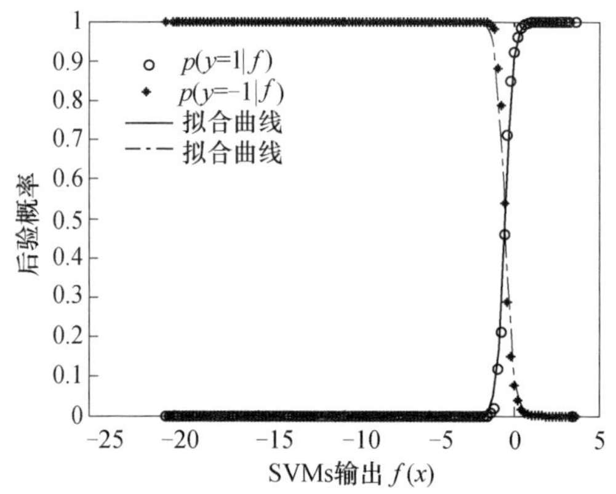

图 7-13 噪声作用下进气道起动/不起动的后验概率

7.4.2 多传感器分组和融合

在超声速进气道中激波与附面层相互干扰作用十分强烈，由于受到体积、重量和造价等因素限制，对于高超声速进气道来说，只能通过有限测点进行测量判断进气道起动与不起动状态，所以对于数值计算得出的 178 个样本、642 维特征属性，首先通过 SVM - RFE 方法进行特征选择，关于支持向量机的基本知识参考 7.3.1 节和 7.3.2 节。

利用上述方法，对其进行特征选择及分类研究，挑选出两组特征属性[3, 7, 11]和[80, 91, 99, 110, 122, 130]，具体细节参考 7.3 节。上述 9 个特征被分为两类，在每一类里挑选一个特征则可以组成一个分类器。经典的支持向量机其决策是类别号，而文献[10]通过试验指出，模糊隶属度融合方法对应的分类精度一致地高于非模糊融合方法。因此，采用文献[21]中模糊输出方法将决策结果模糊化。

对于 n 组分类器 k 类样本，首先计算样本属于各类的距离 $f_{ij}(x)$，通过距离计算出样本属于各类的隶属度，即

$$\mu_{ij}(x,\boldsymbol{w},b)=\frac{1}{1+e^{Af_{ij}(x)+B}} \tag{7-26}$$

最终得到如下的隶属度矩阵：

$$\boldsymbol{\mu}=\begin{pmatrix}\mu_{11} & \mu_{12} & \cdots & \mu_{1n}\\ \mu_{21} & \mu_{22} & \cdots & \mu_{2n}\\ \vdots & \vdots & & \vdots\\ \mu_{k1} & \mu_{k2} & \cdots & \mu_{kn}\end{pmatrix} \tag{7-27}$$

式中　μ_{ij}表示利用第 j 个分类器进行决策，该数据属于第 i 类隶属度。

采用均值方法来进行模糊融合，则融合后的类别号为

$$\arg\max_{i=1,2,\cdots,k}\left(\sum_{j=1}^{n}\mu_{ij}(x)/n\right) \tag{7-28}$$

7.4.3　多传感器融合结果分析

为了验证多分类器融合方法能够提高决策系统可靠性，分别做了以下3组试验：①加上不同强度的噪声；②某个传感器出现较大的扰动；③某个传感器突然短路；分别记录单个分类器和融合精度。首先按照7.5.1节给出的方法求取隶属度函数，基于隶属度函数求取样本属于每一个类别的隶属度；然后利用7.5.2节给出的融合方法进行融合，最终得到分类精度，分类器的分类精度经过10组交叉验证试验得到。

首先分析测量噪声强度变化对进气道起动/不起动分类精度的影响。选择3组分类器[3,80]、[7,110]和[11,130]，分类器[3,80]的平均分类精度、最大分类精度和3个分类器的融合分类精度随测量噪声强度变化如图7-14所示。随着测量噪声强度增加，分类精度均有所降低，但融合分类精度大于单个分类器最大精度；测量噪声强度越大，相对于单个分类器，融合分类精度越高。

其次分析存在大扰动情况下进气道起动/不起动分类精度的影响。同样选择3组分类器[3,80]、[7,110]和[11,130]。除了测量噪声，传感器工作过程中还有可能遇到一些大的扰动，如传感器短路和断路。假定第110个传感器短路和断路，此时传感器特性分别对应其最小值和最大值。分类器[3,80]、[7,110]、[11,130]

对应的平均分类精度和 3 个分类器融合分类精度随测量噪声变化如图 7－15 和图 7－16所示。由于第 110 个传感器存在大的扰动，分类器[7,110]的平均分类精度较低，此时至少需要 3 个分类器才能对进气道起动/不起动进行分类。随着测量噪声强度增加，单个分类器平均分类精度和融合分类精度均有所降低；但融合分类精度大于单个分类器平均分类精度。

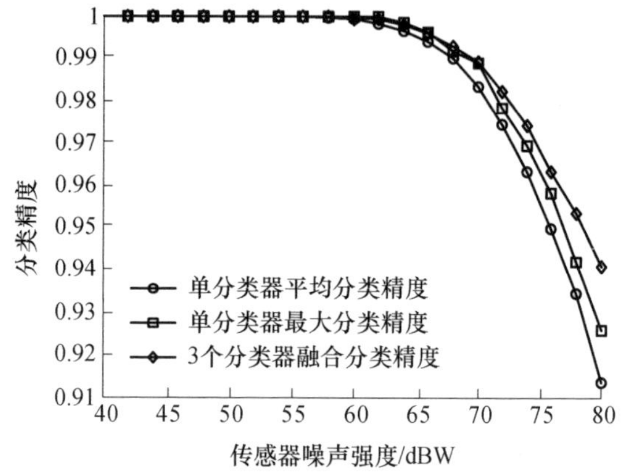

图 7－14　分类精度随测量噪声强度的变化规律(一)

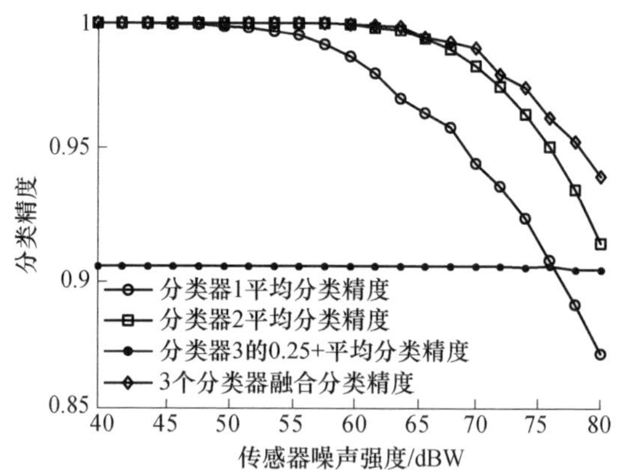

图 7－15　分类精度随测量噪声强度的变化规律(二)

最后讨论进气道起动/不起动分类精度与融合分类器数量之间的关系，图 7－17 给出了不同数量分类器融合分类精度随测量噪声强度的变化规律。随着融合分类器数量的增加，融合分类精度增加。分类器数量的增加意味着分类系统复杂性增加，因此存在分类系统与分类精度之间的矛盾。从图中可以看出，当融合分类器数量从 9 变化到 12 时，融合分类精度变化不大。融合分类器数量需要考虑分类精度和分类系统复杂性的折中，综合考虑给出融合分类器的数量。

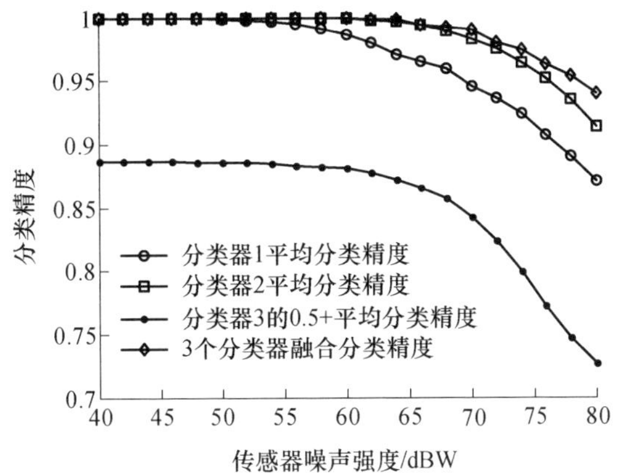

图7-16 分类精度随测量噪声强度的变化规律(三)

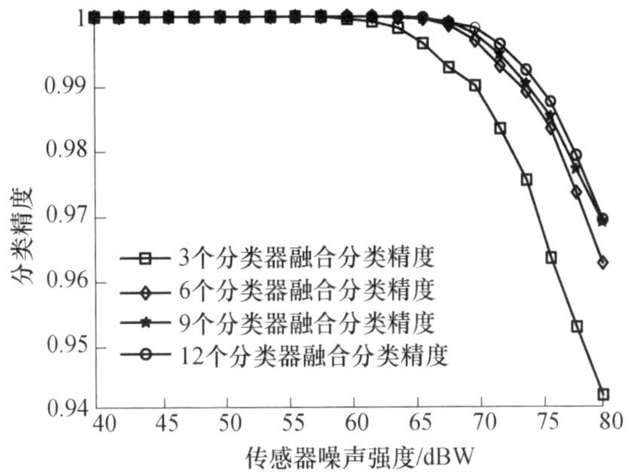

图7-17 不同数量分类器融合的分类精度随测量噪声强度的变化规律

本节提出了利用多分类器融合的模式分类方法进行高超声速进气道起动/不起动分类,通过对进气道起动/不起动的类条件概率密度进行贝叶斯估计得到其后验概率,对后验概率进行极大似然估计得到S形隶属度函数,最后利用多传感器融合技术分析了测量噪声、大的扰动对分类精度的影响,讨论了融合分类器数量和分类精度之间的关系。通过试验分析发现多分类器融合方法不仅能提高整个分类器的分类精度,而且当单个传感器发生故障时,整体分类精度依然不会显著下降,具有很好的容错能力。

7.5 小结

高超声速进气道起动/不起动工作模式判断可以归结为一个标准的模式分类

问题，本书利用支持向量机、概率输出支持向量机和 Fisher 线性判别分析方法对高超声速进气道起动/不起动工作模式分类进行研究，很好地解决了高超声速进气道不同工作模式分类存在的问题。利用支持向量机对进气道不同工作模式进行特征选择，并利用 Fisher 线性判别分析对特征选择进行优化，解决了模式分类和传感器的最优布置问题；进气道不同工作模式之间存在隔离带，其大小表征了分类准则的鲁棒程度。利用概率支持向量机对进气道起动/不起动分类进行多传感器信息融合研究，提高了进气道起动/不起动模式分类的可靠性，能够有效克服传感器测量噪声和故障影响。

参考文献

[1] 刘兴洲. 飞航导弹动力装置[M]. 北京:宇航出版社,1992.

[2] Kulkarni S R, Lugosi G, Venkatesh S S. Learning pattern classification – a survey[J]. IEEE Transactions on Information Theory,1998,44(6),2178 – 2206.

[3] Emami S,Trexler C A,Auslender A H,et al. Experimental investigation of inlet – combustor isolators for a dual – mode scramjet at a Mach number of 4[C]. NASA,1995.

[4] 邓乃扬,田英杰. 数据挖掘中的新方法—支持向量机[M]. 北京:科学出版社,2004.

[5] Bradley P S, Mangasarian O L. Feature selection via concave minimization and support vector machines[C]// Proceedings of the Fifteenth International Conference. Machine Learning,1998:82 – 90.

[6] Guyon I, Weston J, Barnhill S. Gene selection for cancer classification using support vector machines[J]. Machine Learning,2002,46(1):389 – 422.

[7] Yao K, Lu W, Zhang S. Feature expansion and feature selection for general pattern recognition problems[J]. IEEE int Conf Neural Networks and Signal Processing,2003(12):29 – 32.

[8] 鲍文,郭新刚,常军涛,等. 基于粗糙集的高超声速进气道不起动判断方法研究[J]. 宇航学报,2006,27:136 – 140.

[9] Fisher R A. The use of multiple measurments in taxonomic problems[J]. Annual Eugenics,1936,7(2):179 – 188.

[10] Cui Y, Swets D, Weng J. Learning – based hand sign recognition using SHOSLIF – M[C]// International Conference on Neuxal Networles and Sighal Process – ing. IEEE,1995:631 – 636.

[11] Liu K, Cheng Y, Yang J,et al. Discriminant performance of the algebraic features of handwritten character images[C]//Proceedings of the 12th IAPR International Conference on Pattern Recognition. Jerusalem:IEEE, 1994:426 – 428.

[12] Belhumnerr P N, Hespanha J P, Kriegman D J. Eigenfaces vs. Fisherfaces:Recognition using class specific linear projection[J]. IEEE Transactions on Pattern Analysis and Machine Intelligence, 1997, 19 (7): 711 – 720.

[13] Richardo D. 模式分类[M]. 李宏东,姚天祥,译. 北京:机械工业出版社,2003.

[14] Bauer E,Kohavi R. An empirical comparison of voting classification algorithms:bagging,boosting and variants [J]. Machine Learning,1999,36:525 – 536.

[15] Hu Qinghua, Yu Daren, Wang Mingyang. Constructing rough decision forests[C]//International Conference on Rough Sets, Fuzzy Sets, Data Mining, and Grauular Computing. Berlin: Sporinger - Verlag, 2005: 147 - 156.

[16] Ludmila I K. Fuzzy versus nonfuzzy in combining classifiers designed by boosting[J]. IEEE Transactions on Fuzzy Systems, 2003, 11(6): 729 - 741.

[17] Lin C F, Wang S D. Fuzzy support vector machines[J]. IEEE Transaction on Neural Networks. 2002, 13 (2): 464 - 471.

[18] Huang H P, Liu Y H. Fuzzy support vector machines for pattern recognition and data mining[J]. International Journal of fuzzy systems, 2002, 4(3): 826 - 836.

[19] Platt J C. Large margin for multiclass classification[C]//In Advances in Neural Information Processing Systems. Cambridge, MA: MIT Press, 2000, 12: 547 - 553.

[20] Simon Trapier, Philippe Duveau, Sébastien Deck. Experimental study of supersonic inlet buzz[J]. AIAA Journal, 2006, 44(10): 2354 - 2365.

[21] Xie Zongxia, Hu Qinghua, Yu Daren. Fuzzy output support vector machines for classification[C]//Advances in Natural Computation: First International Conference. 2005: 27 - 29.

第8章 高超声速进气道不起动边界及稳定裕度控制

双模态超燃冲压发动机将成为未来高超声速飞行器的动力装置。高超声速进气道是双模态超燃冲压发动机的重要部件,其性能的好坏直接影响发动机整体性能。进气道不起动制约整个推进系统功能的发挥和性能的提高,甚至会使发动机不能产生推力,易引起动载荷,造成结构破坏,同时使飞行器更加难以控制。而发动机越靠近临界状态工作,其性能越好,但稳定裕度降低。

关于高超声速进气道起动/不起动方面的研究,国内外已经进行了大量的研究工作。然而,对于进气道不起动边界的给定以及进气道稳定裕度控制,目前还没有专门的文章来阐述。利用第 7 章给出的高超声速进气道起动/不起动模式分类准则,可以对进气道工作状态进行判断,但不能估计当前状态距离不起动边界的大小。当检测到进气道出现不起动状态时,再采取相应的控制手段已经显得"太晚了"。要想对高超声速进气道进行控制,研究各种主动控制措施对不起动边界的影响、不起动边界影响因素及获取方法、进气道不起动保护回路控制方法就显得尤为必要。

本章首先通过对某一固定几何尺寸的高超声速进气道进行数值模拟,得到不同来流条件下、不同隔离段出口背压条件下的流场分布,利用量纲分析方法和手段分析进气道压比特性,得到了高超声速进气道不起动边界,为高超声速进气道不起动保护控制打下了基础;分别讨论了附面层抽吸技术和壁面冷却对高超声速进气道不起动边界的影响,从物理机理上给出了提高高超声速进气道不起动边界的原因;讨论了高超声速进气道不起动保护控制,定义了高超声速进气道稳定裕度系数,设计了高超声速进气道不起动保护控制系统;最后结合 FLUENT 和 MATLAB 各自的优点,利用网络通信协议实现了两者之间的数据传输,建立了分布参数系统闭环仿真平台,并对进气道不起动保护回路控制系统进行了仿真验证。

8.1 高超声速进气道不起动边界的无量纲分析

一般来说,高超声速进气道工作状态是由自由来流压力 p_0、温度 T_0、马赫数

Ma_0、攻角 α 和隔离段出口背压 p_2 这五个独立变量决定。来流压力过低或者出口背压过高易引起反压不起动，来流马赫数过低易引起低马赫数不起动，攻角过大也易引起进气道不起动现象发生。进气道不起动边界主要包括反压引起的进气道不起动边界和来流马赫数过低引起的进气道不起动边界。反压引起的进气道不起动边界是指进气道临界压比 π 与来流条件之间的变化关系；来流马赫数过低引起的进气道不起动边界主要是指临界马赫数 Ma 与来流攻角之间的变化关系。

对于一个具体结构形式的进气道，在来流条件给定的情况下，其压比特性可以基于试验数据或者计算数据得到，但仅仅适用于该来流条件。这里压比特性是指进气道所能容忍的最大压力与来流条件之间的变化关系。对于不同类型进气道或者改变了的来流条件，就要重新试验或计算得到进气道特性。发动机在运行过程中，进气道来流条件（马赫数、攻角、压力等）经常发生变化，这就需要寻找能够反映进气道特性本质的变量来描述进气道特性，以反映进气道变工况特性，给出这样的压比特性曲线才具有较大的通用性。在实践中，利用该进气道特性来指导试验，可以减少试验次数和试验费用，节约试验时间。高超声速进气道压缩部分可以分为两部分：①进气道前体压缩；②隔离段压缩。对这两部分分别进行研究得到进气道不起动边界变化规律。

8.1.1　进气道前体压缩压比的无量纲表示

自由来流经过高超声速进气道前体压缩，进入隔离段。隔离段进口压力 p_1 与自由来流条件（静压 p_0、速度 v_0、密度 ρ_0 和攻角 α）、进气道类型、楔面长度 l_i 和转折角 δ_i、工质黏性 μ 等有关。它们之间存在一一的映射关系，这种关系可以通过计算或者试验得到，即

$$p_1 = f(p_0, v_0, \rho_0, \alpha, \mu, l_i, \delta_i) \tag{8-1}$$

式中　i——楔面的个数；

l_i——每个楔面的长度；

δ_i——每个楔面的转折角，如图 8-1 所示。

这里函数 f 仅仅表示存在函数关系，不表示具体的函数表达式，下同。

取 l_1、v_0 和 ρ_0 作为该问题的基本量，且作为该问题的一个单位系统。根据量纲分析 Π 定理[1]，得到如下无量纲函数关系：

$$p_1/(\rho_0 v_0^2) = f(p_0/(\rho_0 v_0^2), \alpha, \mu/(\rho_0 v_0 l_1), l_i/l_1, \delta_i) \tag{8-2}$$

经过简单变换可得

$$\pi_1/(kMa_0^2) = f(1/(kMa_0^2), \alpha, Re_0, l_i/l_1, \delta_i) \tag{8-3}$$

式中　$\pi_1 = p_1/p_0$；

k——工质的绝热系数；

Re_0——来流雷诺数。

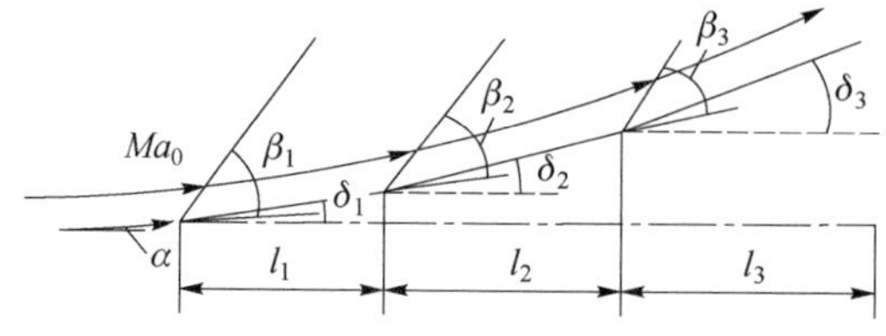

图 8－1　进气道前体示意图

两进气道前体相似的条件为：①几何条件相似，l_i/l_1、δ_i 保持不变；②工质绝热系数 k 保持不变；③无穷远处来流马赫数、攻角和雷诺数保持不变。

对于一个固定几何形式的进气道，l_i/l_1，δ_i 为常数，流动工质为空气，绝热指数 k 为常数，(8－3)式可以写为

$$\pi_1 = f(Ma_0, \alpha, Re_0) \tag{8-4}$$

也就是说，进气道前体压缩压比与来流马赫数、来流攻角和雷诺数有关，下面逐个因素分析其对压比 π_1 的影响。

首先固定来流雷诺数不变，分析来流攻角和来流马赫数对反压不起动边界的影响，此时式(8－4)变为

$$\pi_1 = f(Ma_0, \alpha) \tag{8-5}$$

反压不起动边界和低马赫数不起动边界与来流条件之间的关系如图 8－2 所示。在马赫数不变的条件下，随着攻角的增加，前体斜激波激波角增加，激波压缩程度增强，压比增加；在攻角不变的条件下，随着来流马赫数的增加，前体斜激波前马赫数增加，激波压缩程度增强，压比增加。进气道内收缩比为 1.7，大于自起动的 Kantrowitz 限制条件，存在起动马赫数。高超声速进气道流量系数、总压恢复系数和动能效率随来流马赫数的变化规律如图 8－3 所示。从图 8－3 可以看出，随着来流马赫数的降低，流量系数、总压恢复系数逐渐减小，动能效率逐渐升高。当来流马赫数减小到起动马赫数 3.5 时，性能参数发生阶跃式变化，进气道不起动。进口前形成后倾激波，波后流动出现分离。定义参数变化的突变点为起动与不起动的分界点，此时来流马赫数为来流起动马赫数 Ma_{s0}，经过外压激波后的进口马赫数为进气道进口起动马赫数 Ma_{s2}，0°攻角下该进气道来流起动马赫数和进口起动马赫数分别为 3.5 和 2.3。在 Ma_0 4 的条件下，当来流攻角增加到 6°时，进气道进口马赫数小于 2.3，进气道出现不起动。同样可以得到 $Ma_0$4、$Ma_0$5、$Ma_0$6、$Ma_0$7 对应的不起动攻角分别为 6°、11.25°、15°和 17°，低马赫数不起动边界如图 8－2 所示。

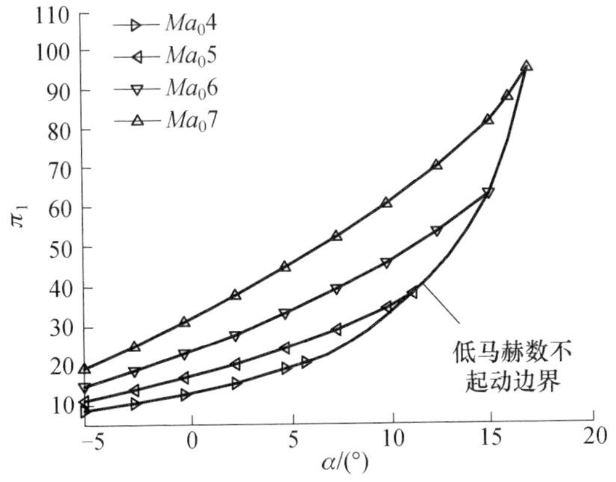

图8-2 π_1 随 α 的变化规律

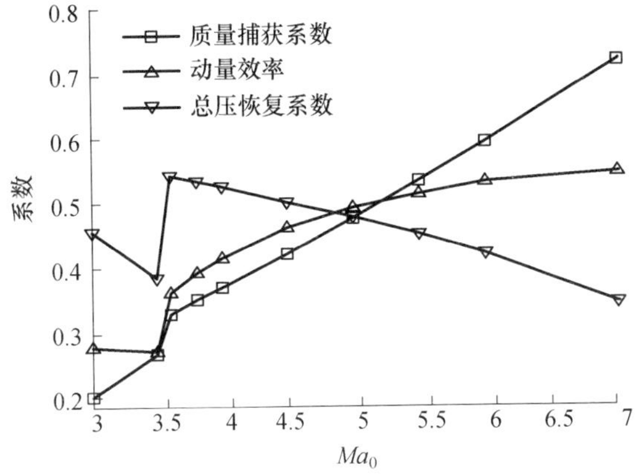

图8-3 进气道性能参数随来流马赫数的变化

其次固定来流马赫数和攻角,通过改变来流压力进而改变来流雷诺数,分析来流雷诺数变化对前体压缩压比的影响。此时式(8-5)变为

$$\pi_1 = f(Re_0) \tag{8-6}$$

边界层的发展对进气道波系发展有重要影响。随着雷诺数的变化,边界层厚度发生改变,影响进气道斜激波的激波角,进而改变斜激波强度。不同雷诺数下进气道速度矢量如图8-4所示。雷诺数越大,附面层厚度越薄,斜激波的激波角越小,激波压缩程度降低。图8-5给出了压比随来流雷诺数的变化规律,这里来流雷诺数指单位雷诺数(下同)。随着来流雷诺数的增加,压比有小幅度的降低。在 $Re_0 < 2\times10^7$ 时雷诺数对压比有较大影响,而在 $Re_0 > 2\times10^7$ 时雷诺数对压比几乎没有影响。

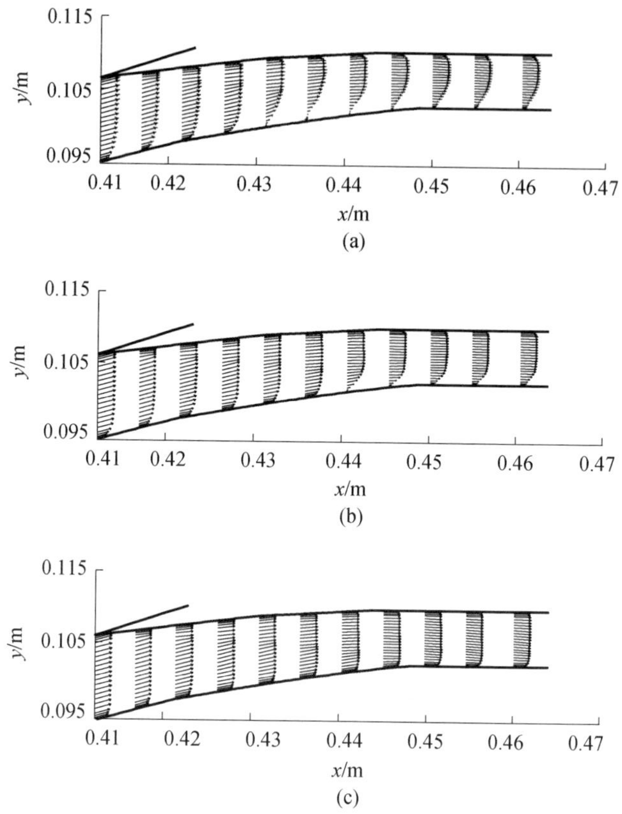

图 8-4　不同雷诺数下的进气道速度矢量图

(a)进气道速度矢量图,$Re_0=0.20\times10^7$;(b)进气道速度矢量图,$Re_0=1.01\times10^7$;(c)进气道速度矢量图,$Re_0=6.07\times10^7$。

基于上述分析,得出如下结论:对于固定几何形式的进气道,进气道前体压缩压比与来流马赫数、攻角和雷诺数有关,即

$$\pi_1=f(Ma_0,\alpha,Re_0) \tag{8-7}$$

同理,可以推导出隔离段进口马赫数和雷诺数仅仅与自由来流马赫数、攻角和雷诺数有关,即

$$Ma_1=f(Ma_0,\alpha,Re_0) \tag{8-8}$$

$$Re_1=f(Ma_0,\alpha,Re_0) \tag{8-9}$$

隔离段进口马赫数随来流攻角和来流雷诺数的变化规律如图 8-6 和图 8-7 所示。

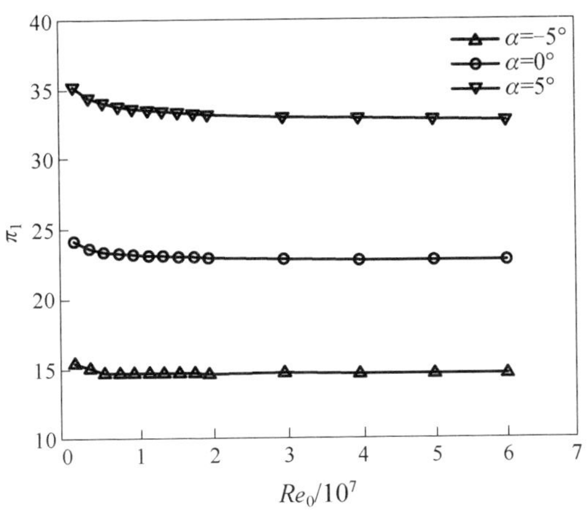

图 8 -5　压比随来流雷诺数的变化规律

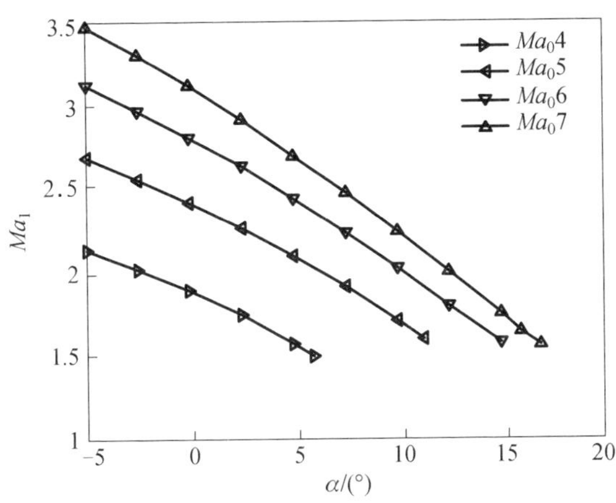

图 8 -6　隔离段进口马赫数随来流攻角的变化规律

图 8 -8 和图 8 -9 分别给出了隔离段进口雷诺数随来流攻角和来流雷诺数的变化规律。

8.1.2　隔离段压比的无量纲表示

隔离段在双模态超燃冲压发动机中，可以减小进气道和燃烧室的干扰，保持进气道连续的工作环境，提供燃烧室较均匀的进口气流状态，以适应在宽马赫数范围内工作。对隔离段进行如下的假设：其长度为 l，高度为 d，流动工质为空气，其密度和黏性系数分别为 ρ_1 和 μ_1，进口平均流速为 v_1，进口平均压力为 p_1，出口平均压力为 p_2，如图 8 -10 所示。现在关心的问题是：进气道出口压力多大时才能使得进

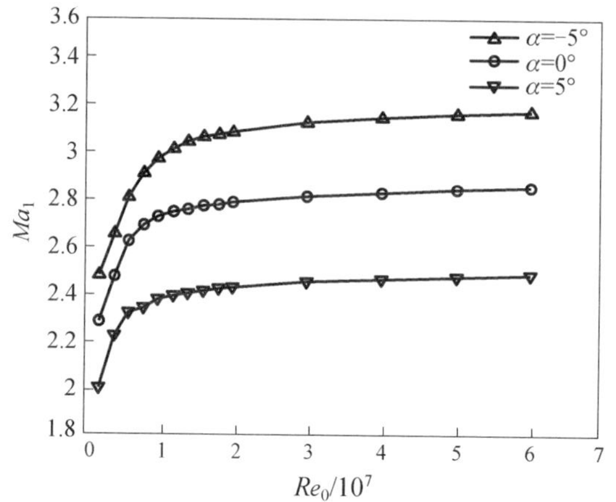

图 8－7　隔离段进口马赫数随来流雷诺数的变化规律

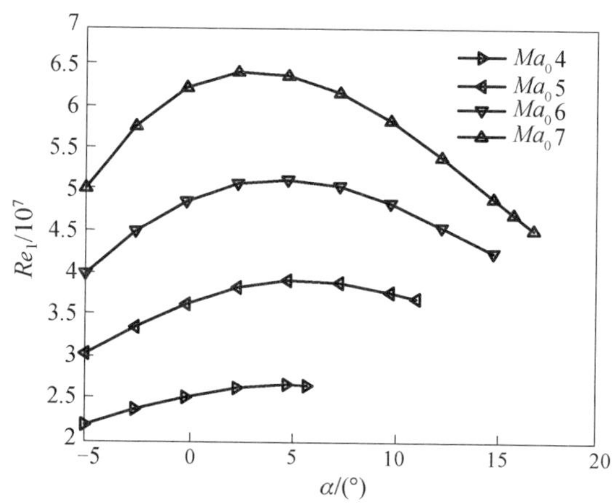

图 8－8　隔离段进口雷诺数随来流攻角的变化规律

气道处于起动/不起动临界状态，即隔离段最大耐反压能力由哪些因素决定。

从物理概念上讲，隔离段出口最大压力 p_2 与隔离段进口压力 p_1、进口速度 v_1、进口密度 ρ_1、高度 d、长度 l 和工质的黏性 μ_1 有关，即

$$p_2 = g(p_1, v_1, \rho_1, d, l, \mu) \tag{8-10}$$

这里函数 g 仅仅表示存在函数关系，不表示具体函数表达式(下同)。取 v_1、ρ_1 和 d 作为该问题的基本量，而且作为本问题的一个单位系统。根据量纲分析 Π 定理，得到如下无量纲函数关系：

$$p_2/(\rho_1 v_1^2) = g(p_1/(\rho_1 v_1^2), l/d, \mu/\rho_1 v_1 d) \tag{8-11}$$

经过简单变换，得可以

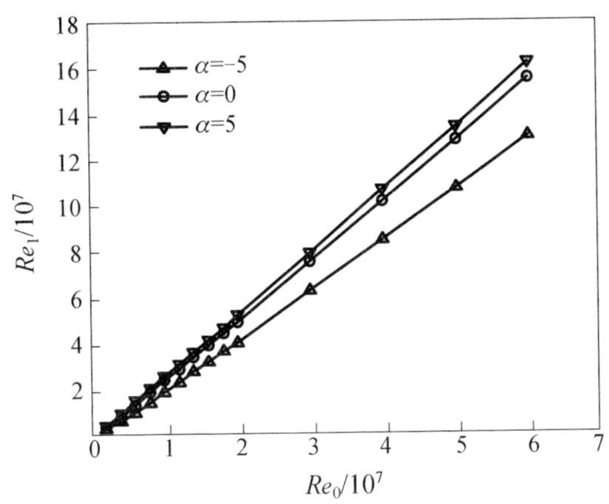

图 8 -9　隔离段进口雷诺数随来流雷诺数的变化规律

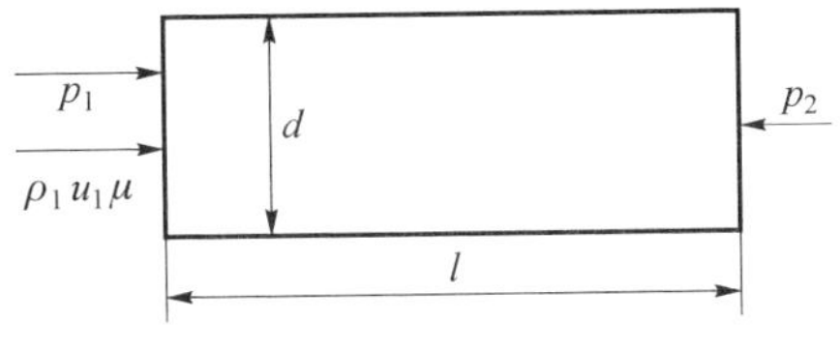

图 8 -10　隔离段示意图

$$\pi_2/(kMa_1^2)=g(1/(\gamma Ma_1^2),l/d,Re_1) \tag{8-12}$$

式中　$\pi_2=p_2/p_1$——隔离段进出口最大压比；

Re_1——隔离段进口雷诺数；

Ma_1——隔离段进口马赫数；

γ——气体绝热指数。

两隔离段相似的条件为：①几何条件相似，l/d 保持不变；②工质绝热系数 γ 保持不变；③隔离段进口马赫数和雷诺数保持不变。

对于固定几何形式的隔离段，l/d 为常数，流动工质为空气，绝热指数 γ 为常数，式(8 -12)可以写为

$$\pi_2=g(Ma_1,Re_1) \tag{8-13}$$

可以看出，隔离段最大抗反压能力与进口雷诺数和马赫数有关，结合式(8 -8)和式(8 -9)，式(8 -13)可以写为

$$\pi_2=g(Ma_0,\alpha,Re_0) \tag{8-14}$$

最终得到，隔离段最大抗反压能力 π_2 由来流马赫数、来流攻角和来流雷诺数决定，下面逐个因素分析其对压比 π_2 的影响。

首先,固定来流雷诺数不变,分析来流攻角和来流马赫数对 π_2 的影响,此时式(8-14)变为

$$\pi_2 = g(Ma_0, \alpha) \tag{8-15}$$

π_2 随来流攻角的变化规律如图 8-11 所示。在马赫数不变的条件下,随着攻角的增加,π_2 逐渐降低;在攻角不变的条件下,随着马赫数的增加,π_2 逐渐增加。

其次,固定来流马赫数和攻角,通过改变来流压力进而改变来流雷诺数,分析来流雷诺数变化对 π_2 的影响。此时式(8-14)变为

$$\pi_2 = g(Re_0) \tag{8-16}$$

π_2 随来流雷诺数的变化规律如图 8-12 所示。随着雷诺数的增加,π_2 逐渐增加。当 $Re_0 < 2 \times 10^7$ 时雷诺数对 π_2 有较大影响,而当 $Re_0 < 2 \times 10^7$ 时雷诺数对 π_2 几乎没有影响。对比图 8-11、图 8-12 和图 8-6、图 8-7,可以发现 π_2 随来流攻角和雷诺数的变化规律与 Ma_1 随来流攻角和雷诺数的变化规律类似,因此可以推断,隔离段进口马赫数对隔离段抗反压能力起着决定性作用。

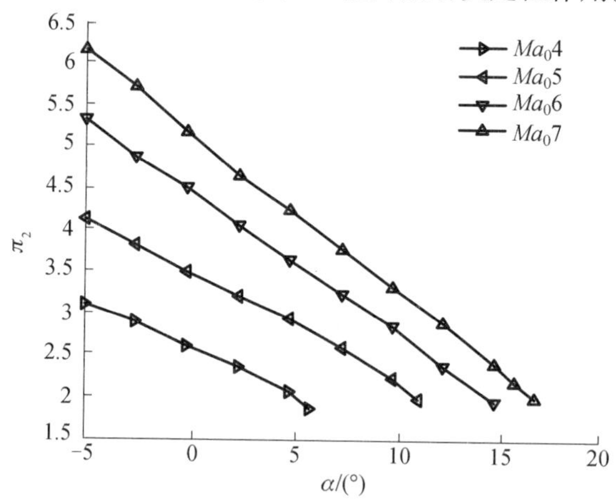

图 8-11 隔离段压比随来流攻角的变化规律

8.1.3 进气道压缩压比的无量纲表示

综合以上两部分内容的分析,进气道压升压比为 $\pi = \pi_1 \pi_2 = f(Ma_0, \alpha, Re_0) g(Ma_0, \alpha, Re_0) = F(Ma_0, \alpha, Re_0)$。图 8-13 给出了极限压比 π 与自由来流马赫数 Ma_0 和攻角 α 的变化关系。从图 8-13 可以看出:在同一马赫数下,进气道极限压比随着攻角的增加而增加;同一攻角下,进气道极限压比随着马赫数的增加而增加。同样极限压比下,进气道来流马赫数和来流攻角可以是不同来流条件的组合。图 8-14 给出了极限压比 π 与来流雷诺数 $Re0$ 之间的变化关系。从图 8-14 可以

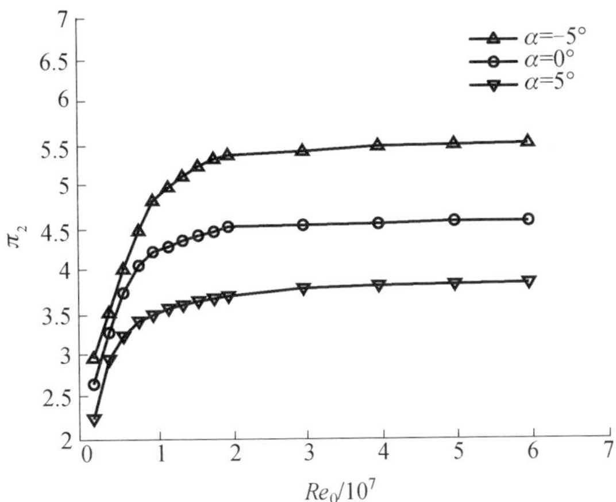

图 8－12　隔离段压比随来流雷诺数的变化规律

看出:随着雷诺数的增加,进气道极限压比 π 逐渐增加;当 $Re_0<2\times10^7$ 时雷诺数对 π 有较大的影响,而当 $Re_0<2\times10^7$ 时雷诺数对 π 几乎没有影响。

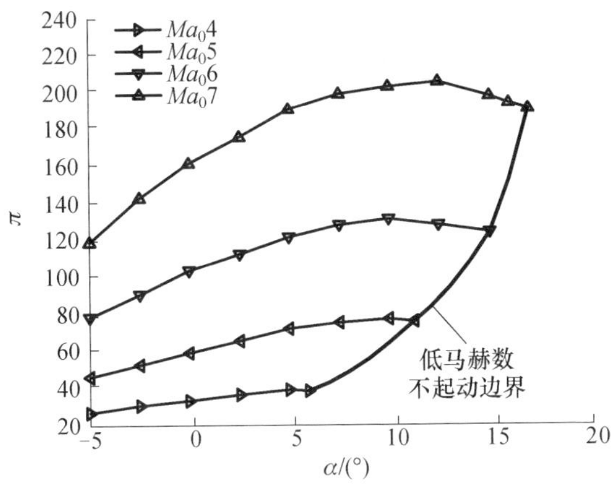

图 8－13　进气道压比与来流攻角之间的变化关系

通常,发动机自由来流条件主要由飞行器的飞行包线决定。从飞行器角度来说,飞行速度越高动压越大,其表面承受的气动载荷也越大,该值过大将会导致飞机表面或者部件的塑性变形;从冲压发动机角度来说,为了提高推进效率希望其工作在高动压区,但在高动压下,热损失和气动阻力也会增高,此外,发动机热负荷和结构负荷也会增加,因此高超声速飞行的最大动压不能太大。另外,将气动载荷沿整个飞行器表面积分就得到了气动力,如果动压很小,那么就需要很大的机翼面积才能建立飞行需要的足够升力,这会引起飞行器重量增加,而发动机能够提供的推

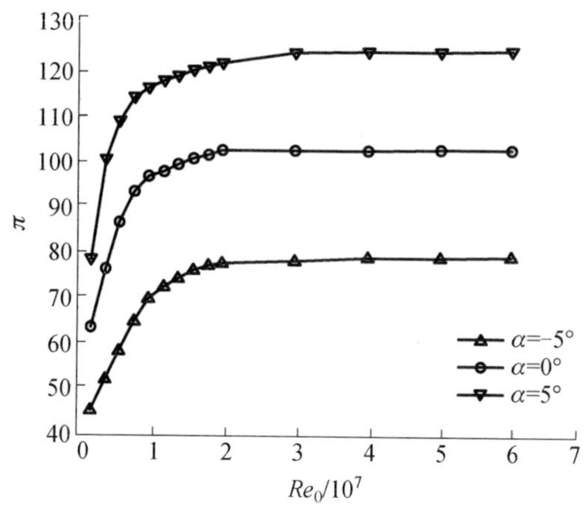

图 8-14　进气道压比与来流雷诺数之间的变化关系

力又很有限，这会使最大平飞速度降低，因此高超声速飞行器的动压也不能太小。一般来说，高超声速飞行包线的动压范围为$(2\sim9)\times10^4 Pa$。图 8-15 给出了不同来流动压下来流雷诺数随来流马赫数的变化规律，从图中可以看出，飞行包线范围内来流雷诺数的变化为$0.45\times10^6\sim9\times10^6$；对比图 8-14，可以得出，来流雷诺数小于$2\times10^7$，将会对进气道的极限压比特性有很大影响。在进气道不起动边界问题获取和进气道不起动方案保护控制的研究过程中，需要考虑来流雷诺数变化对不起动边界的影响。

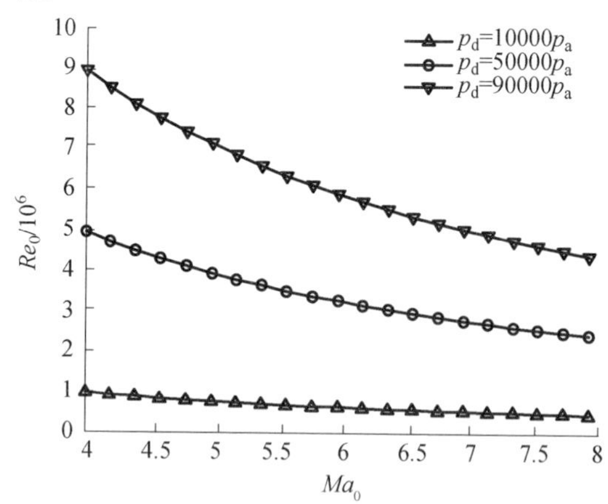

图 8-15　来流雷诺数与来流马赫数之间的变化关系

本节利用量纲分析方法对高超声速进气道不起动边界进行了分析，得到了影响高超声速进气道不起动边界的主要影响因素，为后面高超声速进气道不起动保护控制打下了基础。

8.2　高超声速进气道稳定裕度控制方法研究

8.2.1　高超声速进气道稳定裕度的表示方法

通过 8.1 节的讨论得到，进气道内工作状态（流动状态）可以由来流马赫数、来流攻角、来流雷诺数和隔离段出口压比决定，图 8－16 给出了来流雷诺数不变的情况下，其余三个变量之间的变化关系。进气道当前工作状态可以在该空间里进行表示（如图 8－16 中点 F），点 F 表征当前进气道来流马赫数为 Ma_F、来流攻角为 α_F、隔离段出口反压为 p_{bF}。高超声速进气道在运行过程中，可以通过各种手段对来流条件进行测量，由此可以确定当前工作状态在该坐标系中 x、y 轴的坐标，隔离段出口背压的大小决定了该坐标系 z 轴的坐标，这样进气道的工作状态可以在该坐标系中唯一确定。

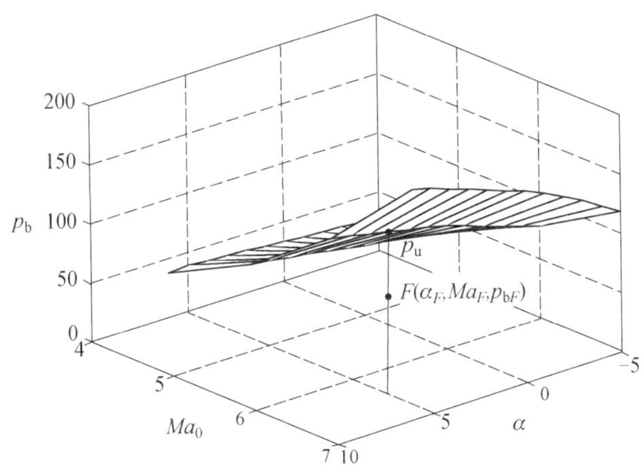

图 8－16　高超声速进气道不起动边界

压气机的通用特性可以利用相似流量和压比来表达。压气机喘振控制中一个非常重要的概念是稳定裕度系数，其表示式为 $\Delta K = \dfrac{(\pi/G)_S}{(\pi/G)_P} - 1 = \dfrac{\pi_S - \pi_P}{\pi_P}$，其中 π 为压气机的压比，G 为压气机的折合流量，π_S 为压气机当前运行工况对应的喘振边界压比，π_P 为压气机当前运行工况压比。同样借鉴该稳定裕度系数的定义方式，定义 $\xi = (p_u - p_{bF})/p_u$ 为高超声速进气道稳定裕度系数，这里 p_{bF} 为进气道当前隔离段出口反压，p_u 为高超声速进气道在来流马赫数为 Ma_F、来流攻角为 α_F 下所能忍受的最大压比。

8.2.2 高超声速进气道不起动控制策略分析

高超声速进气道不起动控制与发动机控制密切相关，通过对发动机控制策略的分析，最终给出高超声速进气道不起动控制策略。由于冲压发动机可控和可以测量的变量参数很多，所以对冲压发动机的控制方法也很多，但对于固定几何的冲压发动机控制来说，控制策略主要有以下几种[2]。

1. 等油量控制

等油量控制是一种最简单的控制措施，在整个飞行阶段中控制燃油流量恒定不变，一般用于工作状态单一的飞行器，即按一个高度、一个马赫数工作，如用于低空短程导弹等，此时设计的冲压发动机工作于超临界状态。如果飞行的马赫数低于设计值 Ma_s，则由于推力大于阻力而使导弹加速到 Ma_s 值；如果飞行的马赫数高于 Ma_s，则阻力大于推力而使导弹减速至 Ma_s 值。可见，在这种控制中，可以利用推力－阻力特性（图 8－17）来稳定飞行速度。

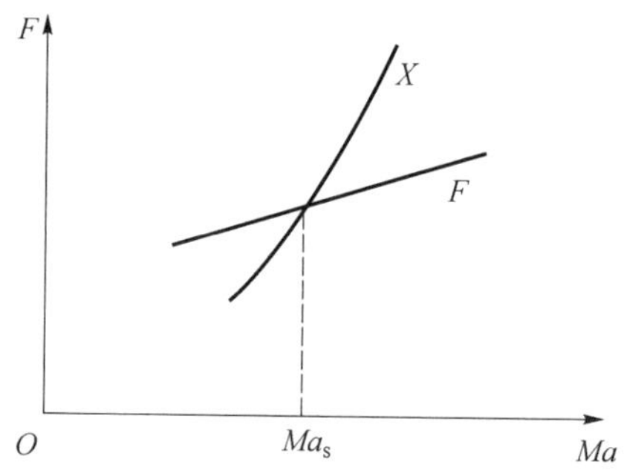

图 8－17　飞行器的推力－阻力特性

2. 燃烧室总温 T_c 和加热比 θ 的控制

T_c 和 θ 是发动机推力的表征参数。因此，要保证一定的推力水平，控制 T_c 和 θ 是有利的，但 T_c 对马赫数很不敏感，这从图 8－18 中可以看出来。在图中，T_c 曲线较平，因此，很容易使发动机处于亚临界工作状态，甚至产生喘振；另外，由于 T_c 高，不易测量，而且响应速度较慢，故实际上很少用作控制参数。等 θ 控制虽然可以保持进气道出口马赫数不变，有利于稳定燃烧，但也由于测量上的困难和响应慢的缘故，目前还很少应用。然而，随着发动机控制技术的发展，对 T_c 和 θ 控制的优点将会越来越受到人们关注。

3. 余气系数的控制

余气系数的控制是目前冲压发动机中应用较普遍的控制方法。当前国内外的冲压发动机大都应用这种控制。其特点是实现方便和有利于保证冲压发动机燃烧

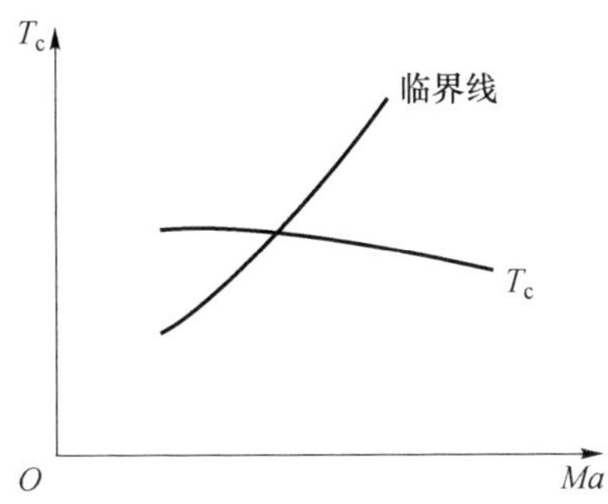

图 8－18　燃烧室总温与马赫数的关系

稳定性。由于冲压发动机起动点火范围狭窄,而且在贫油状态下才便于点火,发动机在起动后应控制余气系数靠近临界工作点并处于超临界状态工作,以使发动机产生最大推力来加速导弹而又不致发生喘振。当导弹进入巡航段时,控制余气系数在允许范围内变化,使导弹按一定马赫数巡航。可见,余气系数的控制,对冲压发动机的起动、加速和巡航都有重要意义。

4. 进气道压比的控制

进气道出口压比对冲压发动机推力具有重大影响,是冲压发动机的重要控制参数之一。出口压比最大值表征发动机处于临界工作状态,对于固定几何的进气道来说,可控参数只有燃油流量。为了使发动机处于临界状态工作,一种方法是按预先由理论计算和地面试验所确定的发动机临界工作状态所需燃油流量来供给燃油。显然,这样做很难准确地与实际飞行状态相符合,而且又是一种开环控制,因此很难保证发动机处于临界工作状态。

在实际发动机中,进气道出口总压恢复系数受外界条件和燃烧室影响较大,对其测量将不会很准确。另外,进气道出口总压恢复系数变化十分迅速,这就要求控制系统响应很快,但快速响应的控制系统极易受到外界和燃烧室干扰而影响工作。虽然这是控制冲压发动机的一种有效方法,但同时也是一种较难实现的控制技术。虽然开展了一些研究工作,但远未达到实用阶段。

上面分析了高超声速冲压发动机的相关控制策略,综合各种考虑折中选择,目前所采用的大多都是等余气系数控制,但总的来说不能发挥冲压发动机的全部潜力。对于高超声速进气道不起动保护控制来说,也可以采取上面阐述的控制策略。结合双模态超燃冲压发动机本身,从挖掘发动机潜力、最大提高发动机推力角度出发,本书提出了高超声速进气道不起动等裕度控制方法。不起动裕度系数表征了进气道当前工作状态到不起动边界的距离,即当前工作状态压比距离进气道所能承受最大压比的程度。由于压比与燃烧室燃油流量之间存在一一对应关系,因此该特性可以作为高超声速进气道保护控制的控制用模型。高超声速进气道越靠近不起动边界运行,其性能越好,但同时稳定性变差。实际运行过程中要综合考虑,根据控制能量的大小,一般选择比不起动边界低5%或者10%作为不起动预警线。高超声速进气道在运行过程中,一旦进入不起动预警线,控制系统就将采取相应的控制手段,以防止压比继续升高,避免进气道不起动现象发生。

8.2.3 高超声速进气道等裕度增益调度控制

高超声速进气道不起动等裕度控制系统示意图如图8-19所示。系统包含控制器、执行机构、隔离段出口压比和燃油流量之间的对应关系及进气道对象几个环节,其中$\bar{\xi}$为给定值,扰动d为控制器的输出信号扰动。双模态超燃冲压发动机运行过程中,执行机构为燃油调节系统,因此控制回路中执行器也假定为燃油调节装置,通过控制燃油流量的大小进而改变隔离段出口压力,其动态特性近似为一个惯性环节,惯性时间常数为0.05rad/s。

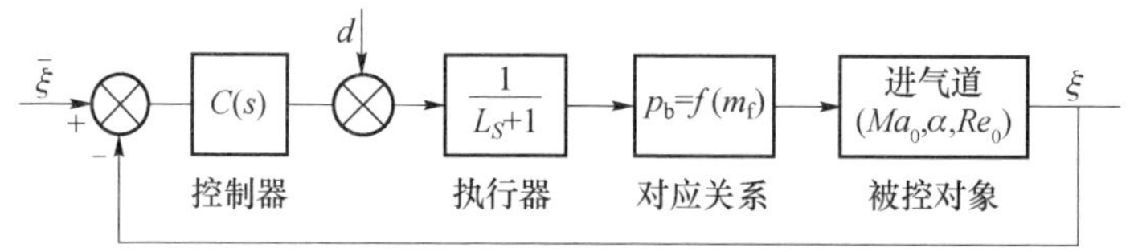

图8-19 高超声速进气道的控制系统

1. 燃油流量和隔离段出口背压之间的对应关系

与常规亚燃冲压相比,双模态超燃冲压发动机燃烧过程需要考虑释热在燃烧室空间上的分布。在单一来流条件下,燃油释热设计和燃烧室通道截面型线可以较好匹配。但是超声速燃烧控制还面临着宽马赫数变工况的问题,要实现变工况条件下合理匹配,更加需要在空间上合理匹配释热规律和流场分布,即通过多点喷射的气动热力调节,有效地组织燃烧和优化燃烧室流场分布,使得在各种飞行条件下都能设法实现给定的匹配性能。多点燃油流量与隔离段出口(燃烧室进口)背压之间存在复杂的对应关系,考虑到本书重点不是研究燃烧室多点喷射的调节规律及其特性,出于研究问题需要,对该关系进行简化处理,考虑双模态超燃冲压发动机燃烧室单点喷射,并假定燃油流量标幺值和隔离段出口压比标幺值之间为线性关系。双模态超燃冲压发动机燃烧室多点喷射条件下高超声速进气道不起动保护控制方案研究将作为未来的研究内容进行讨论,此时燃油流量和隔离段出口压比之间的关系可以采用分段形式进行表示,控制系统设计方法类似。图8-20给出了隔离段出口压比标幺值随燃油流量标幺值之间的变化关系,其中$m_{\text{fnor}}=(m_{\text{f}}-m_{\text{fmin}})/(m_{\text{fmax}}-m_{\text{fmin}})$,$p_{\text{bnor}}=(p_{\text{b}}-p_{\text{bmin}})/(p_{\text{bmax}}-p_{\text{bmin}})$,$m_{\text{fnor}}$表征燃油流量标幺值,$p_{\text{bnor}}$表征隔离段出口背压标幺值,$m_{\text{f}}$表征燃油流量当前值,$m_{\text{fmin}}$和$m_{\text{fmax}}$分别对应发动机运行过程中燃油流量的最小值和最大值，p_b 表征隔离段出口背压当前值，p_{bmin} 和 p_{bmax} 分别对应发动机运行过程中隔离段出口背压的最小值和最大值。

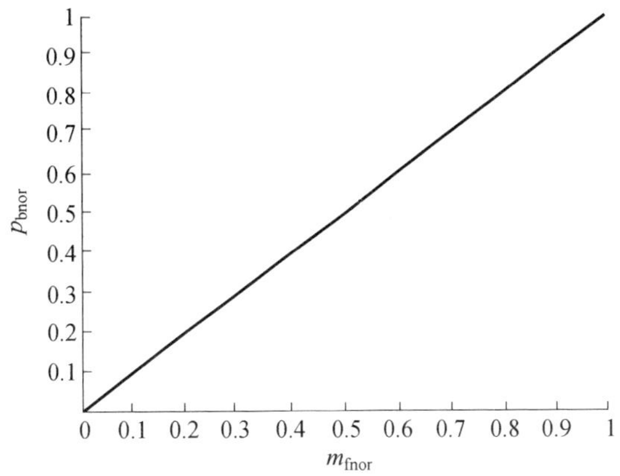

图 8 – 20　燃油流量与隔离段出口背压之间的变化关系

2. 高超声速进气道对象特性分析

高超声速进气道不起动边界随自由来流条件变化很大，在自由来流马赫数、来流攻角和来流雷诺数空间上表现出很强的非线性。控制系统设计的前提是被控对象特性分析，图 8 – 21 和图 8 – 22 给出了进气道稳定裕度系数随来流马赫数的变化规律。从图中可以看出，进气道稳定裕度系数随来流条件变化表现出较强的非线性，随着来流马赫数和攻角的增加，进气道不起动边界增大，进气道当前状态远离不起动边界，进气道稳定裕度系数增加。由 4.3 节分析可知，进气道内流动的主要动态集中在 10Hz 以上，假定进气道内主动态集中在 10Hz，被控对象输入为隔离段出口背压，被控对象输出为高超声速进气道稳定裕度系数，图 8 – 23 给出了不同来流条件下，被控对象的幅频特性。从图 8 – 23 可以看出，被控对象增益表现出很强的非线性，很有必要引入非线性控制方法弥补对象的非线性增益。

3. 控制系统设计的性能指标

高超声速进气道稳定裕度控制属于调节问题，它的任务是将进气道稳定裕度系数保持在设定值上。对于随动系统。主要研究的输入信号是整定量，通常以整定量作单位阶跃变化时，将系统输出量的过渡过程时间 t_s、超调量 σ 等作为动态指标。而对于调节系统，主要研究的输入信号是扰动作用，希望系统输出量对扰动作用反应小，所以不能用超调量这种指标来描述系统动态特性。在阶跃扰动作用下，调节系统产生一个过渡过程，可以在此基础上提出系统的性能指标。

进气道压缩系统是发动机热力循环的主要环节之一，进气道稳定裕度对发动机循环性能影响较大，因此控制系统对进气道稳定裕度系数的稳态控制精度要求

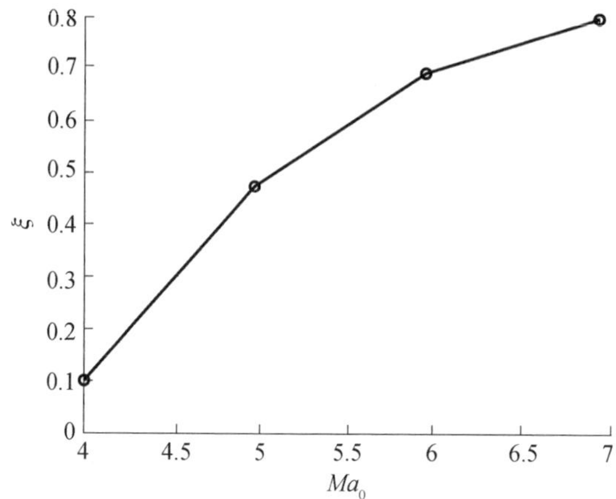

图 8-21　稳定裕度随来流马赫数的变化规律

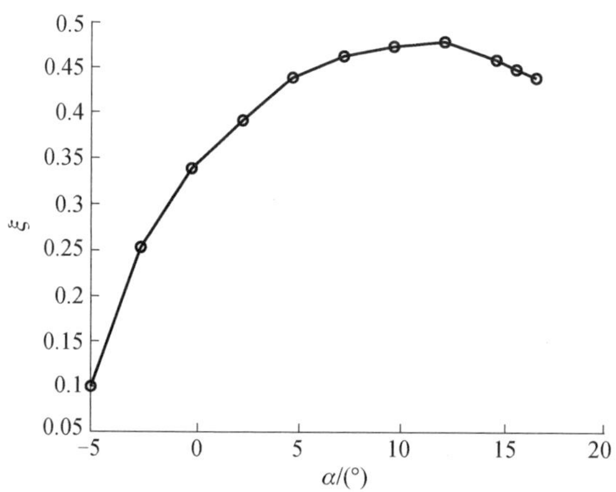

图 8-22　稳定裕度随来流攻角的变化规律

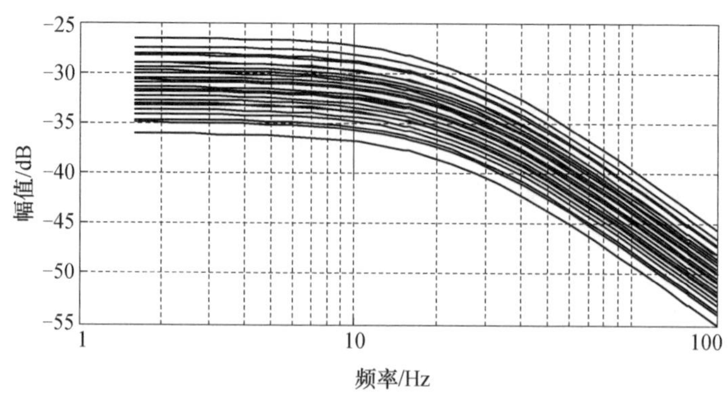

图 8-23　高超声速进气道的幅频特性

较高。对于动态性能指标而言，由于进气道工作边界较为狭窄，因此如何避免较大的位置偏差比快速性更为重要。此外，系统还应该具有较好的相对稳定性。据此选择系统对扰动的静态误差 C_{∞}、峰值偏差 C_{m} 与相角余量 γ_{c} 作为控制指标。通过具体特性分析，对系统设计指标要求如下：

（1）$C_{\infty}=0$，系统对扰动无静差；

（2）对单位阶跃扰动的峰值偏差 $C_{m}<20\%$；

（3）相角余量 $\gamma_{c}>50°$。

4. 高超声速进气道等裕度增益调度控制器设计

增益调度方法是应用最广泛的非线性控制系统设计方法之一，广泛应用于航空航天[3]和过程控制[4]。增益调度在早期被定义为一种应用技术，调度技术特别是硬件应用经常成为军事机密，只是在自动驾驶、飞行控制以及汽车的发动机控制方面得到了应用。关于增益调度的研究经过一段时间沉沦后，在 20 世纪 90 年代迅速升温。1990 年以前的论文提到增益调度概念非常少见，特别是应用论文；文献一般都是以“自动增益调度”出现在反馈线性化专题中。增益调度最早版本由 Astrom 等提出[5]，然而直到 20 世纪 90 年代其才成为一个值得研究的非线性控制的方向[6,7]。增益调度方法应用了强大的线性设计方法处理困难的非线性问题。

在控制系统运行时，根据运行条件自动调度各个控制器，使整个控制系统能较好地工作，从而实现对非线性系统的控制。PID 校正在工程领域得到广泛应用，它自身具有原理简单、使用方便的优点，适应性强，而且其较强的鲁棒性保证了加入校正装置的系统性能指标基本能满足要求。由于调节系统设计主要考虑干扰抑制问题，对于扰动回路，PID 调节器的位置处在反馈通道上，这与随动系统的控制存在不同。下面给出 PID 调节器的设计步骤。

1）未加入校正装置时系统对扰动的闭环阶跃响应

未加入校正装置时系统对扰动的闭环阶跃响应曲线如图 8 - 24 所示。从图中可以看出，未加入校正装置时，系统对单位阶跃扰动的静差 C_{∞} 和峰值偏差 C_{m} 都在 50% 附近。由于静差很高，仅依靠比例校正要想得到较小的静差必然要求非常大地提高系统增益，这样将较大地提高带宽，增大噪声误差，降低鲁棒性。为此需要引入积分校正，以满足系统对扰动无静差的性能指标要求。

2）PI 控制器设计

首先考虑 PI 校正。图 8 - 25 为高超声速进气道等裕度控制系统示意图，由于进气道主动态频带很高（约 20Hz），在设计过程中予以忽略，仅仅考虑其稳态增益的变化，控制器采用 PI 调节器 $C(s)=K_{p}(1+1/T_{i}s)$。由图 8 - 25 可以看出，当系统受到阶跃扰动时，在起初的时间段内比例校正环节起主要作用，而积分校正环节起作用速度较慢，因此 PI 调节系统对单位阶跃扰动的峰值偏差 C_{m} 主要由 K_{p} 决

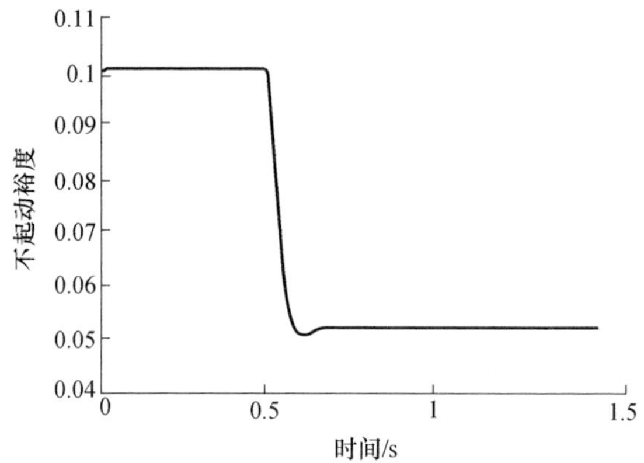

图 8-24　未加入校正装置时系统对扰动的闭环响应

定,积分时间常数 T_i 则对 C_m 影响较小。因此可以首先根据峰值偏差指标大致确定 K_p,确定 K_p 之后,调节系统的相角余量 γ_c 则取决于积分时间常数 T_i 的大小。按照这个设计步骤,所设计的控制系统闭环响应如图 8-26 所示,稳态误差 $C_\infty=0$,对单位阶跃扰动的峰值偏差 $C_m=18\%$,满足设计指标要求。

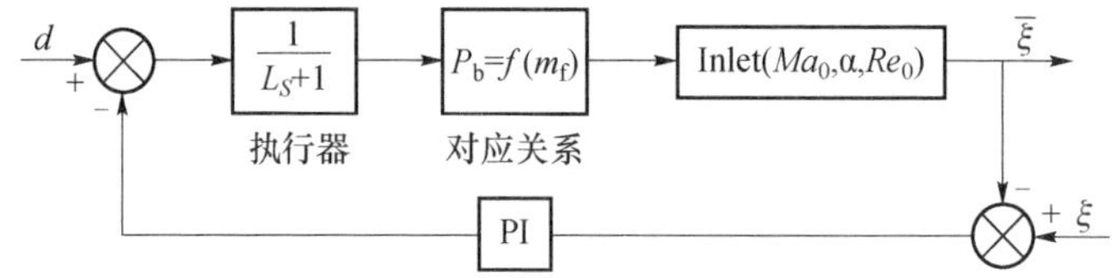

图 8-25　高超声速进气道的控制系统

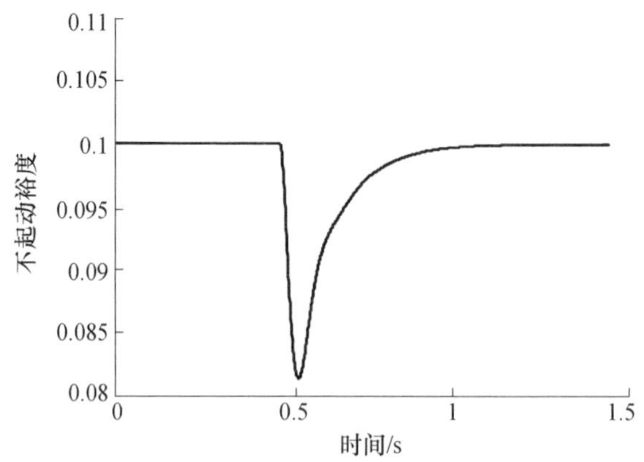

图 8-26　加入 PID 校正装置后系统对扰动的闭环阶跃响应

3）增益调度控制器设计

增益调度是一种有效解决大范围变动工况非线性问题的控制方法,通过把非线性系统在不同平衡点上线性化，然后应用线性设计工具进行控制系统设计和分析，确保在不同工作点附近闭环控制系统达到期望的性能指标。设计过程较为简单，实现起来也比较简便。典型的设计步骤如下：

（1）调度变量 α 的选取；

（2）各个平衡点小偏差线性化模型的求取；

（3）各个平衡点线性控制器设计；

（4）增益调度控制律设计。

本节采用增益调度方法进行控制系统设计，选择来流马赫数、来流攻角和来流雷诺数作为调度变量，在不同来流工况下进行控制器设计，然后利用插值实现增益调度控制。

5. 仿真结果及分析

定增益控制器作用下，控制系统在不同来流条件下闭环响应曲线如图 8－27 所示，图 8－28 给出了变增益控制器作用下，控制系统在不同来流条件下的闭环响应曲线，这里扰动是从 0.5s 开始的阶跃信号，幅值为最大抗反压能力的 10%。在定增益控制器作用下，对于不同来流条件，其动态调节时间和峰值误差互不相同且比较大，不满足控制系统提出的性能指标。对比来说，在变增益控制器作用下，对于不同来流条件，其动态调节时间和峰值误差相同，都满足控制系统提出的性能指标。通过对比还可以看出，在变增益控制器作用下，进气道稳定裕度峰值偏差较小，因此可以更靠近边界运行，从而利用控制系统来提高发动机性能。不同来流条件时，不同控制器作用下系统开环 Bode 图分别如图 8－29 和图 8－30 所示，从图中可以看出，系统带宽为 1.5Hz，相角裕度为 60°，同样满足提出的性能指标。

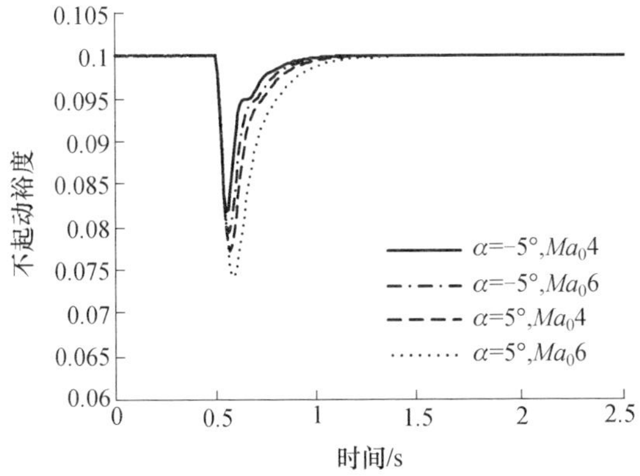

图 8－27　定增益控制器作用下等裕度控制的闭环响应

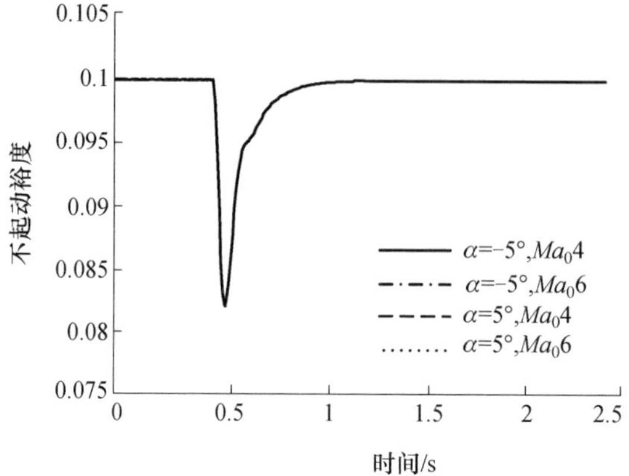

图 8-28　变增益控制器作用下等裕度控制的闭环响应

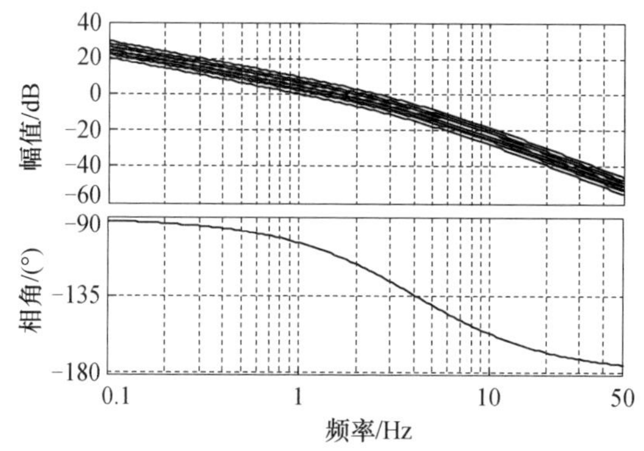

图 8-29　定增益控制器作用下系统的 Bode 图

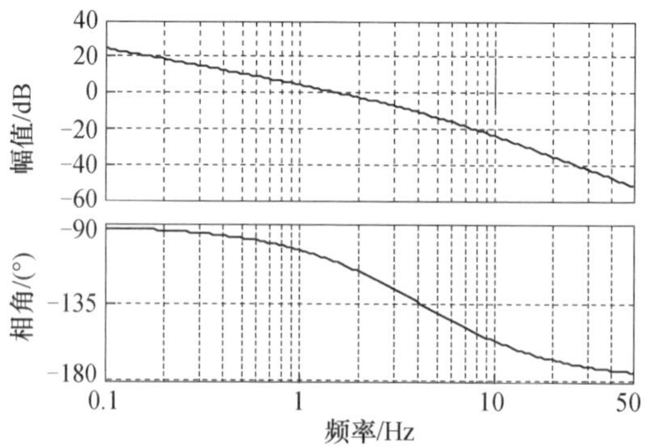

图 8-30　变增益控制器作用下系统的 Bode 图

控制系统的好坏最终需要利用试验进行验证。由于高超声速进气道试验费用昂贵,现在还很难开展大量试验研究对进气道保护回路的控制系统进行试验验证,为此本书考虑构建仿真平台对控制系统进行仿真研究。众所周知,高超声速进气道属于一个分布参数系统。一方面,流动中动态过程很难利用集中参数模型来表达,存在建模难、计算量大的问题;另一方面,如果采用零维或者一维模型进行描述,往往不能反映符合实际的分布参数特性。如何构造一个平台进行分布参数系统闭环仿真成为高超声速进气道控制系统验证的一个关键问题,利用 FLUENT/MATLAB 软件搭建分布参数系统仿真平台,可以实现分布参数系统的闭环仿真。

8.3　进气道稳定裕度控制闭环仿真验证

在工程实际中常遇到的流动、传热和燃烧等问题中,大都为分布参数系统,其能量和质量在空间上连续分布,一般用偏微分方程描述其状态变化规律。此类系统动态过程的建模与仿真多采用简单易行的集总参数方法,但此方法难以反映系统参数的瞬态分布特性[8-10]。如果建立分布参数动态模型,存在建模难、计算量大的困难,并且许多模型仅限于零维或一维描述,往往不能反映符合实际的分布参数特性[11-14]。目前,随着计算热力学的发展和高速、大容量、低价格的计算机相继出现,利用成熟的 CFD 商业软件(例如 FLUENT),对于工程中常遇到的非定常分布参数模型能够很好模拟,并且其计算精度、可靠性和效率得到很大提高,在工程中得到广泛的应用[15,16]。虽然商业 CFD 软件具有建模简单、精度高等特点,但其不能实现对分布参数模型的闭环反馈控制,存在很大的局限。

本节结合 CFD 计算软件 FLUENT 和系统仿真软件 MATLAB 各自的优点,利用网络通信协议实现了两者的接口,通过系统参数的实时同步传输,使得在 SIMULINK 中搭建的控制模块能够实时控制 FLUENT 计算模型,分布参数模型闭环控制仿真更为快捷,为研究分布参数系统仿真提供了新思路。

基于此高超声速进气道稳定裕度控制闭环仿真平台,在变增益控制器作用下,进气道保护控制回路在不同来流条件下的闭环响应曲线如图 8-31 所示,图8-32 给出了设计状态下,进气道保护控制回路在不同来流条件下的闭环响应曲线:这里扰动是从 0.5s 开始的阶跃信号,幅值为最大抗反压压比的 10% 。通过对比可以看出:对于不同的来流条件,在设计状态下,其动态调节时间和峰值误差相同;在实际运行过程中,其动态调节时间和峰值误差不尽相同;但都满足给定的性能指标。究其原因，高超声速进气道在不同来流条件下表现出不同的动态行为，所设计的增益调度控制器不能完全补偿对象的非线性。图 8－33 给出了 Ma_0 4、$\alpha=0$ 条件下，动态仿真过程中不同时刻下进气道 Ma 云图。从图中可以看出：隔离段在阶跃扰动的作用下，出口压力增加，隔离段内部分离区向前发展；随着时间的推移，在控制系统作用下，隔离段出口背压降低，隔离段分离区向后推移，重新回到原来的状态。这与图 8－31 给出的趋势是吻合的。

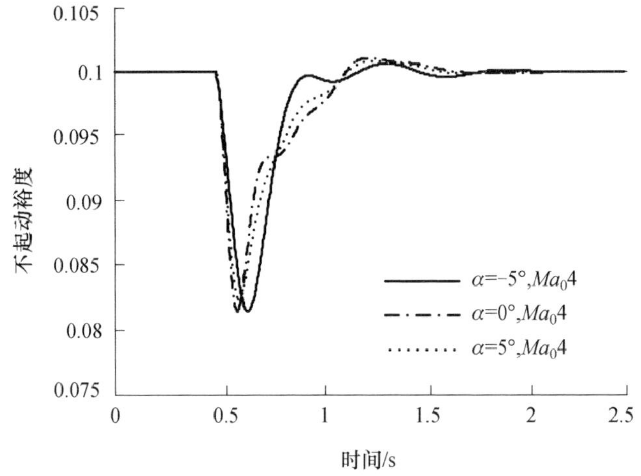

图 8－31　基于 FLUENT/MATLAB 平台，变增益控制其作用下等裕度控制的闭环响应

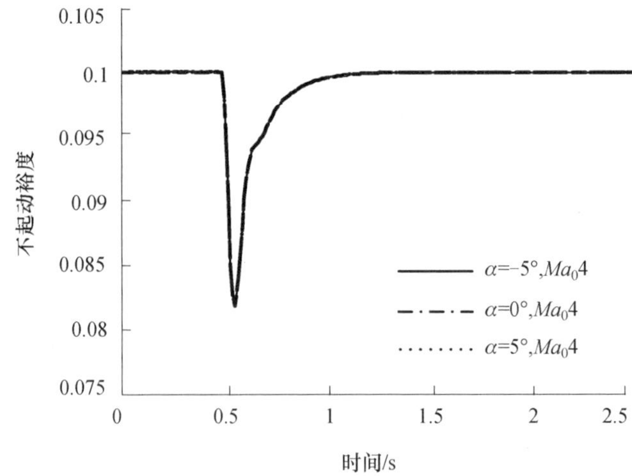

图 8－32　设计条件下，变增益控制器作用下等裕度控制的闭环响应

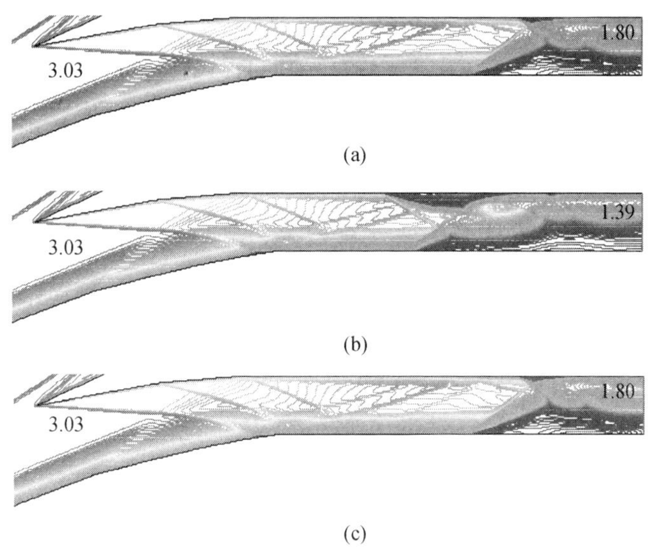

图 8 – 33　不同时刻进气道马赫数云图
(a) $t = 0.1$s；(b) $t = 0.6$s；(c) $t = 2$s。

8.4　小结

高超声速进气道不起动边界和控制是进气道保护控制回路必须研究的内容。分析表明，高超声速进气道不起动边界主要与来流马赫数、来流攻角和来流雷诺数有关，采用附面层抽吸技术和壁面冷却技术能够提高高超声速进气道不起动边界。对进气道动态分析表明，进气道保护控制可以简化为零维控制，通过控制进气道出口压力实现保护控制。进气道稳定裕度系数随来流条件变化表现出强非线性，采用增益调度控制能够对非线性进行补偿，并设计了增益调度控制器。最后利用 FLUENT 和 MATLAB 仿真平台对进气道不起动保护回路控制系统进行了仿真验证，仿真结果证明了控制系统的有效性。

参考文献

[1] 谈庆明. 量纲分析[M]. 合肥：中国科学技术大学出版社，2005.

[2] 刘兴洲. 飞航导弹动力装置[M]. 北京：宇航出版社，1992.

[3] Robert A N, Robert T R, Wilson J R. Gain scheduling for h – infinity controllers：A flight control example[J]. IEEE Transactions on Control Systems Technology，1993，1(2)：69 – 79.

[4] Astrom K J，Hagglund. Practical experiences of adaptive technique[C]//Proceedings of the American Control

Conference. San Diego,CA,1990:1599 - 1606.

[5] Kallstrom C G, Astrom K J. Adaptive autopilots for tankers[J]. Automatica,1979(15):241 - 254.

[6] Stein G, Hartmann G L,Hendrick R C. Adaptive control laws for F - 8 flight test[J]. IEEE Transactions on Automatic Control,1977,22(5):758 - 767.

[7] Astrom K J. Wittenmarh B Adaptive Control[J]. Technometrics,1995,33(4).

[8] 陈红,何祖威. 一维流体相变过程的统一分布参数模型及数值仿真方法[J]. 系统仿真学报,2005,17(3):571 - 573.

[9] 于达仁,崔涛,鲍文. 高超声速发动机分布参数控制问题[J]. 航空动力学报,2004,19(2):259 - 264.

[10] 宣宇清,胡益雄. 基于分布参数的房间空调蒸发器的数学模型及其仿真研究[J]. 制冷与空调,2004,3(4):32 - 35.

[11] 初云涛,周怀春. 蒸发系统分布参数特性动态仿真研究[J]. 中国电机工程学报,2006,26(11):17 - 22.

[12] 董芃,洪梅,秦裕琨. 大型煤粉锅炉炉膛传热工程化三维数值计算方法及其应用[J]. 动力工程,2000,20(2):606 - 610.

[13] 朱金荣,章臣樾. 直流锅炉炉内传热及蒸发工况的实时数学模型[J]. 中国电机工程学报,1991,11(1):63 - 72.

[14] Niu Z S, Wong K V. Adaptive simulink of boiler unit performance[J]. Energy Conversation Management,1998,39(13):1383 - 1394.

[15] 赵兴艳,苏莫明. CFD 方法在流体机械设计中的应用[J]. 流体机械,2000,28(3):22 - 25.

[16] Zhang K, Zhang J, Zhang B. CFD model of dense gas - solid systems in jetting fluidized beds[J]. Chemical Research in Chinese Universities,2002,18(2):117 - 120.

第9章 双模态超燃冲压发动机推力调节/进气道保护切换控制

双模态超燃冲压发动机是近年来得到国内外广泛重视的热门研究课题,有望成为最有前途的航空航天动力系统之一。随着飞行马赫数越来越高,高超声速飞行器阻力越来越大,受到飞行包线的限制,双模态超燃冲压发动机空气捕获流量越来越小,推力越来越小,可用于飞行器加速的静推力也越来越小,要求发动机只有工作在临界工况附近才能保证飞行具有正加速度,但工作在临界工况附近导致发动机稳定裕度较小,需要避免出现流动失稳和进气道不起动工况。综上所述,飞行马赫数越大,发动机的有效工作范围越狭窄[1-4]。

对于单点燃油喷射的超燃冲压发动机来说,存在的主要矛盾表现为发动机大推力和进气道稳定裕度之间的冲突。为解决这个矛盾,提出了推力调节/进气道保护切换控制方法。但单点燃料注入存在诸多限制,在低马赫数下,为避免出现进气道溢流,燃油通常在燃烧室后半部分喷射,但此时燃烧效率较低;在高马赫数下,为保证高的燃烧效率,燃油通常在燃烧室前半部分喷射。因此通常在低马赫数下,采用多点燃油喷射以解决上述矛盾。如何将单点燃油喷射双模态超燃冲压发动机推力调节/进气道保护切换控制方法推广应用到多点燃油喷射双模态超燃冲压发动机是一个重要的研究内容,所涉及的一个关键问题是多点燃油分配优化策略,燃油分配优化策略需要同时考虑双模态超燃冲压发动机的经济性和安全性。

本章分别研究了基于 Min 规则和积分重置规则的发动机推力调节/进气道保护控制方案,给出了相应的切换逻辑及切换规则、关键参数分析、半实物仿真及地面试验验证,并基于数值仿真数据和地面试验数据分析了两点燃油喷射下的双模态超燃冲压发动机特性,在此基础上给出了双模态超燃冲压发动机两点燃油分配方案。基于地面试验数据对双模态超燃冲压发动机进行数学建模,并设计了双回路控制系统,同时开展了数值仿真验证和地面试验验证。

9.1 基于 Min 规则的发动机推力调节/进气道保护切换控制方法

9.1.1 切换逻辑及切换规则

基于 Min 规则切换控制是最简单的一种切换控制方法，该方法的基本思想是对若干个子控制器的输出进行比较，取其中最小值作为控制量，取其对应的子控制器作为在线控制器与被控对象共同构成控制回路[5]。图 9-1 给出了基于 Min 规则的多回路切换控制系统结构框图，从图中可以看出，该切换控制系统由多个子控制器、Min 切换规则以及被控对象组成。

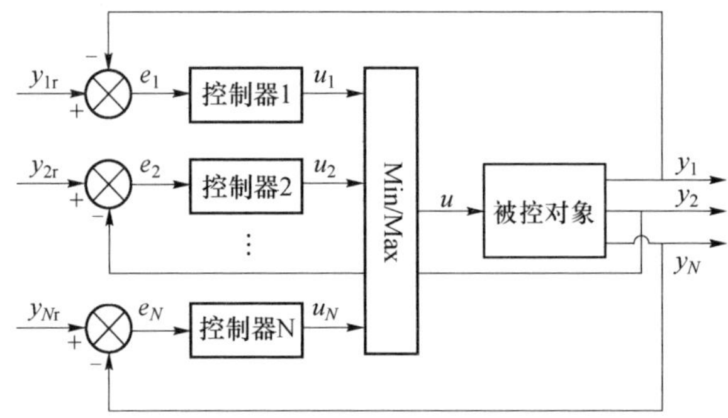

图 9-1 基于 Min 规则的多回路切换控制系统结构框图

图 9-2 给出了两个子控制器进行切换情况下切换过程的示意图。在切换时刻之前，满足 $u_1 < u_2$，C_1 为在线控制器而 C_2 为离线控制器。随着系统工作状态的变化，C_1 的输出 u_1 逐渐增大而 C_2 的输出 u_2 逐渐减小，在时刻 t_s（即切换时刻），满足 $u_1 > u_2$，C_2 变为在线控制器而 C_1 变为离线控制器。由 Min 规则对信号取小的算法可知，该切换控制方法在切换过程中能够保证控制信号的连续性，即能够实现无扰切换。这一点从图 9-2 上也可以明显看出。

由 Min 规则基本思想可知，该切换控制过程的切换时刻并不取决于被控对象的状态，而是由各个子控制器的输出决定。这会导致以下两个问题：

（1）由于被控对象或多或少会存在一些不确定性，这样就不能保证切换时刻正好是被控对象所需要的时刻，不可避免地会出现过早切换或延迟切换的情况。这必然会影响控制精度，甚至在某些情况下威胁到系统的安全性。

（2）为了尽量保证切换动作能够及时准确发生，每个子控制器在设计时必须考虑其他子控制器参数。这会使子控制器设计变得困难。考虑大多数情况下子控制器是 PI 控制器的情况，当在线控制器工作时，离线控制器不工作，此时就需要对其中的积分器做限幅处理。

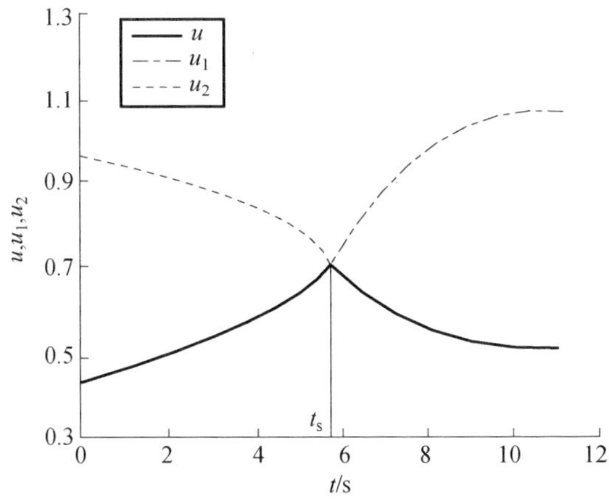

图 9－2　基于 Min 规则的切换过程示意图（两个子控制器）

因此，对于基于 Min 规则的切换控制方法，需要研究不同控制器积分限幅对切换过程动态性能的影响，主要包括最大切换时间、最大超调量等。研究表明：过大的积分限幅值会使切换时间过长，超调量过大；过小的积分限幅值会使切换动作在不需要的情况下提前发生。过大或者过小的积分限幅值都会影响切换控制系统性能，甚至造成控制失效。积分限幅值的设定原则是：在确保不发生提前切换前提下，控制器积分限幅应该尽量小。

9.1.2　控制器积分上限参数对切换过程的影响分析

本节将通过地面试验对双模态超燃冲压发动机多回路切换控制系统展开研究。在地面试验中，考虑了两个控制回路：发动机推力控制回路和进气道不起动保护控制回路。在推力控制回路，采用发动机燃烧室壁面压力积分的轴向分量作为推力表征量，记为 F_p；在进气道不起动保护控制回路中，由于是定工况试验，直接采用发动机隔离段记起的第 5 个压力测点压力值作为控制变量，记为 p_5。通过地面试验数据分析和模型辨识可得，推力控制回路的传递函数（从燃油流量 $\dot{m}_f$ 到推力 F_p）和进气道不起动保护控制回路的传递函数（从燃油流量 $\dot{m}_f$ 到压力 p_5）分别可表示为

$$G_F(s)=\frac{30}{0.2s+1}e^{-0.02s} \tag{9-1}$$

$$G_p(s)=\frac{0.007}{0.2s+1}e^{-0.02s} \tag{9-2}$$

地面试验台上所采用的燃油供给系统传递函数可以表示为

$$G_{f}(s)=\frac{23.8}{0.02s+1} \tag{9-3}$$

在试验过程中，采用 PI 控制器作为两个控制回路的控制器，通过设计，两个回路的控制器分别为

$$C_{F}(s)=0.0025\left(1+\frac{5.88}{s}\right) \tag{9-4}$$

$$C_{p}(s)=14.75\left(1+\frac{5}{s}\right) \tag{9-5}$$

1. 固定保护控制器积分上限值，改变推力控制器积分上限值

针对双模态超燃冲压发动机推力调节/进气道安全保护双回路切换控制开展半实物仿真研究，重点分析发动机推力回路控制器积分上限对双回路切换过程的影响规律，为选取最佳积分上限提供依据。在该组半实物仿真试验中，推力回路控制器积分上限值分别设置为 1.8、2.8、3.8，进气道安全保护控制器积分上限值设置为 3.35。图 9-3～图 9-5 是相应的半实物仿真结果。从图中可以看出，当推力回路控制器积分限幅为 1.8 时，由于其过小，一方面导致发动机实际推力不能有效跟踪发动机推力指令；另一方面导致发动机推力控制器输出始终小于进气道安全保护控制器输出，并未发生发动机双回路切换。当推力回路控制器积分限幅为 2.8 时，发动机实际推力能够有效跟踪发动机推力指令，且当进气道出口压力大于设定边界时，能有效激活进气道安全保护控制回路。当推力回路控制器积分限幅为 3.8 时，发动机实际推力能够有效跟踪发动机推力指令，且当进气道出口压力大于设定边界时，也能有效激活进气道安全保护控制回路。但与控制器积分限幅为 2.8 相比，由进气道安全保护控制切换到发动机推力控制回路的时间明显增加，切换速度变慢。

从以上分析可以看出：推力回路控制器积分限幅值过小，将限制推力控制器的响应速度，同时可能导致进气道安全保护控制回路不能有效激活，不能发挥作用；推力回路控制器积分限幅值过大，将会增加从推力控制回路切换到进气道安全保护控制回路的时间，切换速度变慢。所以推力回路积分限幅值应选择一个能让推力回路正常工作切换速度较快的合适值，这与发动机特性有关。

2. 固定推力控制器积分上限值，改变保护控制器积分上限值

针对双模态超燃冲压发动机推力调节/进气道安全保护双回路切换控制开展半实物仿真研究，重点分析进气道安全保护回路控制器积分上限对双回路切换过程的影响规律，为选取最佳积分上限提供依据。

在该组半实物仿真试验中，推力回路控制器积分上限值为 2.8，进气道安全保

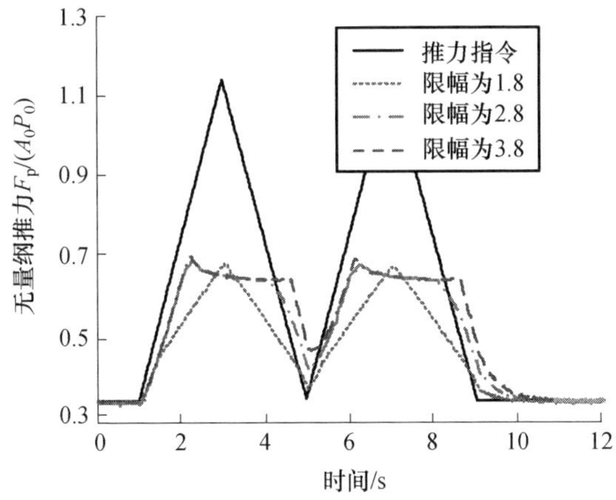

图9-3 推力控制器积分上限对实际推力动态响应的影响

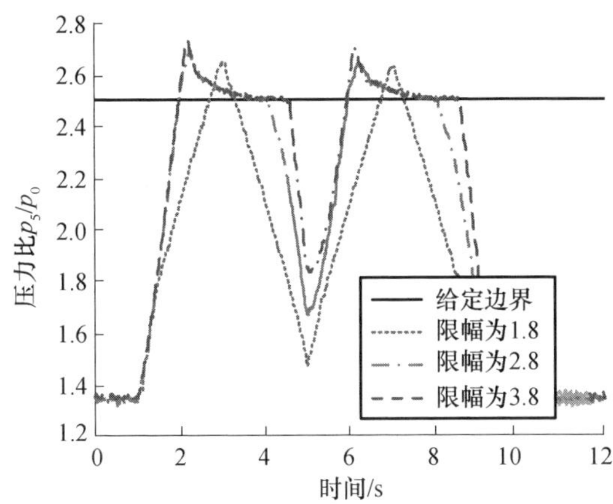

图9-4 推力控制器积分上限对隔离段出口压力动态响应的影响

护控制器积分上限值设置为2.35、3.35和4.5。图9-6~图9-8是相应的半实物仿真结果。从图中可以看出，当进气道安全保护控制器积分上限值设置为2.35，在发动机进气道出口压力没有靠近设定值时，由于进气道安全保护回路控制器输出小于发动机推力回路控制器输出，提前激活了进气道安全保护控制回路，导致发动机实际推力不能有效跟踪发动机推力指令。当进气道安全保护控制器积分上限值设置为3.35时，发动机实际推力能够有效跟踪推力指令，并且当进气道出口压力越过设定值后，控制系统能够及时激活进气道安全保护控制回路。当进气道安全保护控制器积分上限值设置为4.5时，发动机实际推力能够有效跟踪推力指令，并且当进气道出口压力越过设定值后，控制系统也能够及时激活进气道安全保护控制回路。但与控制器积分上限值3.35相比，由发动机推力回路切换到进气

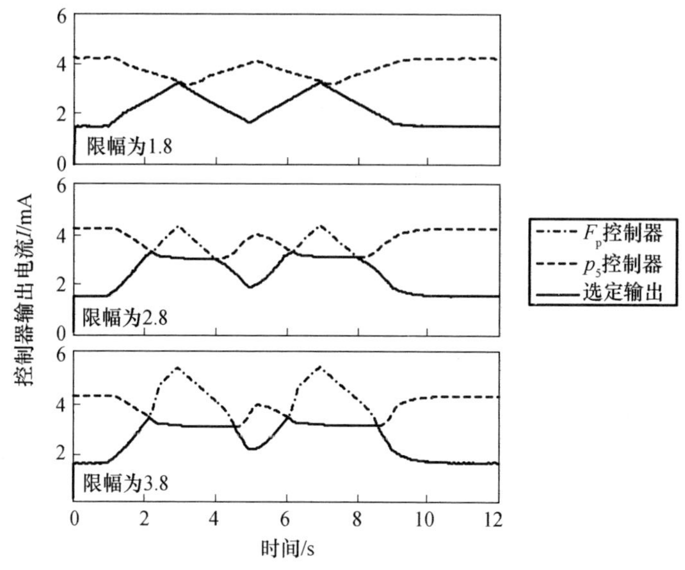

图 9 - 5　推力控制器积分上限对双回路控制器输出的影响

道安全保护控制回路的时间增加，切换速度变慢，从而导致进气道安全保护控制回路的超调量增加。因此进气道安全保护回路控制器积分上限值应选择能够使进气道稳定裕度值到达临界值后很快就切换到保护回路，并且不会发生提早切换的合适的值。

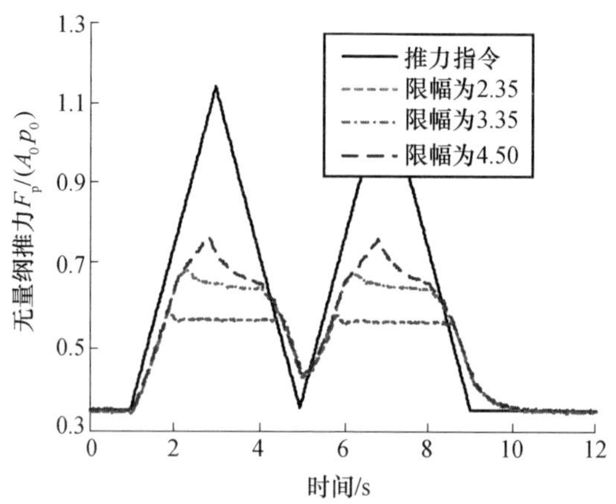

图 9 - 6　裕度控制器积分上限对实际推力动态响应的影响

从以上分析可以看出，保护控制器积分上限值过小，进气道稳定裕度还没有到达临界裕度值就从推力回路切换到了保护回路，上限值过大则导致切换速度过慢，

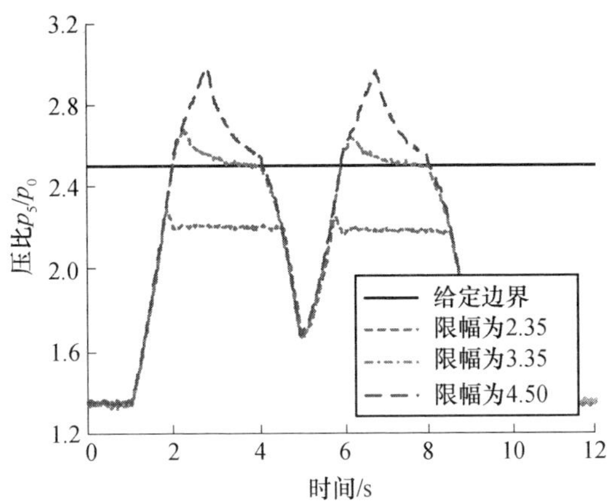

图9-7　裕度控制器积分上限对隔离段出口压力动态响应的影响

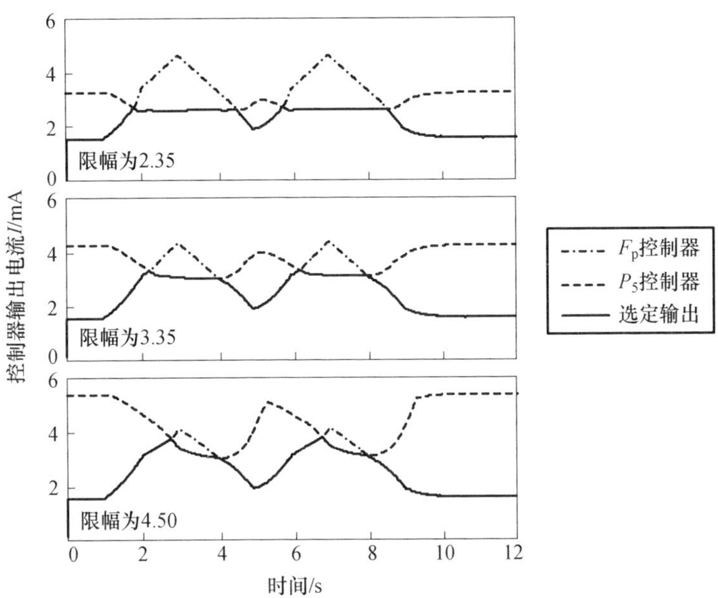

图9-8　裕度控制器积分上限对双回路控制器输出的影响

保护回路的超调量增大。

9.1.3　基于 Min 规则发动机推力调节/进气道保护切换控制地面试验验证

本节将在前面分析的基础上，将基于 Min 规则切换策略应用到发动机控制台架试验中,给出双模态超燃冲压发动机双回路(推力调节/进气道不起动保护)切换控制试验结果并进行分析。发动机双回路切换控制地面试验考察在发动机加减速工作状态下主推力控制与进气道不起动保护控制切换时的控制能力和性能。

图9-9和图9-10分别是发动机推力和隔离段出口压力的动态响应曲线,图9-11是发动机双回路控制器控制信号输出随时间的变化规律,图9-12为发动机控制过程中不同时刻的隔离段燃烧室壁面压力分布。

从图9-11中可以看出:当隔离段出口压力超过给定值后,切换控制系统能够比较迅速地切换到保护控制回路工作;当发动机实际推力比推力指令大时,控制系统迅速从进气道安全保护控制回路切换到发动机推力控制回路。

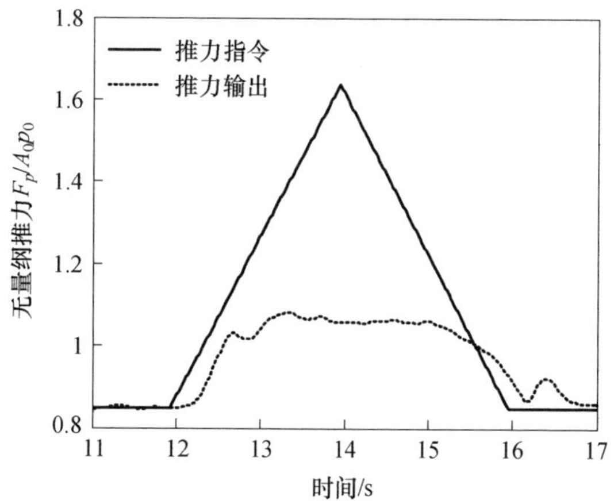

图9-9　发动机推力指令和推力随时间的变化规律

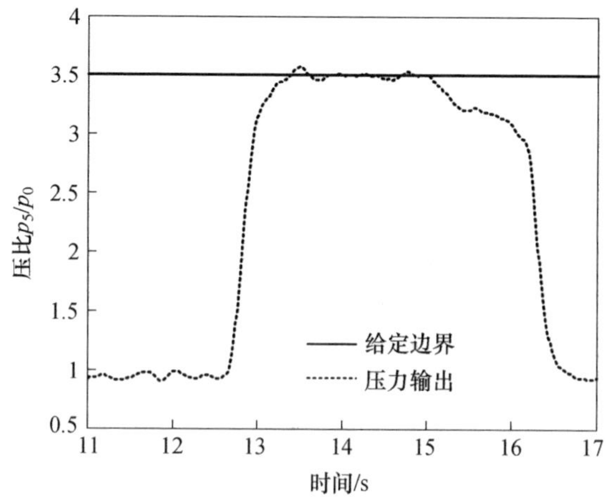

图9-10　隔离段出口压力随时间的变化规律

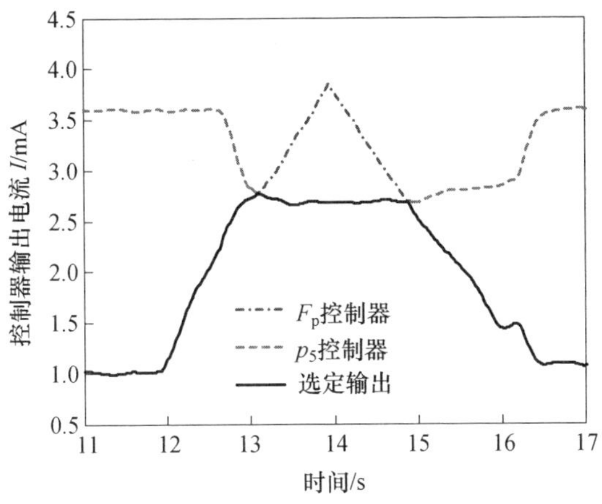

图 9 - 11　发动机双回路控制器输出随时间的变化规律

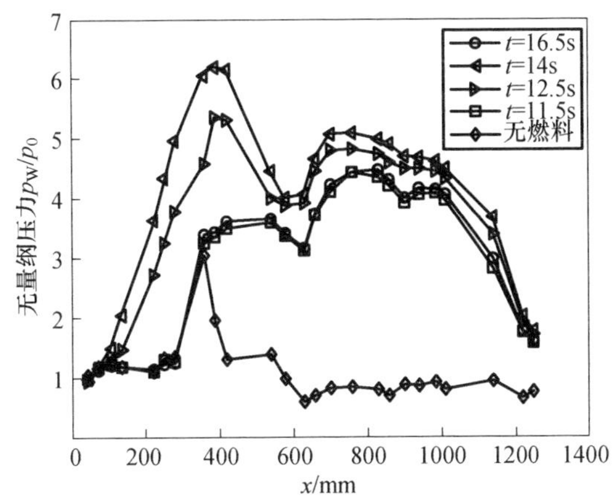

图 9 - 12　控制过程不同时刻的隔离段 - 燃烧室壁面压力分布

9.2　基于积分重置的发动机推力调节/进气道保护无扰切换控制[52,53,59]

基于 Min 规则的切换控制方法能够保证在切换过程中控制量连续,但其切换控制性能与子控制器参数密切相关,这导致子控制器的设计存在很多限制。而在大多数情况下,何时发生切换由被控对象工作状态决定,与子控制器参数不直接相关。如此设计的切换规则能够保证系统在需要控制器切换的时候准确及时发生切换动作,同时每个子控制器只负责保证自己的控制目标,有利于控制器的设计和控制性能的保障。

不依赖于子控制器参数的切换规则设计解放了子控制器的设计,但此时每个子控制器独立设计,在发生切换时必然不能保证控制信号的连续性(即无扰切换)。为此,需要对切换控制系统设计专门的补偿系统来保证无扰切换。有很多方法可以用于实现无扰控制,积分初值重置是其中一种简单而有效方法[6-8]。

基于积分初值重置的无扰切换基本思想是在切换时刻对将要选中切入控制回路子控制器中的积分器初值进行重置,以保证切换前后控制量连续变化。图9-13给出基于积分初值重置的多回路无扰切换控制系统结构框图。从图上可以看出,除了包含若干个子控制器(图上为两个子控制器的情况)和被控对象外,该控制系统还包含一个切换规则和若干个积分初值计算模块(图上只给出了一个积分初值计算模块)。

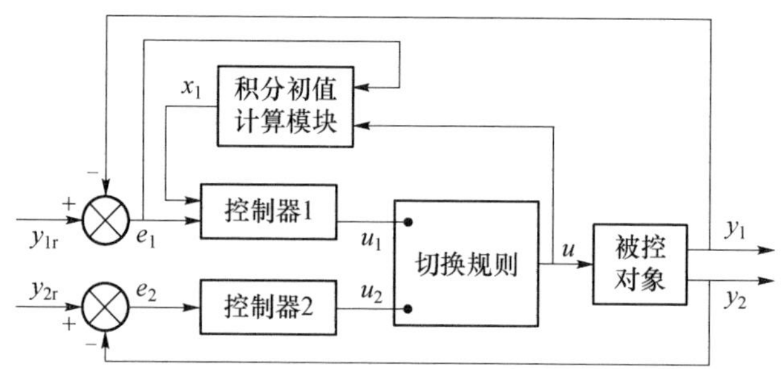

图 9-13　基于积分初值重置的多回路无扰切换控制系统结构框图

假设两个子控制器分别为 C_1 和 C_2,其输出分别为 u_1 和 u_2。在切换发生之前,C_1 为在线控制器而 C_2 为离线控制器,因此此时有 $u=u_1$。随着被控对象状态发生变化,当切换规则中某条规则满足后,切换控制系统将从 C_1 切换到 C_2。对于PI 控制器,C_2 的输出可以写成

$$u_2(t) = K_{p,2}e(t) + K_{I,2}\int_{t_s}^{t}[x_{2,t_s} + e(t)]\mathrm{d}\tau \tag{9-6}$$

式中　t_s——切换时刻的时间;

x_{2,t_s}——C_2 在 t_0 时刻的积分初值;

$K_{P,2}$、$K_{I,2}$——C_2 的比例常数和积分常数。

按照无扰切换基本要求,则在 t_s 时刻必须有

$$u_2(t_s) = K_{P,2}e(t_s) + K_{I,2}x_{2,t_s} = u(t_s) \tag{9-7}$$

则 t_s 时刻 C_2 积分初值可写成

$$x_{2,t_s} = \frac{u(t_s) - K_{p,2}e(t_s)}{K_{I,2}} \tag{9-8}$$

图 9 – 14 是具有两个子控制器时基于积分初值重置的无扰切换过程示意图。从图上可以看出，当切换动作发生时，在积分重置作用下，离线控制器 C_2 的输出 u_2 直接跳变到上一时刻控制信号 u 的值，从而实现了控制信号的连续变化。

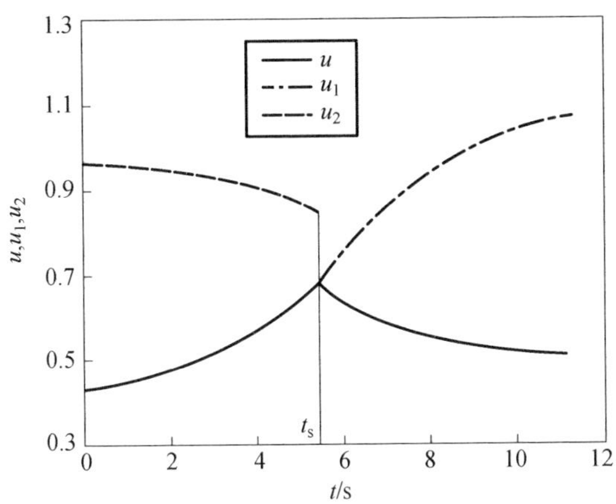

图 9 – 14　基于积分初值重置的无扰切换过程示意图（两个子控制器）

9.2.1　切换逻辑及切换规则

考虑到发动机实际工作中指令一般为上升和下降两个过程，以斜坡上升/下降指令为例，无扰切换策略下，双模态超燃冲压发动机调节/保护切换控制逻辑规则（双回路）如图 9 – 15 和图 9 – 16 所示。具体来讲，可按切换事件发生的时间顺序对其过程进行分析：当发动机推力控制子回路闭环工作后，对于给定（大幅值）斜坡指令，发动机推力 F 逐渐上升，此时，隔离段出口压力 p 也随之上升，并超过其预设压力安全边界 $p_{\lim}$（即满足条件①$p > p_{\lim}$），发生危险工况，推力回路控制器立即停止工作，进气道保护控制器接替其切入回路闭环工作。

在保护控制器作用下，隔离段出口压力 p 被调节在其给定值 p_r 附近，确保了发动机运行安全（即满足条件③$|p - p_r| < \varepsilon$）。与此同时，随后给定的推力指令是斜坡下降，因此当推力指令下降到低于保护控制器作用下的发动机实际推力输出时（即满足条件②$F - F_r > \Delta F$），则应停止进气道保护控制器，激活推力回路控制器。

注解 1　注意到：上述切换规则中包含了这样几条原则和约束，首先，任何控制子回路自身的切入切出判定边界条件是不同的；任何子回路间相互切换的判定条件也不重合；任何时刻只有一个控制器参与闭环控制。这几个约束条件用于防止对单一阈值判定而产生频繁切换问题，也为系统在任何时刻、任何情形下只由一个对应控制器进行有效调节提供了保障。

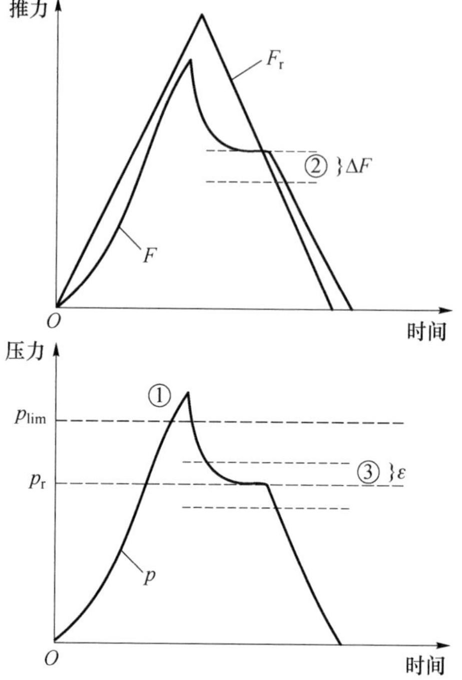

图 9－15　双模态超燃冲压发动机调节/保护双回路切换控制逻辑示意图

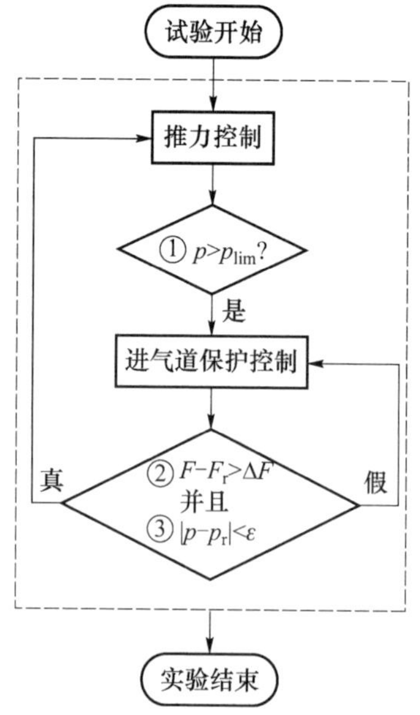

图 9－16　双模态超燃冲压发动机调节/保护双回路切换控制逻辑流程图

注解 2　双回路调节/保护切换控制策略的目的是，在保障发动机临界安全状态（发动机处于起动状态）的前提下，使发动机发挥出最大性能。因此，合适的安全边界给定很重要，考虑到应使发动机在保护控制作用下尽可能发挥其最大性能，在双回路切换控制方案中，通常保护回路给定值 p_r 设置接近于安全边界 p_{lim} 值。

9.2.2　切换逻辑半实物仿真及参数给定分析

本节重点利用半实物仿真平台对所提出的基于积分重置发动机推力调节/进气道安全保护无扰切换控制方案进行研究。主要考查：推力与保护控制器间切入退出机制（切换逻辑）的有效性，同时也重点考查并给出切换规则中几个可调参数（ΔF 和 ε）设定值的合理参考范围。试验中安全边界为 0.67，保护回路给定值为 0.65，方案采用给定两个周期的斜坡升降信号，模拟推力/保护/推力/的切换过程。

1. 固定推力下降差 ΔF，变保护控制器调节精度 ε 情形

如图 9－17 和图 9－18 所示，固定（无量纲）推力下降差 $\Delta F = 0.03$，变保护控制器调节精度 ε（0.005→0.01→0.015）情形下，随着调节精度 ε 值不断增大，即降低调节精度，切换时刻（保护→推力）略有提前。考虑到所建立的控制数学模型与实际发动机试验台间必然存在一定程度的模型不匹配，结合图 9－17 和图 9－18 的切换过程仿真结果可以看出，基于控制数学模型设计的无扰切换补偿器在发动机调节/保护回路间快速切换时发挥了平稳切换的保障作用，与提出的切换逻辑共同作用得到了满意的切换控制性能，并表现出对模型误差具有良好的鲁棒性，可以满足实际的发动机切换控制试验要求。

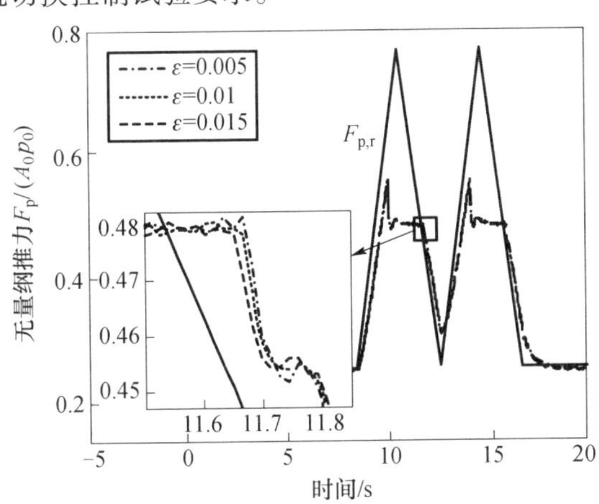

图 9－17　固定 ΔF，不同 ε 下的发动机推力随时间的变化规律

进一步将仿真结果结合 9.3.1 节给出的三个条件予以分析：对于条件③$|p - p_r| < \varepsilon$，它的主要作用是避免条件①与条件②同时满足的情形出现，若没有条件③

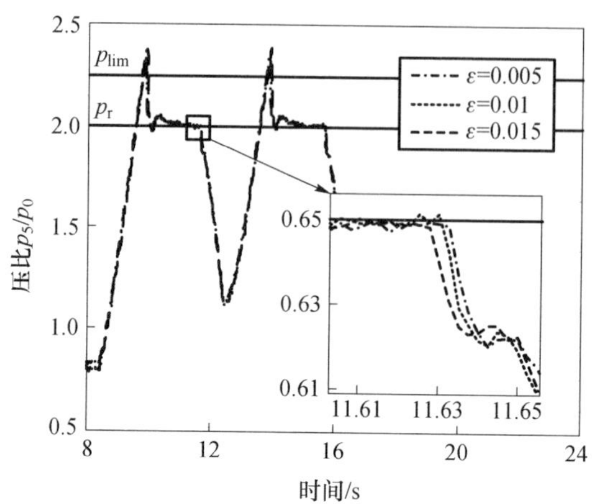

图 9-18 固定 ΔF,不同 ε 下的隔离段出口压力随时间的变化规律

约束,例如在推力上升过程出现较大超调时,将极有可能出现 $p > p_{lim}$ 与 $F - F_r > \Delta F$ 同时满足,导致两个控制器同时工作。对于条件③调节精度 ε 值的选择:过小的 ε 值,将会使得保护控制器工作时间超时,出现条件② $F - F_r > \Delta F$ 满足而条件③不满足,即需要由保护控制切回推力控制时没有发生动作,因此 ε 值不宜过小;而过大的 ε 值也不可以,ε 值不可以超过压力安全边界与压力给定的差值 $p_{lim} - p_r$,如果超过该差值,将会使条件③ $|p - p_r| < \varepsilon$ 与条件① $p > p_{lim}$ 重合,导致条件③失去对①和②的约束作用。另外,考虑到实际的反馈压力信号存在测量噪声,因此,给定的 ε 值应该大于这个压力信号 p 的振幅 $|p|$,如定义 $\varepsilon > 2|p|$。总的来说,对于调节精度 ε 的给定,可大致归纳为,在 $2|p| < \varepsilon < (p_{lim} - p_r)$ 范围内选择。

2. 固定保护控制器调节精度 ε,变推力下降差 ΔF 情形

如图 9-19 和图 9-20 所示,固定保护控制器调节精度 $\varepsilon = 0.015$,变推力下降差 ΔF(0.03 → 0.05 → 0.15)情形下,随着推力下降差 ΔF 值不断增大,切换时刻(保护→推力)逐渐延迟。结合 9.3.1 节给出的三个条件进一步分析:对于条件② $F - F_r > \Delta F$,它的主要作用是保证由保护控制回路切换回推力控制回路。当发动机推力指令下降并且已经低于保护控制器作用下的实际推力输出值时,保护回路控制器应当将控制权交回给推力回路控制器。根据上面的切换规则与相关分析可知,由保护控制环切回推力控制需满足两个条件② $F - F_r > \Delta F$ 与③ $|p - p_r| < \varepsilon$。因此,对于固定的保护控制器调节精度 ε,过大的 ΔF 值必然会导致条件③首先满足,但要延迟一段时间才有条件②满足,进而导致切换延迟。对于推力下降差 ΔF 的给定,总的原则是:不宜设定过大。

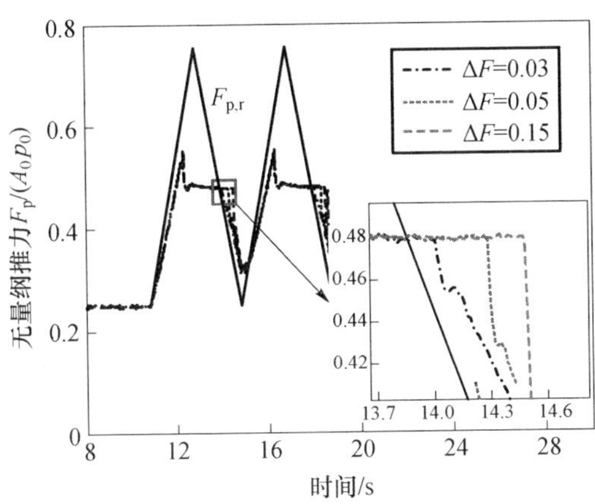

图 9-19　固定 ε,不同 ΔF 下的发动机推力随时间的变化规律

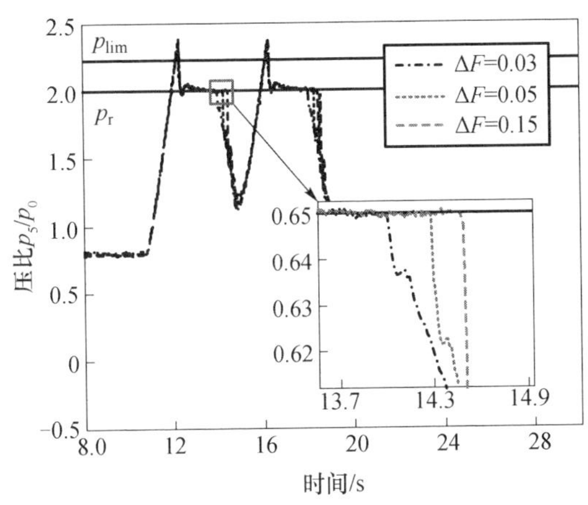

图 9-20　固定 ε,不同 ΔF 下的隔离段出口压力随时间的变化规律

9.2.3　发动机推力调节/进气道保护切换控制地面试验验证

本节将在前面分析基础上,将基于积分重置的切换策略应用到发动机控制台架试验中,给出双模态超燃冲压发动机双回路(推力调节/进气道不起动保护)切换控制试验结果并进行分析。发动机双回路切换控制地面试验考查在发动机加减速工作状态下主推力控制与进气道不起动保护控制切换时的控制能力和性能。

按照试验台的实际情况,在地面试验中,分别取 $\varepsilon=0.01$,$\Delta F/(p_2A_2)=0.05$,$p_{lim}/p_2=3.5$,$p_r/p_2=3.3$。在整个试验过程中,推力指令先上升,后下降,每个过程持续 2s。图 9-21 ~ 图 9-23 分别给出了地面试验过程中发动机推力表征变量 F_p,进气道稳定裕度表征变量 p_5 和燃烧室燃油当量比 ϕ 的变化情况。图上同时给出了试验过程中切换信号的变化。从图上可以看出，试验过程中，随着推力指令$F_{p,r}$的增大，p_5一开始并没有太大变化，此时发动机工作在过渡模态。当$F_{p,r}$增大到一定水平以后，p_5会快速增大并超过限制值p_{lim}。此时发动机从推力控制回路切换到进气道不起动保护控制回路，燃油当量比开始下降。需要注意的是，由于整个系统存在一定的纯延迟，因此在图9－23中燃油当量比开始下降的时间比切换时间有所延后。切换动作发生后，在进气道不起动保护控制作用下，p_5被控制在P_r附近，此时F_p也受到限制。当推力指令$F_{p,r}$下降并小于$F_p - \Delta F$时，发动机从进气道不起动保护控制回路切换到推力控制回路。从图9－24可以看出，当进气道不起动保护控制回路工作时，隔离段内的预燃激波串前缘被控制在隔离段入口下游的某个位置。

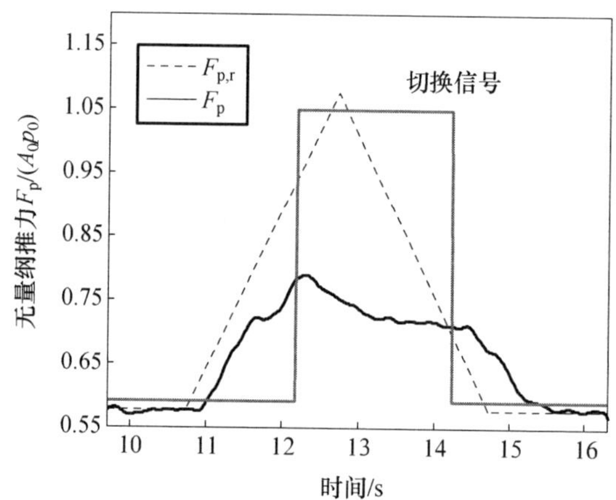

图9－21　发动机推力指令和实际推力随时间的变化规律

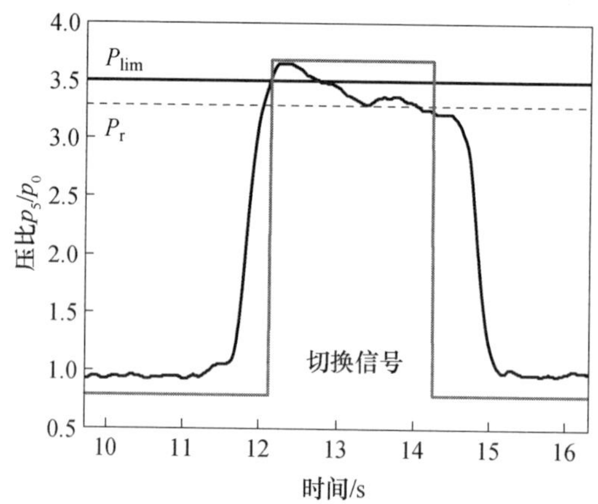

图9－22　隔离段出口压力随时间的变化规律

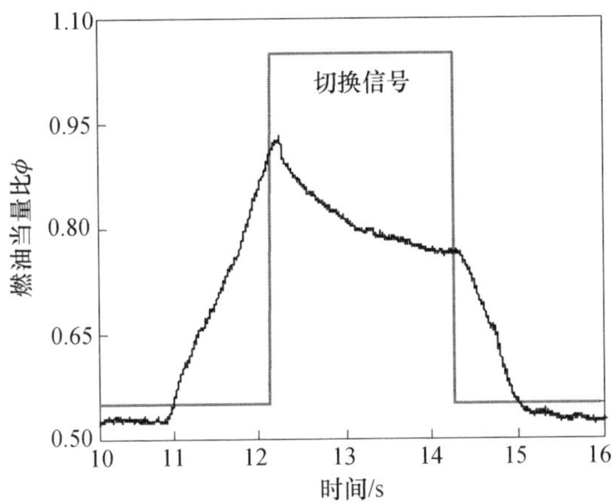

图9－23　燃油当量比随时间的变化规律

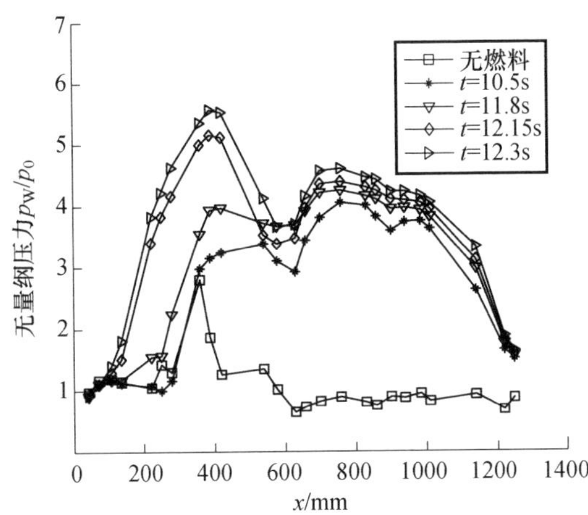

图9－24　控制过程中不同时刻下的隔离段－燃烧室壁面压力分布

从试验结果可以看出,利用提出的基于积分初值重置无扰切换方法的切换策略在发动机触碰性能极限安全边界时,能迅速切换到保护回路,在保证安全前提条件下,可使双模态超燃冲压发动机取得最大性能。

9.3　双模态超燃冲压发动机两点燃油分配方案

为了分析燃油总量、两路分配及其来流状态(来流马赫数)之间的内在关系,找出两路燃油优化分配方法,本节通过数值仿真来分析双模态超燃冲压发动机燃油分配和推力性能之间的关系。本节将建立双模态超燃冲压发动机模型并对发动机性能和工作安全边界进行定义。双模态超燃冲压发动机模型分为进气道模型和燃烧室(隔离段+燃烧室+尾喷管)模型。进气道模型采用零维模型进行处理,在给定来流条件下根据插值得到进气道出口(即隔离段入口)的总温、总压和马赫数等参数。燃烧室模型采用一维模型,通过数值求解一维守恒方程获得发动机内部参数分布[9]。

9.3.1 两点燃油喷射下的发动机特性仿真分析

双模态超燃冲压发动机燃烧室虽然结构简单,但工作机理非常复杂,特别是进气道和燃烧室具有强烈的耦合作用。因此在建模时只能采取近似方法。本书的建模基于以下的假设:

(1) 一维绝热流动;

(2) 理想气体,忽略黏性;

(3) 忽略质量添加;

(4) 气体比热容为定值。

本书采用的超声速燃烧室数学模型综合考虑了面积变化、燃烧室释热规律和壁面摩擦等影响因素,假设燃烧室截面变化缓慢,其平均参数仅取决于一个空间坐标 x 和时间 t,则燃烧室内流动可视为准一维流动。

根据二维流纳维尔-斯托克斯方程,设$\frac{\partial}{\partial y}=0$,简化得到超声速燃烧室的非定常准一维控制方程:

$$\frac{\partial(\rho A)}{\partial t}+\frac{\partial(\rho v A)}{\partial x}=0 \tag{9-9}$$

$$\frac{\partial(\rho v A)}{\partial t}+\frac{\partial(\rho v^2+p)A}{\partial x}=-\frac{\rho v^2 A}{2}\frac{4f}{De}+p\frac{\partial A}{\partial x} \tag{9-10}$$

$$\frac{\partial(\rho E A)}{\partial t}+\frac{\partial(\rho v H A)}{\partial x}=h_i\sum_{j=1}^{3}\frac{\partial q_j\eta_j}{\partial x} \tag{9-11}$$

式中 ρ——气流密度;

v——气流速度;

A——燃烧室横截面积;

E——总内能;

H——气流总焓;

$\frac{\rho v^2 A}{2}\frac{4f}{De}$——摩擦对动量的影响;

f——壁面摩擦系数;

De——水力直径；

$h_i \sum_{j=1}^{3} \frac{\partial q_j \eta_j}{\partial x}$——燃烧对能量的影响；

q_j——第j点燃油流量；

η_j——第j个喷嘴处燃烧效率；

h_i——燃烧焓；

p——气流静压，假设其仍满足热状态方程；

E——总内能，其表达式为

$$E = \frac{p}{\rho(\gamma - 1)} + \frac{1}{2}v^2 \tag{9-12}$$

式中　γ——气体绝热指数；

摩擦系数由以下公式获得：

$$f(x) = 0.0018 + 0.001958(\phi \cdot \eta) + 0.00927(\phi \cdot \eta)^2 - 0.0088525(\phi \cdot \eta)^3 \tag{9-13}$$

式中　ϕ——燃油当量比；

η——燃烧效率。

仿真计算采用的碳氢燃料，双模态超燃冲压发动机碳氢燃料燃烧效率的计算公式如下：

$$\eta = 1 - \mathrm{e}^{-0.13 \cdot (Z+1)} \tag{9-14}$$

$$Z = X \cdot Y \cdot \overline{F}_{\mathrm{eq}} \tag{9-15}$$

$$X = \Delta x \cdot \sqrt{\frac{\pi \cdot N_{\mathrm{inj}}}{4 \cdot \langle F \rangle}} \tag{9-16}$$

$$Y = \left(\frac{\phi_0}{\phi^v}\right)^j \cdot \sqrt{\frac{\phi_0}{\phi}} \cdot \frac{\bar{l}_{\mathrm{flame}}(m_{\mathrm{a}}, L_0)}{\sqrt{L_0}} \tag{9-17}$$

式中　N_{inj}——喷嘴的个数；

Δx——计算网格点与喷嘴之间的轴向距离，$x=0$表示燃烧起始点；

L_0——理想化合系数（与燃料的种类有关），$\overline{L}_0 = \frac{L_0}{34.28}$；

ϕ——燃油当量比；

$\phi_0 = \frac{L_0}{2.5L_0 + 1.5}$（当$\phi \leqslant \phi_0$时，$j=0$，当$\phi > \phi_0$时，$j=-1$；当$\phi \geqslant 1.0$时，$v=-1$，当$\phi < 1.0$时，$v=1$）；

m_a——空气速度与燃料喷射速度之比；

$\bar{l}_{\text{flame}}$——L_0 和 m_a 的函数；

$<F>$——在 Δx 轴向长度范围内的燃烧室平均截面面积；

$\bar{F}_{\text{eq}}$——当量面积系数。

数值计算采用 MacCormark 显格式的时间相关法迭代求解，它分为预测和校正两步进行计算。

为了求解的需要，对上述控制方程进行无量纲化，以燃烧室入口来流参数即 T_0、ρ_0 和入口截面积 A_0、入口声速 a_0、燃烧室计算长度 L 作为无量纲参数。

数值计算模型有入口和出口两个边界条件。数值计算时采用如下两个边界条件：

$$U1_1 = A_0, U2_1 = Ma_0; U3_1 = U1_1[1/(k-1) + k/2(U2_1/U1_1)^{-2}] \quad (9-18)$$

$$U1_N = U1_{N-1}, U2_N = U2_{N-1}, U3_N = U3_{N-1} \quad (9-19)$$

式中　下标 1 和 N——入口参数和出口参数；

A_0——隔离段入口截面积；

Ma_0——隔离段入口马赫数，在预估和校正步中采用相同的边界条件。

出口参数的边界条件设置之所以取成和前一个网络点 $N-1$ 相同的参数，是考虑到在超声速流动中，出口处反压不会影响到前面流动。可以近似理解为，反压类似于一个气流扰动，而扰动的传播是声速，一个声速传播的扰动不能影响超声速气流流动。所以出口参数不会影响燃烧室流场分布。因此在计算中取和前一个网格点 $N-1$ 相同的参数。

为了计算能够收敛，运用 MacCormack 方法计算时仿真时间步长需要满足如下公式：

$$(\Delta t)_i^t = c\frac{\Delta x}{a_i^t + v_i^t} \quad (9-20)$$

式中　上标 t 表示时间；

下标 i——x 轴网格点；

C——常数，为了使计算收敛，这里取 $C \leqslant 1$。

每个空间网格点在每一个时间层都取不同的时间步长，但是为了计算简便，在同一时间层里采用相同的时间步长，这个时间步长可以取它们的平均值或最小值。在本书的计算中取时间步长为平均值，$C = 1/3$。

在计算中用下述准则来判定稳态解：当前后两个时间步的所有网格点上马赫数的相对误差小于或等于某一确定值时，即认为已获得稳态解。τ 为很小的正数（取 0.0001），即

$$\left|\frac{Ma_i^{t+1}-Ma_i^t}{Ma_i^t}\right|<\tau \tag{9-21}$$

可以定义发动机推力性能参数为

$$F=m_{\mathrm{a}}(v_{\mathrm{e}}-v_0)+(p_{\mathrm{e}}A_{\mathrm{e}}-p_0A_0) \tag{9-22}$$

式中　m_{a}——通过发动机的气流流量；

下标 e——发动机出口截面。

发动机比冲为

$$I=\frac{F}{m_{\mathrm{f}}}=\frac{q_{\mathrm{a}}(v_{\mathrm{e}}-v_0)+(p_{\mathrm{e}}A_{\mathrm{e}}-p_0A_0)}{m_{\mathrm{f}}} \tag{9-23}$$

式中　m_{f}——喷入发动机燃烧室的总燃油流量。

双模态超燃冲压发动机工作在高温、高速、宽马赫数范围的恶劣工况下，发动机飞行包线较窄，极易进入不安全工作区域。发动机的正常工作包线存在进气道不起动、壁面超温、热流积分超限等多个安全边界。为了准确给出发动机正常工作范围，需要对这些安全边界进行定义[10]。

进气道不起动是双模态超燃冲压发动机最容易出现的一种危险工况。燃烧室压力过高会使隔离段内激波系前传，当激波串前缘到达进气道喉部时，会出现进气道不起动现象，进而影响发动机工作性能。通过对进气道不起动特性的分析，定义当进气道喉部后某一位置（如距喉部 5cm 处）的压力出现明显上升时，则进气道即将进入不起动状态。如用“ * ”表示选定的进气道起动状态测量点，则进气道不起动安全边界定义为

$$\frac{p^*}{p_0}\geqslant 1.03,\text{不起动} \tag{9-24}$$

$$\frac{p^*}{p_0}<1.03,\text{起动} \tag{9-25}$$

当双模态超燃冲压发动机工作在较高马赫数时，燃烧室入口总温已经高达 1000K 以上，当再次往燃烧室加入燃油进行燃烧时，燃烧室内的温度会进一步提高，若加入过多燃油，燃烧室内某一点处温度会超过燃烧室材料的耐高温极限，从而引起热烧蚀，对燃烧室结构产生破损。据此，定义当燃烧室内某一点处温度超过了燃烧室的耐高温极限，则发动机进入超温状态。如果用 T_{lim} 表示燃烧室材料的耐高温极限，则发动机超温安全边界定义为

$$\max[T(x)]\geqslant T_{\mathrm{lim}},\text{超温} \tag{9-26}$$

$$\max[T(x)]<T_{\mathrm{lim}},\text{不超温} \tag{9-27}$$

为了进一步提高双模态超燃冲压发动机的工作范围，发动机需要采用燃油对发动机本体进行冷却。然而，由于存在冷却燃油流量和冷却管道设计的限制，过大的热流量通过燃烧室进入冷却燃油，会使冷却燃油在出口处温度过高而失去冷却作用。因此定义当发动机热流沿壁面积分大于某一设定值时，发动机进入热流超标状态。由于发动机温度分布和热流分布近似成正比例关系，如果用 Q_{lim} 表示发动机热流积分上限值，则发动机热流超标安全边界定义如下：

$$\int_0^L T(x)\,\mathrm{d}x \geqslant Q_{\mathrm{lim}}\text{，热流超标} \tag{9-28}$$

$$\int_0^L T(x)\,\mathrm{d}x < Q_{\mathrm{lim}}\text{，热流不超标} \tag{9-29}$$

图 9-25 给出了燃烧室入口马赫数为 2.9，当量比为 1 时发动机前点燃料分配比例与推力增量关系。从图中分析可以得出，在能够保证发动机正常工作的情况下，将燃料尽量在前点注入，能够有效提高发动机性能。从仿真结果中可以发现，对于其他马赫数和当量比情况，可以得出相同的结论，即发动机推力及比冲和前点燃料分配比例是单调递增的关系。

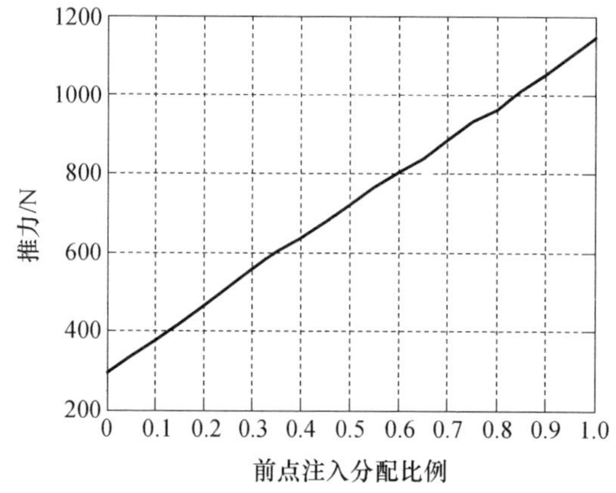

图 9-25　发动机推力随前点注入分配比例的变化关系

虽然尽量在前点注入燃油能够得到更好的发动机性能，但由于发动机工作存在很多安全边界，前点注入过多燃油将引起发动机进气道不起动、超温、热流超标等不安全工况。图 9-26 给出了在不同马赫数下所允许的最大前点注入分配比例，可以看出在固定马赫数下，发动机前点注入分配比例存在一个最大值。在低马赫数下，当前点燃料注入过多超过所允许最大值时，将引起发动机进气道不起动；在高马赫数下，当前点燃料注入过多超过所允许最大值时，将引起发动机超温或热流超标。

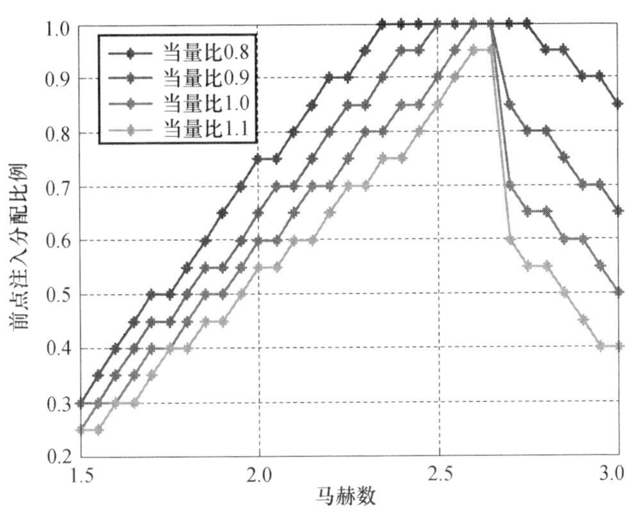

图 9-26　前点燃油分配比例最大值随马赫数的变化关系

综上所述，由仿真可知，在保证发动机能够正常工作前提下，应该尽量在发动机燃烧室入口处（两点中的前点）注入燃料以提高发动机性能。

9.3.2　两点燃油喷射下的发动机地面试验结果分析

本节将通过地面试验对两点燃油分配方案进行研究，试验模拟飞行 *Ma*4、*Ma*5 和 *Ma*6。在试验过程中，固定发动机总量比不变，改变前后分配比例（前后点注入量）。图 9-27～图 9-29 分别给出了飞行 *Ma*4、*Ma*5 和 *Ma*6 来流条件下发动机推力随两点燃油分配比例的变化规律。从图中可以看出，当总当量比不变时，增加前点燃油注入量，发动机的压力积分将增加，意味着发动机性能有所提高。

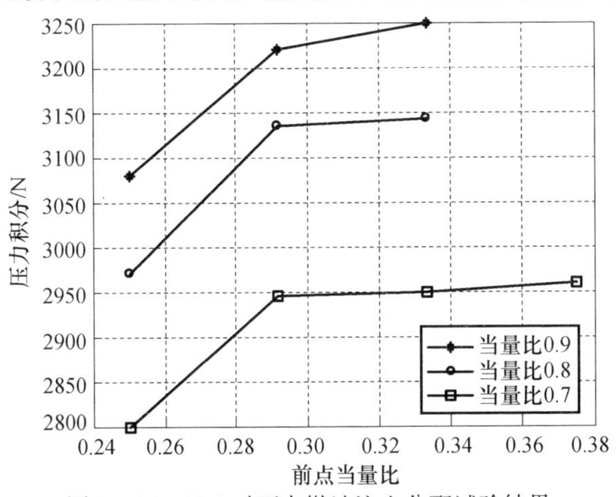

图 9-27　*Ma*4 时两点燃油注入分配试验结果

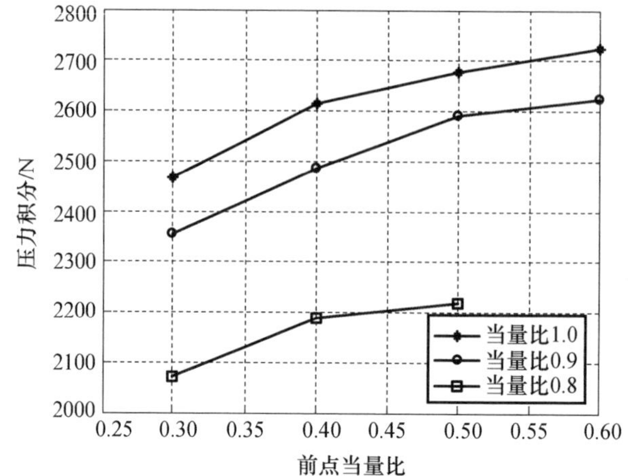

图 9-28 *Ma*5 时两点燃油注入分配试验结果

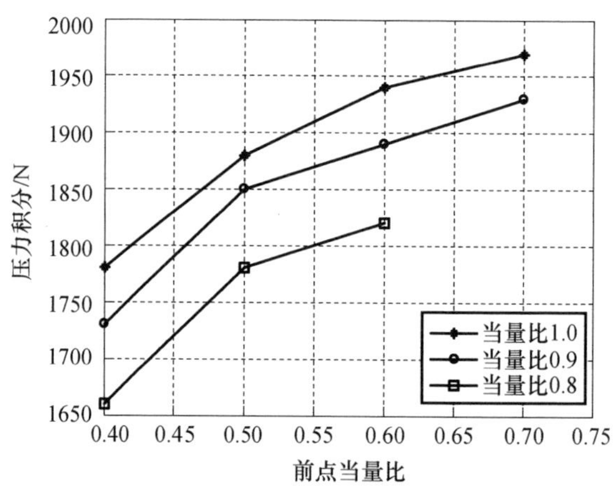

图 9-29 *Ma*6 时两点燃油注入分配试验结果

综上所述，通过不同马赫数下的地面试验可以看出，在固定燃油总当量比不变的情况下，将燃油尽量多的在前点注入，有利于提高发动机推力性能。但前点燃油不能过多，要保证发动机进气道不会出现不起动现象。

9.3.3 双模态超燃冲压发动机两点燃油分配方案评估

结合数值仿真和地面试验可以得出，对于两点燃料注入的双模态超燃冲压发动机，在保持总油量不变的情况下，为了提高发动机性能，或者说在给定压力积分条件下，为了最小化燃油注入量，需要在前点（燃烧室入口）尽量多地注入燃油。

基于此，给出下面两种两点燃油分配基本方案。图 9-30 和图 9-31 分别为两种方案的基本框图。

方案一：当压力积分给定值较小时，采用前点燃油注入进行推力调节，后点燃油注入关闭或者选用最小量（确保支板冷却），当压力积分给定值增大到一定程度，前点再注入燃油将要出现进气道不起动时（设定一个阈值），将前点燃油流量固定到一个预设值f_{max}，然后通过调节后点燃油流量来调节推力。当压力积分给定值减小需要减小燃油流量时，先减小后点燃油注入量，当后点注入量减小到最小值后，再减小前点燃油注入量。

方案二：当压力积分给定值较小时，采用前点燃油注入进行推力调节，后点燃油注入关闭或者选用最小量（确保支板冷却），当压力积分给定值增大到一定程度，前点再注入燃油将要出现进气道不起动时（设定一个阈值），将发动机隔离段或燃烧室某个压力测点作为反馈，通过调节前点燃油流量将该压力控制在一个预设值p_r，然后通过调节后点燃油流量来调节推力。当压力积分给定值减小需要减小燃油流量时，先减小后点燃油注入量，当后点注入量减小到最小值后，再减小前点燃油注入量。

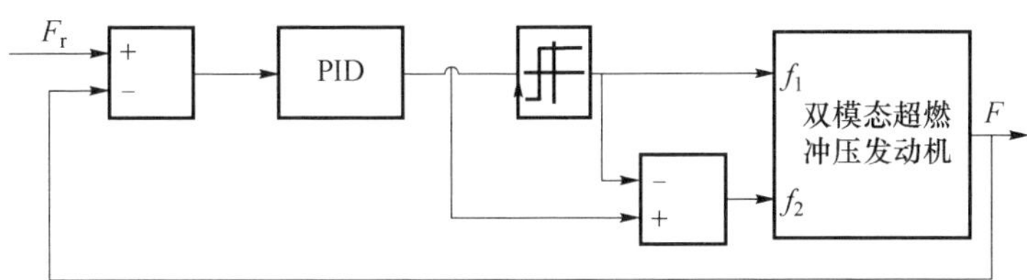

图9－30　两点燃油分配方案一基本框图

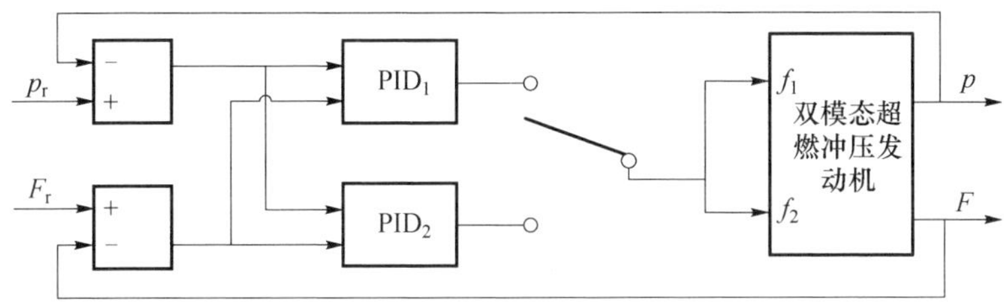

图9－31　两点燃油分配方案二基本框图

方案一采用直接燃油限制的方法，控制器结构简单，容易实现。但存在以下两个问题：①在前点燃油调节推力和后点燃油调节推力时都是采用同一个控制器，而实际上从试验结果发现，前点燃油对压力积分的增益和后点燃油对压力积分的增益是不同的，前者大于后者。此外，两个供油回路也存在差异，一个控制器实现控制存在难度。②当前点燃油被限制在预设值f_{max}时，随着后点燃油的增加，燃烧室内的压升也会前传导致进气道出现不起动，尤其是在来流马赫数较低的情况下。

方案二采用两组控制器切换的方法，当压力积分给定值较小时，前点燃油通过一个控制器调节压力积分值，当压力积分给定值较大时，后点燃油通过另一个控制器调节压力积分值，同时裕度回路采用一个控制器保证发动机进气道在一定的安全裕度下工作。这样，控制系统通过在两组控制器之间切换实现了两点燃油的优化分配，同时既能保证发动机在不同的推力调节（前点和后点）过程中具有较高的性能，又能确保发动机工作在安全工况下。

通过两种燃油分配方案优缺点的对比，选择第二种方案作为两点燃油分配的优化方案，该方案同时实现了推力调节和进气道不起动保护。双模态超燃冲压发动机燃烧室压力闭环控制试验将采用该方案实现两点燃油分配。

两路燃油分配方案提出的基本前提：在压力积分目标值一定的情况下，采用尽量少的燃油满足发动机性能要求，通过调整两路燃油分配，提供尽量大的推力值。

该分配方案有以下几个优点：

（1）该方案能够实现推力最大化。试验表明，尽量多的前点燃油注入量能够以最小的总燃油流量来获取发动机推力需求量，该分配方案正好满足了这一发动机推力特性。

（2）该方案通过切换控制方式有效提高控制精度。由于前点燃料注入量和后点燃油注入量对发动机推力的增益存在差别（当前试验发现后者明显小于前者，与发动机构型有关），使用一个控制器对两路燃油进行控制时存在一定的设计困难。而该燃油分配方案在不同的推力调节阶段可以采用不同的控制器，两个（实为两组）控制器之间通过平滑切换来实现，可以有效提高控制精度进而提高发动机性能。

（3）该燃油分配方案集成了进气道不起动保护控制。从发动机压力积分特性和进气道特性看，推力最大化和进气道安全工作之间存在矛盾，该方案可以有效防止在推力最大化的过程中出现进气道不起动问题。

9.4 考虑两点燃油喷射的发动机推力调节/进气道安全保护控制[52,53,59]

两点燃料注入的双模态超燃冲压发动机在进行压力积分闭环控制时存在两个输入量和一个输出量，为了避免出现控制量冗余问题（控制量多于被控量），需要对压力闭环控制系统进行设计。解除输入量冗余的方法有两种：①将其中一个输入量（后点燃油）固定不变，通过另一个输入量（前点燃油）对输出量（压力积分）进行控制。②增加一个系统输出量（进气道不起动保护安全裕度），将控制系统增广为两入两出的多变量控制系统[11]。

从前面的两点燃油分配方案可以看出，该方案在不同的推力（压力积分）阶段采用了不同的解除冗余方法，并且满足了发动机性能优化目标。因此图 9－31 给出的框图同时也是两点燃料注入双模态超燃冲压发动机压力闭环控制系统的框图。当压力积分给定值较小时，控制系统通过控制器 1 实现控制；当压力积分给定值较大时，控制系统通过控制器 2 实现控制。控制器 1 采用第一种消除冗余的方法，即将后点燃油固定在一个最小量；控制器 2 采用第二种消除冗余的方法，即通过增加进气道不起动保护安全裕度这一被控量来将原来系统增广为两入两出系统实现控制。两个控制器之间通过平滑切换来实现连续的控制。

控制参数的选择与闭环控制系统方案设计相统一。在压力闭环控制系统中，输入量为两路燃油供给系统伺服阀输入电流，输出量为发动机燃烧室压力积分和进气道稳定裕度。控制器采用常规 PI 控制器，控制器之间的切换规则采用基于积分重置的平滑切换方法。

9.4.1　双模态超燃冲压发动机特性分析及建模

在 5.2.1 节中已经获得了整个控制对象的数学模型，在模型中，K_2 是燃烧室壁面压力积分对燃烧室燃油流量的增益，该增益主要影响因素是来流条件和燃油喷注位置（即前点燃油增益 K_{2u} 和后点燃油增益 K_{2d} 不同）。下面将通过试验数据对 K_2 进行简要分析。

首先分析前点燃油增益 K_{2u} 的特性，图 9－32～图 9－34 分别是来流马赫数为 4、5 和 6 时前点燃油流量变化，后点不变时发动机燃油当量比和压力积分的关系，其中 $Ma6$ 和 $Ma4$ 条件下后点完全不喷油，$Ma5$ 条件下后点燃油当量比保持 0.3 不变。

从图 9－32～图 9－34 上可以看出，对于给定的来流条件，K_{2u} 值会随着当量比增大而减小，这种趋势在高马赫数下显得更加明显，这主要是因为在高马赫数下，随着当量比的增加，发动机燃烧室内燃烧状态会从超燃模态逐步转换到过渡模态并到亚燃模态，而在低马赫数时，低当量比下发动机即可处于亚燃模态，增加当量比时不存在燃烧模态的转换，因此增益变化较小。

此外还可以从对比中发现，在同一当量比下，随着来流马赫数的变化，当量比对发动机燃烧室压力积分的增益变化不大，但由于在不同马赫数下来流空气流量变化较大，因此换算可知，在同一燃油流量（单位为 g/s）下，随着来流马赫数的减小，燃油流量对发动机燃烧室压力积分的增益逐渐减小。

综合来说，K_{2u} 随着马赫数的增大而增大，随着当量比的增大而减小。前者的变化在 4/5～6/5 范围内（以 $Ma5$ 为标准），后者的变化范围为 3/10～20/10。

接下来分析后点燃油增益 K_{2d} 的特性。图 9－35～图 9－37 分别给出了来流

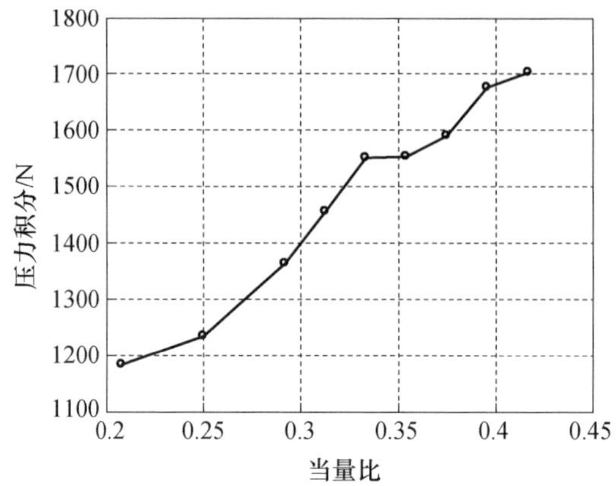

图 9－32　*Ma*4 时后点不供油，前点单独供油时当量比对发动机压力积分的增益变化

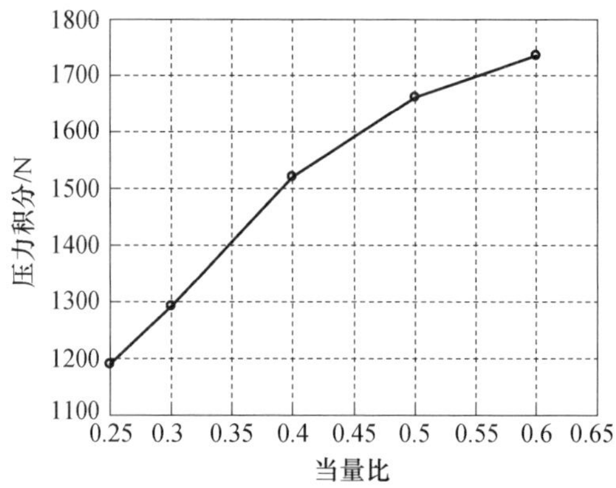

图 9－33　*Ma*5 时后点固定当量比 0.3，前点燃油当量比对发动机压力积分的增益变化

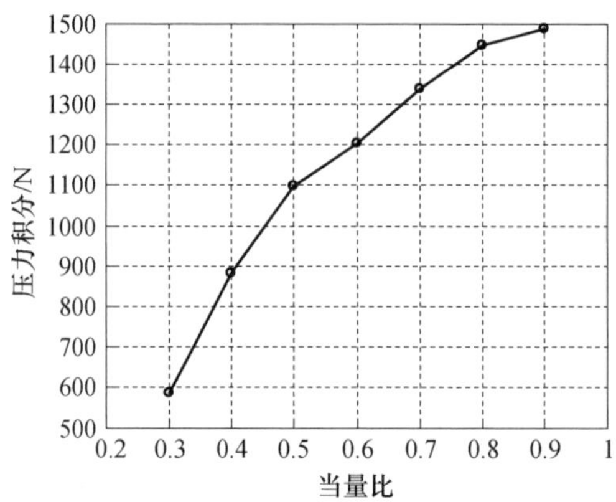

图 9－34　*Ma*6 时后点不供油，前点单独供油时当量比对发动机压力积分的增益变化

马赫数为 4、5 和 6 的条件下，固定前点燃油流量，改变后点燃油流量时燃烧室压力积分值随着后点当量比的变化。从图上可以看出，与 K_{2u} 一样，K_{2d} 也是随着当量比的增大而减小的。

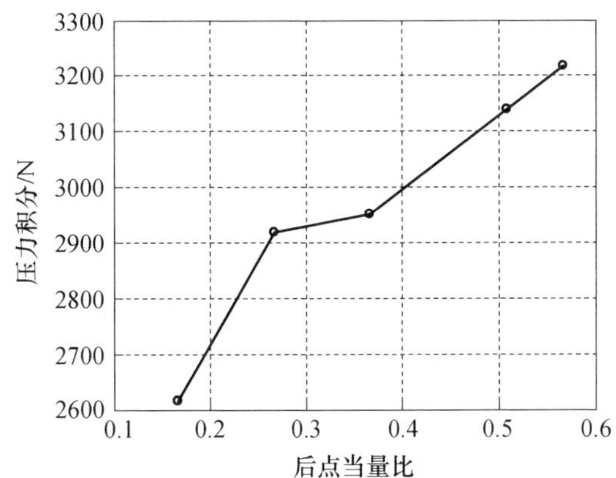

图 9－35　*Ma*4 时前点当量比固定为 0.3，
后点供油变化时后点当量比对发动机压力积分的增益变化

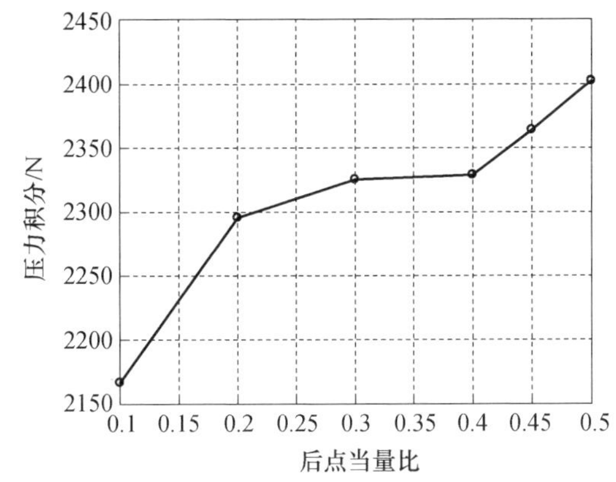

图 9－36　*Ma*5 时前点当量比固定为 0.5，
后点供油变化时后点当量比对发动机压力积分的增益变化

将进气道保护控制回路的对象传递函数确定为

$$\frac{K_1 K_{2p}}{T_s+1}e^{-\tau s}=\frac{K_p}{T_s+1}e^{-\tau s} \tag{9-30}$$

式中　K_{2p}——前点燃油流量到进气道安全裕度表征压力的增益。

其他参数的意义与前面压力控制回路一样，同时由于在同一燃烧室同一工作过程中，所以两个回路的惯性时间常数和纯延迟时间也相同。下面对 K_{2p} 的特性进

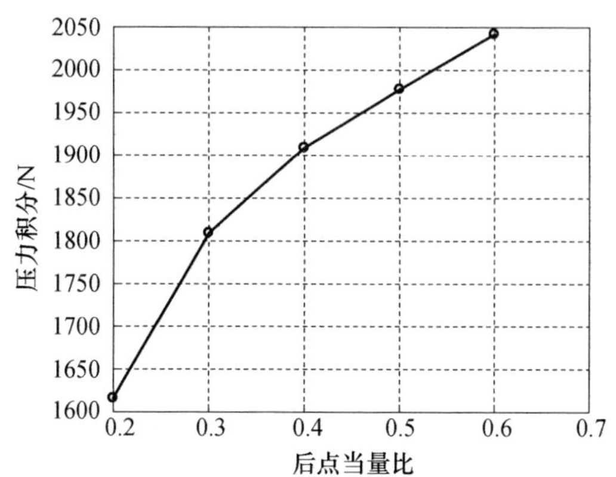

图 9－37　*Ma*6 时前点当量比固定为 0.5，
后点供油变化时后点当量比对发动机压力积分的增益变化

行简单分析。

图 9－38 给出了进气道安全裕度表征压力(本试验研究采用发动机燃烧室第 5 个压力测点 N_5)随着前点燃油流量的变化情况。后点燃油流量对该点压力的变化影响不是很大。从图上可以看出,在给定马赫数下,增益 K_{2p} 基本保持不变,即 p_5 随着燃油当量比增大线性增大。同时可以看出随着来流马赫数的增大,增益 K_{2p} 有减小的趋势,但减小的幅度不是很大。

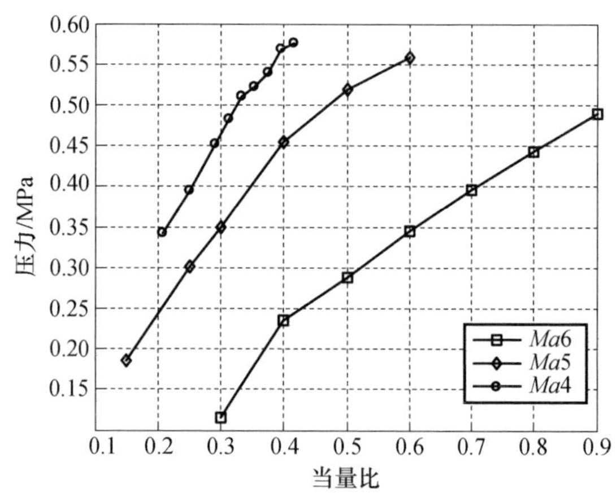

图 9－38　进气道安全裕度表征压力 p_5 随燃油当量比的变化

通过大量的地面试验,确定两个回路中的惯性时间常数 T 大约为 0.1s,纯延迟时间 τ 大约为 0.03s。至此,已经获得了整个控制对象的数学模型。

9.4.2　双回路控制系统设计

控制系统性能要求分析已在 5.2.2 节中进行了详细说明，通过对已有的试验数据进行整理，初步可得在来流马赫数为 5 时，两点燃料注入驱动电流到燃烧室压力积分之间的传递函数可以表示为

$$F_{\mathrm{p}}(s)=\frac{215}{0.1s+1}\mathrm{e}^{-0.03s}I_{\mathrm{u}}(s)+\frac{390}{0.1s+1}\mathrm{e}^{-0.03s}I_{\mathrm{d}}(s) \tag{9-31}$$

$$p_5(s)=\frac{0.076}{0.1s+1}\mathrm{e}^{-0.03s}I_{\mathrm{u}}(s) \tag{9-32}$$

式中　I_{u}——前点伺服阀的驱动电流；

　　　I_{d}——后点伺服阀的驱动电流。

需要注意的是这里的增益是电流到压力积分之间的增益，由于后点燃油供给系统的伺服阀增益较大，因此才会出现前点的增益小于后点增益的情况，如果看燃油流量到压力积分的增益，前点增益是大于后点增益的。

针对该控制器和前面提到的性能指标要求，设计的两组控制器为

$$C_1\to\begin{cases}I_{\mathrm{u}}\to F_{\mathrm{p}}:0.003+\dfrac{0.052}{s}\\ \text{无}\end{cases} \tag{9-33}$$

$$C_2\to\begin{cases}I_{\mathrm{d}}\to F_{\mathrm{p}}:0.0018+\dfrac{0.03}{s}\\ I_{\mathrm{u}}\to P_{11}:9+\dfrac{150}{s}\end{cases} \tag{9-34}$$

式中　C_1——压力积分给定值较小时采用的控制器；

　　　C_2——压力积分给定值较大时采用的控制器。

在压力闭环控制过程中两组控制器按照两点燃油分配规律进行切换控制。

根据两点燃油分配方案，在发动机压力闭环控制过程中，两点燃油分配的优化分配是通过两组控制器之间的切换来实现的。基于此，我们提出了两种切换控制的策略：①基于 Min/Max 规则的切换；②基于积分初值重置的平滑切换。通过对两种切换规则的详细分析和试验对比研究，选择了基于积分初值重置的平滑切换方法来实现两组控制器之间的切换。该切换规则的特点是能够在控制系统需要切换时发生实时的无延迟切换。

此处主要讨论切换控制相关参数的选择。该切换控制方法需要一个切换逻辑来实现切换，当监控变量满足某一条件时，控制系统从控制器 C_1 切换到控制器

C_2,当另一个条件满足时,控制系统又从控制器 C_2 切换到控制器 C_1。

在本节中,从控制器 C_1 切换到 C_2 的条件为:当进气道安全裕度表征压力 p_{11} 的值超过某一个给定值 p^* 时,控制器从 C_1 切换到 C_2。从控制器 C_2 切换到 C_1 的条件为:当后点燃油供给驱动电流减小到给定最小值 I_{dmin} 时,控制器从 C_2 切换到 C_1。

I_{dmin} 的给定原则为:只要后支板的燃油流量足够满足支板冷却能力即可。p^* 的给定需要参照不同来流条件下进气道不起动边界。该值需要保持在不起动边界以内靠近边界的地方,过大的 p^* 值可能不能保证进气道的安全,过小的 p^* 值将限制发动机推力输出能力。结合验证性试验的需要,将 p^* 按照表 9-1 进行设置。

表 9-1　不同条件下 p^* 的设置

来流条件	p^*/MPa
*Ma*4	0.44 ~ 0.47
*Ma*5	0.4
*Ma*6	0.3

在从控制器 C_1 切换到控制器 C_2 以后,p_{11} 将通过 I_{u} 控制到一个给定值 $p^* - \Delta p$,此处取 $\Delta p = 0.02\mathrm{MPa}$。

9.4.3　控制系统数值仿真验证

在前面的基础上,以来流马赫数 4 为例开展控制系统仿真研究,验证所设计的控制系统的合理性。图 9-39 ~ 图 9-41 给出了 *Ma*4 条件下的仿真结果。从图中可以看出,发动机推力指令从第 4s 开始沿斜坡增加,当增加至 4.7s 时,隔离段出口压力增加至临界压力,激活进气道安全保护控制回路,使得进气道稳定裕度保持在给定值;同时激活发动机第二点燃油控制器,第二点燃油流量增加以便能够使得发动机实际推力跟随推力指令。当发动机推力指令从第 5s 开始沿斜坡降低时,第二点燃油流量降低以便能够使发动机实际推力跟随推力指令,当降低至 5.97s 时,第二点燃油流量已降低至最小值(为满足燃油喷射雾化压力要求),此时退出进气道保护控制器,激活第一点燃油控制器,使得第一点燃油流量降低以便能够使发动机实际推力跟随推力指令。

9.4.4　控制系统地面试验验证

在来流马赫数 5 的条件下开展地面试验对控制系统的有效性进行验证。

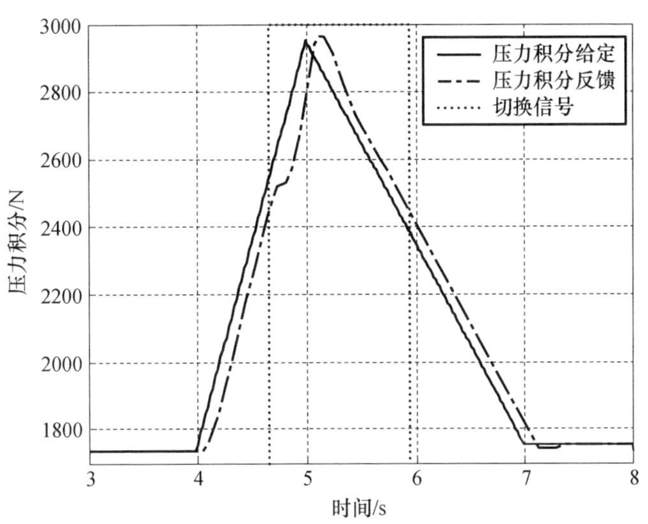

图 9－39　压力积分变化

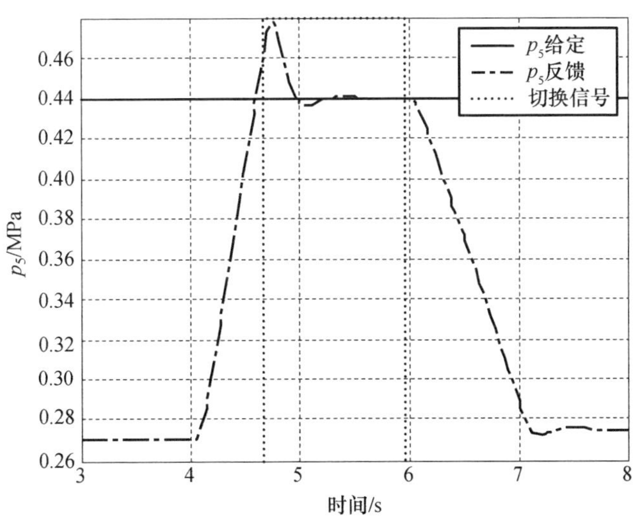

图 9－40　p_5 变化

图 9－42～图 9－44 分别是两点燃油分配试验过程中推力、进气道稳定裕度和前后两点燃油流量的动态变化情况。从试验结果可以看出，当压力积分给定值较小时，前点燃油流量调节压力积分，后点燃油流量保持不变，当进气道稳定裕度超过限定值时，切换到另一组控制器，此时后点燃油增加调节压力积分值，前点燃油调节进气道稳定裕度到保护线。当压力积分给定值下降时，后点燃油跟随下降，前点

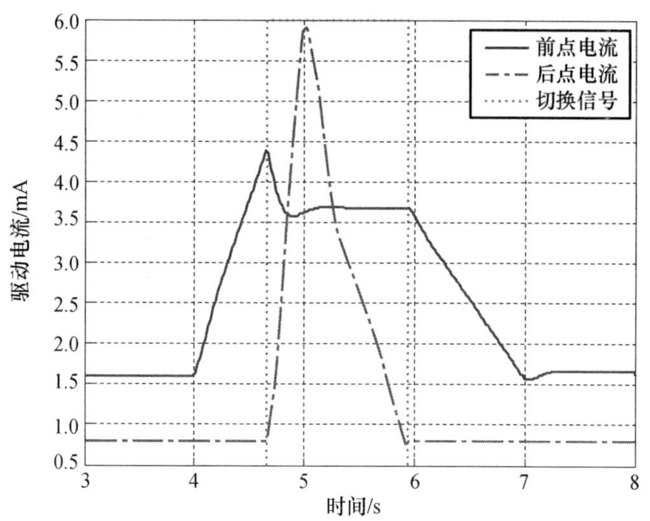

图 9-41　前后燃油伺服阀驱动电流变化

继续调节进气道起动裕度。当后点燃油下降到最小值后,控制器发送切换,前点燃油开始调节压力积分,后点燃油保持不变。综上所述,控制参数选择、两路燃油流量分配方案和算法等都是合理有效的。压力闭环控制的调节动态响应时间约为 0.5s,最大超调量约为 7%,稳态误差约为 3%,满足给定的控制性能指标。

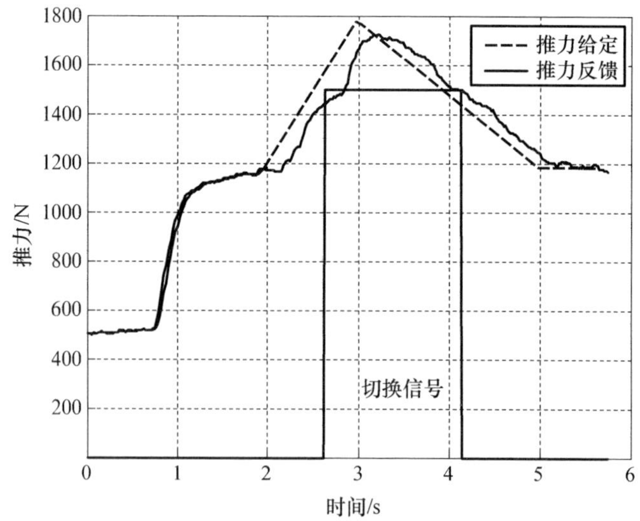

图 9-42　燃油分配验证试验过程中推力(压力积分)变化

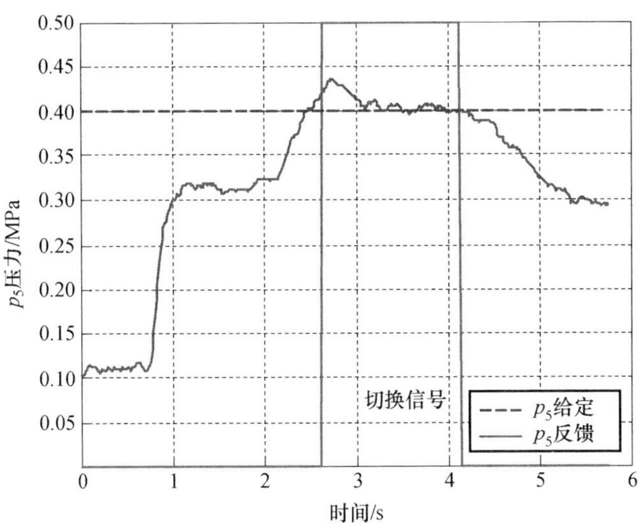

图 9－43　燃油分配验证试验过程中进气道稳定裕度变化

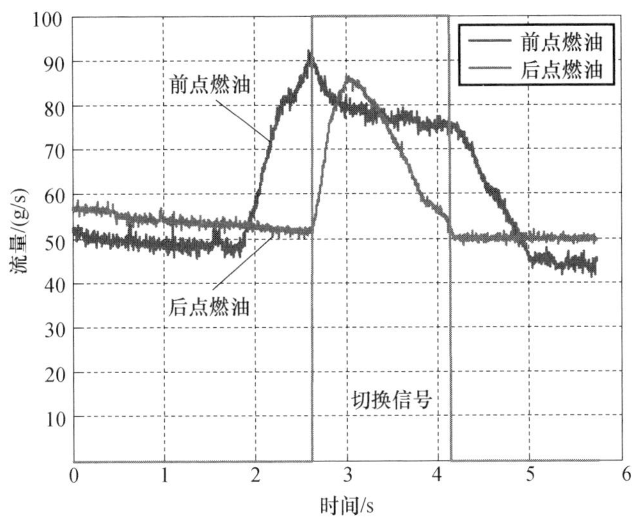

图 9－44　燃油分配验证试验过程中两路燃油流量变化

9.5　小结

本章首先以双模态超燃冲压发动机推力调节/进气道安全保护控制为例，重点研究了基于 Min 规则和积分重置的发动机双回路切换控制方案，分别阐述了切换逻辑和切换规则,开展了半实物仿真,讨论分析了参数变量对切换过程的影响规律。对于基于 Min 规则的切换控制,主要讨论了积分状态饱和受限的上限值对切换控制系统的影响;对于基于积分初值重置的无扰切换控制,主要讨论了切换逻辑涉及的两个变量的取值。分别对双模态超燃冲压发动机推力调节/进气道安全保护两种切换控制策略开展了地面试验验证研究。

然后基于数值仿真数据和地面试验数据分析了两点燃油喷射下双模态超燃冲压发动机特性,并在此基础上给出了双模态超燃冲压发动机两点燃油分配方案,该方案既考虑到两点燃油喷射双模态超燃冲压发动机的经济性,又考虑到双模态超燃冲压发动机的安全性,集双模态超燃冲压发动机安全性和经济性于一身。基于地面试验数据对双模态超燃冲压发动机进行数学建模,并设计了双回路控制系统,同时开展了数值仿真验证和地面试验验证。结果表明:所设计的控制系统能够实现发动机推力调节/进气道安全保护控制的控制目标,同时也满足给定的控制性能指标。

参考文献

[1] 姚照辉. 考虑飞/推耦合特性的超燃冲压发动机控制方法研究[D]. 哈尔滨:哈尔滨工业大学,2010.

[2] 刘晓锋. 航空发动机调节/保护系统多目标控制问题研究[D]. 哈尔滨:哈尔滨工业大学,2008.

[3] 曹瑞峰. 超燃冲压发动机燃烧模态转换及其控制方法研究[D]. 哈尔滨:哈尔滨工业大学,2016.

[4] 于达仁,常军涛,崔涛,等. 超燃冲压发动机控制方法[J]. 推进技术,2010,31(6):764-772.

[5] Cao R,Chang J,Tang J,et al. Switching control of thrust regulation and inlet unstart protection for scramjet engine based on Min strategy[J]. Aerospace Science and Technology,2015,40:96-103.

[6] 齐义文. 超燃冲压发动机无扰切换控制方法研究[D]. 哈尔滨:哈尔滨工业大学,2012.

[7] Qi Y,Bao W,Zhang Q,et al. Command switching based multiobjective safety protection control for inlet buzz of scramjet engine[J]. Journal of the Franklin Institute,2015,352(11):5191-5213.

[8] Cao R,Chang J,Tang J,et al. Switching control of thrust regulation and inlet unstart protection for scramjet engine based on strategy of integral initial values resetting[J]. Aerospace Science and Technology,2015,45:484-489.

[9] 曹瑞峰. 面向控制的超燃冲压发动机一维建模研究[D]. 哈尔滨:哈尔滨工业大学,2011.

[10] 郝欣悦. 飞/推一体化下的冲压发动机调节/保护控制方法研究[D]. 哈尔滨:哈尔滨工业大学,2014.

[11] Bao W,Li B,Chang J,et al. Switching control of thrust regulation and inlet buzz protection for ducted rocket[J]. Acta Astronautica,2010,67(7):764-773.

第10章 超声速燃烧室释热分布最优控制

超声速燃烧室,作为双模态超燃冲压发动机的动力核心,是通过将燃料化学能向气流动能的传递和转换提供发动机推力的关键部件,需要完成燃料的喷入、燃料与吸入气流混合和超声速燃烧的复杂耦合过程。超声速燃烧室设计与控制的优劣对双模态超燃冲压发动机的性能具有很大的影响。超声速燃烧的理论问题虽然极为复杂,但是利用超声速燃烧获得推力遇到的实际问题更具挑战性。在超声速燃烧模态下,燃料在燃烧室混合和燃烧的程度直接影响其在尾喷管中膨胀带来的推力。由于内部过程存在巨大的不可逆损失,人们曾一度对于发动机推力克服阻力后是否还有足够净推力存在疑虑和争议。也就是说,高超声速推进系统巨大的不可逆损失导致可用的净推力非常有限,因此作为发动机能量主要来源的超声速燃烧必须充分利用好。并且,燃烧室需要避免剧烈释热对燃烧室结构的损毁,需要在一定的约束条件下进行设计和控制来实现其最优的性能。所以,合理地控制释热分布不仅能够提升燃烧室与发动机的性能,而且可以提高安全性和稳定性。具体来说,对释热分布优化的目的是为了探求在燃烧释热过程中,如何匹配燃烧室的几何结构、进口气流状态和释热规律等影响因素,才能够更好地提升性能或者安全性。虽然实际燃烧室内的流动和燃烧是在三维空间内进行的复杂流动,但高维研究十分复杂,并且多维出现的燃料混合、雾化、激波与边界层效应等使得研究更为困难。所以,当前对释热规律的研究通常放弃在三维或者二维空间,而是选择在一维空间内研究。这样可以在不影响研究目的的前提下,忽略众多复杂的现象和过程,而又可以准确地体现燃烧室的性能特征。

目前,在关于超声速燃烧的研究,一方面基础学科的支撑有限,使得演绎推理受基础理论大前提完备性的制约而不能直接给出有效信息;另一方面试验平台、技术、代价的约束,使得归纳理论既面临样本稀疏下的从局部到整体是否可推广的本源性问题,又面临着归纳推理所采用的假定因果关系的可靠性问题。因此,对释热规律的研究一般基于试验经验和数值模拟,难以给出一个理论的建模对燃烧室的释热分布进行分析和优化。本章希望从数学、经典力学等基础学科中寻找到理论支撑,根据先验的数学规律进行演绎,并寻找简化物理问题的途径,建立简化的物理模型。在此基础上构建数学模型,得到复杂过程中蕴含的定性规律,进而再逐步深入考虑复杂因素的影响。

本章致力于研究理想条件下的超声速燃烧最优的释热分布,将最优释热问题转化为基于函数空间优化的泛函极值问题。基于一维无黏流动假设,将最优释热问题定义为,在超声速燃烧室总焓增量固定的理想条件下,如何对释热分布进行优化,使得作为指标的燃烧室总压恢复系数达到最大值。采用间接法求解含参数的微分代数方程的两点边值问题,并分析不同加热比条件下最优释热分布的变化规律。

10.1 超声速燃烧释热最优控制问题与求解方法

国内外对释热规律的研究一般基于试验或数值模拟,鲜有理论上的研究。近年来广为采用的释热规律一维模型是 Heiser 提出的,但它无法从机理上解释和分析燃烧室中释热规律与其他相关因素的耦合关系,也无法在其基础上对释热分布进行有效的优化。研究表明,超声速燃烧和流动的混合具有明显的多维效应,燃烧室的来流条件和燃料喷入燃烧室的方式也极大地影响释热分布。所以,对于释热规律的建模和优化,燃烧室内众多的影响因素:燃烧室几何分布、燃烧效率、进口流量和马赫数等,导致参数化面临高维问题。由于超声速燃烧室内流场参数在空间上呈现分布参数形式,需要在参数化的释热分布的允许取值函数域中,寻找到一个合适的函数形式,使其与流动参数在空间上的分布有效的匹配,从而最大程度地提升燃烧室和发动机的性能。本质上,对释热分布的优化属于在一个给定函数空间内的高维搜索问题。

Riggins 认为对于超燃冲压发动机最佳推进性能对应于最小不可逆损失[1],已有的大量的研究工作旨在通过优化释热规律来降低不可逆损失,提高发动机性能。而根据发表的文献来看,对于释热规律优化问题的研究还主要是先人为设定有限个燃料喷注点,如图 10-1 所示,再通过数值模拟或试验来寻找优化的燃料喷注点数量、位置及流量分配。

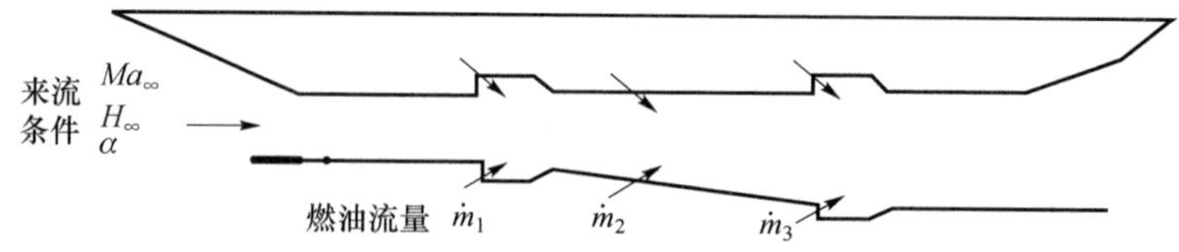

图 10-1　超燃冲压发动机多点注入燃料

但是,超声速燃烧释热规律的优化问题实际上有无穷维自由度,即释热规律的调节在理论上具有无穷个可以自由变动的变量个数，如图 10－2 所示。把燃料喷注点的数量设置为有限个实际上是人为实施了参数化的过程，然而现有的先验知识尚无法严格确定需要多少个燃料喷注位置，以及如何分配燃料喷注量。因此这种参数化过程不是严格演绎的，找不到最优解在意料之中，这也是对此问题有大量研究而无定论的原因所在。因此在无穷维自由度的背景下，人们总是试图增加控制自由度来搜索更优化的结果，如日本宇宙航空研究开发机构（JAXA）的燃烧室布置了 6 组燃料喷射位置[2]，而 Aerojet 的燃烧室也布置了 6～8 组燃料喷射位置来试图找到更优的燃烧的释热[3]。然而，即使假设参数化过程具有严格性，这种把无穷维过程参数化的过程也会引入多参数的高维优化问题，在现有地面试验及数值模拟代价很高的情况下，仅利用穷举法来获得次优的超声速燃烧释热规律也需要较大的人员和物力代价，而一旦重新修改了燃烧室几何构型，这些工作又需要重新开展。

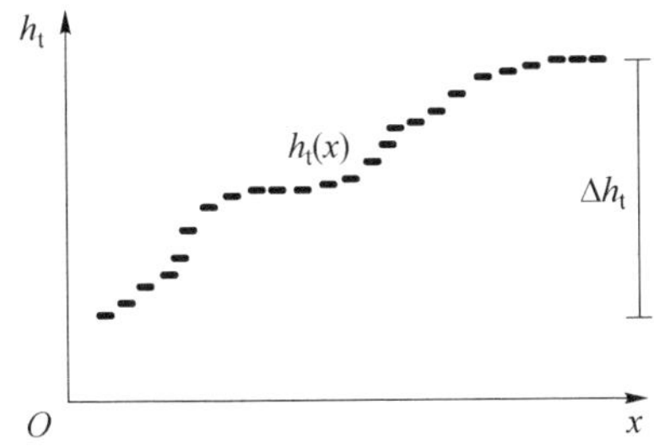

图 10－2　燃烧室总焓 $h_t(x)$ 变化的无穷维自由度

从物理过程来讲，超声速燃烧过程已经不能按照理想开式布莱顿循环来近似为等压燃烧过程，这与亚燃冲压发动机/涡轮发动机的亚声速燃烧过程相比呈现出了特殊性。超声速燃烧释热过程实际上伴随着明显的增压过程，另外，扩张型燃烧室还要承担提供推进功的作用。换句话说，超声速燃烧过程把常规发动机热力循环中相对独立的压缩、释热、膨胀过程均融合进来。那么如何匹配各个环节的能量转换过程来获得最优的性能的确是一件复杂的事情。

超声速燃烧的释热规律（定义为总焓沿轴向的分布）是一个定义在燃烧室进出口区间上的一维函数 $h_t(x)$。如此，所有的释热规律集合在一起就构成了一个函数集合，如图 10－3 所示，而理想的释热规律则是这个函数集合中的一个元素，或者说是函数空间中的一个点。循此思路，把问题转化为一个在函数空间中的寻优问题，在函数空间中搜索所得到的优化点（某一函数）即为理想的释热规律。那么，可以利用在函数空间中搜索泛函极值的优化方法，来寻找最优发动机性能所对应的理想释热规律函数。在搜索得到理想释热规律的基础上，继续研究实际发动机物理约束的影响，如单点或多点燃料喷注对释热规律变化的约束等，获得能够具体实现的最优或次优的释热规律，为解决超声速燃烧组织这一问题提供一种新的研究视角。从数学描述的角度来说，把研究思路从常规意义下的在参数空间中(由燃料喷注点数量、位置及流量分配等所张成)研究函数的性质和特性，拓展到在函数空间中(由描述超声速燃烧释热规律的函数所组成)研究泛函的变化，就可以结合泛函理论等基础支撑理论来对问题进行演绎，在函数空间中搜索最优的函数。

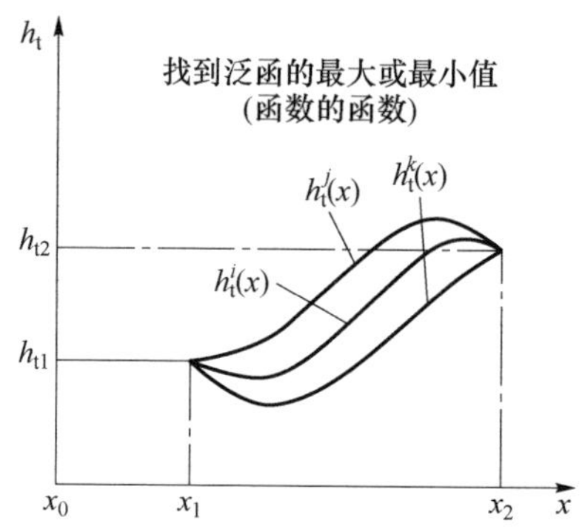

图 10－3　在函数空间中的最优的函数

所以，本章的研究思路是把优化问题研究的定义域直接定义在由燃料喷注点数量、位置和流量分配张成的参数空间中，在此定义域内考察这些参数的变化对发动机性能的影响。

10.1.1　理想超声速燃烧释热最优控制问题

理想超声速燃烧室的性能可以用总压恢复系数来表征。燃烧室的总压恢复系数在一维无黏假设中直接由释热分布决定，并且可以直接表明气体能量的损失程度，这直接关系到飞行器的推进性能。实际上，超声速燃烧室所关注的性能还有很多，如壁面热流密度或对发动机推力的贡献等，这些性能尽管从某个角度体现了燃烧室的设计和控制的发展方向，能够提高超声速燃烧在实际工作中表现出的能力，但对于本书所研究的超声速燃烧释热的优化问题来说并不合适。

通常在对系统进行优化时需要给定合适的约束条件，使优化所得的结果在使用范围内更具有有效的物理意义。本书关注的释热分布优化问题，实际上是一个过程优化问题。显然，应该设计过程的起止位置，以便更好地分析所得最优解在这个限定过程中的性能优势。所以，在研究超声速燃烧释热分布最优化问题时，需要限定释热总量，即限定总焓增量为定值。

考虑一个理想的超声速燃烧室，如图 10－4 所示，其中 $A0$ 至 $A1$ 截面为隔离段，释热从 A_1 截面开始至 A_2 截面结束。

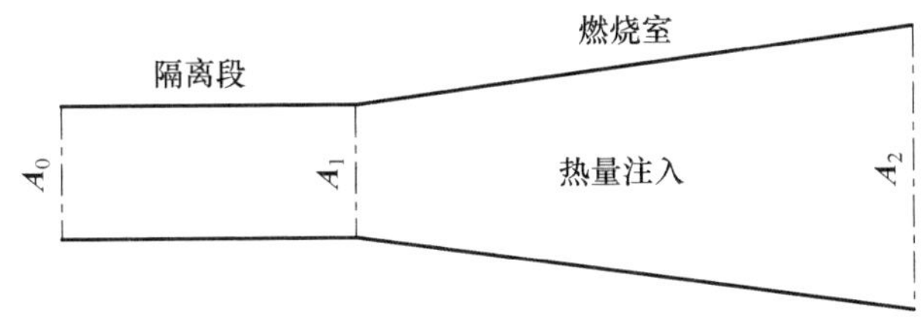

图 10-4　超声速燃烧室简图

基于定常一维无黏流动假设，忽略质量添加，假设气体为理想气体，比热为常数。则超声速燃烧流动参数满足基本守恒方程：

$$\frac{d\rho}{\rho}+\frac{dA}{A}+\frac{dv}{v}=0 \tag{10-1}$$

$$\frac{dv}{v}+\frac{1}{kMa^2}\frac{dp}{p}=0 \tag{10-2}$$

$$\frac{dT_t}{T_t}-\frac{dT}{T}-\frac{2(k-1)Ma^2}{2+(k-1)Ma^2}\frac{dMa}{Ma}=0 \tag{10-3}$$

$$\frac{dp}{p}-\frac{d\rho}{\rho}-\frac{dT}{T}=0 \tag{10-4}$$

$$\frac{dMa}{Ma}-\frac{dv}{v}+\frac{1}{2}\frac{dT}{T}=0 \tag{10-5}$$

$$\frac{dp_t}{p_t}-\frac{dp}{p}-\frac{2kMa^2}{2+(k-1)Ma^2}\frac{dMa}{Ma}=0 \tag{10-6}$$

由式(10-1)~式(10-6)可导得到总压、总焓和马赫数的变化关系为

$$\frac{dMa}{Ma}=\frac{1}{1-Ma^2}\left(1+\frac{(k-1)}{2}Ma^2\right)\left[-\frac{dA}{A}+\frac{1+kMa^2}{2}\frac{dh_t}{h_t}\right] \tag{10-7}$$

$$\frac{dp_t}{p_t}=-\frac{kMa^2}{2}\frac{dh_t}{h_t} \tag{10-8}$$

需要指出的是，对于式(10-7)所构建的超声速燃烧的一维模型，Curran 发表在《流体力学年鉴》上的广受关注的论文中[4]表明大量的理论分析基于此模型完成。当超燃冲压发动机工作在无分离的纯超燃模态时，通过适当修正可用此模型对燃烧场性能进行近似定量的分析。文献[5,6]显示，在纯超燃模态下一维模型计算结果可以与试验测量的壁面压力数据具有较好的一致性，如图 10-5 所示。

那么，将式(10-7)、式(10-8)表示为总压、总焓和马赫数沿一维坐标 x 的变化关系，可以容易的得到

$$\frac{\mathrm{d}Ma}{Ma\mathrm{d}x}=\frac{1}{1-Ma^2}\left(1+\frac{(k-1)}{2}Ma^2\right)\left[-\frac{\mathrm{d}A}{A\mathrm{d}x}+\frac{1+kMa^2}{2}\frac{\mathrm{d}h_t}{h_t\mathrm{d}x}\right] \tag{10-9}$$

$$\frac{\mathrm{d}p_t}{p_t\mathrm{d}x}=-\frac{kMa^2}{2}\frac{\mathrm{d}h_t}{h_t\mathrm{d}x} \tag{10-10}$$

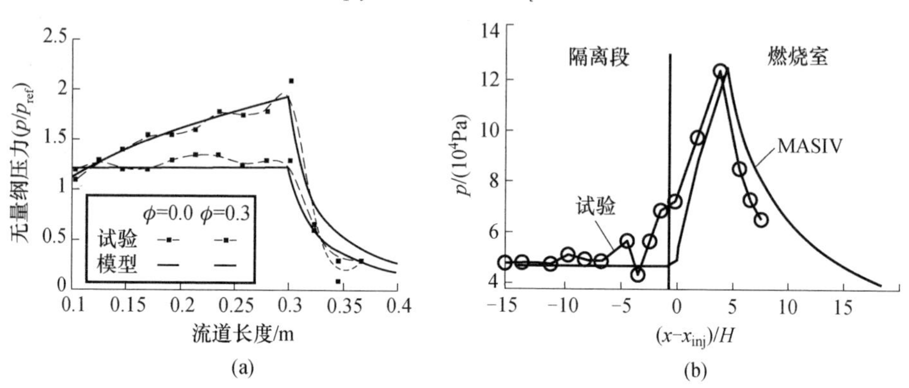

图 10－5　一维模型计算结果与试验数据比较

(a)燃烧室－喷管特征压力分布;(b)隔离段－燃烧室静压分布。

为了描述系统性能指标——总压恢复系数,需要构造一个与其严格单调相关的泛函,积分式(10－10)得

$$\int_{x_0}^{x_f}\frac{\mathrm{d}p_t}{p_t\mathrm{d}x}\mathrm{d}x=\int_{x_0}^{x_f}-\frac{kMa^2}{2}\frac{\mathrm{d}h_t}{h_t\mathrm{d}x}\mathrm{d}x \tag{10-11}$$

式中　x_0——燃烧室进口位置;

x_f——燃烧室出口位置。

即有

$$\ln p_t\bigg|_{x_0}^{x_f}=\int_{x_0}^{x_f}-\frac{kMa^2}{2}\frac{\mathrm{d}\ln h_t}{\mathrm{d}x}\mathrm{d}x \tag{10-12}$$

为了简化推导过程,将关于总焓和截面积的影响分别等效为控制量 $U(x)$ 和状态量 $B(x)$,将马赫数的平方等效为 $X(x)$,即

$$\frac{\mathrm{d}h_t}{h_t\mathrm{d}x}=U(x) \tag{10-13}$$

$$\frac{\mathrm{d}A}{A\mathrm{d}x}=B(x) \tag{10-14}$$

$$Ma^2(x)=X(x) \tag{10-15}$$

将式(10－13)～式(10－15)代入式(10－7)得到控制方程为

$$\dot{X}=f_1(X,U,B)=2X\frac{1+\frac{(k-1)}{2}X}{1-X}\left(-B+\frac{1+kX}{2}U\right) \tag{10-16}$$

将式(10－13)～式(10－15)代入式(10－8)得到指标函数 J 为

$$J=\ln p_{\mathrm{t}}\Big|_{x_0}^{x_{\mathrm{f}}}=\int_{x_0}^{x_{\mathrm{f}}}L(X,U)\,\mathrm{d}t=\int_{x_0}^{x_{\mathrm{f}}}-\frac{kXU}{2}\mathrm{d}t \tag{10-17}$$

设燃烧室进出口总压恢复系数为 J_0，有

$$J_0=p_{\mathrm{t}}\Big|_{x_0}^{x_{\mathrm{f}}} \tag{10-18}$$

燃烧室内总压 $p_{\mathrm{t}}(x)\in(0,+\infty)$，总压恢复系数 $p_{\mathrm{t}}(x_{\mathrm{f}})/p_{\mathrm{t}}(x_0)\in(0,1]$。总压与总压的对数在定义域内具有相同的单调性，则指标函数 J 与总压恢复系数 J_0 在定义域内也有相同的单调性。那么，指标函数的表达式为

$$J=\int_{x_0}^{x_{\mathrm{f}}}-\frac{kXU}{2}\mathrm{d}t \tag{10-19}$$

根据上面对最优控制问题的约束讨论，需要构造总焓增量为定值的约束描述。在理想条件下，超声速燃烧总温的增加量即为总焓的增加量，即

$$\Delta h_{\mathrm{t}}=c_pT_{\mathrm{t}}\Big|_{x_0}^{x_{\mathrm{f}}} \tag{10-20}$$

式中　Δh_{t}——大于 0 的常数。

积分式(4－13)有

$$\int_{x_0}^{x_{\mathrm{f}}}\frac{\mathrm{d}T_{\mathrm{t}}}{T_{\mathrm{t}}\mathrm{d}x}\mathrm{d}x=\int_{x_0}^{x_{\mathrm{f}}}U(x)\,\mathrm{d}x=\Delta\bar{h}_{\mathrm{t}} \tag{10-21}$$

式中　$\Delta\bar{h}_{\mathrm{t}}$——大于 0 的常数。

则有

$$\Delta\bar{h}_{\mathrm{t}}=c_p\ln T_{\mathrm{t}}\Big|_{x_0}^{x_{\mathrm{f}}} \tag{10-22}$$

由于在燃烧室内总温 $T_{\mathrm{t}}(x)\in(0,+\infty)$，总焓增量为常数为式(10－22)右端为常数的充要条件。所以，通过约束控制量沿一维坐标的积分为常数可以约束总焓增量为固定值，即

$$\int_{x_0}^{x_{\mathrm{f}}}U(x)\,\mathrm{d}x=c_p\Delta\bar{h}_{\mathrm{t}} \tag{10-23}$$

为了后续计算的简便，引入一个新的变量 z

$$\dot{z}(x)=f_2(U)=-U(x) \tag{10-24}$$

考虑式(10-23)，z 需要满足

$$z(x_0)=0 \tag{10-25}$$

$$z(x_f)=-c_p\Delta\bar{h}_t \tag{10-26}$$

综上，通过式(10-24)~式(10-26)约束总焓增量，则超声速燃烧释热最优控制问题可以被描述为：

考虑系统控制方程，有

$$\begin{cases}\dot{X}=f_1(X,U,B)\\ \dot{z}=f_2(U)\end{cases} \tag{10-27}$$

初始位置 x_0 和终端位置 x_f 固定，且初始状态有

$$\begin{cases}X(x_0)=Ma_0^2\\ z(x_0)=0\end{cases} \tag{10-28}$$

寻找一个适当的控制量 U^*，使得指标函数取最大值，即

$$\max_U J=\int_{x_0}^{x_f}L(X,U^*)\,\mathrm{d}t=\max_U\left\{\int_{x_0}^{x_f}L(X,U)\,\mathrm{d}t\right\} \tag{10-29}$$

并满足约束：

$$z(x_f)=-c_p\Delta\bar{h}_t \tag{10-30}$$

10.1.2 间接法求解释热规律最优控制问题

上述最优释热问题可以认为是两端“时刻”固定的典型最优控制问题。式(10-26)可以描述为

$$G(z(x_f))=z(x_f)+c_p\Delta\bar{h}_t=0 \tag{10-31}$$

引入拉格朗日乘子 γ、$\lambda(x)$ 和 $\theta(x)$，构造广义泛函 Ψ 如下：

$$\Psi=\gamma G(z(x_f))+\int_{x_0}^{x_f}\{L(X,U)+\lambda(x)[f_1(X,U,B)-\dot{X}]+\theta(x)[f_2(U)-\dot{z}]\}\,\mathrm{d}x \tag{10-32}$$

构造哈密顿函数，有

$$H(X,U,B,\lambda,\theta,x)=L(X,U)+\lambda(x)f_1(X,U,B)+\theta(x)f_2(U) \tag{10-33}$$

则

$$\Psi=\gamma G(z(x_f))+\int_{x_0}^{x_f}[H(X,U,B,\lambda,\theta,x)-\lambda(x)\dot{X}-\theta(x)\dot{z}]\,\mathrm{d}x \tag{10-34}$$

采用分部积分,得

$$\Psi = \gamma G - \lambda(x)X\Big|_{x_0}^{x_f} - \theta(x)z\Big|_{x_0}^{x_f} + \int_{x_0}^{x_f}[H(X,U,B,\lambda,\theta,x) + \dot{\lambda}(x)X + \dot{\theta}(x)z]\mathrm{d}x \tag{10-35}$$

广义泛函 Ψ 的一次变分为

$$\delta\Psi = \gamma\frac{\partial G(z(x_f))}{\partial z}\delta z(x_f) - \lambda(x_f)\delta X(x_f) - \theta(x_f)\delta z(x_f) + \int_{x_0}^{x_f}\begin{bmatrix} \dfrac{\partial H(X,U,B,\lambda,\theta,x)}{\partial U}\delta U(x) \\ + \left(\dfrac{\partial H(X,U,B,\lambda,\theta,x)}{\partial X} + \dot{\lambda}(x)\right)\delta X(x) \\ + \left(\dfrac{\partial H(X,U,B,\lambda,\theta,x)}{\partial z} + \dot{\theta}(x)\right)\delta z(x) \end{bmatrix}\mathrm{d}x \tag{10-36}$$

根据变分的基本理论,得到 $X^*(x)$、$z^*(x)$ 和 $U^*(x)$ 以及相应 $\lambda^*(x)$、$\theta^*(x)$ 需要满足必要条件:

$$\dot{\lambda}^*(x) = -\frac{\partial H(X^*,U^*,B,\lambda^*,\theta^*,x)}{\partial X} \tag{10-37}$$

$$\dot{\theta}^*(x) = -\frac{\partial H(X^*,U^*,B,\lambda^*,\theta^*,x)}{\partial z} \tag{10-38}$$

$$\frac{\partial H(X^*,U^*,B,\lambda^*,\theta^*,x)}{\partial U} = 0 \tag{10-39}$$

$$\gamma\frac{\partial G(z^*(x_f))}{\partial z}\delta z(x_f) - \lambda^*(x_f)\delta X(x_f) - \theta^*(x_f)\delta z(x_f) = 0 \tag{10-40}$$

由于 $z(x_f) = -c_p\bar{\Delta}h_t$,有

$$\delta z(x_f) = 0 \tag{10-41}$$

即

$$\lambda^*(x_f) = 0 \tag{10-42}$$

综上,释热最优解需要满足必要条件如下:

(1) $X^*(x)$ 和 $\lambda^*(x)$ 满足正则方程,即

$$\dot{X}^*(x) = \frac{\partial H(X^*,U^*,B^*,\lambda^*,\theta^*,x)}{\partial \lambda} \tag{10-43}$$

$$\dot{\lambda}^*(x) = -\frac{\partial H(X^*, U^*, B^*, \lambda^*, \theta^*, x)}{\partial X} \tag{10-44}$$

(2) $z^*(x)$和$\theta^*(x)$满足正则方程,即

$$\dot{z}^*(x) = \frac{\partial H(X^*, U^*, B^*, \lambda^*, \theta^*, x)}{\partial \theta} \tag{10-45}$$

$$\dot{\theta}^*(x) = -\frac{\partial H(X^*, U^*, B^*, \lambda^*, \theta^*, x)}{\partial z} \tag{10-46}$$

(3) 极值条件为

$$\frac{\partial H(X^*, U^*, B^*, \lambda^*, \theta^*, x)}{\partial U} = 0 \tag{10-47}$$

(4) 边界条件为

$$\begin{cases} X^*(x_0) = Ma_0^2 \\ \lambda^*(x_f) = 0 \\ z^*(x_0) = 0 \\ z^*(x_f) = -c_p\Delta\bar{h}_t \end{cases} \tag{10-48}$$

如此,将式(10-16)、式(10-17)、式(10-24)和式(10-33)代入式(10-44),得

$$\dot{\lambda}(x) = f_3(X, U, B, \lambda) \tag{10-49}$$

将式(10-16)、式(10-17)、式(10-24)和式(10-33)代入式(10-46),得

$$\dot{\theta}(x) = -\frac{L(X,U) + \lambda(x)f_1(X,U) + \theta(x)f_2(U)}{\partial z} = 0 \tag{10-50}$$

那么,θ即为常数。将式(10-16)、式(10-17)、式(10-24)和式(10-33)代入式(10-47),得

$$\lambda X \frac{1 + \frac{k-1}{2}X}{1-X}(1+kX) - \frac{kX}{2} - \theta = f_4(X, \lambda, \theta) = 0 \tag{10-51}$$

不妨将此代数方程式(10-51)写为

$$0\dot{U}(x) = f_4(X, \lambda, \theta) \tag{10-52}$$

如此,将式(10-43)~式(10-47)联立为

$$
\begin{cases}
\dot{X}(x)=f_1(X,U,B)\\
\dot{z}(x)=f_2(U)\\
\dot{\lambda}(x)=f_3(X,U,B,\lambda)\\
0\dot{U}(x)=f_4(X,\lambda,\theta)
\end{cases}
\tag{10-53}
$$

即

$$
\begin{bmatrix}1&0&0&0\\0&1&0&0\\0&0&1&0\\0&0&0&0\end{bmatrix}\begin{bmatrix}\dot{X}\\\dot{z}\\\dot{\lambda}\\\dot{U}\end{bmatrix}=\begin{bmatrix}f_1\\f_2\\f_3\\f_4\end{bmatrix}
\tag{10-54}
$$

需满足条件

$$
\begin{cases}
X(x_0)=Ma_0^2\\
\lambda(x_{\mathrm{f}})=0\\
z(x_0)=0\\
z(x_{\mathrm{f}})=-c_p\Delta\bar{h}_{\mathrm{t}}
\end{cases}
\tag{10-55}
$$

10.2　扩张型燃烧室的超声速燃烧释热最优控制

设燃烧室长度 L 为 1m，扩张角为 2.083°，加热比 τ 为 1.4，来流马赫数为 2.6。利用商业软件 MATLAB 中 BVP4c[7] 工具箱求解最优释热问题。由于 BVPs 可能有不只一个解，BVP4c 需要提供对期望解的猜测性描述。这个猜测性描述包括一个可以反映出解的特性的初始网格。然后，算法会适应这个网格从而得到精确的数值解。不难看出，如何确定这个猜测性描述成为 BVPs 非常困难的部分。释热规律采用式(10-56)进行处置估计：

$$
h_{\mathrm{t}}(x)=h_{\mathrm{t0}}\left[1+(\tau-1)\frac{\theta x}{L+(\theta-1)x}\right]
\tag{10-56}
$$

式中　θ——燃烧速率，释热函数族的可变参数，取值域为[1,100]。

以加热比为 1.4 的工况为例，当 θ 的取值为 10 时结果如图 10-6 所示，计算得的最优释热分布如图 10-7 所示，其总压恢复系数为 0.4285。可以看到其梯度始终大于 0，是可以存在的实际物理过程。

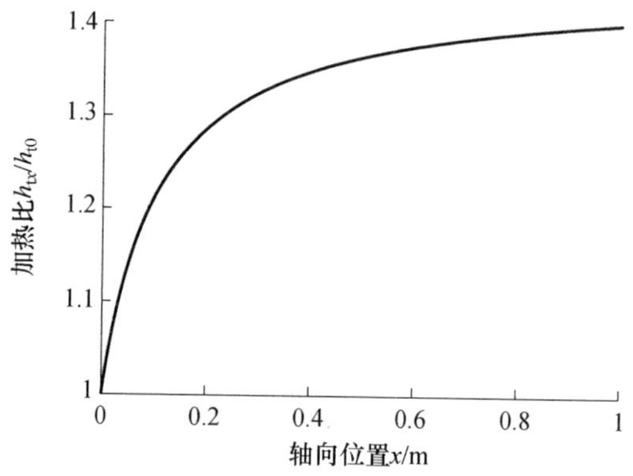

图 10－6　Herser 释热规律在加热比为 1.4 时的形式

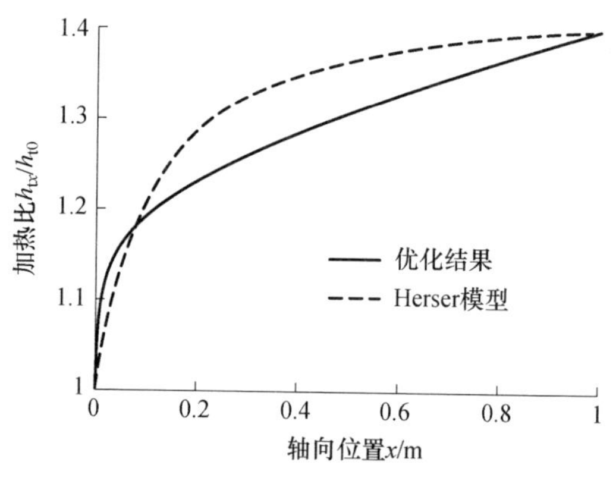

图 10－7　最优释热分布

采用式(10－56)所示的函数族作为特征函数与求得的最优解进行比较。计算得到的总压恢复系数为 0.409，小于 0.4285 求得的最优解。将计算取值域设为[1,100]遍历计算，得到如图 10－8 所示总压恢复系数与燃烧速率的变化关系，其中虚线为计算得到的最优释热分布，实线为 Herser 释热规律。图 10－9 给出了不同不同加热比条件下的最优结果。

由以上结果可以看出，在不同的几何结构和燃烧室加热比工况条件下，最优释热分布的结构和趋势基本相似：在燃烧室前端集中释热，而后呈现近似均匀释热模式，即总焓分布在燃烧室前端有比较大的梯度，而后逐渐减小，以近似恒定的梯度保持至燃烧室出口。值得注意的是，图 10－7(c)中加热比为 1.1 时，马赫数在经过前端的下降后基本保持不变，这是由于几何梯度与释热梯度相互作用，使得截面积变化抵消了总温变化对马赫数的影响。

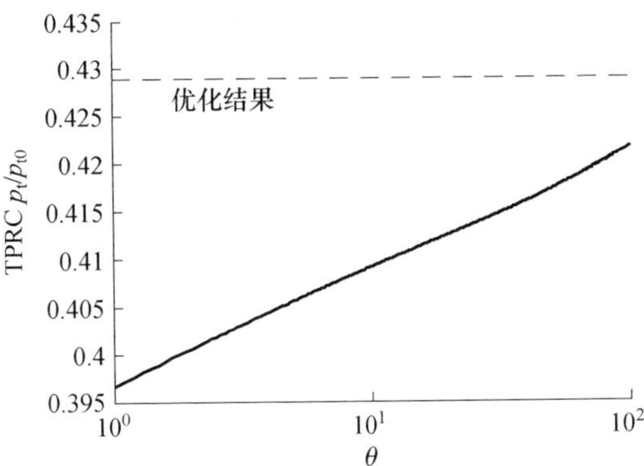

图 10－8　总压恢复系数随燃烧速率的变化

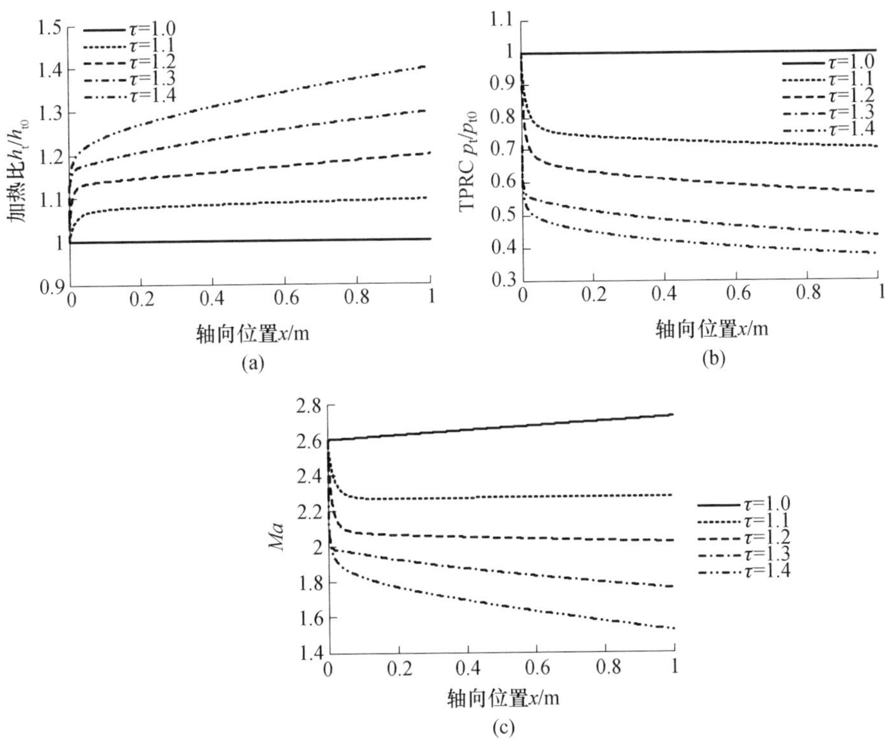

图 10－9　不同加热比条件下的最优结果

(a)释热分布;(b)燃烧室总压恢复系数;(c)燃烧室内气流马赫数。

10.3 超声速燃烧最优释热规律特性分析

基于最优控制理论得到的必要条件,可以判断为局部情况下的极值,但是,对于最优解在取值域边界的最优控制问题,应用 MATLAB 中的 BVP 工具箱通常无法求解。这一方面涉及算法本身;另一方面由于本问题控制方程的强非线性特征以及跨声速点计算可能出现的奇异性问题,使得最优释热分布问题的求解非常困难。显然,在本章定义的最优控制问题中,若释热在初始位置的单点释热可以实现理论上最佳的总压恢复系数,这就是最优解在取值域边界的例子。一般应用间接法很难在系统方程刚性较强时得到这种结果。但是,图 10-9 所示的释热规律在物理上无法实现,而例如图 10-6 所示的局部极值的最优解,尽管其不是全局最优解,但在物理意义上较为明确,更具有实际的理论意义和工程价值。

基于图 10-9 所示的最优释热分布结果,在当量比为 1.2、1.3 和 1.4 时对控制量分别进行一次微分和二次微分,得到相应的结果如图 10-10 和图 10-11 所示。可以看到,不同当量比条件下,扩张通道的最优释热分布的一阶与二阶微分特征参数呈现非常相近的分布形式。其中,加热比为 1.4 时,一阶特征参数在初始位置由 90 左右开始急速下降,在 0.1m 接近 0 值并维持至终点;二阶特征参数在初始位置由 -29 左右开始急速上升,在 0.05m 左右接近 0 值并维持至终点。

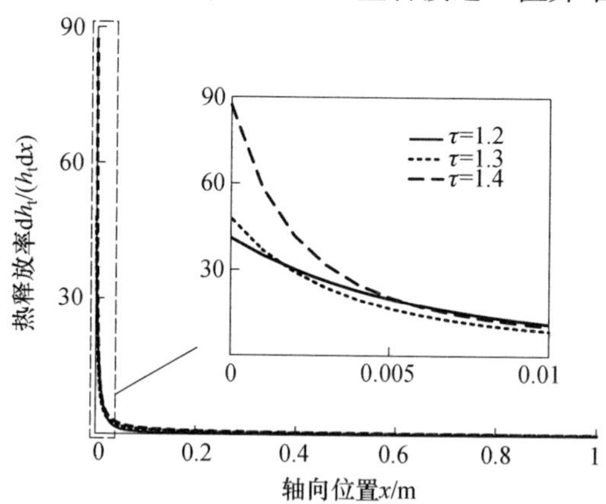

图 10-10 不同加热比条件下的一阶最优相对释热速率

将相应参数的总焓值代入一阶和二阶特征参数,计算得到相应的总焓一阶微分的取值范围和二阶微分的取值范围分别为$[0, c^+]$与$[c^-, 0]$,其中c^+和c^-需要根据特定的发动机工况进行选择,其取值分别为$[10^4, 10^5]$与$[-10^5, -10^4]$的量级。这也提供了一种新的对释热分布的建模方式,即同时限定发动机内总焓分

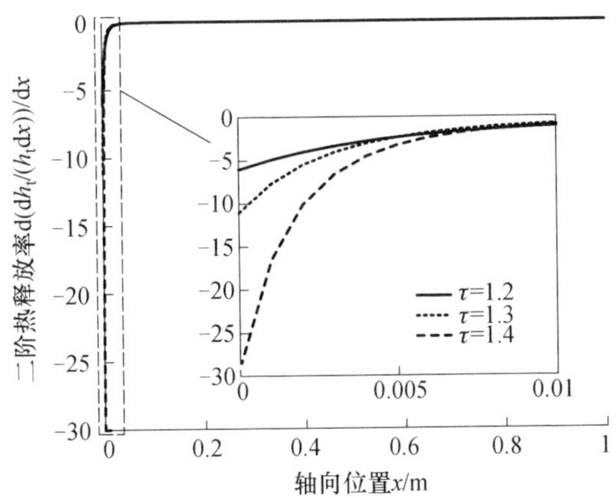

图 10-11　不同加热比条件下的二阶最优相对释热速率

布的一阶与二阶导数,使其在满足实际物理意义的条件下,尽可能与本章中所计算得到的最优释热规律有一致的形式。

10.4　内型线与释热分布耦合最优控制

考虑系统控制方程式(10-57)中出现的总焓分布的零阶和一阶导数,以及沿流动方向截面积分布的零阶和一阶导数:

$$\begin{bmatrix}\dot{A}\\ \dot{h}_t\\ \dot{Ma}\\ \dot{p}\\ \dot{p}_t\end{bmatrix}=\begin{bmatrix}\xi A\\ \zeta h_t\\ \dfrac{Ma}{1-Ma^2}\left(1+\dfrac{k-1}{2}Ma^2\right)\left(-\xi+\dfrac{1+kMa^2}{2}\zeta\right)\\ \dfrac{kpMa^2}{1-Ma^2}\left[\xi-\left(1+\dfrac{k-1}{2}Ma^2\right)\zeta\right]\\ -p_t\dfrac{kMa^2}{2}\zeta\end{bmatrix} \tag{10-57}$$

选择控制量 $\boldsymbol{u}=[\xi,\ \zeta]^{\mathrm{T}}$,其中 ξ、ζ 是关于 $t\in[t_0,\ t_f]$ 的函数,且有

$$\xi=\dot{A} \tag{10-58}$$

$$\zeta=\dot{h}_t \tag{10-59}$$

如此选择的原因是:①为了更好地构建常微分方程;②为了不出现控制量的一阶微分形式。对于一个真实的超声速燃烧过程,释热过程是一个受限过程,如释热

速率受到化学反应、掺混等过程的限制。所以，补增新变量：

$$\beta = \dot{h}_t \tag{10-60}$$

补增这个变量的原因，一是为了符合常微分方程组的形式，二是为了方便进行约束。由式(10－59)和式(10－60)可得

$$\zeta = \dot{\beta} \tag{10-61}$$

对于释热的约束，同样限定释热总量：

$$h_t(t_f) - h_t(t_0) = \delta h_t \tag{10-62}$$

由于实际的燃烧，释热不可能发生在一点或沿流动方向很短的一段区域，分布式参数特征，特别是超声速燃烧。在实际的燃烧中，释热强度沿流场方向越来越弱。所以，提出对释热一阶和二阶的约束：

$$0 \leqslant \beta \tag{10-63}$$

$$\zeta_{min} \leqslant \zeta \leqslant 0 \tag{10-64}$$

基于10.3节对最优释热分布的结论，以及相关的试验测量和仿真结果[8]，将ζ_{min}设定为－30000左右。实际上，如此构造释热分布的形式并不是为了找到其最佳形式，而是尝试在一个可行域中去优化释热分布，且这个可行域尽可能使工程上可以实现。本书主要关注释热耦合的优化与选择的可行域内配置。此外，这种形式在求解过程中可能会带来由双积分系统产生的奇异性问题，该问题将在后面的分析中会详细讨论。

将式(10－58)、式(10－60)和式(10－61)代入式(10－65)和式(10－66)，得

$$\frac{\dot{Ma}}{Ma} = \frac{1}{1-Ma^2}\left(1+\frac{k-1}{2}Ma^2\right)\left(-\frac{\dot{A}}{A}+\frac{1+kMa^2}{2}\frac{\dot{h}_t}{h_t}\right) \tag{10-65}$$

$$\frac{\dot{p}}{p} = \frac{kMa^2}{1-Ma^2}\frac{\dot{A}}{A} - \frac{kMa^2}{1-Ma^2}\left(1+\frac{k-1}{2}Ma^2\right)\frac{\dot{h}_t}{h_t} \tag{10-66}$$

进行联立可以得到系统控制方程 $\dot{\boldsymbol{x}} = f(\boldsymbol{x},\boldsymbol{u})$，即

$$\begin{bmatrix} \dot{A} \\ \dot{Ma} \\ \dot{p} \\ \dot{h}_t \\ \dot{\beta} \end{bmatrix} = \begin{bmatrix} \xi \\ \dfrac{Ma}{1-Ma^2}\left(1+\dfrac{k-1}{2}Ma^2\right)\left(-\dfrac{\xi}{A}+\dfrac{1+kMa^2}{2}\dfrac{\beta}{h_t}\right) \\ \dfrac{kpMa^2}{1-Ma^2}\left[\dfrac{\xi}{A}-\left(1+\dfrac{k-1}{2}Ma^2\right)\dfrac{\beta}{h_t}\right] \\ \beta \\ \zeta \end{bmatrix} \tag{10-67}$$

式中　$\boldsymbol{x} = [A, Ma, P, h_t, \beta]^T$——系统状态向量；

$\boldsymbol{u} = [\xi, \zeta]^T$——系统控制向量；

A、M、p、h_t、β、ξ 和 ζ——关于 $t \in [t_0, t_f]$ 的函数。

如此构造的常微分方程组避免了可能出现的隐式形式在方程求解过程中的麻烦，也使得在后面讨论加入约束条件时说明其明确的物理意义。

仍然选择燃烧室总压恢复系数作为指标函数：

$$\ln \frac{p_t(t_f)}{p_t(t_0)} = -\frac{1}{2}\int_{t_0}^{t_f} kMa^2 \frac{\dot{h}_t}{h_t} \mathrm{d}t \tag{10-68}$$

将式(10-60)代入式(10-68)，得到积分型指标函数，即

$$J(Ma, h_t, \beta) = -\frac{1}{2}\int_{t_0}^{t_f} kMa^2 \frac{\beta}{h_t} \mathrm{d}t \tag{10-69}$$

系统的初始条件：通过给定飞行马赫数和飞行动压，根据 US - Standard - Atmosphere 大气参数数据库[9]，并设定进气道总压恢复系数和进气道出口马赫数（简化超声速进气道），便可得到燃烧室入口参数：

$$\begin{cases} Ma(t_0) = Ma_0 \\ p(t_0) = p_0 \\ h_t(t_0) = h_{t0} \end{cases} \tag{10-70}$$

给定燃烧室长度 $l = t_f - t_0$ 和燃烧室入口面积，有

$$\begin{cases} A(t_0) = A_0 = 0.01(\mathrm{m}^2) \\ t_0 = 0 \\ t_f = 1(\mathrm{m}) \end{cases} \tag{10-71}$$

系统的约束条件如下：

（1）只考虑超声速燃烧模态，即

$$Ma(t) \geqslant 1 \tag{10-72}$$

（2）超温保护约束实质上是约束发动机燃烧室内的最高静温上限，即

$$T(Ma(t), h_t(t)) \leqslant T_{\max} \tag{10-73}$$

（3）对于静压约束，一个超声速燃烧室在低马赫数入口条件下容易发生燃烧室压力骤增导致的不起动现象，但这种现象出现的可能性随着入口马赫数的增高而显著降低。根据地面试验结果和一些仿真数据[10]，在飞行马赫数为 6 ~ 8 的状态下，一般将不起动裕度设置为最燃烧室增压比不超过 5，即

$$\frac{p(t)}{p_0} \leqslant 5 \tag{10-74}$$

(4) 为了避免出现在优化过程中,为了追求燃烧室高性能的目标而将燃烧室静压过度降低,导致在优化中容易出现的发动机出口静压低于环境压力的违背实际状态的情况,设定燃烧室出口静压 10 倍于环境压力,以保证实际运行时喷管的正常工作要求,即

$$\frac{p(t)}{p_\infty} \geqslant 10 \tag{10-75}$$

式中 p_∞——大气环境压力(Pa)。

系统控制量和状态量的约束如表 10-1 所列。

表 10-1 释热有约束时的边界条件和约束

变量类型	长度	控制变量		状态变量				
	t/m	ξ/(1/m)	ζ/(K/m²)	A/m²	Ma	p/Pa	h_t/J	β/(K/m)
初值	t_0	—	—	A_0	Ma_0	p_0	h_{t0}	—
终值	t_f	—	—	—	—	—	h_{tf}	—
最小	t_0	—	ζ_{min}	A_0	1	$10p_\infty$	h_{t0}	0
最大	t_f	—	0	—		$5p_0$	h_{tf}	—

应用跨声速计算的方法,引入变量 W,则系统控制量变为 $\boldsymbol{x} = [A,\ W,\ P,\ h_t,\ \beta]^T$,系统控制方程为

$$\dot{\boldsymbol{x}} = \begin{bmatrix} \dot{A} \\ \dot{W} \\ \dot{p} \\ \dot{h}_t \\ \dot{\beta} \end{bmatrix} = \begin{bmatrix} \xi \\ f_1(A,W,h_t,\beta,\xi) \\ f_2(A,W,P,h_t,\beta,\xi) \\ \beta \\ \zeta \end{bmatrix} \tag{10-76}$$

其中

$$f_1(A,W,h_t,\beta,\xi) = \frac{(1+\sqrt{1-W})[2+(k-1)(1+\sqrt{1-W})^2]}{2+\sqrt{1-W}} \left(-\frac{\xi}{A} + \frac{1+k(1+\sqrt{1-W})^2}{2}\frac{\beta}{h_t}\right) \tag{10-77}$$

$$f_2(A,W,p,h_t,\beta,\xi)=kp\frac{(1+\sqrt{1-W})^2}{1-(1+\sqrt{1-W})^2}\left(\frac{\xi}{A}-\left(1+\frac{k-1}{2}(1+\sqrt{1-W})^2\right)\frac{\beta}{h_t}\right) \tag{10-78}$$

最后,系统的指标函数也可以改写为

$$J=\int_{t_0}^{t_f}f_3(W,h_t,\beta)\mathrm{d}t \tag{10-79}$$

其中

$$f_3(W,h_t,\beta)=-\frac{k}{2}(1+\sqrt{1-W})^2\frac{\beta}{h_t} \tag{10-80}$$

值得注意的是,式(10－60)与式(10－61)使得系统的控制方程成为一个双积分系统,有可能带来另一种奇异性问题[11]。奇异最优控制问题广泛存在于航空航天领域中分析线性定常系统的时间最优控制和燃料最优控制问题中,需要在求解过程中加入逐次微分过程。由最优控制理论,哈密顿函数相对最优控制取极小值的必要条件(Legendre－Clebsh 凸性条件)为

$$\boldsymbol{H}_u\overset{\text{def}}{=}\frac{\partial H}{\partial\boldsymbol{u}}=0 \tag{10-81}$$

$$\boldsymbol{H}_{uu}\overset{\text{def}}{=}\frac{\partial^2 H}{\partial\boldsymbol{u}^2}\geqslant 0 \tag{10-82}$$

哈密顿函数相对最优控制取极小值的充分条件(强化的 Legendre－Clebsh 条件)为

$$\boldsymbol{H}_{uu}\overset{\text{def}}{=}\frac{\partial^2 H}{\partial\boldsymbol{u}^2}>0 \tag{10-83}$$

若存在定义域上的某一区间使得

$$\det(\boldsymbol{H}_{uu})=0 \tag{10-84}$$

或者 $\boldsymbol{H}_{uu}$ 非负定,则最优控制问题为奇异形式的。奇异最优控制相对应的最优结果称为奇异弧。根据式(10－76)可以得到哈密顿函数,即

$$H(\boldsymbol{x},\boldsymbol{u},\boldsymbol{\lambda})=f_3+\boldsymbol{\lambda}\cdot\dot{\boldsymbol{x}}=f_3+\lambda_1\xi+\lambda_2 f_1+\lambda_3 f_2+\lambda_4\beta+\lambda_5\zeta \tag{10-85}$$

式中　$\boldsymbol{\lambda}$——拉格朗日乘子向量 $\boldsymbol{\lambda}=[\lambda_1,\ \lambda_2,\ \lambda_3,\ \lambda_4,\ \lambda_5]^{\mathrm{T}}$——关于 $t\in[t_0,\ t_f]$ 的函数。

若以 $\boldsymbol{u}^*$ 和 $\boldsymbol{x}^*$ 表示最优控制问题的最优解以及其向对应的最优状态分布,那么基于最优控制理论对最优解的必要条件,有

$$\dot{\boldsymbol{x}}^*=\frac{\partial H(\boldsymbol{x}^*,\boldsymbol{u}^*,\boldsymbol{\lambda}^*)}{\partial\boldsymbol{\lambda}} \tag{10-86}$$

$$\dot{\boldsymbol{\lambda}}^* = -\frac{\partial H(\boldsymbol{x}^*, \boldsymbol{u}^*, \boldsymbol{\lambda}^*)}{\partial \boldsymbol{x}} \tag{10-87}$$

$$\frac{\partial H(\boldsymbol{x}^*, \boldsymbol{u}^*, \boldsymbol{\lambda}^*)}{\partial \boldsymbol{u}} = 0 \tag{10-88}$$

以及上述的边界条件。对于本问题中的哈密顿函数，得

$$\frac{\partial H(\boldsymbol{x}, \boldsymbol{u}, \boldsymbol{\lambda})}{\partial \boldsymbol{u}} = \begin{bmatrix} \lambda_1 + \lambda_2 \dfrac{\partial f_1}{\partial u_1} + \lambda_3 \dfrac{\partial f_2}{\partial u_1} \\ \lambda_5 \end{bmatrix} \tag{10-89}$$

式(10－89)对控制量再次微分，得

$$\det(\boldsymbol{H}_{uu}) = \begin{vmatrix} \lambda_2 \dfrac{\partial^2 f_1}{\partial u_1^2} + \lambda_3 \dfrac{\partial^2 f_2}{\partial u_1^2} & \lambda_2 \dfrac{\partial^2 f_1}{\partial u_1 \partial u_2} + \lambda_3 \dfrac{\partial^2 f_2}{\partial u_1 \partial u_2} \\ \lambda_2 \dfrac{\partial^2 f_1}{\partial u_1 \partial u_2} + \lambda_3 \dfrac{\partial^2 f_2}{\partial u_1 \partial u_2} & 0 \end{vmatrix} = \boldsymbol{0} \tag{10-90}$$

显然，$\boldsymbol{H}_{uu}$是一个非负定矩阵，即本控制问题满足典型奇异控制问题的必要条件。为了求解这个问题，哈密顿函数可以改写为

$$H = g_1(\boldsymbol{x}, \boldsymbol{\lambda}) u_1 + g_2(\boldsymbol{x}, \boldsymbol{\lambda}) u_2 + l(\boldsymbol{x}, \boldsymbol{\lambda}) \tag{10-91}$$

其中

$$g_1(\boldsymbol{x}, \boldsymbol{\lambda}) = \lambda_1 - \frac{\lambda_2}{x_1} \frac{(1+\sqrt{1-x_2})[2+(k-1)(1+\sqrt{1-x_2})^2]}{2+\sqrt{1-x_2}} + \frac{\lambda_3}{x_1} \frac{k(1+\sqrt{1-x_2})^2}{1-(1+\sqrt{1-x_2})^2} \tag{10-92}$$

$$g_2(\boldsymbol{x}, \boldsymbol{\lambda}) = \lambda_5 \equiv \boldsymbol{0} \tag{10-93}$$

当$g_i(\boldsymbol{x}, \boldsymbol{\lambda}) \equiv 0$，$\forall t \in [t_1, t_2] \subseteq [t_0, t_f]$，$i = 1, 2$时，最优控制问题为奇异形式。此时，有

$$\dot{g}_i(\boldsymbol{x}, \boldsymbol{\lambda}) i \equiv 0, \quad \dot{g}_i(\boldsymbol{x}, \boldsymbol{\lambda}) \equiv 0, \quad g_i(\boldsymbol{x}, \boldsymbol{\lambda}) \equiv 0, \cdots t \in [t_1, t_2] \tag{10-94}$$

逐次进行求导后，控制量将会出现在某阶导数中，通常会第一次出现在偶次求导后。此时可以确定发生奇异时的最优控制，求出相应的奇异弧，其应该满足下面的必要条件[12]：

$$\begin{cases} g_i^{(2k)}(\boldsymbol{x}^*, \boldsymbol{u}^*, \boldsymbol{\lambda}^*) \equiv \boldsymbol{0} \\ g_i^{(2k-1)}(\boldsymbol{x}^*, \boldsymbol{u}^*, \boldsymbol{\lambda}^*) \equiv \boldsymbol{0} \\ \vdots \\ \dot{g}_i(\boldsymbol{x}^*, \boldsymbol{u}^*, \boldsymbol{\lambda}^*) \equiv \boldsymbol{0} \\ \dot{g}_i(\boldsymbol{x}^*, \boldsymbol{u}^*, \boldsymbol{\lambda}^*) \equiv \boldsymbol{0} \end{cases} \tag{10-95}$$

若最优控制问题的终端 t 自由，上述必要条件还需要附加

$$\boldsymbol{H}=g(\boldsymbol{x}^{*},\boldsymbol{\lambda}^{*})\equiv\boldsymbol{0} \tag{10-96}$$

考虑一个以超燃冲压发动机推进的飞/推系统以 $Ma8$ 的速度飞行在 60kPa 动压线上，设超声速进气道总压恢复系数为 0.5，发动机燃烧室当量比为 1，燃料完全燃烧。设燃烧室超温边界为 3500K，其他约束和边界条件如表 10-2 所列。

表 10-2　边界与约束条件

变量类型	长度	控制变量		状态变量				
	t/m	ξ/(1/m)	ζ/(K/m^2)	A/m^2	Ma	p/Pa	h_t/J	β/(K/m)
初值	0	—	—	0.01	-8	16969	9.367	—
终值	1	—	—	—	—	—	18.685	—
最小	0	—	-30000	0.01	1	3493	9.367	0
最大	1	—	0	—	—	84844	18.685	10000

应用高斯伪谱法求解燃烧室内型线与释热分布耦合最优控制问题，得到最优的燃烧室内型线和释热分布，以及其他状态参数的相应的分布，如图 10-12(a) 所示的最优的热释分布是由图 10-12(b) 所示的控制变量 ζ 经过二次积分得到的。可以看到，作为释热总量边值条件的总加热比 h_{tf}/h_{t0} 为 1.9885。

图 10-12(c) 所示的最优的热释分布是由图 10-12(d) 所示的控制量 ζ 经过 y 一次积分得到的，最终的扩张比为 1.8405。在图 10-12 (c) 中，最优的内型线经过两次拐点，分别标记为点 a 和点 b，相应的位置为 $x_a=0.291$m 和 $x_b=0.291$m，并在其他参数的结果图中于相应的燃烧室轴向位置进行标注。可以看到，最优的内型线由四个阶段组成：首先为一段 0.291m 的等直通道，随后以 8.69 的梯度扩张 0.137m，以 10.11 的梯度继续扩张，扩张角逐渐减小，在 $x=0.716$m 位置梯度减小到 0，并以等直通道形式保持到燃烧室出口。值得注意的是，系统对触及约束边界的控制是通过内型线调节的，而非释热。

相应的马赫数分布如图 10-12(e) 所示，入口马赫数为 4，逐渐减小至点 b 达到最小值为 1.51。之后稍有升高后维持一个常值到燃烧室出口。马赫分布在点 a、b 相应的位置也存在不光滑。点 a 与点 b 处出现不光滑的原因是因为系统在此处触及约束边界，需要对控制量进行调节。其中，点 a 处由于燃烧室在等直通道内进行超声速燃烧，初始马赫数较大，使得压力骤增触及不起动边界，如图 10-12 (f) 所示。随后，燃烧室为了保持最大的性能需要维持等压燃烧至点 b 位置。通过对控制量的控制实现等压燃烧在内型线上较为明显，而由于对释热二阶微分的控制，经过两次积分后并不十分直观。等压燃烧至点 b 触及第二个约束，即超温约束。

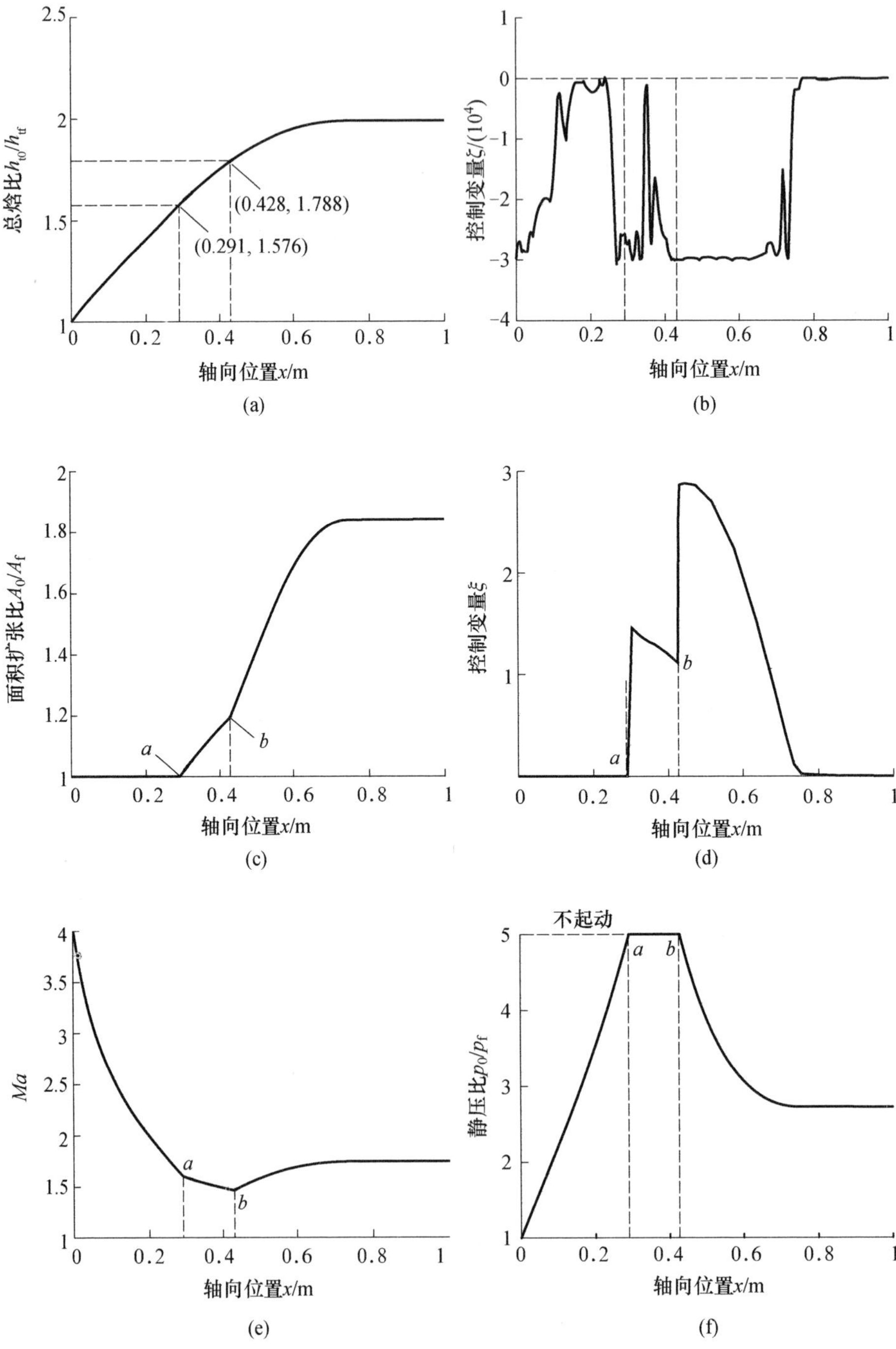
2.5
2
1.5
1
总焓比h_{t0}/h_{tf}
(0.428, 1.788)
(0.291, 1.576)
0
0.2
0.4
0.6
0.8
1
轴向位置x/m
(a)
1
0
-1
-2
-3
-4
控制变量ξ/(10⁴)
轴向位置x/m
(b)
2
1.8
1.6
1.4
1.2
1
面积扩张比A_0/A_f
a
b
轴向位置x/m
(c)
3
2
1
控制变量ξ
a
b
轴向位置x/m
(d)
4
3.5
3
2.5
2
1.5
1
Ma
a
b
轴向位置x/m
(e)
不起动
5
4
3
2
1
静压比p_0/p_f
a
b
轴向位置x/m
(f)

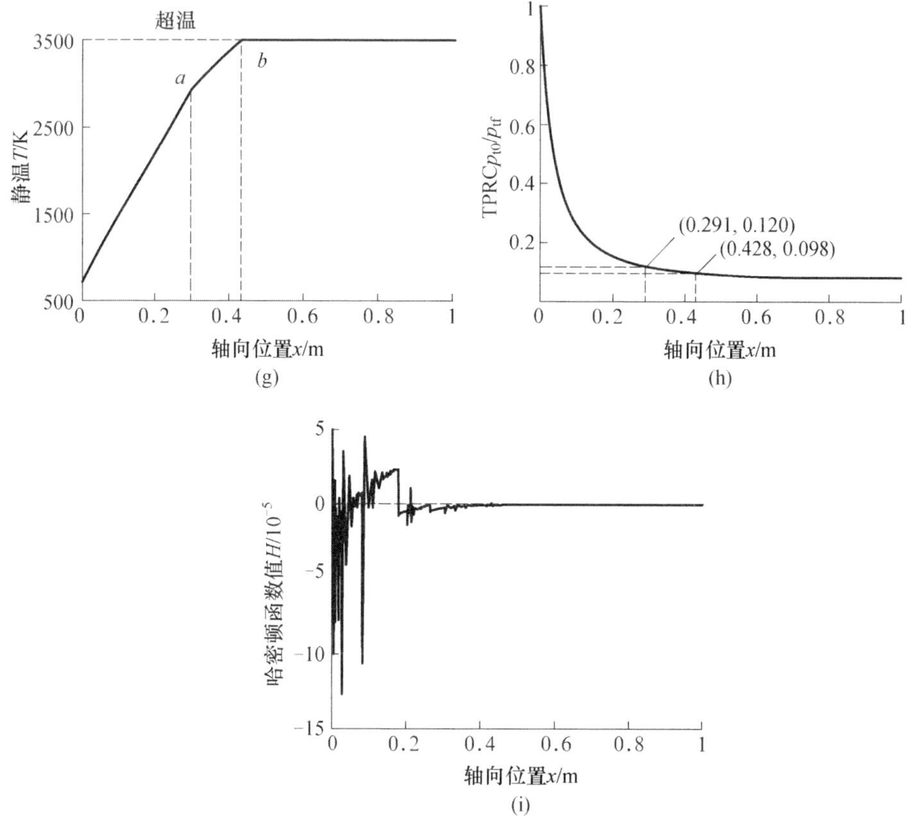

图 10－12　耦合最优控制问题的计算结果

(a)总焓比;(b)控制变量 ζ;(c)扩张比;(d)控制变量 ξ;(e)马赫数;(f)静压比;(g)静温;(h)总压恢复系数;(i)哈密顿函数值。

如图 10－12(g)所示,燃烧室静温在点 b 处达到上限的 3500K。此后,超温约束作为系统优化的主导约束,需要一直维持到燃烧室出口,此时,由于燃烧室内型线继续扩大,使得系统远离不起动边界。图 10－12(h)给出了燃烧室总压恢复系数的分布。可以看到,总压恢复系数在释热较强、马赫数较高的初始阶段下降得非常快,在点 a 处为 0.120。经过等压燃烧后在点 b 处为 0.098,再经过等温燃烧后,在燃烧室出口为 0.081。为了验证计算的准确性,图 10－12(i)给出了哈密顿函数的取值分布。

从上述结果可以看到,实现最大总压恢复系数的超声速燃烧室需要内型线与释热分布的共同控制。基于此结果推论,最优的超声速燃烧过程一般包含四个阶段:等截面燃烧、等压燃烧、等温燃烧和理论上有可能出现的等马赫数燃烧。从热力循环的角度分析,在理想状态下其循环效率从大到小依次应为等截面燃烧、等压燃烧、等马赫数燃烧和等温燃烧[13]。所以,等截面燃烧室超声速燃烧的主要释热区,由于一般的超声速燃烧室不存在渐缩型内型线,使得等截面燃烧可以最大程度上保持气流的总压恢复系数。由于等直通道的理想超声速燃烧性能与释热分布无关,从控制理论的角度来说,等直通道内的超声速燃烧具有较强的鲁棒性。所以,在马赫数较高以及释热较强的区域应该使用等截面燃烧。超燃冲压发动机的进气道不起动边界会随着飞行马赫数的增大而逐渐减弱,所以燃烧室中是否存在等压燃烧过程取决于实际的飞行状态和发动机工况,但就本书的假设条件下,在大量的仿真计算中,由于燃烧室的前端释热较强,等压燃烧往往出现在等温燃烧之前。在大当量比工况下的超声速燃烧室中,一般都会触及超温边界。从发动机设计的角度来说,这也是制约超燃冲压发动机性能的一个重要的约束条件。飞/推系统飞行马赫数越高,可实现正推力所需要的最小当量比就越大,则发动机燃烧室内的温度就会越高。虽然通过热力循环分析也可以得到类似的结果,但基于多变量最优控制的理论分析仍然具有理论评估和工程实践的意义。

从以上结果可以看出,双模态超燃冲压发动机的最优设计与控制很大程度上受到边界条件和约束的限制。那么,本书着重分析以下三个重要参数对超声速燃烧室最优控制问题的影响:燃烧室入口马赫数、发动机当量比和燃烧室超温边界。这三个参数分别代表飞行条件、发动机工作状态和飞/推系统的保护约束。由于本问题中,燃烧释热为控制量的二次积分状态,并且由上面的最优结果可以发现,对于所触及的不起动边界和超温边界,发动机内部的优化结果很大程度上体现在发动机内型线的优化上。而对于释热分布的最优结果,其二阶微分并没有在触及约束边界时有很明显的变化,可以认为释热分布配和相应的最优内型线以达到最优的燃烧室性能。

接下来分析上述问题对燃烧室性能的影响,以及对燃烧室内型线最终扩张比的影响。当燃烧室当量比为1,超温边界为3000K,求解不同燃烧室来流马赫数。

图10-13给出了最优结果,由于超温边界下降了500K,在等直通道燃烧室的燃烧过程会更快地触及超温边界。在这种情况下,超声速燃烧室只包含两种特征过程,即等截面燃烧和等温燃烧,不包含等压燃烧过程。随着燃烧室入口马赫数的增大,在3000K的超温边界上,最优的燃烧室最终扩张比近似线性增大,如图10-13(a)相应的燃烧室总压恢复系数也随着马赫数的增大逐渐减小,但由于马赫数和扩张角同时增大的原因,其变化规律属于一个二阶非线性的过程,如图10-13(b)所示。可以看到,超声速燃烧室入口马赫数在较低时的稍有提高,其对燃烧室性能的抑制较大。

接下来考虑发动机当量比的变化对最优结果的影响。随着当量比的逐渐增大,燃烧室最终扩张比二阶形式增大,如图10-14(a)所示,而燃烧室总压恢复系

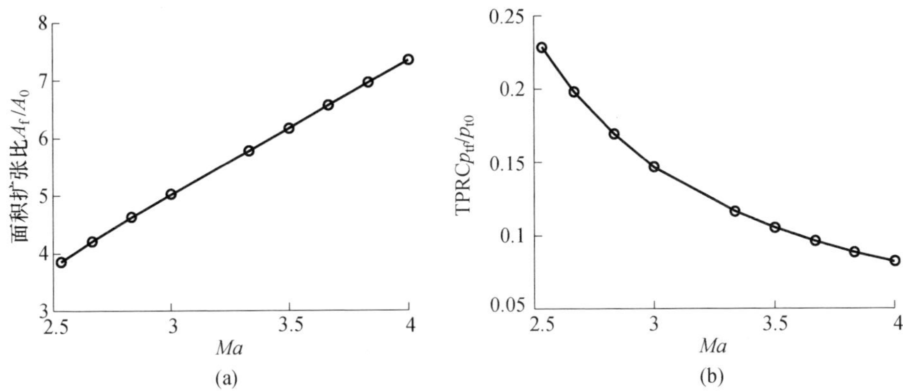

图10-13 不同燃烧室入口马赫数条件下的最优结果
(a)燃烧室总扩张比;(b)燃烧室总压恢复系数。

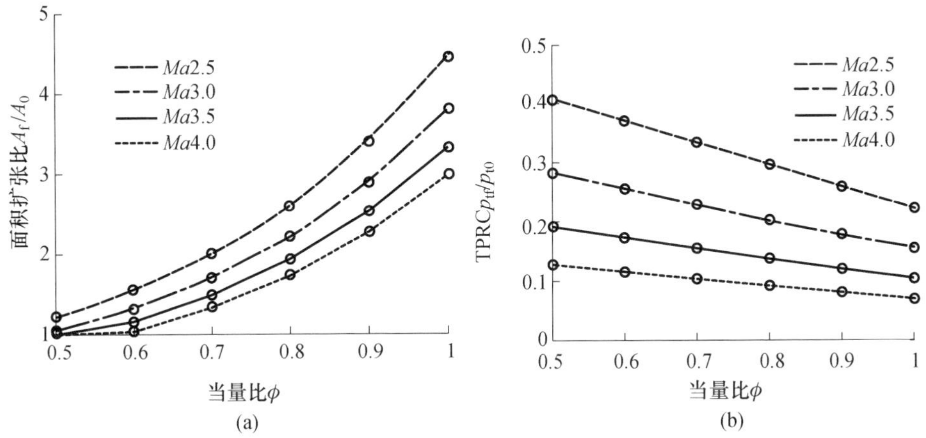

图10-14 不同当量比和燃烧室入口马赫数条件下的最优结果
(a)燃烧室总扩张比;(b)燃烧室总压恢复系数。

数则近似线性减小,如图10-14(b)所示。燃烧室入口马赫数越大,当量比越小,则燃烧室最终扩张比越小;燃烧室入口马赫数越大,当量比越大,燃烧室总压恢复系数越小。可以发现,通过降低燃烧室入口马赫数和降低发动机当量比来提高燃烧室的总压恢复系数。与本书中对亚燃冲压发动机的研究一样,燃烧室的总压恢复系数表征的是发动机的比冲性能而非推力性能。换句话说,即经济性而非推进性能。在本计算中,进气道不起动边界对于所有的工况点都未曾触及。大部分工况都触及了超温保护边界,除了 *Ma*4,当量比为0.5和0.6时。可见,对于一个工作在高马赫数和低当量比的超燃冲压发动机,其燃烧室的设计可以趋近于等截面燃烧室。

那么,考虑固定燃烧室入口马赫数为4,计算不同的超温边界和当量比对最优控制问题的影响。图10-15给出了计算得到的最优结果。随着超温边界的增大,如图10-15(a)所示,燃烧室在相同当量比工况下,不需要很大的扩张比以降低燃烧室内的温度,燃烧室的最终扩张比逐渐减小。当超温边界为3500K与3750K时,若当量比不超过0.8,则超温边界不会触及。可见,若提高燃烧室材料的耐热性或以其他方式提高燃烧室的超温边界,可以很大程度上减小超声速燃烧室的扩张比。但随着超温边界的增大,燃烧室的总压恢复系数线性减小,如图10-15(b)所示。

当超温边界为2750K,当量比为1时,若燃烧室的超温边界提高1000K,则发动机最优的总压恢复系数性能可以提高40%。在图10-15(b)中,当超温边界为3750K,当量比为0.7和0.8时,以及超温边界为3500K,当量比为0.7时,这三个工况都未触及响应的燃烧室超温边界,其总压恢复系数性能与较低的超温边界条件下相应当量比的工况相同。那么,燃烧室超温边界不仅是一个系统的保护约束,从上述分析可见,它还是一个权衡燃烧室性能与安全的权衡指标。

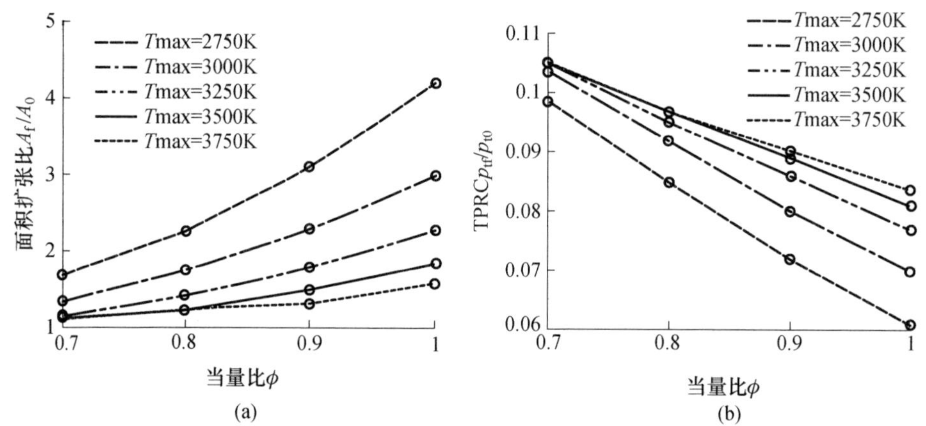

图10-15 不同当量比和超温边界条件下的最优结果

(a)燃烧室总扩张比;(b)燃烧室总压恢复系数。

根据上述分析可以发现,在较强的释热约束下,讨论超声速燃烧室的内结构设计,可以有效地提高推进性能、规避风险,明确各边界和约束被触及的状态规律。那么,也可以根据调整约束条件,控制发动机内部燃烧流动的模式和状态,以便发动机控制或降低飞行安全风险。例如,当超温边界大于3000K,不起动边界将会被触及,此时燃烧过程将包含等压燃烧过程。若降低燃烧室扩张比,则最优的结果中等压燃烧过程将持续更长的阶段,甚至完全消除等温燃烧过程,例如$\sigma=1$,$T_{max}=3750K$的工况。

同时,由上述分析也可以看到,如果可以提高发动机燃烧室内的超温边界,将显著提升发动机的总压恢复系数,进而得到更好的推进性能。这也从另一个角度说明了当前为提高燃烧室耐温性能而广泛开展的燃烧室主动/被动热防护研究工作的重要性。

10.5 小结

本章基于最优控制理论,以总压恢复系数为性能指标,总焓增量为约束,构建理想超声速燃烧释热最优控制问题。以间接法和微分降阶法求解奇异性的微分代数方程,结果表明,最优释热分布都是在燃烧区域内使总温单调升高,且前端梯度较大,而后逐渐减小再以近似恒定的梯度直至燃烧室出口。对不同当量比条件下,扩张通道的最优释热分布的一阶与二阶微分特征参数呈现非常相近的分布形式。基于对典型结构的超声速燃烧室的最优释热问题的建模方式,考虑超声速燃烧室内型线优化,构造了超声速燃烧的多变量最优控制问题,提出了一种新的释热分布建模形式。采用双积分系统给出超声速燃烧室的释热分布,并合理地对释热总量、释热梯度以及二阶释热速率进行约束。最后研究了飞行条件、发动机工作状态和飞/推系统的保护约束对最优控制问题的影响,针对不同的燃烧室入口马赫数、发动机当量比和燃烧室超温边界,研究了其对最优控制问题结果的影响。燃烧室超温边界不仅是一个系统的保护约束,而且是一个权衡燃烧室性能与安全的权衡指标。

参考文献

[1] Riggins D. The thermodynamic continuum of jet engine performance:The principle of lost work due to irreversibility in aerospace systems[J]. International Journal of Thermodynamics,2003,6(3):107 – 120.

[2] Hiraiwa T,Ito K,Sato S,et al. Recent progress in scramjet/combined cycle engines at JAXA,kakuda space center[J]. Acta Astronautica,2008,63(5):565 – 574.

[3] Winter F H,James G S. Highlights of 50 years of aerojet,a Pioneering American Rocket Company,1942 – 1992[J]. Acta Astronautica,1995,35(9):677 – 698.

[4] Curran E T,Heiser W H,Pratt D T. Fluid phenomena in scramjet combustion systems[J]. Annual Review of Fluid Mechanics,1996,28:323 – 360.

[5] Cristian H Birzer,Con J Doolan. Quasi – one – dimensional model of hydrogen – fueled scramjet combustors[J]. Journal of Propulsion and Power,2009,25(6):1220 – 1225.

[6] Sean M Torrez,James F Driscoll,Matthias Ihme,et al. Reduced – order modeling of turbulent reacting flows with application to ramjets and scramjets[J]. Journal of Propulsion and Power,2011,27(2):371 – 382.

[7] Shampine L F,Reichelt M W,Kierzenka J. Solving boundary value problems for ordinary differential equations

in MATLAB with bvp4c[M]. Hobplem:Wiley,2015.

[8] Micka Daniel J,Driscoll James F. Combustion characteristics of a dual – mode scramjet combustor with cavity flameholder[J]. Proceedings of the Combustion Institute,2009,32:2397 – 2404.

[9] Gordon C Oates. Standard atmosphere, aerothermodynamics of gas turbine and rocket propulsion[M]. New York: AIAA Education Series,1996.

[10] Bao W,Yang Q,Chang J,et al. Dynamic characteristics of combustion mode transitions in a strut – based scramjet combustor model[J]. Journal of Propulsion and Power,2013,29(5):1244 – 1248.

[11] Witte N S. Gap probabilities for double intervals in hermitian random matrix ensembles as tau – functions – spectrum singularity case[J]. Letters in Machtmatical Physics,2004,68(3):139 – 149.

[12] Bichi Sirajo Lawan,Eshkuvatov Z K,Long,et al. An accurate spline polynomial cubature formula for double integration with logarithmic singularity[C]//2nd International Conference on Mathematical Sciences and Statistics(ICMSS). Kuala Lumpur,MALAYSIA,2016.

[13] 朱也夫 B C, 马卡伦 B C. 冲压和火箭 – 冲压发动机远离[M]. 刘兴洲,译. 北京:国防工业出版社,1975.

第11章 吸气式高超声速飞行器的轨道优化问题

吸气式高超声速飞/推一体化的设计和控制问题要涉及飞行器的轨道设计与优化工作。轨道优化作为一个航空航天领域的经典问题一直以来受到学者的广泛关注[1-3]。近些年,一些有效的、新颖的方法拓展了轨道优化在处理飞行器性能评价、任务水平分析等相关方向的研究能力[4,5]。同时,与之相应的一些计算方法的开创,也使得在解决复杂轨道设计、评价多约束飞行任务等相关问题上得到更高效、更精确的结果[6]。在得到最优轨道的基础上施加必要的控制手段是处理飞/推系统飞行任务的常规做法,而这些控制往往又与选择的轨道相互影响。所以在设计吸气式飞行器轨道时,需要考虑发动机的需求和限制,有效地协调飞/推系统的性能耦合,进行统筹的控制。

一般的非组合吸气式飞行器,需要在较低动压条件下水平点火起飞,加速到较高的动压下巡航。加速过程需要克服低空的稠密大气爬升到高空以降低飞行器阻力开始巡航。如何选择轨道成为对吸气式高超声速飞行器设计及优化过程中不可回避的关键问题。对发动机而言,尤其是高超声速阶段的超声速燃烧模态下,可以提供的静推力很小,飞行条件的不确定性可能造成飞行器动力学不平衡、发动机进气道不启动甚至丧失推力等严重威胁飞行试验安全的状况。优化爬升轨道可以规避一系列飞行风险,并且加速过程中发动机往往不在设计点工作,造成很大的燃料消耗,如果能在满足性能需求的基础上节约燃料,便可以增加试验飞行的时间和航程。

在实际的飞行任务中,根据不同的任务需求会为飞行器选取不同的控制方式。以冲压发动机为推进系统的高超声速飞行器的飞行任务,一般都是以低速低空域开始并逐渐加速爬升到任务空域,进而开始下一阶段任务,如巡航或其他机动动作。加速过程对于吸气式飞行器是非常重要的,这主要因为吸气式飞行器的推进系统与火箭发动机有着本质的区别。火箭发动机在起飞初期几乎完全依靠发动机的推力产生升力(加速过程后,高速阶段升力由部分离心力提供,也有些型号会部分依赖于飞翼)。而吸气式飞行器,特别是冲压发动机推进的飞行器,在加速过程中，升力几乎都由机翼提供，换句话说，升力来源于飞行器与空气的相对速度，这使得冲压发动机的比冲远高于火箭发动机，而比推力则小于火箭发动机。吸气式飞行器更适合近地高超声速飞行，需要水平起飞，而火箭则需要垂直起飞。

11.1 考虑发动机推进机理的飞/推系统最优轨迹问题

11.1.1 面向轨迹优化控制的飞/推系统建模方法

针对给定的飞/推系统，在制定的飞行任务中以一定的性能指标为需求的轨迹最优化问题是一个经典的最优控制问题。一般地，根据飞行器和发动机的动力学模型，以及飞行空域的大气参数，结合具体的指标函数和飞行的起止状态，即可构建相应的最优控制问题，进而可以应用最优控制理论或非线性规划理论中的典型方法进行求解。

吸气式高超声速飞行器轨道优化工作一般将飞行任务分为上升段、巡航段和再入段，根据不同的任务需求轨道也有不同的相互组合。以上升段为例，高超声速飞行器上升段轨道优化是已知助推段结束时刻的飞行器状态，通过优化控制变量，产生一条满足某一性能指标最小的最优轨道，该问题本质上是含有复杂路径约束的非线性最优控制问题。

从控制理论和方法的角度来说，对于复杂动态系统的建模首先需要考虑建模的目的和意义。由于建模过程是对系统的物理、化学等过程的抽象的数学描述，为了明确和凸显所研究的问题，也为了使抽象后的问题尽可能简化，故而所建的模型会一定程度上忽略所关注问题中的非必要矛盾。在这种考虑下，针对吸气式飞/推系统的建模主要分为飞行器动力学建模和发动机建模两个部分。

1. 飞行器动力学建模

考虑一个典型的吸气式飞/推系统，其模型如图 11－1 所示。

针对吸气式高超声速飞行器在大气层内的飞行过程，在不考虑飞行器滚动的情况下，一般以五自由度表征其飞行姿态，即飞行高度 H、纵向航程 l_y、横向航程 l_x、航迹角 γ 和偏航角 β。轨迹优化问题需要考虑飞行姿态，以及飞行速度 v 和飞行器质量 M。上述七个状态即为飞/推系统的状态向量 $\boldsymbol{x}=[H, l_y, l_x, v, \gamma, \beta, M]^{\mathrm{T}}$，其中飞行器的质量变化可以间接体现发动机燃油消耗，即发动机的燃油当量比 ϕ。

在轨迹优化问题中，飞/推系统的可控变量包括飞行器的攻角 α 与发动机的燃油当量比 ϕ。轨迹优化问题中不涉及飞行器的攻角及其控制问题，只是规划在飞行过程中的飞行器攻角变化；而对发动机燃油当量比的控制可以间接地控制发动机的推力 F。此外，如果发动机内结构可以进行调节，如具有可调的进气道前

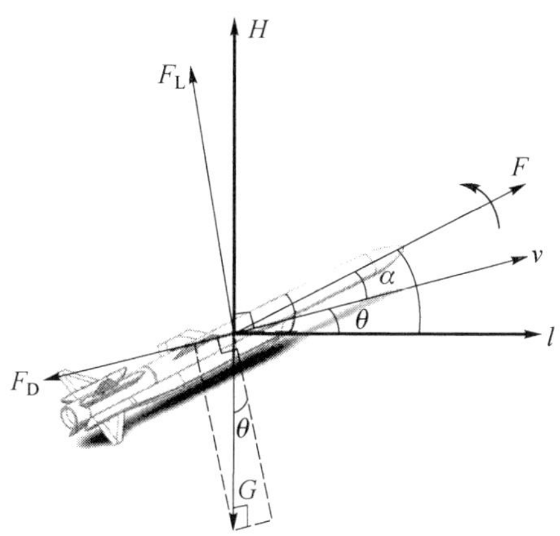

图 11－1　飞行器动力学模型示意图

体、燃烧室结构或尾喷管喉道截面积等，则飞/推系统将会增加相应的控制维度，当然也会使问题进一步复杂化。尽管如此，除了对攻角的控制，其他相关的控制量都属于对发动机的控制，即对发动机输出推力的控制，与飞行器并无直接的关系（假设不考虑进气道前体与半闭喷管结构改变对飞行器的阻力影响）。

那么，飞/推系统的动态控制方程可以由飞行器动力学得到，即

$$\begin{cases} \dot{H} = v\sin\gamma \\ \dot{l}_y = v\cos\gamma\cos\varphi \\ \dot{l}_x = -\cos\gamma\sin\varphi \\ \dot{v} = \dfrac{F\cos\alpha - F_D}{M} - g\sin\gamma \\ \dot{\gamma} = \dfrac{F\sin\alpha + F_L}{Mv}\cos\beta + \left(\dfrac{v}{r} - \dfrac{g}{v}\right)\cos\gamma \\ \dot{\varphi} = -\dfrac{F\sin\alpha + F_L}{Mv\cos\gamma}\sin\beta \\ \dot{M} = -\dfrac{F}{I_{sp}g} \end{cases} \tag{11-1}$$

式中　F_D——飞行器受到的阻力（(kg · m)/s^2）；

F——发动机推力（(kg · m)/s^2）；

g——重力加速度（m/s^2）；

F_L——飞行器受到的升力（(kg · m)/s^2）；

I_{sp}——发动机比冲(s);

r——地球半径(m)。

对于冲压发动机推进的飞行器,飞行速度一般在 $Ma2 \sim 10$ 之间,所以在针对以冲压发动机推进的飞/推系统轨迹优化问题中,对飞行器建模一般只考虑竖直平面的飞行过程,即

$$\begin{cases} \dot{H} = v\sin\gamma \\ \dot{l}_y = v\cos\gamma \\ \dot{v} = \dfrac{F\cos\alpha - F_D}{M} - g\sin\gamma \\ \dot{\gamma} = \dfrac{F\sin\alpha + F_L}{Mv}\cos\beta + \left(\dfrac{v}{r} - \dfrac{g}{v}\right)\cos\gamma \\ \dot{M} = -\dfrac{F}{I_{sp}g} \end{cases} \tag{11-2}$$

发动机的推力 F 可以根据所选发动机的具体情况,由发动机建模计算得到。飞行器的升力和阻力一般由以下公式计算得到,即

$$\begin{cases} F_L = p \cdot S \cdot C_L \\ F_D = p \cdot S \cdot C_D \end{cases} \tag{11-3}$$

式中 C_D——飞行器的阻力系数;

C_L——飞行器的升力系数;

S——飞行器的特征截面积(m^2),取决于所选飞行器的实际状态;

p——飞行器的动压(Pa),$p = \rho V^2/2$,大气密度 ρ 来源于常用的大气参数数据库,例如,US1973[7]。

本书对上述参数的选取基于文献[8]和文献[9],其对典型飞行器的 S 与 C_L、C_D 的关系进行了深入的研究,由 CFD 结果与飞行试验结果相互修正并拟合给出不同飞行状态的飞/推系统的升阻系数。

2. 发动机建模

发动机建模对于飞/推系统轨迹优化问题的研究,实质上是给出飞/推系统的推力模型。一般的研究中,飞/推系统所选的发动机推力常用推力系数表征。这种方法虽然适用于研究飞/推系统的跟踪控制问题,但是某种意义上忽略了发动机的工作机理,掩盖了在飞行轨迹优化中发动机性能对飞行器状态的影响。如果能够从发动机的机理角度构建发动机模型来表征发动机推力,将能够揭示在飞/推系统强耦合机制下,发动机控制对轨迹优化问题的作用机理。

作为飞/推系统的推进器，发动机狭义上只是对飞/推系统提供推力。但是，由于发动机不可避免地需要占用部分机体，甚至较飞行器本体增加了部分迎风面积，因此发动机在提供推力的同时也增加了飞行器的阻力。对于高超声速飞行器，由于飞行器的有效载荷较小，飞行器的迎风面积可能大部分来自于冲压发动机的进气道。此时，当讨论发动机建模时，需要严格定义发动机的有效推力和飞行器广义阻力之间的关系，否则有可能出现严重的设计错误。

在发动机建模方面，火箭发动机与吸气式发动机的最大不同点在于火箭发动机的推力只需要计算喷管出口气流产生的推力，而吸气式发动机两端开口，其推力计算较为复杂。一般的吸气式发动机的推力定义为，所有固壁湿表面所受到的力在轴线方向的合力。湿表面指发动机内流通道内所有与燃气气流接触的表面以及发动机外流与大气接触的表面。图 11－2 给出了简化的冲压发动机原理示意图，其中 sh 截面为进气道扩张段正激波位置。

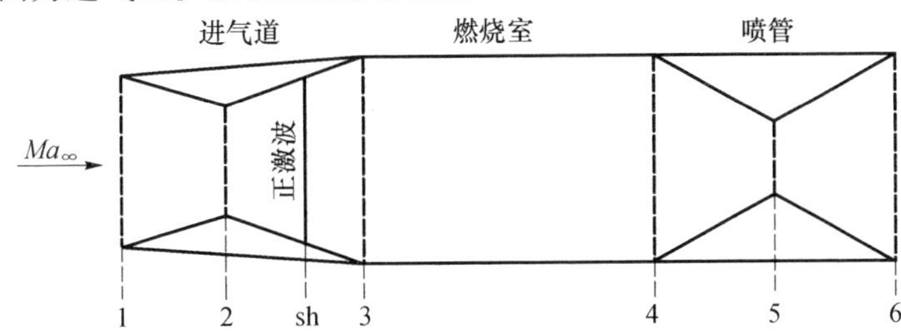

图 11－2　冲压发动机原理示意图

在包括冲压发动机在内的吸气式发动机领域，一般将推力 F 定义为[10]

$$F = (\dot{m}_a + \dot{m}_f)v_6 - \dot{m}_a v_0 + p_6 A_6 - p_0 A_6 \tag{11-4}$$

式中　m_a——发动机进气道的捕获质量流量（kg/s）；

m_f——发动机燃油流量（kg/s）；

A_6——发动机喷管出口的截面面积（m^2）；

p_0——大气环境静压（Pa）；

p_6——发动机喷管出口静压（Pa）；

v_0——飞行器速度（m/s）；

v_6——发动机喷管出口的气流速度（m/s）。

上述用来计算发动机推力的参数均可根据相应的发动机模型计算得到。

典型 Brayton 循环的冲压发动机机理模型可以根据流体力学和热力学的基本方程得到。在准一维理想完全气体无黏稳态流动的假设下，本书不考虑燃烧过程中的掺混及化学反应动力学。那么，采用等截面燃烧室的冲压发动机的流动过程，属于等截面通道的非绝热过程，其一维流动的连续性方程、状态方程、动量方程和能量方程如下：

$$\frac{\mathrm{d}\rho}{\rho\mathrm{d}x}+\frac{\mathrm{d}A}{A\mathrm{d}x}+\frac{\mathrm{d}v}{v\mathrm{d}x}=0 \tag{11-5}$$

$$\frac{\mathrm{d}p}{\rho\mathrm{d}x}+v\frac{\mathrm{d}v}{\mathrm{d}x}=0 \tag{11-6}$$

$$\frac{\mathrm{d}p}{p\mathrm{d}x}-\frac{\mathrm{d}\rho}{\rho\mathrm{d}x}-\frac{\mathrm{d}T}{T\mathrm{d}x}=0 \tag{11-7}$$

$$\frac{\mathrm{d}h}{\mathrm{d}x}+v\frac{\mathrm{d}v}{\mathrm{d}x}=\frac{dQ}{\mathrm{d}x} \tag{11-8}$$

式中 A——燃烧室轴向截面积(m^2)；

h——单位质量流量的焓值(J/kg)；

p——气流静压(Pa)；

Q——单位质量流量的释热量(J/kg)；

v——燃烧室内气流速度(m/s)。

基于上述方程，利用马赫数的定义以及总焓、总压方程的微分形式可以得到等截面燃烧室流动参数的变化关系：

$$\frac{\mathrm{d}Ma}{Ma\mathrm{d}x}=\frac{1+kMa^2}{2(1-Ma^2)}\left(1+\frac{k-1}{2}Ma^2\right)\frac{\mathrm{d}h_t}{h_t\mathrm{d}x} \tag{11-9}$$

$$\frac{\mathrm{d}p}{p\mathrm{d}x}=-\frac{kMa^2}{1-Ma^2}\left(1+\frac{k-1}{2}Ma^2\right)\frac{\mathrm{d}h_t}{h_t\mathrm{d}x} \tag{11-10}$$

$$\frac{\mathrm{d}v}{v\mathrm{d}x}=\frac{1}{1-Ma^2}\left(1+\frac{k-1}{2}Ma^2\right)\frac{\mathrm{d}h_t}{h_t\mathrm{d}x} \tag{11-11}$$

$$\frac{\mathrm{d}T}{T\mathrm{d}x}=\frac{1-kMa^2}{1-Ma^2}\left(1+\frac{k-1}{2}Ma^2\right)\frac{\mathrm{d}h_t}{h_t\mathrm{d}x} \tag{11-12}$$

$$\frac{\dot{p}_t}{p_t}=-\frac{kMa^2}{2}\frac{\dot{h}_t}{h_t} \tag{11-13}$$

式中 h_t——单位质量流量的总焓(J/kg)。

根据燃烧室是否发生热阻塞现象，冲压发动机模型可以分为两类，即超燃冲压发动机模型和亚燃冲压发动机模型。基于上述一维等截面加热流动的各流场参数关系，结合发动机模型中的流动换热过程，可以分别得到相应的发动机模型。

1）超燃冲压发动机模型

若燃烧室没有发生热阻塞现象，发动机进气道扩张段不存在正激波，那么发动机整个内流场为超声速流动。在进气道内，捕获气流满足等熵关系，即

$$\begin{cases} \dot{m}_i = K\Psi(M_i)A_i p_{ti}/\sqrt{T_{ti}} = 常数 \\ T_{ti} = 常数 \\ p_{ti} = 常数 \end{cases}, i = 1,2,3 \tag{11-14}$$

其中

$$\begin{cases} K = \sqrt{\dfrac{k}{R}\left(\dfrac{2}{k+1}\right)^{\frac{k+1}{k-1}}} \\ \Psi(Ma) = Ma\left[\dfrac{2}{k+1}\left(1 + \dfrac{k-1}{2}Ma^2\right)\right]^{-\frac{k+1}{2(k-1)}} \end{cases} \tag{11-15}$$

式中　k——比热比,为常数;

$\dot{m}_i$——气流质量流量(kg/s);

p_{ti}——气流总压(Pa);

T_{ti}——气流总温(K)。

此时,进气道内流场中,总温和总压保持不变,马赫数可以通过计算流场的质量流量求得

$$Ma_i = \psi^{-1}\left(\frac{\dot{m}_i\sqrt{T_i}}{K_i A_i p_i}\right), i = 1,2,3 \tag{11-16}$$

由于燃烧室中的燃烧释热,使得

$$T_{t4} = \tau T_{t3} \tag{11-17}$$

式中　τ——加热比。在 3、4 截面满足

$$\tau = \left(\frac{\Phi(Ma_4)}{\Phi(Ma_3)}\right)^2 \tag{11-18}$$

其中

$$\Phi(Ma) = \frac{Ma\left(1 + \dfrac{k-1}{2}Ma^2\right)^{\frac{1}{2}}}{1 + kMa^2} \tag{11-19}$$

根据式(11-18)与式(11-19)可以得到燃烧室出口的马赫数,即

$$Ma_4 = \Phi^{-1}(\Phi(Ma_3)\sqrt{\tau}) \tag{11-20}$$

根据能量方程和连续性方程,可以计算燃烧室出口总压为

$$p_{t4} = p_{t3}\frac{A_3\psi(Ma_3)}{A_4\psi(Ma_4)}\sqrt{\tau} \tag{11-21}$$

最后,尾喷管内流动也满足等熵关系,即

$$\begin{cases}\dot{m}_i = K\Psi(Ma_i)A_ip_{ti}/\sqrt{T_{ti}} = 常数 \\ T_{ti} = 常数 \\ p_{ti} = 常数\end{cases},i=4,5,6 \tag{11-22}$$

2)亚燃冲压发动机模型

若燃烧室发生热阻塞现象,则发动机进气道扩张段存在正激波。此时,在进气道1、2截面满足

$$\begin{cases}\dot{m}_i = K\Psi(Ma_i)A_ip_{ti}/\sqrt{T_{ti}} = 常数 \\ T_{ti} = 常数 \\ p_{ti} = 常数\end{cases},i=1,2 \tag{11-23}$$

其中

$$\begin{cases}K = \sqrt{\dfrac{k}{R}\left(\dfrac{2}{k+1}\right)^{\frac{k+1}{k-1}}} \\ \Psi(Ma) = Ma\left[\dfrac{2}{k+1}\left(1+\dfrac{k-1}{2}Ma^2\right)\right]^{-\frac{k+1}{2(k-1)}} \\ \Phi(Ma) = \dfrac{Ma\left(1+\dfrac{k-1}{2}Ma^2\right)^{\frac{1}{2}}}{1+kMa^2}\end{cases} \tag{11-24}$$

发动机进气道捕获流量与飞行状态和大气环境有关,即

$$\dot{m} = \varphi\rho A_1 v_1 \tag{11-25}$$

式中 φ——流量捕获系数,为攻角和马赫数的函数[11]。

作为冲压发动机一个重要的安全边界和保护裕度,进气道安全裕度 ζ 可以定义为

$$\zeta = \frac{A_3 - A_{sh}}{A_3 - A_2} \tag{11-26}$$

当 $\zeta=1$ 时,表示激波位于进气道喉道位置,发动机以最大工况运行;当 $\zeta=0$ 时,激波位于进气道出口位置,发动机以最小工况工作。通过控制燃烧状态(控制燃油分配和允许被控制的内结构可以控制燃烧室内的静压,对进气道而言也可称反压)可以调节这道正激波的位置,从而调节燃烧室的性能。由于发动机内流场流动在喷管喉道处发生阻塞,有

$$\begin{cases} \dot{m}_i = K\Psi(Ma_i)A_i p_{ti}/\sqrt{T_{ti}} = 常数 \\ T_{ti} = 常数 \\ p_{ti} = 常数 \end{cases},i=4,5,6 \tag{11-27}$$

由于燃烧释热,使得

$$T_{t4} = \theta T_{t3} \tag{11-28}$$

其中加热比 θ 可以由当量比 ϕ 推出

$$\theta = 1 + \frac{H_u}{c_p\left(1 + \frac{14.7}{\phi}\right)T_{t1}} \tag{11-29}$$

式中　c_p——定压比热比(J/(kg · K));

H_u——燃料热值(J/kg)。

那么,可以计算燃烧室进出口参数,有

$$\begin{cases} Ma_4 = \psi^{-1}(A_5/A_4) = \psi^{-1}(A_{th}) \\ Ma_3 = \Phi^{-1}[\Phi(Ma_4)/\sqrt{\theta}] \\ p_{t3} = p_{t1}\dfrac{A_1\psi(Ma_1)}{A_3\psi(Ma_3)} \\ p_{t4} = p_{t1}\dfrac{A_1\psi(Ma_1)}{A_5\psi(Ma_5)}\sqrt{\theta} \end{cases} \tag{11-30}$$

总温总压在喷管中保持恒定,有

$$Ma_i = \psi^{-1}\left(\frac{\dot{m}_i\sqrt{T_i}}{K_i A_i p_i}\right),i=4,5,6 \tag{11-31}$$

11.1.2　飞/推系统加速段轨迹最优控制问题的一般形式

在建模的基础上建立了飞/推系统在轨迹最优控制问题中的控制方程,即式(11-2)。对于一般的最优控制问题还需要考虑系统的指标函数和必要的约束条件。

1. 指标函数

最优控制理论中的指标函数的一般形式为

$$J = \varphi[\boldsymbol{x}(t_f)] + \int_{t_0}^{t_f} L(\boldsymbol{x},\boldsymbol{u},t)\,dt \tag{11-32}$$

式中　$\boldsymbol{x}$——状态向量;

$\boldsymbol{u}$——控制向量；

L——控制量、状态量和时间的函数；

t_0——飞行过程的初始时刻(s)；

t_f——飞行过程的末端时刻(s)；

φ——末端状态量的函数。

可见，指标函数既可以是系统过程的末端状态，也可以是参数沿过程路径的积分形式。

在轨迹优化的问题中，不同的飞行任务对飞行器的轨道要求存在很大的区别。例如一个长距离巡航的飞行器需要考虑航程和节约燃油，而一个短程机动的飞行器则需要考虑推力和机动性能。这个需要被着重考虑的任务需求，也是评价轨道选择优劣的标准，可以称为性能指标。对于发动机来说，常用的性能指标一般采用净推力 F 或比冲 I_{sp}，有时也采用比推力：

$$I_{sp} = \frac{F}{m_f g} \tag{11-33}$$

净推力体现了一个发动机所能够提供的有效做功能力，是发动机最重要的性能指标之一。特别是对于吸气式飞行器，各种机动动作和巡航都直接依赖于飞行速度，那么就需要发动机提供足够强大的推力。比冲作为一个与净推力相对应的性能参数一直以来是发动机设计所需要着重考虑的重要指标。由于吸气时飞行器的最大优势便是在大气层内高速飞行的高比冲特性，越高的比冲意味着飞行器可以飞得更久。以一体化的观点考虑飞/推系统飞行轨迹的性能指标，对于以节约油耗为目的的飞行任务一般以飞行过程中消耗的燃油最小为指标函数，即

$$J = -M(t_f) \tag{11-34}$$

式中　M——飞行器总质量。

显然，燃油消耗量最小等同于以发动机为主体来看待发动机比冲性能，等效于沿飞行路径对比冲参数的积分。而对于以时效性为目的的飞行任务，一般以飞行过程中需要的时间最小为指标函数，即

$$J = t_f \tag{11-35}$$

当然，指标函数还可以根据其不同的飞行任务特点和要求，选取诸如飞行航程最大以及多种性能参数加权形式的函数等。

2. 约束条件

约束条件包含状态量的边界条件，一般的形式分为两类：

(1) 对边界的约束，即

$$\Gamma_{min} \leqslant \Gamma(\boldsymbol{x}(t_0), t_0, \boldsymbol{x}(t_f), t_f) \leqslant \Gamma_{max} \tag{11-36}$$

（2）对过程的约束，即

$$C(\boldsymbol{x},\boldsymbol{u})\leqslant 0 \tag{11-37}$$

对于飞/推系统的轨迹优化问题，系统涉及众多约束：

（1）进气道不起动约束。亚燃冲压发动机建模中提到的进气道安全裕度 ζ 是保证发动机安全工作的重要约束之一：

$$0\leqslant\zeta\leqslant 1 \tag{11-38}$$

而对于超声速燃烧模态，为防止反压过高，导致激波串被推出隔离段，一般会设定燃烧室的最高相对压力 $p_{3,\mathrm{margin}}$。但这个上限会随着燃烧室进口马赫数的升高而减小：

$$\frac{p}{p_3}\leqslant p_{3,\mathrm{margin}} \tag{11-39}$$

式中 $p_{3,\mathrm{margin}}$——给定的相对压力裕度上限。

（2）燃烧室热保护约束。在高超声速飞行状态下气流总温随马赫数增大，且在燃烧室中的燃烧释热和气动加热使冲压发动机的热载荷逐渐增大。由于边界层分离情况的不同，发动机通过壁面的换热量会有 2～5 倍的变化。此外，发动机内部的复杂流动燃烧过程很容易使燃烧室局部壁面温度过高[12]，这些因素导致发动机燃烧室壁面需要约束其静温上限 T_{margin}：

$$T\leqslant T_{\mathrm{margin}} \tag{11-40}$$

目前，对于热沉式发动机来说，最先进的耐高温复合材料 C/C 和 SiC，其最大耐热温度为 3500～4000K[13]。

（3）发动机的熄火边界。在一定的约束条件下，如果将发动机的比冲作为间接的性能指标，那么冲压发动机在一些情况下会出现发动机比冲随当量比的增大而减小，为了不使发动机在飞行过程中存在熄火的风险，发动机的当量比 ϕ 被限制在不可以小于 0.1，即

$$\phi\geqslant 0.1 \tag{11-41}$$

（4）飞行器的姿态限制。由于吸气式高超声速飞行器不同于火箭推进的飞行器，其大部分升力是由机翼产生，而非由发动机推力直接提供。因此，一般来说，吸气式飞行器的飞行攻角和航迹角都不会很大，即

$$\alpha_{\min}\leqslant\alpha\leqslant\alpha_{\max} \tag{11-42}$$

$$\gamma_{\min}\leqslant\gamma\leqslant\gamma_{\max} \tag{11-43}$$

（5）过膨胀约束。为了防止在发动机性能优化过程中，在发动机内出现静压远小于环境压力而得到虚假比冲的情况，限制燃烧室内的静压的相对最小值

$p_{0,\mathrm{margin}}$，即

$$\frac{p}{p_0} \geqslant p_{0,\mathrm{margin}} \tag{11-44}$$

(6) 动压约束。以冲压发动机推进的飞/推系统在起飞和加速过程需要一定的动压来满足在发动机进气道内建立稳定的波系结构以及飞行器获得足够的升力的要求。但过大的动压可能超过机体结构的承受极限，严重威胁飞行安全。因此，一般的冲压发动机推进飞行器的动压带限制在 20～120kPa 之间：

$$p_{\min} \leqslant p \leqslant p_{\max} \tag{11-45}$$

11.2 求解轨迹最优控制问题的一般方法

11.2.1 间接法求解轨迹最优控制问题

一个典型的最优控制问题可以作如下的描述：

考虑一个动态系统为

$$\dot{\boldsymbol{x}} = \boldsymbol{f}(\boldsymbol{x}, \boldsymbol{u}, t), \boldsymbol{x}(t_0) = \boldsymbol{x}_0 \tag{11-46}$$

式中 $\boldsymbol{x}(t)$、$\boldsymbol{u}(t)$——n 维状态向量和 m 维控制向量；

$\boldsymbol{f}$——n 维向量函数。

在定义域内寻找一个最优的 $\boldsymbol{u}^*(t)$，使得系统产生的状态满足约束：

$$\boldsymbol{\psi}[\boldsymbol{x}(t_{\mathrm{f}}), t_{\mathrm{f}}] = 0 \tag{11-47}$$

并使得系统性能指标函数：

$$J = \varphi[\boldsymbol{x}(t_{\mathrm{f}}), t_{\mathrm{f}}] + \int_{t_0}^{t_{\mathrm{f}}} L(\boldsymbol{x}, \boldsymbol{u}, t)\mathrm{d}t \tag{11-48}$$

达到极值(最优)。对于上述一般性的最优控制问题的描述，末端时刻 t_{f} 可以为固定和自由两种状态；末端状态可以为固定 $\boldsymbol{x}(t_{\mathrm{f}}) = \boldsymbol{x}_{\mathrm{f}}$、自由和受约束 $\boldsymbol{\psi}[\boldsymbol{x}(t_{\mathrm{f}}), t_{\mathrm{f}}] = 0$ 三种状态。

轨迹优化问题一般不涉及时间限定，即为一种末端时刻自由的最优控制问题。那么，末端时刻自由的动态系统最优控制问题的一般形式为

$$\underset{\boldsymbol{u}(t)}{\mathrm{Extremize}} J = \varphi[\boldsymbol{x}(t_{\mathrm{f}}), t_{\mathrm{f}}] + \int_{t_0}^{t_{\mathrm{f}}} L(\boldsymbol{x}, \boldsymbol{u}, t)\mathrm{d}t$$

$$\text{s. t.} \begin{cases} \dot{\boldsymbol{x}}(t) - f(\boldsymbol{x}, \boldsymbol{u}, t) = 0 \\ \boldsymbol{x}(t_0) = \boldsymbol{x}_0 \\ \boldsymbol{\psi}[\boldsymbol{x}(t_{\mathrm{f}}), t_{\mathrm{f}}] = 0 \end{cases} \tag{11-49}$$

末端时刻自由与末端时刻固定相比，最大的区别在于目标泛函及约束集是末端状态和时刻两者的函数。求解上述问题，一般引入拉格朗日乘子向量 $\boldsymbol{\gamma}$ 和 $\boldsymbol{\lambda}$，构造广义泛函 J_a：

$$J_a = \varphi[\boldsymbol{x}(t_f), t_f] + \boldsymbol{\gamma}^T\boldsymbol{\psi}[\boldsymbol{x}(t_f), t_f] + \int_{t_0}^{t_f}[L(\boldsymbol{x},\boldsymbol{u},t) + \boldsymbol{\lambda}^T(t)[\dot{\boldsymbol{x}}(t) - f(\boldsymbol{x},\boldsymbol{u},t)]]\mathrm{d}t \tag{11-50}$$

定义哈密顿函数 $\boldsymbol{H}(\boldsymbol{x},\boldsymbol{u},\boldsymbol{\lambda},t)$ 为

$$H(\boldsymbol{x},\boldsymbol{u},\boldsymbol{\lambda},t) = L(\boldsymbol{x},\boldsymbol{u},t) + \boldsymbol{\lambda}^T(t)[\dot{\boldsymbol{x}}(t) - f(\boldsymbol{x},\boldsymbol{u},t)] \tag{11-51}$$

则有

$$\begin{aligned} J_a &= \varphi[\boldsymbol{x}(t_f), t_f] + \boldsymbol{\gamma}^T\boldsymbol{\psi}[\boldsymbol{x}(t_f), t_f] + \int_{t_0}^{t_f}[H(\boldsymbol{x},\boldsymbol{u},\boldsymbol{\lambda},t) - \boldsymbol{\lambda}^T(t)\dot{\boldsymbol{x}}(t)]\mathrm{d}t \\ &= \varphi[\boldsymbol{x}(t_f), t_f] + \boldsymbol{\gamma}^T\boldsymbol{\psi}[\boldsymbol{x}(t_f), t_f] - \boldsymbol{\lambda}^T(t)\boldsymbol{x}(t)\big|_{t_0}^{t_f} + \int_{t_0}^{t_f}[H(\boldsymbol{x},\boldsymbol{u},\boldsymbol{\lambda},t) + \dot{\boldsymbol{\lambda}}^T(t)\boldsymbol{x}(t)]\mathrm{d}t \end{aligned} \tag{11-52}$$

对式(11－52)进行一次变分，得

$$\begin{aligned} \delta J_a = &\left[\frac{\partial\varphi}{\partial\boldsymbol{x}(t_f)}\right]^T\delta\boldsymbol{x}_f + \frac{\partial\varphi}{\partial t_f}\delta t_f + \boldsymbol{\gamma}^T\left\{\left[\frac{\partial\boldsymbol{\psi}}{\partial\boldsymbol{x}(t_f)}\right]^T\delta\boldsymbol{x}_f + \frac{\partial\boldsymbol{\psi}}{\partial t_f}\delta t_f\right\} \\ &+ \int_{t_0}^{t_f}\left[\left(\frac{\partial H}{\partial\boldsymbol{x}} + \dot{\boldsymbol{\lambda}}\right)^T\delta\boldsymbol{x} + \left(\frac{\partial H}{\partial\boldsymbol{u}}\right)^T\delta\boldsymbol{u}\right]\mathrm{d}t - \boldsymbol{\lambda}^T(t)\delta\boldsymbol{x}(t)\big|_{t_f} \\ &+ (H - \boldsymbol{\lambda}^T(t)\dot{\boldsymbol{x}})\big|_{t_f}\delta t_f \end{aligned} \tag{11-53}$$

根据变分基本定理，若存在最优的状态 $\boldsymbol{x}^*(t)$、协态 $\boldsymbol{\lambda}^*(t)$ 以及控制向量 $\boldsymbol{u}^*(t)$ 使得系统性能达到最优，那么其必满足必要条件：

（1）正则方程为

$$\dot{\boldsymbol{\lambda}}^*(t) = -\frac{\partial H(\boldsymbol{x}^*,\boldsymbol{u}^*,\boldsymbol{\lambda}^*,t)}{\partial\boldsymbol{x}} \tag{11-54}$$

$$\dot{\boldsymbol{x}}^*(t) = \frac{\partial H(\boldsymbol{x}^*,\boldsymbol{u}^*,\boldsymbol{\lambda}^*,t)}{\partial\boldsymbol{\lambda}} \tag{11-55}$$

（2）控制方程为

$$\frac{\partial H(\boldsymbol{x}^*,\boldsymbol{u}^*,\boldsymbol{\lambda}^*,t)}{\partial\boldsymbol{u}} = 0 \tag{11-56}$$

（3）横截条件为

$$\boldsymbol{\psi}[\boldsymbol{x}(t_f), t_f] = 0 \tag{11-57}$$

$$\boldsymbol{x}(t_0) = \boldsymbol{x}_0 \tag{11-58}$$

$$\boldsymbol{\lambda}^{*}(t_{\mathrm{f}})=\frac{\partial\varphi}{\partial\boldsymbol{x}(t_{\mathrm{f}})}+\frac{\partial\boldsymbol{\psi}^{\mathrm{T}}}{\partial\boldsymbol{x}(t_{\mathrm{f}})}\cdot\boldsymbol{\gamma} \tag{11-59}$$

(4) 哈密顿函数在终端时刻满足

$$H(t_{\mathrm{f}})=-\frac{\partial\varphi}{\partial t_{\mathrm{f}}}-\boldsymbol{\gamma}^{\mathrm{T}}\frac{\partial\boldsymbol{\psi}}{\partial t_{\mathrm{f}}} \tag{11-60}$$

11.2.2 直接法求解轨迹最优控制问题

1. 连续的 Bolza 问题

11.2.1 节中给出的典型最优控制问题可以转化为一种标准问题,即连续的 Bolza 问题[14]。首先将时间 t 进行变换:

$$t=\frac{t_{\mathrm{f}}-t_0}{2}\tilde{t}+\frac{t_{\mathrm{f}}+t_0}{2},\tilde{t}\in[-1,1] \tag{11-61}$$

即有

$$\tilde{t}=\frac{2t-t_{\mathrm{f}}-t_0}{t_{\mathrm{f}}-t_0} \tag{11-62}$$

式中　$\tilde{t}\in[-1,1]$。

那么,连续的 Bolza 问题的一般形式可以描述为:

寻找合适的 $\boldsymbol{x}\in\Re^{n},\boldsymbol{u}\in\Re^{m},t\in[t_0,t_{\mathrm{f}}]$,使得指标函数,即

$$J=\boldsymbol{\psi}[\boldsymbol{x}(-1),\boldsymbol{x}(1),t_0,t]+\frac{t_{\mathrm{f}}-t_0}{2}\int_{-1}^{1}\boldsymbol{g}[\boldsymbol{x}(\tilde{t}),\boldsymbol{u}(\tilde{t}),\tilde{t};t_0,t]\mathrm{d}\tilde{t} \tag{11-63}$$

达到极小值,并满足约束条件:

$$\dot{\boldsymbol{x}}(\tilde{t})=\frac{t_{\mathrm{f}}-t_0}{2}f(\boldsymbol{x}(\tilde{t}),\boldsymbol{u}(\tilde{t}),\tilde{t};t_0,t_{\mathrm{f}}) \tag{11-64}$$

$$\boldsymbol{\psi}[\boldsymbol{x}(-1),\boldsymbol{x}(1);t_0,t_{\mathrm{f}}]=0 \tag{11-65}$$

$$\boldsymbol{C}[\boldsymbol{x}(\tilde{t}),\boldsymbol{u}(\tilde{t}),\tilde{t};t_0,t_{\mathrm{f}}]\leqslant 0 \tag{11-66}$$

2. 高斯伪谱法

应用直接法求解最优控制问题的基本思想是将式(11-63)~式(11-66)进行离散和转化,使其构成一个非线性规划问题(Non-Linear Programing,NLP)。高斯伪谱法,是通过将状态量与控制量用插值多项式进行全局估计,例如:

$$\boldsymbol{x}(\tilde{t})\approx\boldsymbol{X}(\tilde{t})=\sum_{i=0}^{N}\boldsymbol{X}(\tilde{t}_i)L_i(\tilde{t}) \tag{11-67}$$

$$\boldsymbol{u}(\tilde{t}) \approx \boldsymbol{U}(\tilde{t}) = \sum_{i=1}^{N} \boldsymbol{U}(\tilde{t}_i) L_i^*(\tilde{t}) \tag{11-68}$$

其中

$$L_i(\tilde{t}) = \prod_{j=0, j\neq i}^{N} \frac{\tilde{t} - \tilde{t}_j}{\tilde{t}_i - \tilde{t}_j} \tag{11-69}$$

$$L_i^*(\tilde{t}) = \prod_{j=1, j\neq i}^{N} \frac{\tilde{t} - \tilde{t}_j}{\tilde{t}_i - \tilde{t}_j} \tag{11-70}$$

可以看到

$$L_i(\tilde{t}_j) = \begin{cases} 1, i = j \\ 0, i \neq j \end{cases} \tag{11-71}$$

$$L_i^*(\tilde{t}_j) = \begin{cases} 1, i = j \\ 0, i \neq j \end{cases} \tag{11-72}$$

由式(11－73)可以看出

$$\dot{x}(\tilde{t}) \approx \dot{X}(\tilde{t}) = \sum_{i=0}^{N} X(\tilde{t}_i) \dot{L}_i(\tilde{t}) \tag{11-73}$$

每个拉格朗日多项式的导数的微分近似点可以表示为一个矩阵：

$$\boldsymbol{D}_{ki} = \dot{L}_i(\tilde{t}) \tag{11-74}$$

其中，$k = 1, 2, \cdots, N, i = 0, 1, \cdots, N$。那么，通过引入这个矩阵，微分约束可以转化为代数约束，即

$$\sum_{i=0}^{N} \boldsymbol{X}_i D_{ki} - \frac{t_f - t_0}{2} \boldsymbol{f} = 0 \tag{11-75}$$

其他的边界及约束为

$$\boldsymbol{X}_f \equiv \boldsymbol{X}_0 + \frac{t_f - t_0}{2} \sum_{k=1}^{N} \omega_k \boldsymbol{f}(\boldsymbol{X}_k, \boldsymbol{U}_k, \tilde{t}) \tag{11-76}$$

如此，约束式(11－65)可以表示为

$$\boldsymbol{\psi}[\boldsymbol{X}_0, \boldsymbol{X}_f, t_0, t_f] = 0 \tag{11-77}$$

约束式(11－66)可以表示为

$$\boldsymbol{C}[\boldsymbol{X}_k, \boldsymbol{U}_k, \tilde{t}; t_0, t_f] \leqslant 0 \tag{11-78}$$

如此，通过离散化和适当的代换，可以将连续的 Bolza 问题转化为一个标准代数形式的非线性规划问题。

11.2.3 间接法与直接法的等效关系

间接法与直接法在求解最优控制问题上是等效的。若 $\boldsymbol{x}^*$ 是如下问题的局部最小值点：

$$\text{Minimize } f(\boldsymbol{x})$$

$$\text{s. t.} \begin{cases} h_i(\boldsymbol{x}) = 0, i = 1,2,\cdots,m \\ g_j(\boldsymbol{x}) = 0, j = 1,2,\cdots,n \end{cases} \tag{11-79}$$

式中 f、h 和 g——从 R^n 到 R 上的可微函数，并且假定 $\boldsymbol{x}^*$ 是正则的，那么存在唯一的朗格朗日乘子：

$$\begin{cases} \boldsymbol{\lambda}^* = (\lambda_1^*, \lambda_2^*, \cdots, \lambda_m^*) \\ \boldsymbol{\mu}^* = (\mu_1^*, \mu_2^*, \cdots, \mu_n^*) \end{cases} \tag{11-80}$$

使得

$$\begin{cases} \nabla_x L(\boldsymbol{x}^*, \boldsymbol{\lambda}^*, \boldsymbol{\mu}^*) = 0 \\ \boldsymbol{\mu}_j^* \geqslant 0, j = 1,2,\cdots,r \\ \boldsymbol{\mu}_j^* = 0, \ \forall j \notin A(\boldsymbol{x}^*) \end{cases} \tag{11-81}$$

式中 $A(\boldsymbol{x}^*)$——$\boldsymbol{x}^*$ 点的积极约束集。

若 f、h 和 g 二次连续可微，那么对所有满足

$$\nabla h_i(\boldsymbol{x}^*)'y = 0, \ \forall i = 1,2,\cdots,m$$

$$\nabla g_j(\boldsymbol{x}^*)'y = 0, \ \forall j \in A(\boldsymbol{x}^*) \tag{11-82}$$

的 $\boldsymbol{y} \in R^n$ 都有

$$\boldsymbol{y}' \ \nabla_{xx}^2 L(\boldsymbol{x}^*, \boldsymbol{\lambda}^*, \boldsymbol{\mu}^*) y \geqslant 0 \tag{11-83}$$

间接法中的最优性一阶必要条件与非线性规划的最优性条件等效。文献[10]给出了对上述两种方法在最优控制问题中关于最优解必要性条件的等价关系的证明。

11.3 冲压发动机推进的飞/推系统加速段最小油耗轨迹

本节根据上述建模方法，给出一个典型的亚燃冲压发动机推进的飞/推系统加速爬升过程的最小油耗轨迹问题的算例。

考虑一个以理想冲压发动机推进的飞/推系统，发动机内型线截面积与飞行器

特征截面积参数如表 11 - 1 所列，从海拔 19km、速度 800m/s（约 $Ma2.7$）到海拔 25km、速度 1800m/s（约 $Ma6.0$）的竖直平面的加速爬升过程，飞行时间从 0s 开始，终点时刻未知。假设飞行器不可以降低高度，发动机燃烧室正常工作，燃料完全燃烧。设飞/推系统状态量 $\boldsymbol{x}=[H,l,v,\gamma,M]^{\mathrm{T}}$，可控量 $\boldsymbol{u}=[\alpha,\phi]^{\mathrm{T}}$，寻找一条合适的轨迹，使得飞/推系统在加速过程中消耗的燃油最少，并满足以控制方程式(11 - 2)以及约束：

(1) $20\text{kPa}\leqslant p\leqslant 90\text{kPa}$；

(2) $p_{0.\,\mathrm{margin}}=10$；

(3) 其他参数如表 11 - 2 所列。

表 11 - 1　飞/推系统各截面面积参数

变量	值/m^2
A_1	0.203
A_2	0.060
A_3	0.198
A_4	0.198
A_5	0.075
A_6	0.394
S	1.978

表 11 - 2　约束条件

变量类型	时间	控制变量		状态变量				
	t/s	α/(°)	ϕ	H/km	l/km	v/(m/s)	γ/(°)	M/kg
初值	0	—	—	19	0	800	0	1000
终值	—	—	—	25	—	1800	0	—
最小	0	0	0.1	19	0	800	0	500
最大	1000	10	1	25	—	1800	90	1000

应用高斯伪谱法法求解得到最优的轨迹及其相应的参数分布，如图 11 - 3 所示。可以看到系统加速过程耗时 94.83s，消耗燃料 60.40kg，航程 113.53km。飞/推系统的加速爬升过程是首先经过水平加速阶段，待飞行器承受足够大的动压后再开始爬升，这也符合相关研究中对吸气式飞行器加速过程的普遍认识。为了更好地利用发动机提供的有效推力，尽可能地减少油耗，就需要飞行器在具有足够大的升力后再开始爬升。相比于火箭发动机，其飞行器升力大部分由推力提供，所以火箭发动机推进的飞行器不需要水平起飞，而是垂直加速爬升，尽快地脱离地空的稠密大气才能更好地节约燃料。

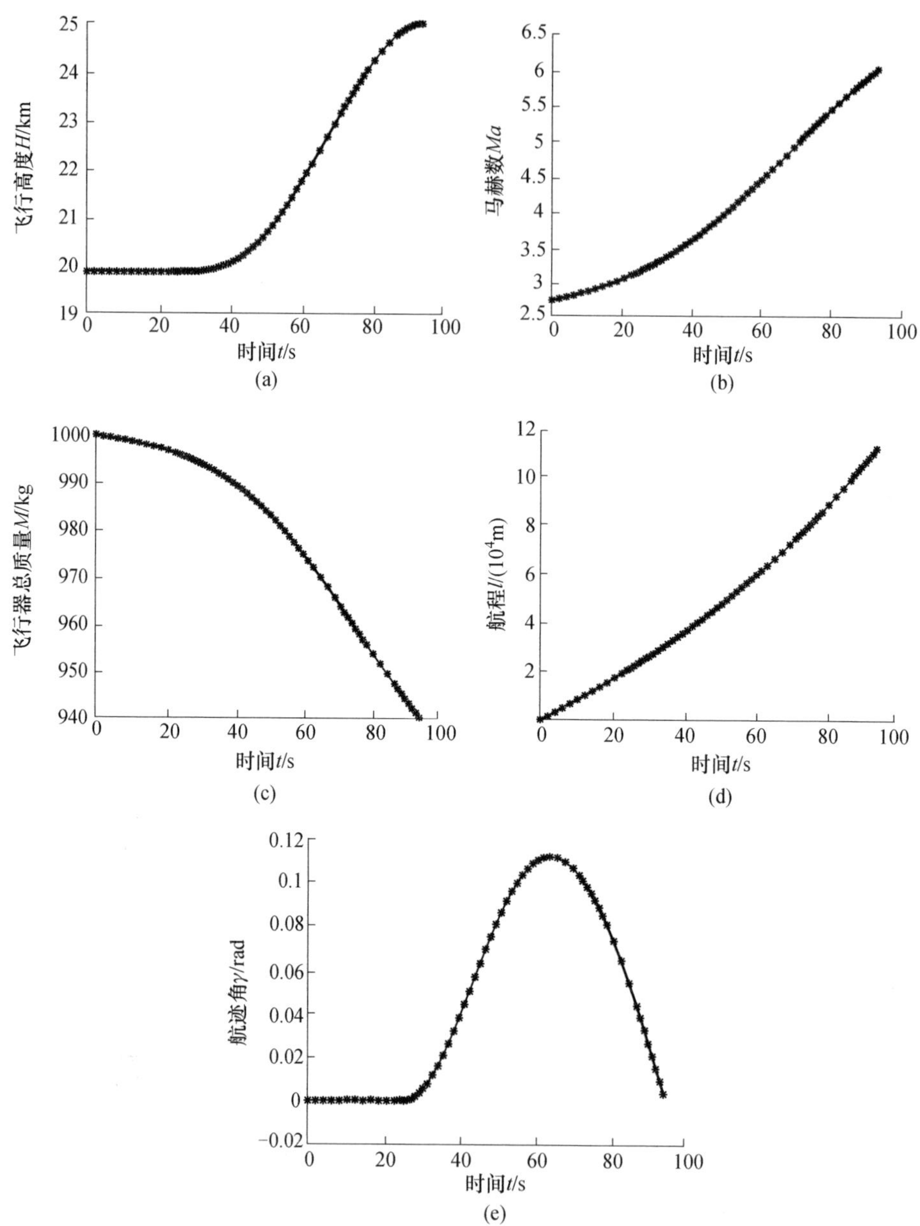

图 11－3　最小油耗轨迹中状态量随时间变化规律

(a)飞行高度;(b)飞行马赫数;(c)飞行器总质量;(d)航程;(e)航迹角。

如图 11－3(a)所示,飞/推系统水平加速 25.3s,速度达到 Ma3.51 后开始爬升。此时航迹角开始增大,并于 63.7s 达到最大值 0.159rad,约 9.1°。而后航迹角近似相同路径减小，直至终点达约束点 0°，如图 11－3(e)所示。飞行加速过程中，马赫数随时间的提高近似线性，梯度为 0.035。

如图 11－4(a)所示，飞行器攻角从 1.8°开始逐渐下降，在准备爬升时约 25s 开始增大攻角，在 38s 达到最大的 1.57°，之后逐渐下降，在 91.3s 降至 0°并保持至终点。如图 11－4 (b)所示，发动机当量比由下限 0.1 开始，在 4.1s 开始增大，梯度随时间逐渐增大，直到 73.4s 增大到上限 1，并保持至终点。

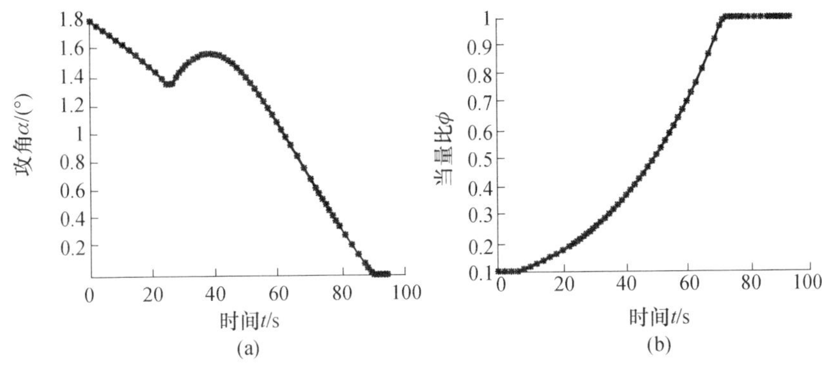

图 11－4　最小油耗轨迹中控制量随时间变化规律

(a)攻角；(b)当量比。

图 11－5 给出了飞/推系统加速过程中的比冲随时间的分布曲线。随着飞行马赫数的提高，发动机比冲性能由起点的 2600s 逐渐降低至终点的 1302s。其中，前 4s 的绝对梯度较大，这是由于此时段内发动机沿最小工况工作，即发动机当量比取下限 0.1。

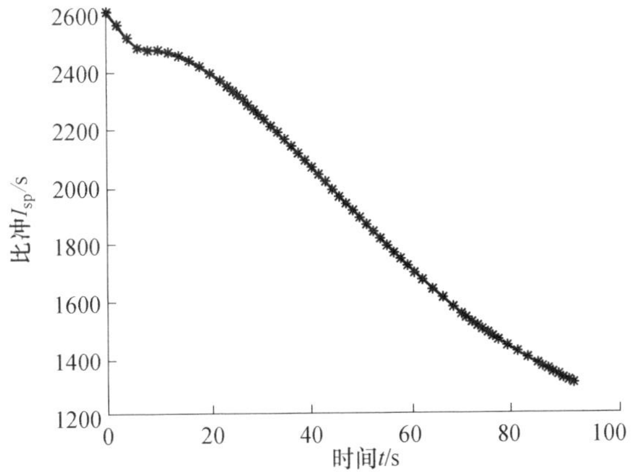

图 11－5　最小油耗轨迹中比冲随时间变化规律

此时,飞行器正处于水平加速过程中,由于其起始的动压不大,仅为33.3kPa,所以发动机在开始加速的一段时间内不需要提供很大的推力。那么,由于亚燃冲压发动机的特性,如果发动机当量比下限继续降低,则此时段内发动机也会继续降低当量比来获得更高的比冲。加速4s后,飞行器的动压达到34.6kPa,此时发动机需要逐渐提高当量比来维持正向的净推力。可见,飞行器的姿态调整并没有对发动机的比冲性能产生很大的影响。图11－6给出了飞/推系统加速过程中三个重要约束参数的分布情况。

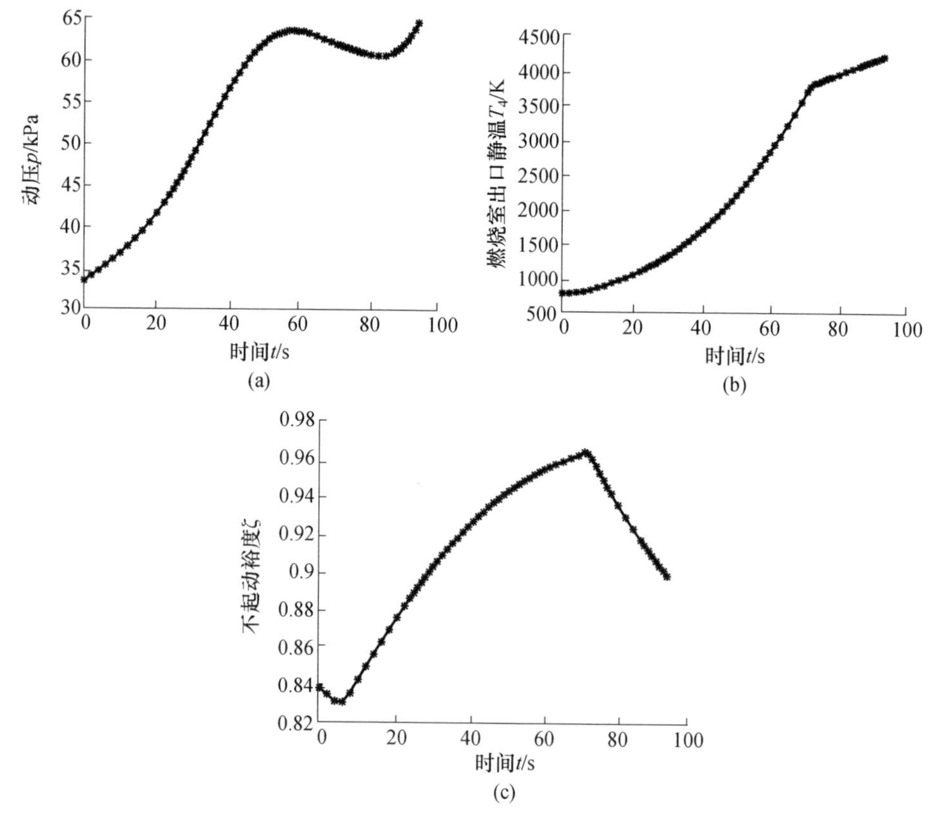

图11－6　最小油耗轨迹中各约束参数随时间变化规律

(a)动压约束;(b)燃烧室静温约束;(c)进气道不起动约束。

由图11－6(a)可见,飞行器由初始33.28kPa逐渐增大,在59.3s到达第一个峰值63.41kPa,而后逐渐减小,在82.8 s达到极小值60.42kPa,之后逐渐增大,直至终点64.41kPa。飞行器的速度变化与飞行器高度(大气密度)的变化,使得飞/推系统动压出现这种变化规律,这是飞行器姿态调整与发动机控制的共同作用结果。发动机燃烧室静温约束如图11－6(b)所示,可见,随着发动机当量比的逐渐增大，发动机燃烧室中的静温近似二阶函数形式的增长，在 73s 达到 3810K。此后，由于发动机当量比恒定为 1，随着飞行器飞行速度的提高，燃烧室入口静温逐渐提高（初始约 500K 至终点约 1600K），从而使燃烧室的最大静温近似线性增长，其梯度为 18.85K/s。图 11－6（c）给出的是进气道裕度的分布曲线。由于前 4s，发动机当量比维持在 0.1，进气道裕度由初始 0.838 开始，逐渐下降至 0.830，之后随着当量比的增大而逐渐增大至 71.7s 的 0.964。此后，由于当量比维持为 1，进气道裕度随着飞行马赫数的增大近似线性降低，其梯度约为 $0.003s^{-1}$。图 11－7 给出了求解计算的误差，即哈密顿函数取值分布。

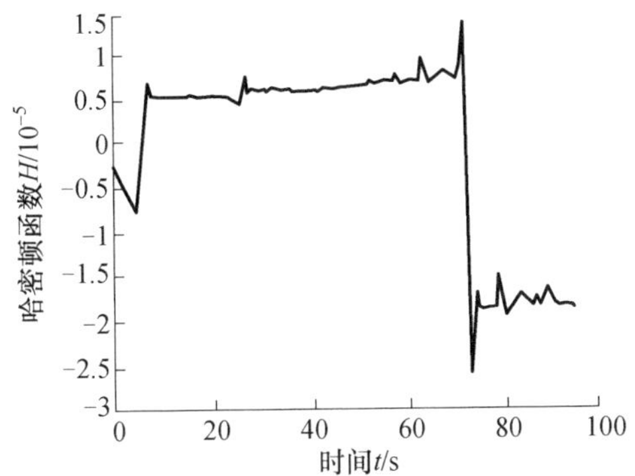

图 11－7　最小油耗轨迹中哈密顿函数随时间变化规律

由此可见，以冲压发动机推进的飞/推系统的最小油耗轨迹是一个将飞行器飞行状态、姿态与发动机性能相匹配的优化过程。为了使发动机达到总体最优的比冲性能，最优轨迹使飞行器在低速阶段尽可能长地水平加速，而在爬升过程中逐渐降低比冲来维持发动机推力使其匹配飞行器的姿态。

11.4　飞/推系统起飞质量对最小油耗轨迹的影响

基于 11.3 节，研究飞/推系统不同的起飞质量对最小油耗加速轨迹的影响。考虑一个以冲压发动机推进的飞/推系统，发动机参数如表 11－1 所列，从海拔 19km，速度 800m/s（约 $Ma2.7$）到海拔 25km，速度 1800m/s（约 $Ma6.0$）的加速爬升过程，飞行时间从 0s 开始，终点时刻未知。假设燃料完全燃烧，飞行器不可以降低高度。寻找一条合适的轨迹，使得飞/推系统在加速过程中消耗的燃油最少，并满足以控制方程，式（11－2）以及约束：

（1）$20\text{kPa} \leqslant p \leqslant 90\text{kPa}$；

（2）$p_{0,\text{margin}} = 10$；

(3) 其他参数如表 11-2 所列。

分别对 $M0$ 取 1000kg、1500kg、2000kg、2500kg 和 3000kg 进行优化仿真,结果如图 11-8 所示。如图 11-8(a)所示,起飞质量的改变并不对最小油耗轨迹先水

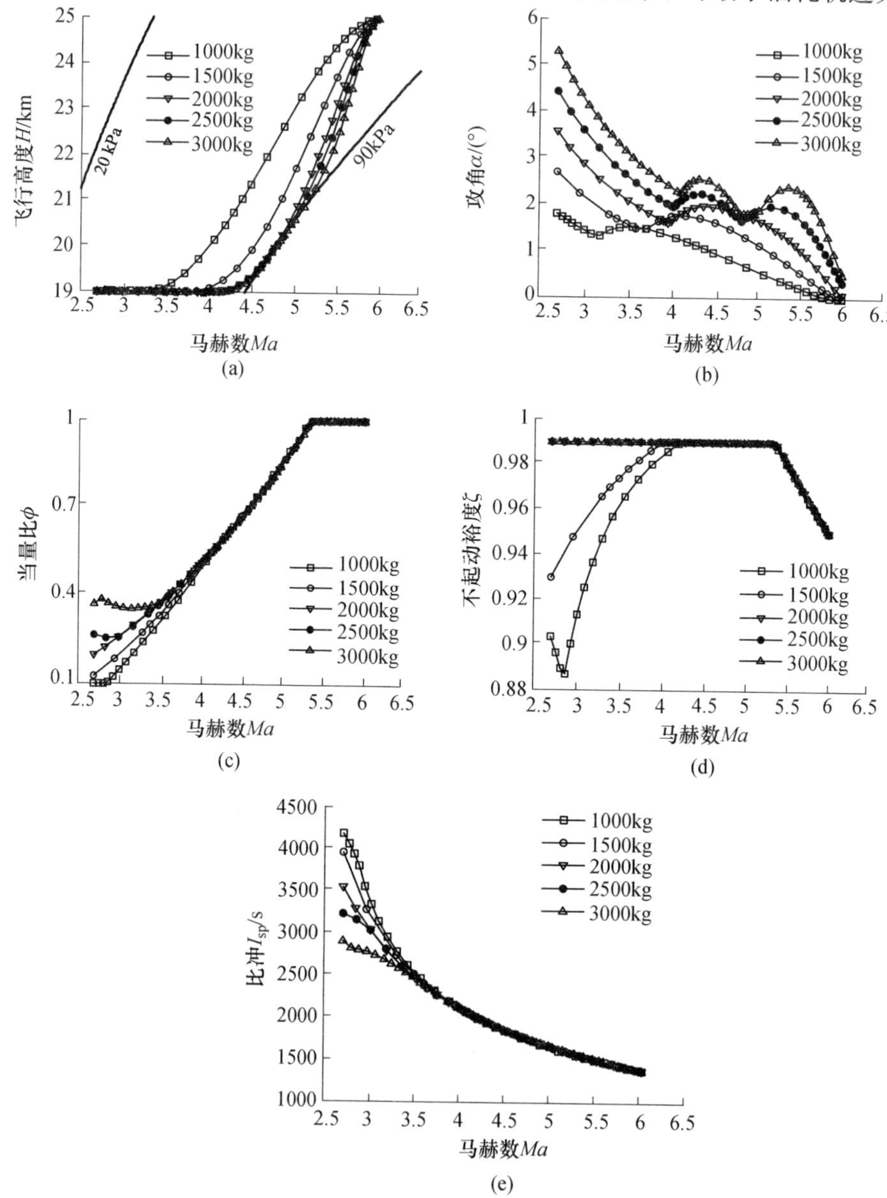

图 11-8 不同起飞质量条件下最小油耗轨迹的主要参数分布

(a)飞行高度;(b)飞行器攻角;(c)发动机当量比;(d)发动机进气道不起动裕度;(e)发动机比冲。

平加速后爬升的形式产生影响。但当起飞质量逐渐增大时，最小油耗轨迹需要更多的水平加速时间来达到更高的动压。当起飞质量增大至2000kg时，飞/推系统在加速至 $Ma4.6$ 时触及动压上限90kPa。继续增大起飞质量，高度－马赫数曲线中的没有明显的变化。对攻角来说，如图11－8(b)所示，较大的起飞质量需要较大的初始攻角来提供必需的升力来维持平衡。在水平加速过程中，攻角缓慢减小。在达到所需动压后，系统会增大攻角开始爬升，攻角变化则是先增后减的趋势。对于较大的起飞质量，加速爬升过程会在后半段再次增大攻角，调整姿态降低动压，匹配加速终点状态的要求。如图11－8(c)所示，起飞质量对飞/推系统最小油耗加速轨迹的影响主要表现在加速的开始阶段，即 $Ma2.7 \sim 4$ 的过程。对于较高的起飞质量，发动机需要提供更多的推力来维持升力，尤其是在加速初期、飞行动压较低时，发动机当量比明显较高。相比11.4节，3000kg的起飞质量，在加速开始时需要4倍左右的当量比。随着飞行马赫数的增大，飞行器动压逐步提升，飞行器总质量对最优轨迹的影响便逐渐减弱。

发动机进气道裕度需要控制在安全范围内，如图11－8(d)所示，起飞质量决定一个飞/推系统在初期是否有足够的能力，通过发动机性能的控制来节约整个加速过程的燃油消耗，即获得较大的发动机比冲性能，如图11－8(e)所示。当起飞质量逐渐增大时，发动机的调节范围受到飞/推系统对推力需求逐渐增大的压力，可调节的范围逐渐减小。

11.5　飞/推系统性能指标对最优轨迹的影响

对于以冲压发动机推进的飞/推系统，在加速过程中一般根据其航程大小选择是否以机动性或者能耗性能作为性能指标。基于以上加速轨迹最优化问题，对比分析一个典型的以冲压发动机推进的飞/推系统，在相同的飞行起止条件下的最小油耗轨迹(Minimum Fuel Trajectory, MFT)和最小时间轨迹(Minimum Time Trajectory, MTT)。

11.5.1　最小油耗轨迹与最小时间轨迹

基于11.3节中给出的最小油耗轨迹问题，考虑同一个飞/推系统，在完全相同的边界条件和约束条件下，选取式(11－35)作为性能指标，求解最小时间加速轨迹。应用直接法中的高斯伪谱法求解，对最小时间轨迹与进行优化仿真。结果显示，最小油耗轨迹总用时94.83s，消耗燃油60.40kg，最小时间轨迹总用时66.07s，消耗燃油63.38kg。最小油耗轨迹较最小时间轨迹增加了30.3%的加速时间，但节省了4.73%的燃油消耗。两种轨迹下相应的参数分布如图11－9所示。

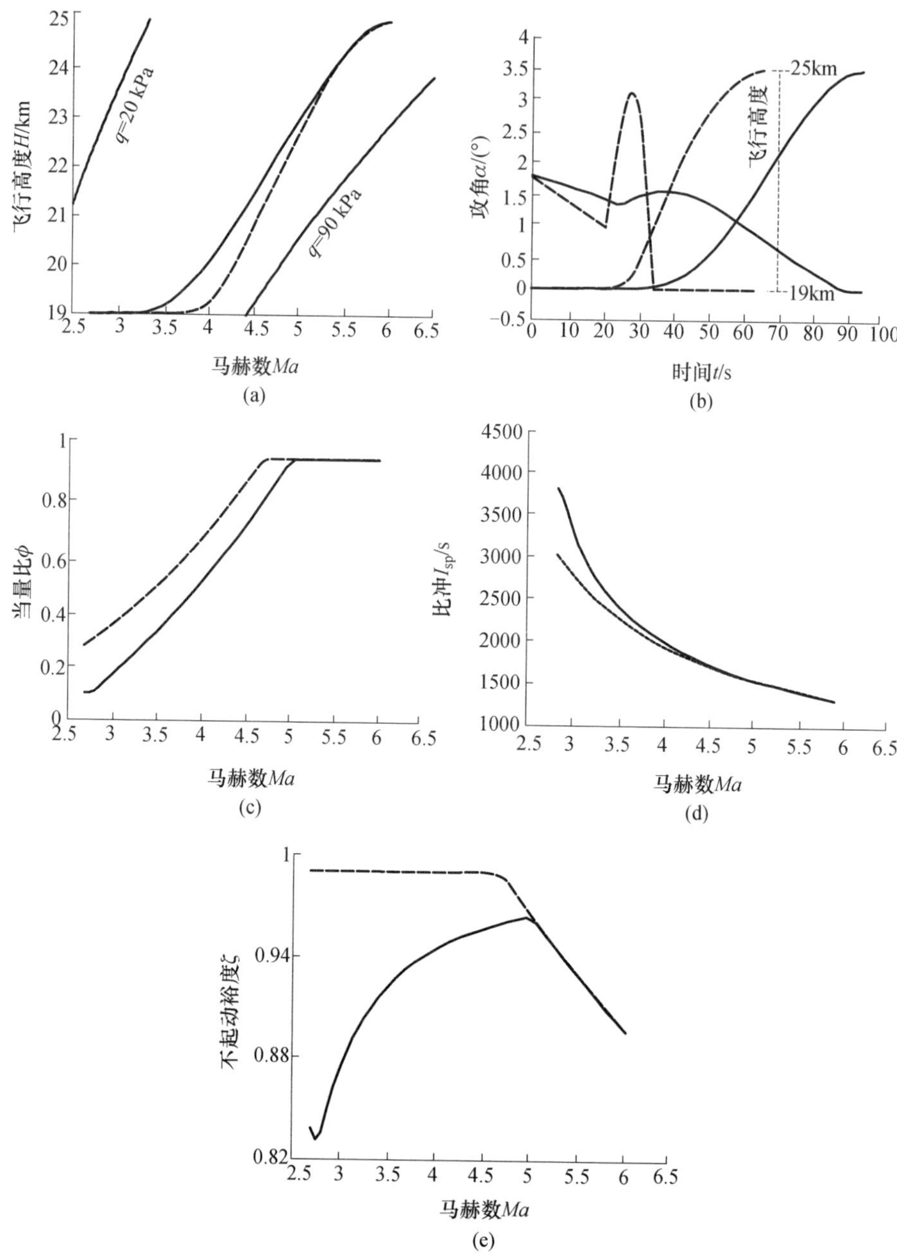

图 11－9　最小油耗轨迹问题(实线)与最小时间轨迹问题(虚线)的计算结果

(a)飞行高度;(b)飞行器攻角;(c)发动机当量比;(d)发动机比冲;(e)发动机进气道不起动裕度。

从飞行包线上看,两种最优轨迹的形式很相似,如图 11 -9(a)所示,都符合传统意义上对吸气式飞行器先水平加速,后爬升的普遍认识。这主要由于吸气式飞行器需要达到足够的动压提供升力来克服自身重力。

两种轨迹都没有触及动压边界。最小时间轨迹在较低的马赫数开始爬升,攻角在加速过程中变化较为平缓,总体趋势为逐渐减小。而最小油耗轨迹在飞行器加速至较大动压状态时开始爬升,攻角在爬升开始时达到最大值,而后快速降至零攻角,如图 11 -9(b)所示。

对于一个冲压发动机推进的飞行器,在马赫数不是非常高时,亚燃冲压发动机提供的推力较飞行器的广义阻力大很多,所以可以对发动机的性能进行调节来匹配轨迹的不同需求。如图 11 -9(c)(d)所示,最小油耗轨迹为了获得较大的比冲,在加速开始的一段时间里降低燃料当量比,从而在提供足够的升力和推阻平衡的基础上逐渐提高动压。在得到足够的动压后,飞行器才改变攻角开始爬升,其攻角变化的程度小于最小时间轨迹。这也解释了最小油耗轨迹的比冲只是在加速过程的前半段明显高于最小时间轨迹。

同理,如图 11 -9(e)所示,最小时间轨迹中,发动机从开始就尽可能以最大的安全边界飞行来提供尽可能大的推力。而最小油耗轨迹则将裕度稍微降低以提高发动机比冲,从而达到节省燃料的目的。所以,轨迹优化问题的实质是针对提出的性能指标,将实时飞行状态下的发动机比冲和推力性能与飞行器的动力学性能进行匹配。

11.5.2　飞/推系统最优轨迹实时效率分析

为了分析飞/推系统各部分效率在最小时间加速轨迹与最小油耗加速轨迹中的变化规律,首先对所研究的效率进行定义:

(1) 飞行器气动效率 η_{veh} 为飞/推系统有用功 ΔE_{veh} 与发动机推进功的比值,即

$$\eta_{\mathrm{veh}} = \frac{\Delta E_{\mathrm{veh}}}{F v_{\infty} \cos\alpha} \tag{11-84}$$

(2) 发动机循环效率 η_{cir} 为发动机循环功 ΔE_{cir} 与发动机总热效率的比值,即

$$\eta_{\mathrm{cir}} = 14.7\,\frac{\Delta E_{\mathrm{cir}}}{H_{\mathrm{u}} \dot{m}_1 \phi} \tag{11-85}$$

(3) 发动机推进效率 η_{pro} 为发动机推进功与发动机循环功的比值,即

$$\eta_{\mathrm{pro}} = \frac{F v_{\infty} \cos\alpha}{\Delta E_{\mathrm{cir}}} \tag{11-86}$$

其中,发动机推进功为

$$\Delta E_{\mathrm{veh}} = V_{\infty}(F\cos\alpha - F_{\mathrm{D}} - Mg\sin\gamma) \tag{11-87}$$

发动机循环功为飞/推系统有用功 ΔE_{veh} 与捕获气流动能增量 ΔE_{af} 之和,即

$$\Delta E_{\mathrm{cir}} = \Delta E_{\mathrm{veh}} + \Delta E_{\mathrm{af}} \tag{11-88}$$

(4) 发动机总效率 η_{jet} 为发动机循环效率与发动机推进效率的乘积,即

$$\eta_{\mathrm{jet}} = \eta_{\mathrm{cir}}\eta_{\mathrm{pro}} \tag{11-89}$$

(5) 飞行器总效率 η_{tot} 为飞行器气动效率与发动机总效率的乘积,即

$$\eta_{\mathrm{tot}} = \eta_{\mathrm{veh}}\eta_{\mathrm{jet}} \tag{11-90}$$

上述五种效率在两种轨迹中随马赫数的分布如图 11-10 与图 11-11 所示。

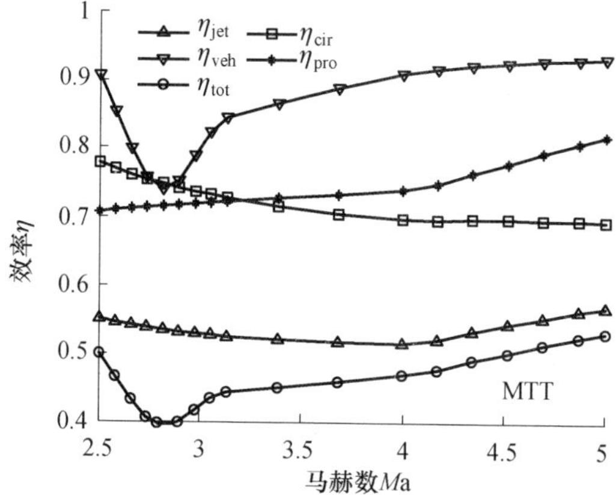

图 11-10　最小时间轨迹各效率分布

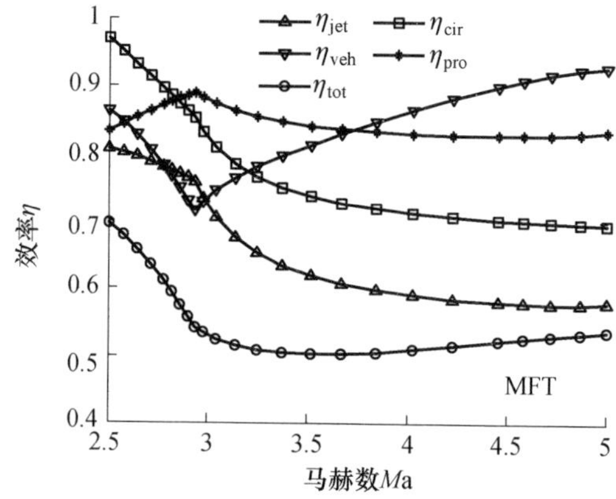

图 11-11　最小油耗轨迹各效率分布

可以看到,在两种最优轨迹中,系统各典型效率在加速的前半程的差别远大与后半程。随着马赫数的增大,两种轨迹下的各典型效率逐渐接近。相比最小时间轨迹,最小油耗轨迹中的发动机推进效率和发动机循环效率均较高,这使得发动机总效率较高,并且在飞行器气动效率较低时,仍使飞/推系统总效率较高。这说明,在低空水平加速可以以降低飞行器气动效率的方式来提高发动机效率。对发动机来说,在两种最优轨迹下,发动机循环效率都随着飞行马赫数的升高而降低。这主要因为随着飞行速度的提高,燃烧损失不断增大,使循环效率逐渐降低。

11.6　飞/推系统发动机性能对最优轨迹的影响

飞行器与发动机之间的强耦合关系,使飞/推系统在选择轨迹时需要兼顾各分系统的性能和约束。那么,对于各分系统,如作为推进系统核心的发动机,如果能对其进行优化设计,使得推进系统在相同状态下提高推进性能,则飞/推系统的整体性能也可以得到一定程度上的提升。由于其在指定设计工况下的性能较高,而在非设计工况的性能较差,为了提高其在宽范围工况下的性能,一般会将发动机内型线的某些部位设计为可调结构,如尾喷管喉道截面。本节在上述问题的基础上,研究在尾喷管喉部界面积在可调的情况下对最小油耗轨迹与最小时间轨迹的影响。

另外,将讨论基于超声速燃烧的超燃冲压发动机的推进特性,相比于亚燃冲压发动机比冲性能随当量比增大而减小的特性,分析基于超声速燃烧情况下,发动机比冲及系统有效比冲性能随发动机工况的变化规律,进而讨论以超燃冲压发动机推进的飞/推系统的轨迹优化策略。

11.6.1　尾喷管喉道可控对最优轨迹的影响

基于 11.3 节,若冲压发动机尾喷管的喉部截面积可控,设 $A_5 = A_{th} \times 0.075\text{m}^2$,其他截面参数如表 11－1 所列。考虑一个 1000kg 的飞/推系统,发动机参数如表 11－1所列,从海拔 16.8km,速度 738m/s(Ma2.5)到海拔 21.2km,速度 1800m/s(Ma5.5)的加速爬升过程,飞行时间从 0s 开始,终点时刻未知。保持燃烧室正常工作,假设燃料完全燃烧,飞行器不可以降低高度。设飞/推系统状态量 $\boldsymbol{x} = [h, l, V, \gamma, M]^{\mathrm{T}}$,可控量 $\boldsymbol{u} = [\alpha, \sigma, A_{th}]^{\mathrm{T}}$,寻找一条合适的轨迹,使得飞/推系统在加速过程中消耗的燃油最少或时间最短,并满足以控制方程式(11－2)以及约束:

(1) $40\text{kPa} \leqslant p \leqslant 80\text{kPa}$;

(2) $p_{0.\text{margin}} = 10$;

(3) 其他约束如表 11－3 所列。

分别对最小时间轨迹与最小油耗轨迹进行优化仿真，两种轨迹下相应的参数分布如图 11－8 所示。

结果显示，相比与 11.3 节，此计算中的动压约束较强，由于初始动压较大，减少了飞行器水平加速的时间，两种最优轨迹的飞行过程在速度－海拔图上，即图 11－12(a)，区别并不十分明显。但在性能指标上确有很大的提升。最小油耗轨迹总用时 80.34s，消耗燃油 36.49kg，最小时间轨迹总用时 39.98s，消耗燃油 40.89kg。最小油耗轨迹较最小时间轨迹增加了近 1 倍加速时间，但节省了 10.77% 的燃油消耗。

表 11－3　约束条件

变量类型	时间	控制变量			状态变量				
	t/s	A/(°)	ϕ	A_{th}	H/m	l/m	v/(m/s)	γ/(°)	M/kg
初值	0	—	—	—	16.8×10^3	0	738	0	1000
终值	—	—	—	—	21.2×10^3	—	1479	0	—
最小	0	0	0.1	0.9	16.8×10^3	0	738	0	500
最大	1000	10	1	1.1	21.2×10^3	—	1479	90	1000

通过尾喷管喉部截面积的控制，使得发动机在不同的工况下，可以针对发动机不同的性能需求，匹配发动机当量比与进气道安全裕度之间的关系。最小油耗轨迹中，尾喷管喉部截面积始终维持最小的喉部面积，这使得发动机在低当量比工作时，能够提供最大的比冲性能。最小时间轨迹中，发动机时刻保持最大推力的工作状态，即进气道裕度始终维持在 1，相应的匹配当量比与尾喷管喉道截面的控制。在低速加速时，通过尽可能大的喷管截面积，以当量比 0.34 开始逐渐提高当量比。当发动机当量比增大到 1 时，维持当量比并减小喷管喉部截面积。

11.6.2　基于超声速燃烧推进的轨迹优化问题

发动机关于推进性能的分布参数特征通常体现在超燃冲压发动机的超声速燃烧过程中。当飞行马赫数提高到 *Ma*6 以上时，基于亚声速燃烧的冲压发动机性能严重恶化：进气道总压损失增大，出口总温急剧增加，使得发动机壁面单位热流量超过材料热负荷；燃烧室的进口气流温度过高导致燃料出现裂解现象，巨大的能耗使得燃烧效率很低；尾喷管中的总压损失增大，压比过大导致燃料停留时间很短，离解的产物无法复合。若要避免上述情况发生，必须减小进气道中气流的滞止程度，使燃烧室入口甚至燃烧过程都在超声速条件下进行，即实现超声速燃烧[15,16]。

由于气流的总压损失正比于马赫数的平方，超声速燃烧伴随巨大的瑞利损失。这也使超声速燃烧具有很强的分布式参数特征，其内部的流动和燃烧包含复杂的

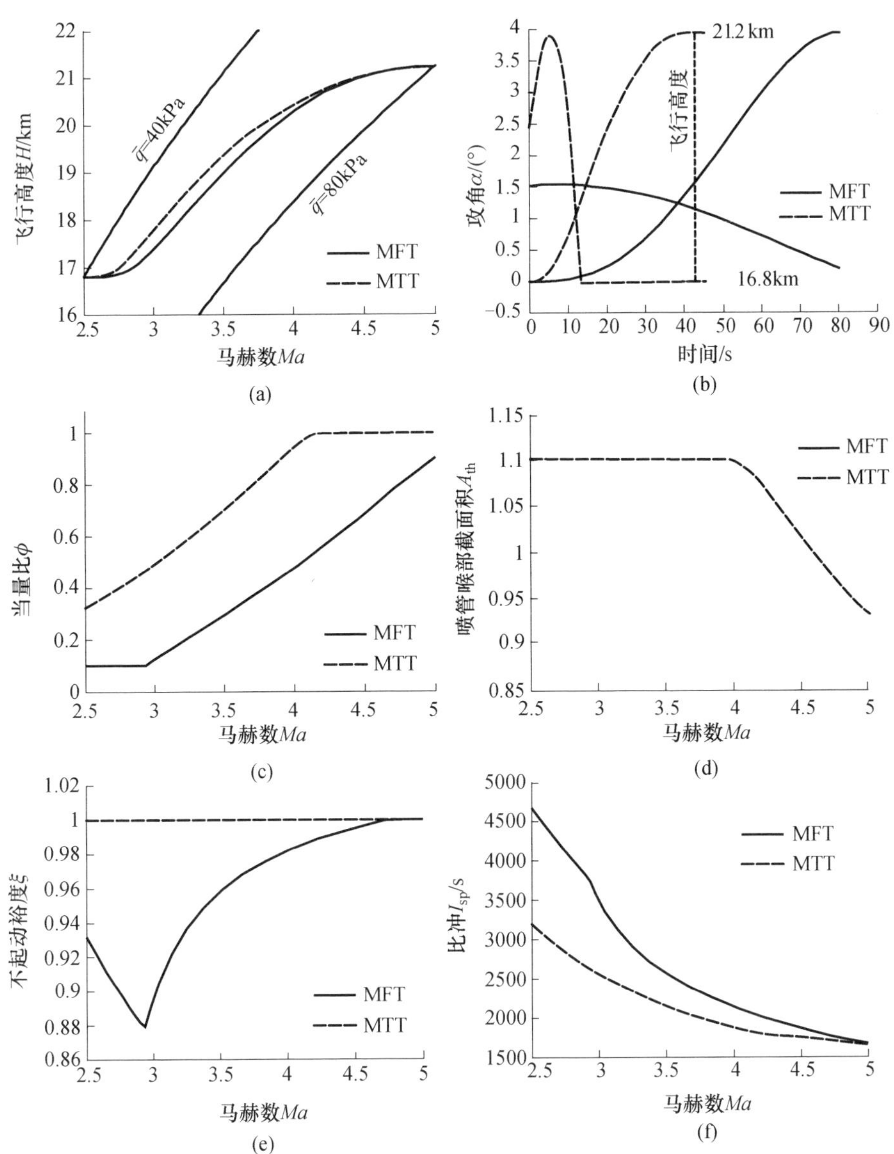

图 11－12　最小油耗轨迹问题（实线）与最小时间轨迹问题（虚线）的计算结果

（a）飞行高度；（b）飞行器攻角；（c）发动机当量比；（d）发动机尾喷管喉部截面积；（e）发动机进气道安全裕度；（f）发动机比冲。

物理与化学过程，难以以集中参数的方法进行描述[17]。以双模态超燃冲压发动机推进的飞/推系统在超声速飞行时，飞行器受到的阻力非常大，使得系统的净推力很小。所以，对超燃冲压发动机的优化，尤其是对超声速燃烧室的优化对提高推进性能、保证系统安全工作等有着重要的意义。

然而,采用不同推进原理的发动机由于其推进特性的不同,使得在优化以其为动力的飞/推系统的最优轨迹时,可能会出现不同的结果。对吸气式发动机而言:选择时间性能指标即关注发动机推力变化规律;选择油耗性能指标则关注发动机比冲变化规律。吸气式飞/推系统的最小油耗轨迹大同小异,究其区别关键在于在加速过程中发动机比冲随当量比的变化规律。本书之前对亚燃冲压发动机最小油耗轨迹的研究,是建立在亚燃冲压发动机比冲系能的特征的基础之上,如图 11-13所示。

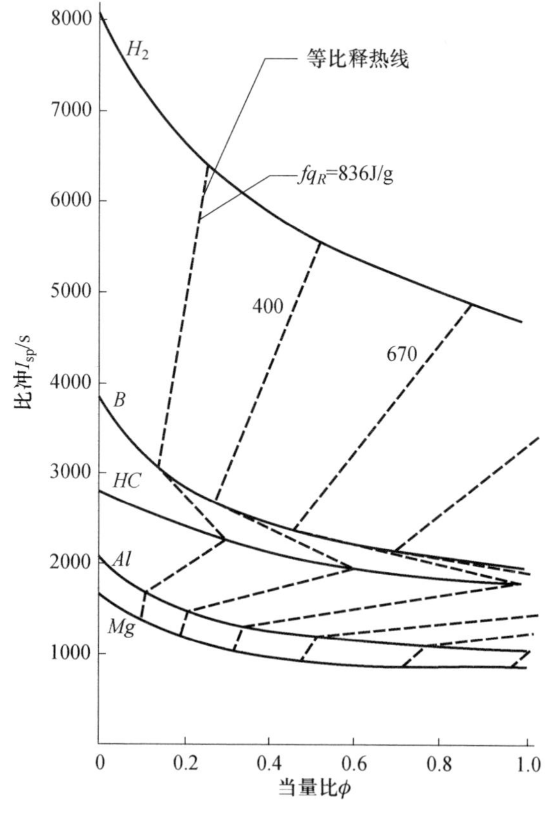

图 11-13　同释热分布下亚燃冲压发动机各燃料比冲随当量比的变化[18]

从飞/推一体化的视角来说,对于时间指标,考量的是如何最大化发动机的推力性能,其优化方式通常只需要使发动机在安全边界内保持最大状态工况。而对于油耗指标,情况则不尽相同。

之前针对基于亚声速燃烧的飞/推系统适用发动机比冲进行分析,是其来流速度较低、进气道总压恢复系数较大、燃烧过程的总压损失较小等众多因素,使得在飞行过程中,发动机可以提供的推力远大于飞/推系统受到的阻力。因此,亚燃冲压发动机可以通过减小当量比来提高发动机的循环效率。但是,当飞行马赫数逐渐增大时,燃烧模态进入超声速模态,巨大的进气道总压损失、燃烧产生的瑞利损失以及高超声速的飞行器阻力等使得发动机产生的推力勉强保证系统推阻平衡。当飞行器的推阻比较小时,仅用发动机比冲参数进行评价有时会忽略掉飞行器姿态和飞行轨迹对飞行过程的影响,尤其是在加速爬升过程中。

此时一般采用飞/推系统整体的有效比冲 I'_{sp},其定义是发动机单位重力油耗产生的飞行器有效净推力,即

$$I'_{sp}=\frac{F-F_D}{m_f g} \tag{11-91}$$

飞行器净推力是发动机推力与飞行器广义阻力的差值。显然,有效比冲的概念关注的不仅仅是发动机,而是整体飞/推系统在飞行过程中实时的综合参数。由于在巡航阶段净推力为 0,有效比冲的概念仅在飞行器处于变速过程中适用于飞/推系统的性能分析。那么,对于超声速燃烧推进的飞/推系统,其有效比冲随当量比的变化规律会与采用亚燃冲压发动机时有所区别。

为了研究基于超声速燃烧的飞/推系统有效比冲随发动机当量比的变化规律,本书给出一个简单的算例。设飞/推系统零攻角稳定飞行,采用零维的发动机进气道与尾喷管的理想模型,一维的超声速燃烧室模型。将飞/推系统的广义阻力(飞行器外流阻力以及发动机内流场燃烧室入口截面前受到的阻力)对飞/推系统的影响都包含在进气道总压恢复系数之中。设进气道出口马赫数为入口马赫数的 1/2,通过给定的进气道总压恢复系数给出燃烧室进口气流参数。燃烧室为扩张结构,扩张角为 3°,分别在飞行为 *Ma*5、*Ma*7 和 *Ma*12 的状态下,计算不同进气道总压恢复系数条件下的飞/推系统有效比冲随发动机当量比的变化规律。

计算结果如图 11-14 所示,并在图中标出了相应进气道总压恢复系数的飞/推系统最大有效比冲位置。当飞行速度较低时,如图 11-14(a)所示,若进气道总压恢复系数较大,则飞/推系统在当量比最小时具有最大的有效比冲,这个规律类似于一般的亚燃冲压发动机的特性。随着进气道总压恢复系数逐渐减小,飞/推系统有效比冲所对应的当量比开始逐渐增大。由于飞行马赫数较低,此时发动机最大当量比为 6.29。当进气道总压恢复系数小于 0.41 时,发动机当量为最大值时才可得到最大的有效比冲性能。当飞行为 *Ma*7 时,如图 11-14(b)所示,发动机可以以当量比 1 工作。此时,飞/推系统有效比冲随发动机当量比的变化规律同 *Ma*5 飞行时相似,但当进气道总压恢复系数减小到 0.52 时,当量为 1 时即可得到最大的有效比冲性能。当飞行马赫数为 *Ma*11 时,超声速燃烧中巨大的瑞利损失,使得超燃冲压发动机提供有效的净推力已经非常艰难。如图 11-15(c)所示,飞/

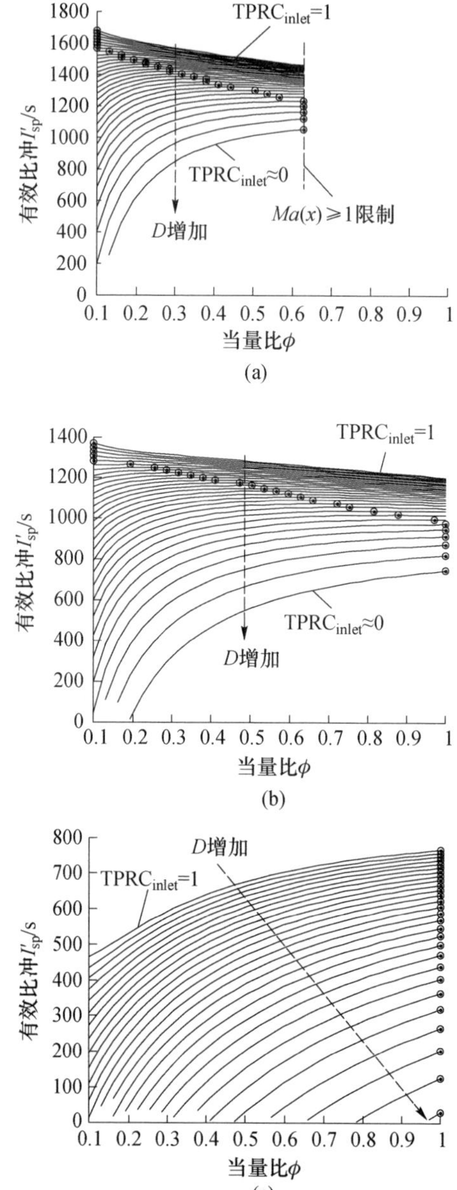

图 11-14　飞/推系统有效比冲随发动机当量比的变化

(a)燃烧室入口 $Ma2.5$;(b)燃烧室入口 $Ma3.5$;(c)燃烧室入口 $Ma6$。

推系统有效比冲皆随着发动机当量比的增大而增大，并且当总压恢复系数较小时，发动机减小当量比甚至无法提供有效的净推力。此外，辅助计算表明发动机燃烧室扩张角度对上述分析的结果并不产生影响。综上所述：当飞行马赫数较低时，低空域亚声速燃烧获得的推力一般远大于实时阻力，此时比冲随当量比增大而减小；当飞行马赫数较高时，超声速燃烧获得的推力逐渐逼近实时阻力，则最大有效比冲点逐渐右移，直至当量比 1。对于飞行在 *Ma*2.5 ~ 5 之间基于亚声速燃烧室飞/推系统，其特性属于前者。对于飞行在 *Ma*7 以上的基于超声速燃烧的飞/推系统，其特性属于后者。飞行器的阻力越大，飞行马赫数越高，则规律越趋向于后者。

因此，对于以超燃冲压发动机推进的飞/推系统在较高的马赫数飞行时，其最大比冲性能与最大推力性能之间的差异将随着马赫数的增大而逐渐降低直至完全消失。在这种状态下，如何优化超燃冲压发动机燃烧室的设计和控制，使其能够提供最优的性能，将对发动机本体的优化乃至以其为动力的飞/推系统的总体优化，起到至关重要的作用。

当然，两种截然相反的规律中间有过渡状态，即存在当发动机当量比为(0,1)区间内某取值时使得飞/推系统的有效比冲最大。在此算例中应为飞行速度为 *Ma*5 ~ 6 时，这也是双模态超然冲压发动机出现模态转换的过渡阶段，本书对此不再深入研究。

11.7　飞/推系统约束对最优轨迹的影响

在上述分析的基础上，考虑不同的飞/推系统加速过程的约束条件，尤其是超温边界和不起动边界，研究其对最优加速轨迹的影响。并且，针对飞行器控制领域常用的等动压线加速轨迹，分析等动压约束对最优加速轨迹的影响。

11.7.1　超温约束与不起动约束对最优轨迹的影响

考虑一个亚燃冲压发动机推进的飞/推系统，从海拔 16.8km，速度 738m/s（*Ma*2.5）到海拔 21.2km，速度 1800m/s（*Ma*5.5）的加速爬升过程的最小油耗轨迹与最小时间轨迹。设飞行时间从 0s 开始，终点时刻未知，并满足控制方程式(11 −2)以及约束条件：

(1) 进气道不起动约束 $0.1 \leqslant \xi \leqslant 0.9$；

(2) 动压 $40\text{kPa} \leqslant p \leqslant 80\text{kPa}$；

(3) 燃烧室静温约束 $T_4 \leqslant T_{4,\max}$；

(4) 其他约束如表 11 −3 所列。

分别对超温边界 $T_{4,\max}$ 为 2000K、2500K、3000K 和 3500K 进行轨迹优化求解，

结果如图 11 – 16 所示。显然,此问题中给出的最优轨迹是在无超温约束下得到的,与 $T_{4.\max}=3500\mathrm{K}$ 时的最优轨迹相同,如图 11 – 16(a)(b)所示。随着超温边界逐渐降低,飞行器水平加速的过程逐渐缩短,当减小至 2500K 时,最小油耗轨迹与最小时间轨迹在马赫 – 高度图上的飞行包线已经比较近似。

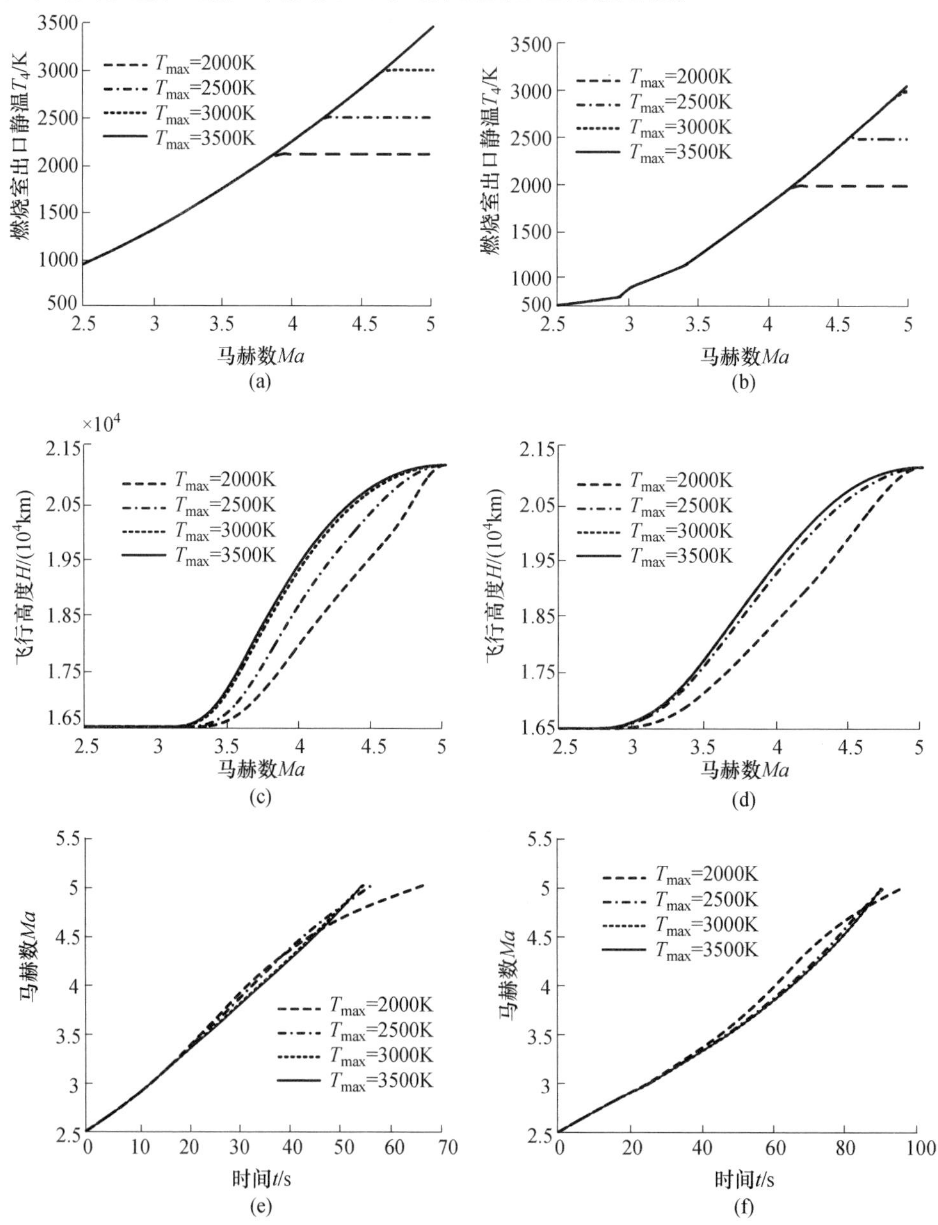

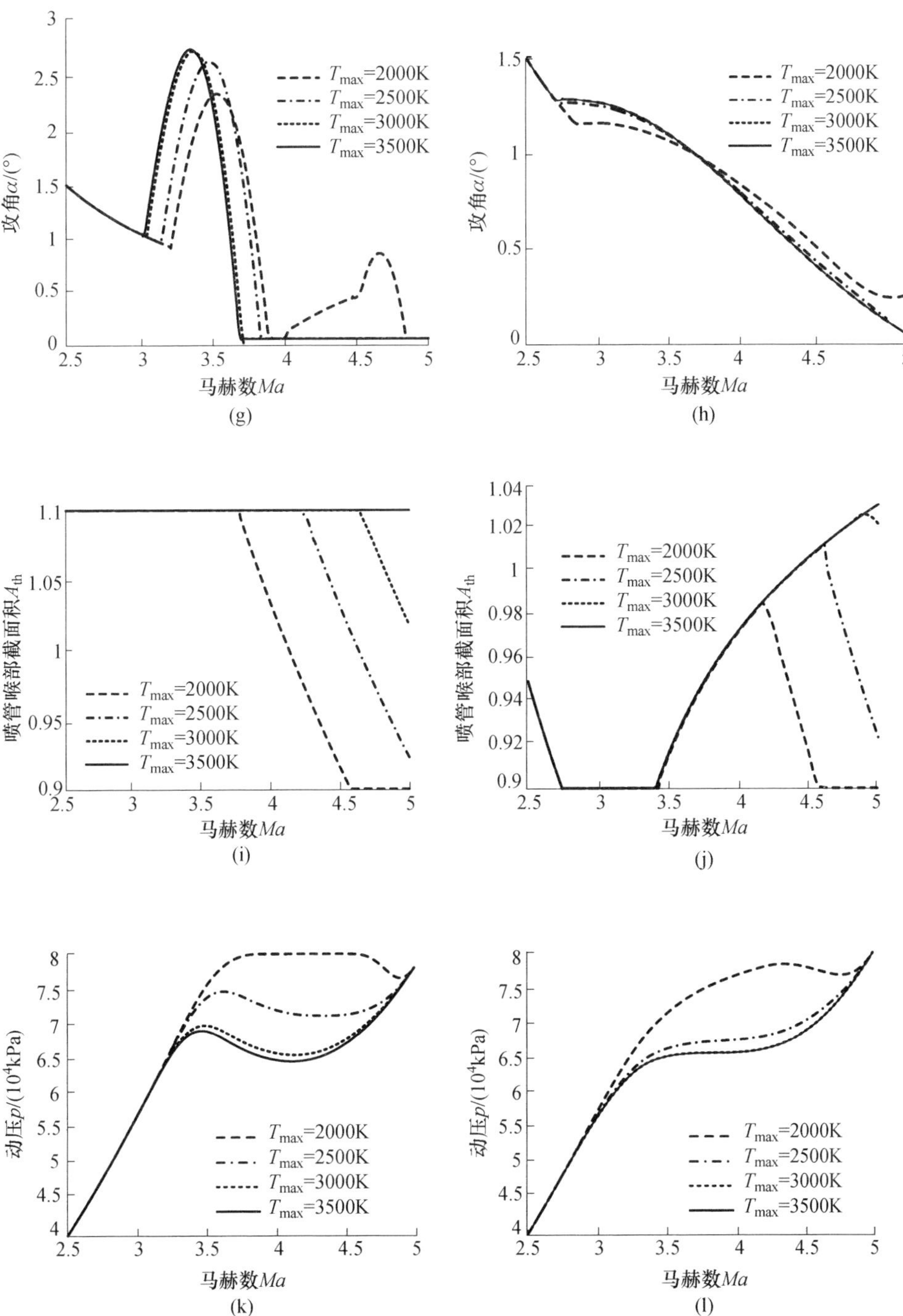
攻角α/(°)
马赫数Ma
T_{max}=2000K
T_{max}=2500K
T_{max}=3000K
T_{max}=3500K
喷管喉部截面积A_{th}
动压p/(10^4kPa)

(g)　(h)　(i)　(j)　(k)　(l)

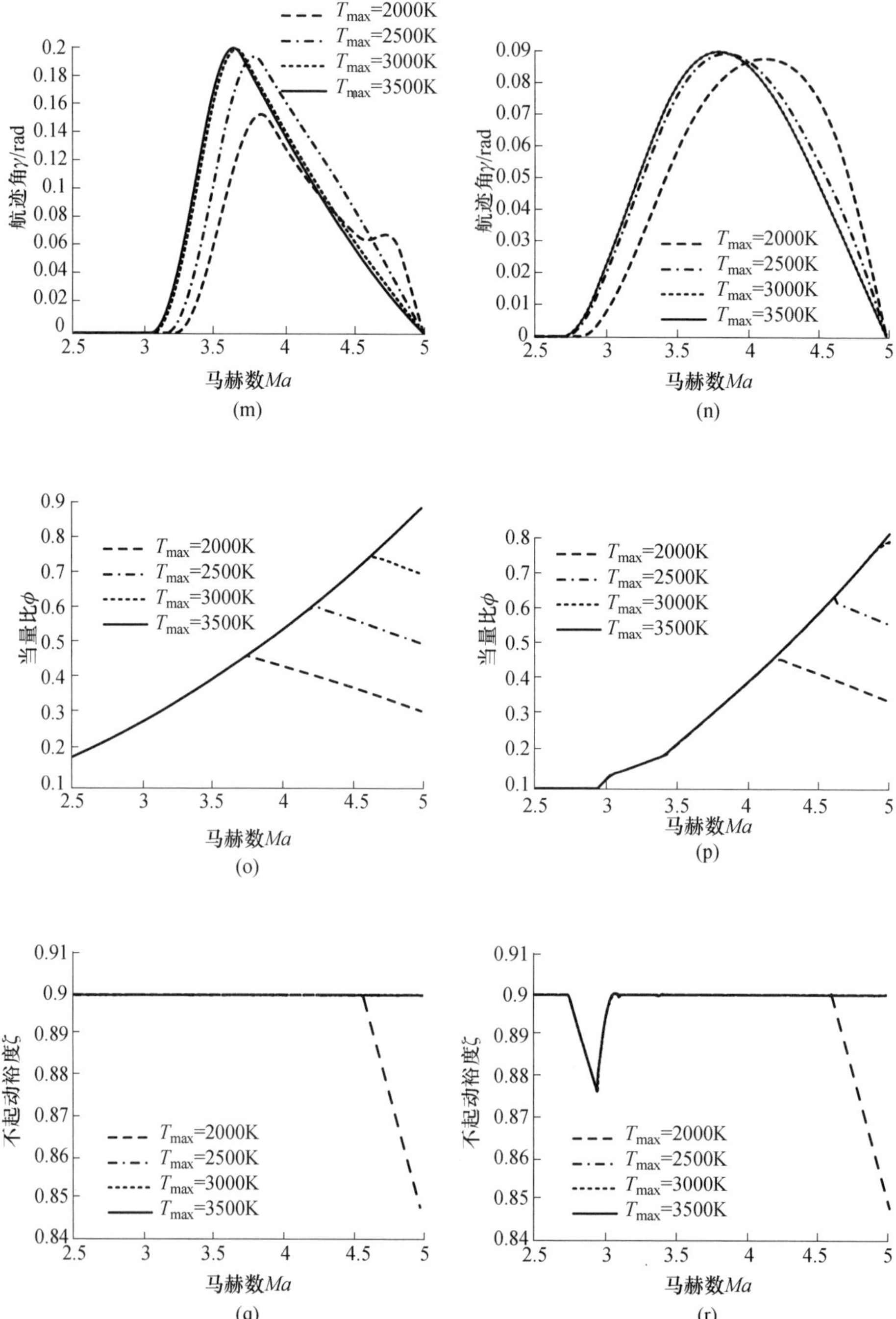

航迹角γ/rad
马赫数Ma
当量比φ
不起动裕度ξ
T_{max}=2000K
T_{max}=2500K
T_{max}=3000K
T_{max}=3500K

(m) (n)

(o) (p)

(q) (r)

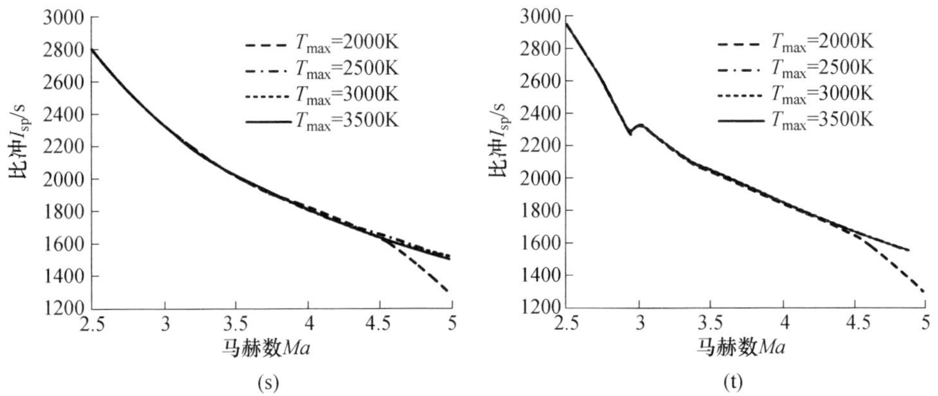

图 11－16　不同超温约束下的最小时间轨迹与最小油耗轨迹
(a) 燃烧室出口静温(MTT);(b)燃烧室出口静温(MFT);(c)海拔(MTT);(d)海拔(MFT);
(e)马赫数(MTT);(f)马赫数(MFT);(g)攻角(MTT);(h)攻角(MFT);
(i)尾喷管喉道截面积(MTT);(j)尾喷管喉道截面积(MFT);(k)动压(MTT);(l)动压(MFT);
(m)航迹角(MTT);(n)航迹角(MFT);(o)发动机当量比(MTT);(p)发动机当量比(MFT);
(q)进气道不起动裕度(MTT);(r)进气道不起动裕度(MFT);
(s)发动机比冲(MTT);(t)发动机比冲(MFT)。

两种最优轨迹中,飞/推系统在触及超温边界后,都继续沿着超温边界工作。相比于最小时间轨迹,最小油耗轨迹由于其发动机的当量比由较小值开始工作,其触及超温边界时刻的飞行马赫数会较高。发动机燃烧室的超温保护对发动机性能的约束较大。对于最小时间轨迹,如图 11－16(i)所示,发动机在高马赫数时不能再维持最大的截面积,随着超温边界的逐渐降低,尾喷管喉道截面积需要在更小的马赫数开始减小来尽可能减弱由于当量比降低带来的性能损失。对于最小油耗轨迹,如图 11－16(j)所示,尽管在前半程发动机可以以低当量比、小喷管喉道截面工作,但在马赫数较高时,仍需要降低喷管喉道面积,这与最小时间轨迹相似。此问题中对飞行器动压的限制较强,所提供加速爬升的初始动压较大,但飞行包线较窄。随着超温边界的增大,在后半段最优轨迹中,飞/推系统需要更大的动压来提供升力。

超温边界对发动机当量比的影响较为直接,在触及超温边界时,当量比逐渐减小。值得注意的时,维持超温边界工作的发动机当量比并非稳定值,而是以近似相同的梯度减小。进气道不起动裕度仅在超温约束降低到 2000K 时才有所区别。在两种轨迹中,不起动裕度都在 Ma4.5 附近开始以近似的梯度减小。这主要由于此时,尾喷管喉道面积已经在 Ma4.5 左右减小至最小值,为了维持等静温工作,随着马赫数的升高,发动机的性能被迫逐渐下降。

11.7.2 等动压约束对最优加速轨迹的影响

近年来，在飞行器控制领域中经常使用等动压条件来简化飞行轨迹，过强的约束必定对吸气式飞/推系统加速过程产生影响。本节主要考虑飞/推系统在等动压线上加速过程的最优轨迹问题。

考虑一个亚燃冲压发动机推进的飞/推系统，从海拔 16.8km，速度 738m/s（Ma2.5）到海拔 21.2km，速度 1800m/s（Ma5.5）的加速爬升过程的最小油耗轨迹与最小时间轨迹。设飞行时间从 0s 开始，终点时刻未知。约束条件如下：

（1）进气道不起动边界 $0.1 \leqslant \xi \leqslant 0.9$；

（2）动压 p = 常数；

（3）燃烧室静温上限 $T_{4,\max} = 2500\mathrm{K}$；

（4）其他约束如表 11－3 所列。

分别在动压 p 为 50kPa、60kPa 和 70kPa 的约束条件下进行轨迹优化求解，结果如图 11－17 所示。显然，在相同的等动压约束下，飞/推系统的最小时间轨迹和最小油耗轨迹在高度－马赫数图上是同一条曲线，如图 11－17(a)所示。

但是，由图 11－17(b)可以看出，不同的性能指标，使得飞行器在加速过程中的姿态并不相同。相比最小时间轨迹，最小油耗轨迹中，飞行器在大部分加速过程中的航迹角较小。尽管对于两种最优轨迹，航迹角均为先快速增大至最大值后逐渐减小的过程，但在最小时间轨迹中，航迹角降低的过程较为平缓，而在最小油耗轨迹中，航迹角在 Ma3.3～4.5 过程中基本保持不变。且对于两种最优轨迹，航迹角的分布规律分别具有相似的规律，只是较高的动压约束在相同的飞行马赫数时需要较大的航迹角。航迹角的变化是由飞行器升阻关系以及攻角变化综合决定的。

在攻角－马赫数图，即图 11－17(c)中，攻角起始角度基本相同，变化规律也大体相似。与航迹角类似，在较大的动压约束下，飞行器的攻角在相同的飞行马赫数时较小，这是由于较大的动压提供了较大的升力，使得飞行器维持较小的攻角便可以满足加速爬升的要求。对比最小时间轨迹，在相同的飞行马赫数时，最小油耗轨迹需要较大的攻角以补偿由于发动机推力性能较低而导致的升力不足。攻角在加速过程中出现的几次拐点均为飞/推系统触及边界约束导致的。

图 11－17(d)给出马赫数随时间变化曲线。可以看到，较大的动压线约束可以明显缩短加速时间。如表 11－4 所列，将动压线由 50kPa 提高至 60kPa，最小油耗轨迹与最小时间轨迹的加速时间分别减少了 16.3% 和 16.8%，将动压线由 60kPa 提高至 70kPa，则分别减小了和 12.5% 和 12.1%。这说明，飞/推系统在较低的动压带通过提升动压而获得的加速过程的时效性较大。但对于相应的油耗变

化,如表 11－5 所列,通过增大飞行动压线约束可以获得降低油耗的性能的效果,相比之下,这种效果在低动压约束时的最小油耗轨迹中较为明显。但是,在 50 kPa 条件下,增大 10kPa 动压仅可以使飞/推系统加速过程的油耗略微降低约 1.2% 。

图 11－17(e)给出的是发动机燃烧室出口静温随飞行马赫数的变化。可以看到,不同的动压线对最优轨迹的影响不大,只是由于最小油耗轨迹中,发动机在 $Ma4 \sim Ma5$ 的飞行过程中释热量较低,使得燃烧室出口静温触及 2500K 边界的过

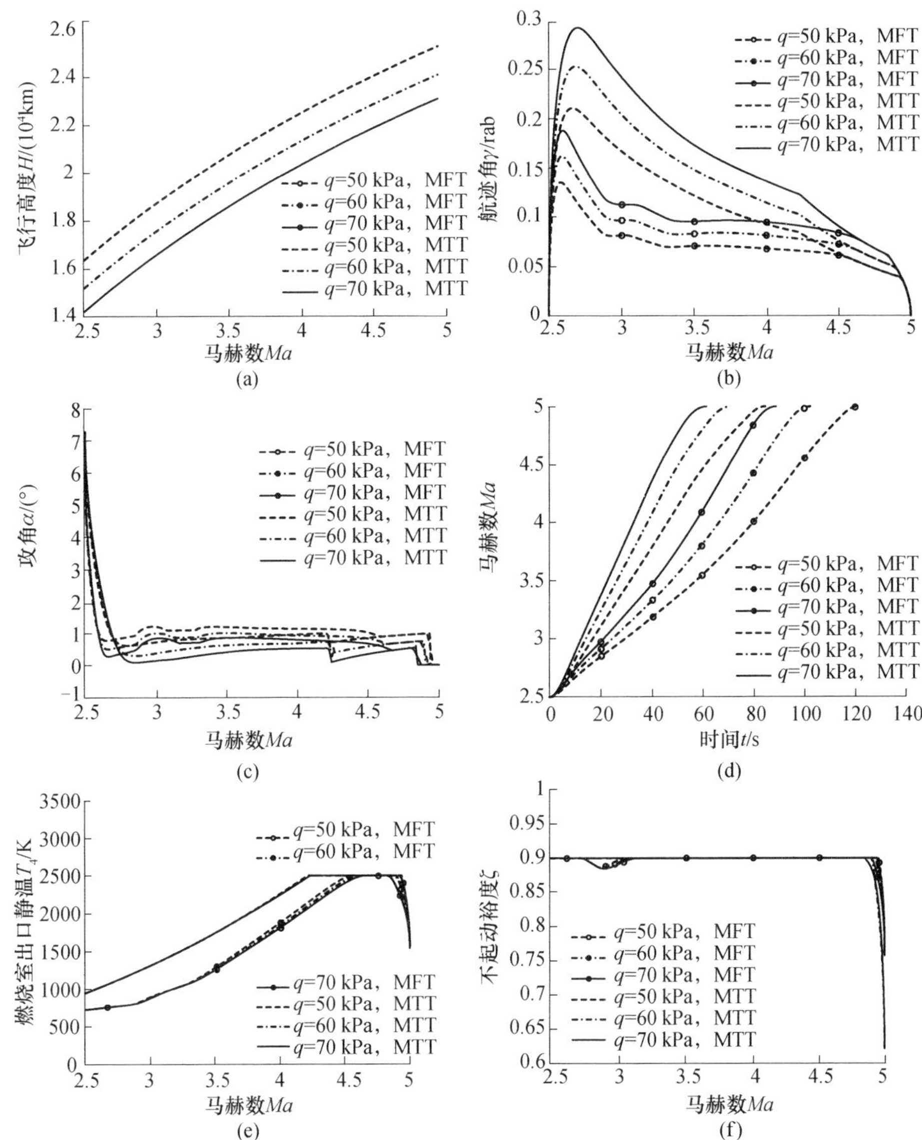

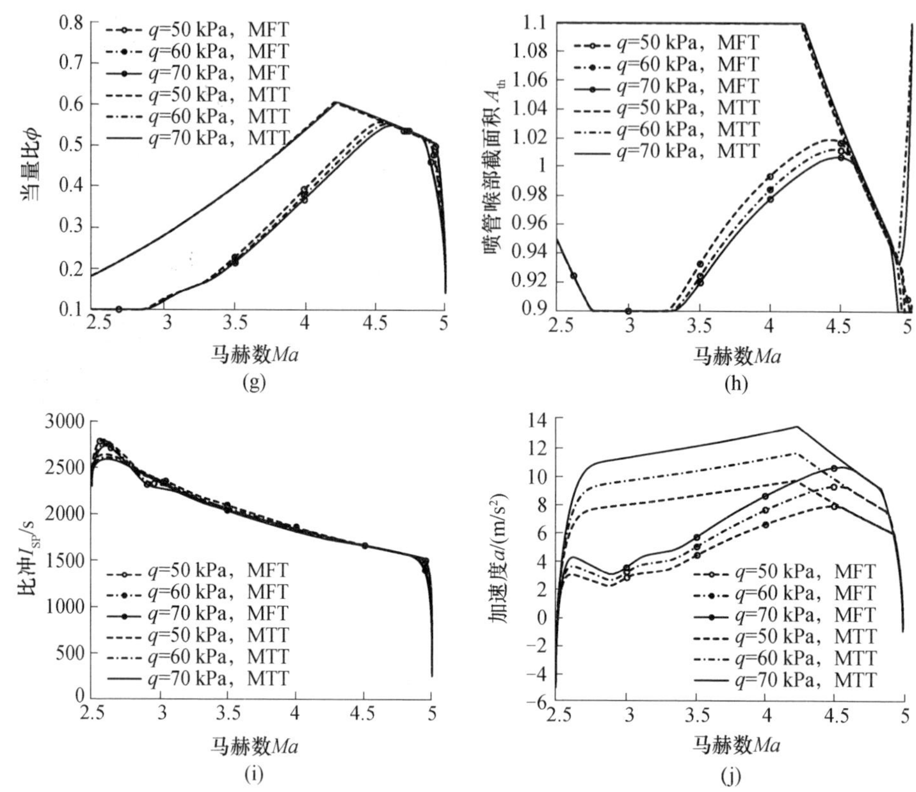

图 11－17　不同动压线约束下的最小时间轨迹与最小油耗轨迹

(a)飞行高度;(b)航迹角;(c)飞行器攻角;(d)飞行马赫数;
(e)发动机燃烧室出口静温;(f)发动机进气道不起动裕度;(g)发动机当量比;
(h)发动机尾喷管喉部截面积;(i)发动机比冲;(j)推系统加速度。

程较相对较短。而对于发动机进气道不起动边界,如图 11－17(f)所示,六种情况下大体相似,仅有最小油耗轨迹中,飞行器在 *Ma*3 左右飞行时由于尾喷管已达到下限导致进气道裕度稍有降低。

图 11－17(g),(h)给出了加速过程中,当量比和尾喷管喉道截面积随飞行马赫数的变化。超温约束与动压线约束的双重作用,使得发动机难以在高马赫数飞行时维持较高的当量比工作。不同的动压线以及不同的指标函数并不影响马赫数－当量比图中的超温约束线的位置和形式。由于不同于之前分析中在加速末端通过调整飞行动压来匹配终点状态,在动压线约束下,只能通过调节发动机性能来进行匹配,即在末端使当量比快速降低至下限值。与发动机当量比调节进行匹配的发动机尾喷管喉道面积的调节规律与之前的分析相似,在超温边界工作时,不同性能指标的两类曲线基本重合。

在动压线约束下，飞/推系统难以通过调节发动机与飞行姿态以及过程的匹配来明显提高比冲性能。仅在加速过程开始的阶段，最小油耗轨迹明显高于最小时间轨迹，如图 11－17(i)所示。

图 11－17(j)给出了加速过程中飞行器加速度随马赫数的变化。可见，在触及超温边界前，由于最小油耗轨迹采用发动机低推力工况工作，使得最小时间轨迹中，飞行器加速度明显较大，在 *Ma*3 左右时达到最小油耗轨迹相应飞行速度的 2 倍加速度。而后，随着飞行马赫数逐渐增大，两种轨迹下的加速度相差逐渐减小。显然，较大的动压线使得飞行器具有较大的加速度性能，但却会在相同的飞行马赫数状态触及燃烧室的超温边界。

表 11－4　各最优加速轨迹需要消耗的时间

动压/kPa	MFT 下消耗的时间/s	MTT 下消耗的时间/s
50	121.5	84.3
60	101.7	70.1
70	89.0	61.6

表 11－5　各最优加速轨迹需要消耗的燃油

动压/kPa	MFT 下消耗的燃油/kg	MTT 下消耗的燃油/kg
50	41.2	42.9
60	40.7	42.7
70	40.4	42.6

11.8　小结

本章针对以冲压发动机推进的飞/推一体化系统的最优加速轨迹问题，构建了面向轨迹优化控制的考虑发动机推进机理的飞/推一体化模型，在二维的竖直平面中将飞行器基本动力学模型与理想的亚燃冲压发动机模型相结合构成飞/推一体化模型。考虑飞行过程中的进气道不起动约束和飞行动压约束，构造了最小油耗轨迹的最优控制问题。分别给出直接法与间接法对轨迹最优控制问题的推导，并分析这两种方法对轨迹最优控制问题的适用性。选取直接法中的高斯伪谱法求解轨迹最优控制问题，得到最小油耗轨迹下的各参数分布曲线以及其性能和边界参数的分布曲线。研究飞/推系统性能与各种工作边界对最优加速轨迹结果的影响，分别对最小油耗与最小时间轨迹进行求解，对比飞行器控制领域常用的等动压加速过程，分析了动压限制对飞/推系统加速过程的影响。最后讨论了基于超声速燃烧的吸气式飞/推系统的最优加速轨迹。

参考文献

[1] Curran E T. Scramjet engines:The first forty years[J]. Journal of Propulsion and Power,2001,17(6):1138 - 1148.

[2] Powell O A, Edwards J T, Norris R B,et al. Development of hydrocarbon - fueled scramjet engines:the hypersonic technology program[J]. Journal of Propulsion and Power,2011,17(6):1170 - 1176.

[3] Foluso Ladeinde,Stonybrook. A critical review of scramjet combustion simulation[C]. AIAA Paper 2009 - 127,2009.

[4] Dinkelmann M. Modeling of heat transfer and vehicle dynamics for thermal load reduction by hypersonic flight optimization[J]. Mathematical and Computer Modeling of Dynamical Systems,2002,8(3):237 - 255.

[5] Akio Abe,Yuzo Shimada,Kenji Uchiyama. Minimum acceleration guidance law for spaceplane in ascent phase via exact linearization[J]. Trans. Japan Soc. Aero. Space Sci. 2005,48(161):135 - 142.

[6] Atsushi U, Shunsuke I, Hideyuki T. Experimental and numerical study on aerodynamic design of hypersonic vehicle[C]. AIAA Paper 2011 - 2340,2011.

[7] Sanchito Banerjee, Michael A Creagh, Russell R Boyce. An alternative attitude control strategy for SCRAMSPACE 1 experiment [C]//AIAA Guidance, Navigation, and Control Conference. AIAA 2014 - 1475, 2014.

[8] Jeffrey D,Armando R,Srikanth S,et al. Decentralized control of an airbreathing scramjet - powered hypersonic vehicle[C]//AIAA Guidance,Navigation,and Control Conference,Guidance,Navigation,and Control and Co - located Conferences. Chicago,Illinois,USA,AIAA Paper 2009 - 6281,2009.

[9] Mcruer D T,Ashkenas I,Graham D. Aircraft dynamics and automatic control [M]. Princeton:Princeton University Press,1973.

[10] 徐旭,陈冰,徐大军. 冲压发动机原理及控制[M]. 北京:北京航空航天大学出版社,2014:79 - 85.

[11] Xiaoliang J,Zhongqi W,Daren Y. Predictor - corrector method for scramjet inlet air mass flow rate measurement[J]. AIAA Journal 2007,55(7):2382 - 2394.

[12] Jason R T,Jon P L,Christopher G, et al. Heat flux measurements in a scramjet combustor using embedded direct - write sensors[J]. Journal of Propulsion and Power,2015,31(4):1003 - 1013.

[13] Takeshi K,Nobuo C,Kenji K,et al. Dual - mode operations in a scramjet combustor[J]. Journal of Propulsion and Power,2004,20(4):760 - 763.

[14] Bolle P. On the bolza problem[J]. Journal of Differential Equiations,1999,152(2):274 - 288.

[15] Francesco B,Luigi C,Stefano A,et al. Supersonic combustion models application for scramjet engines[C]//16th AIAA/DLR/DGLR International Space Planes and Hypersonic Systems and Technologies Conference. Bremen,Germany,AIAA Paper 2009 - 7207, 2009.

[16] Tarek A S,Surundra T,Tajeldin M. Study of supersonic combustion characteristics in a scramjet combustor [C]//16th AIAA Computational Fluid Dynamics Conference, Fluid Dynamics and Co - located Conferences. Orlando,Florida,USA,AIAA Paper 2003 - 3550,2003.

[17] Billig F S. Research on supersonic combustion[J]. Journal of Propulsion and Power,1993,9(4):499 - 514.

[18] Alon G. Effect of fuel properties on the specific thrust of a ramjet engine[J]. Defence Science Journal,2006,56(3):321 - 328.

[19] Daniel M,Sean T. Heat release distribution in a dual - mode scramjet combustor - measurements and modeling [C]//16th AIAA/DLR/DGLR Intern - ational Space Planes and Hypersonic Systems and Technologies Conference. Bremen,Germany,AIAA Paper 2009 - 7362, 2009.

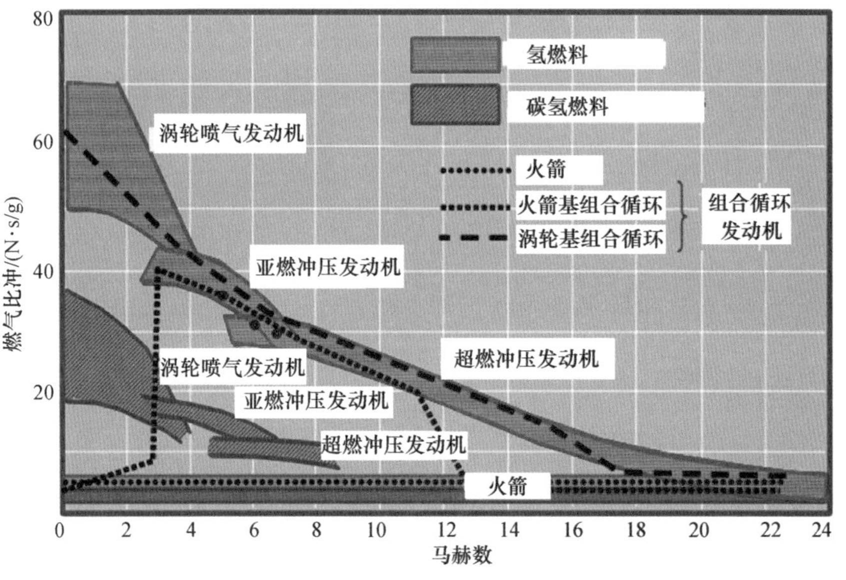

图 1－1　不同类型推进系统的性能比较

图 1－2　X－51A 飞行器停放在爱德华空军基地

图 1－3　X－51A 搭载在 B－52H 轰炸机机身下

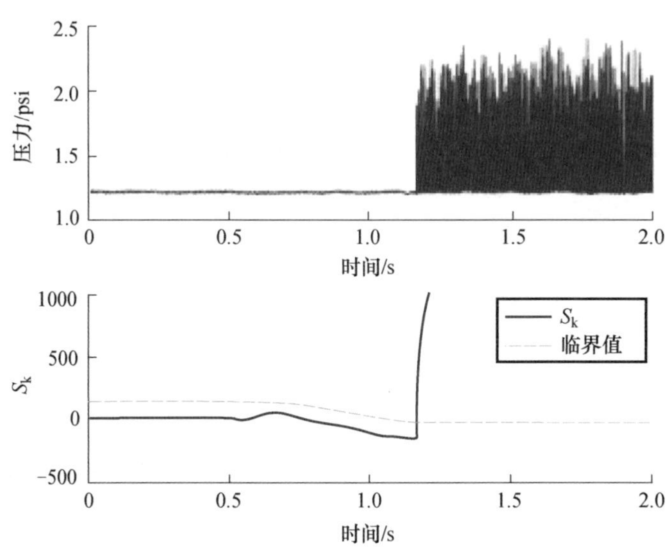

图 1－7　文献[54]中根据累计和不起动监测的结果(1psi＝6.895kPa)

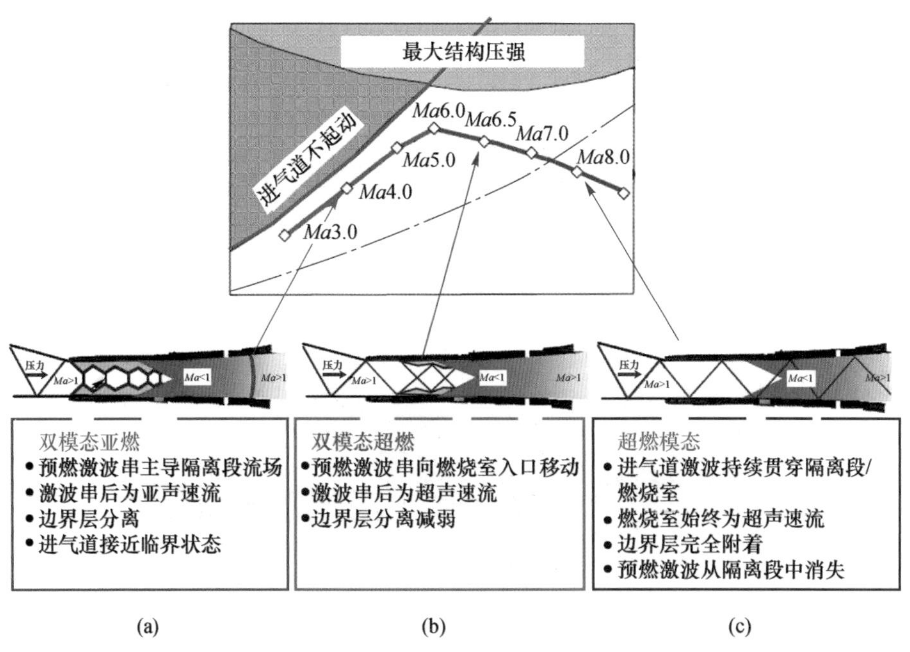

图 1－18　不同飞行状态下燃烧模态的选择

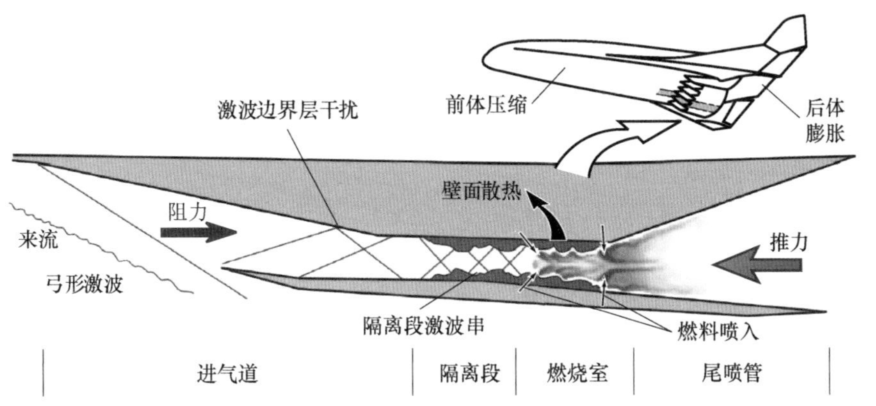

图 2－1　双模态超燃冲压发动机的典型结构

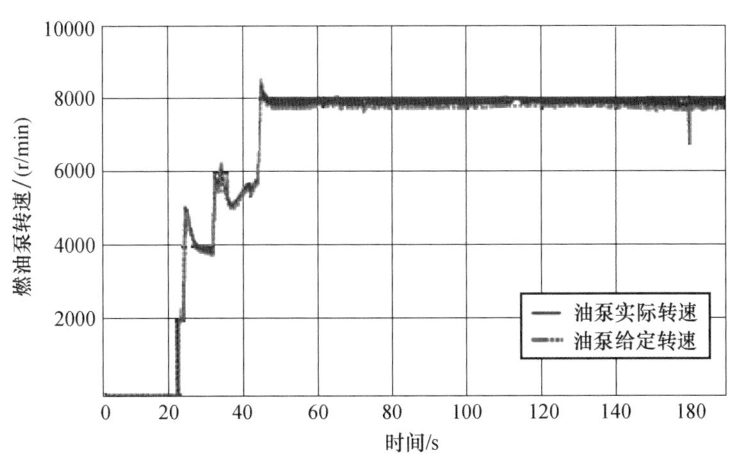

图 3－2　美国 X－51A 第一次飞行试验燃油泵转速随时间的变化规律

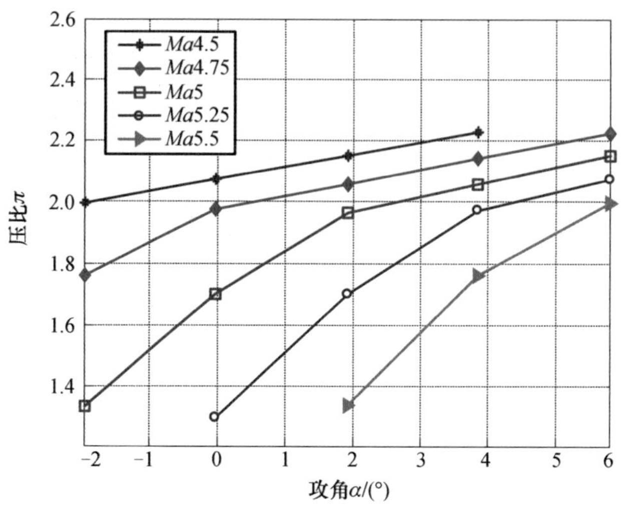

图 4-3　等燃油当量比、不同来流马赫数条件下,压比参数随攻角的变化

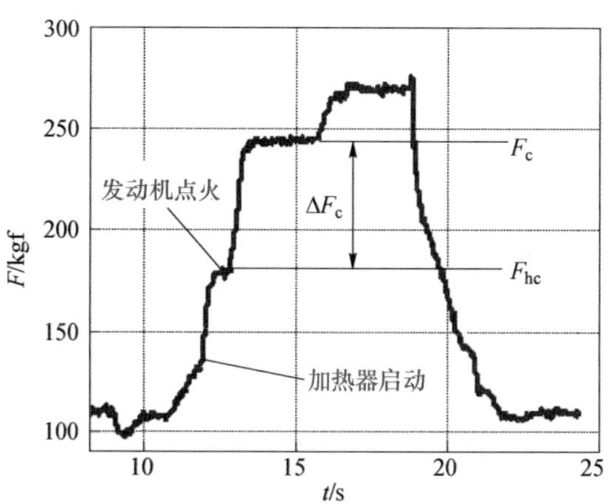

图 5-3　推力增量定义示意图(1kgf≈9.8N)

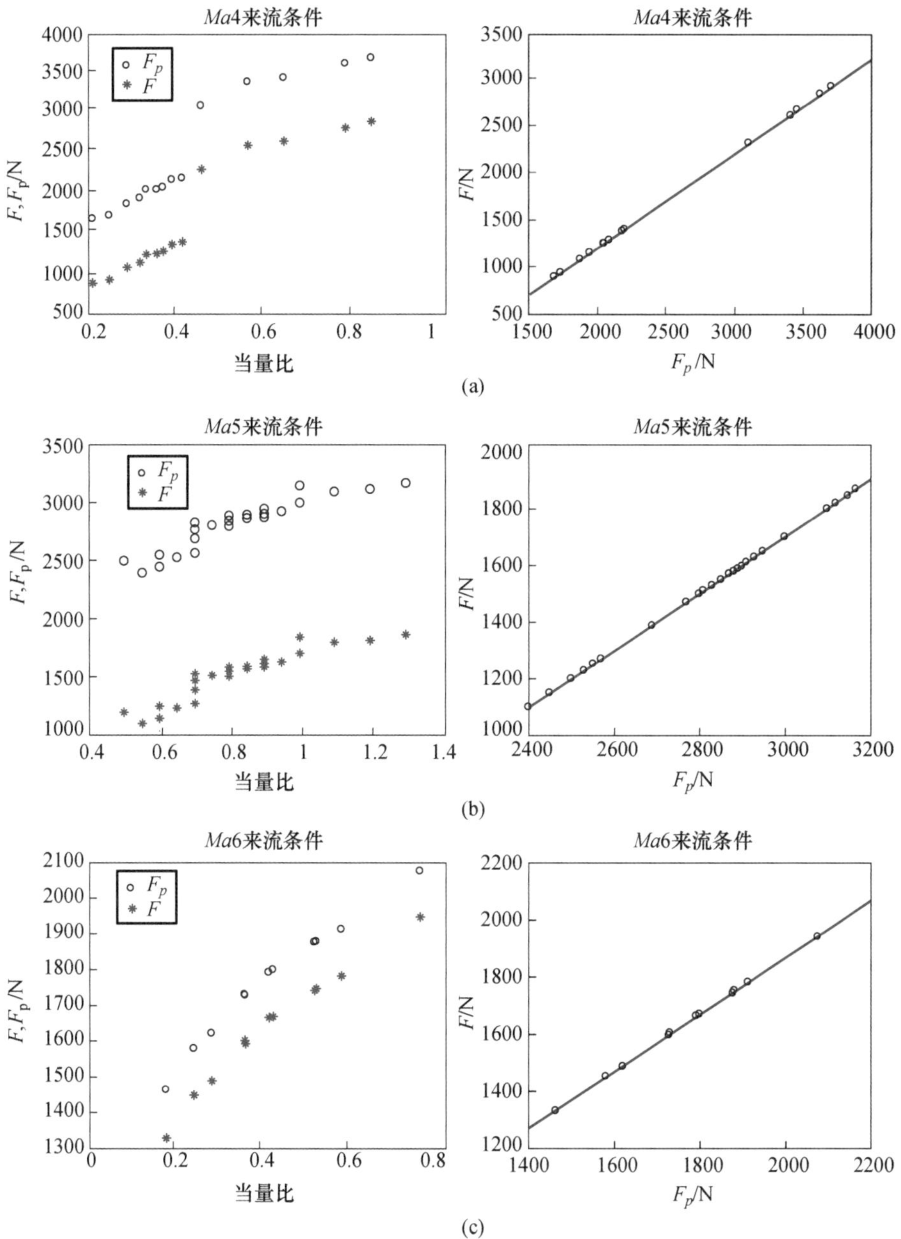

图 5－4　*Ma*4、*Ma*5 和 *Ma*6 来流条件下推力增量和压力积分随燃油当量比的变化情况

(a)*Ma*4 来流条件;(b)*Ma*5 来流条件;(c)*Ma*6 来流条件。

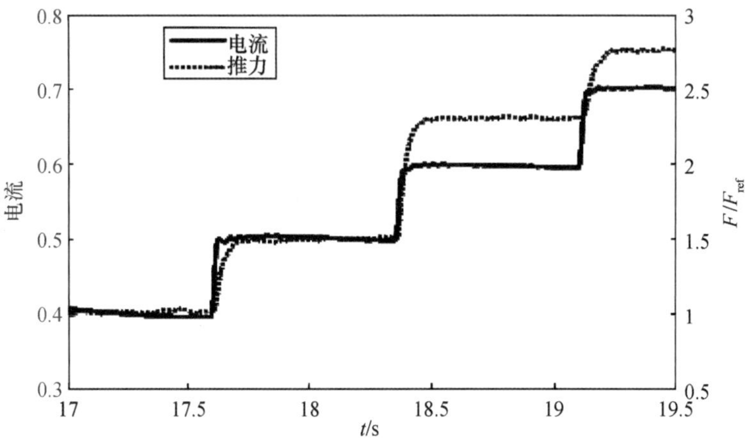

图 5－5　输入电流和压力积分随时间的变化关系

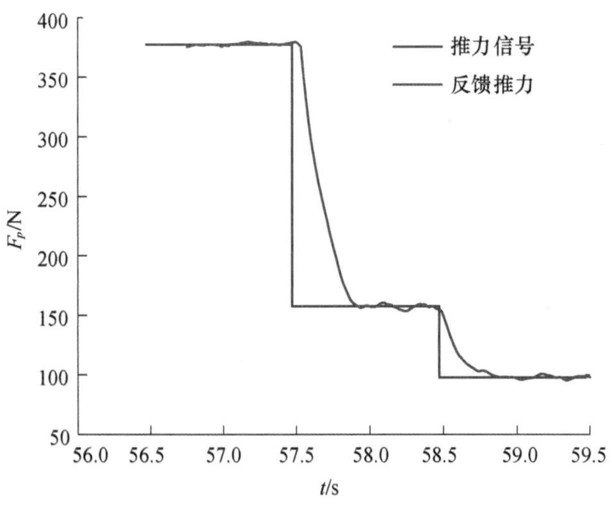

图 5－8　推力变化

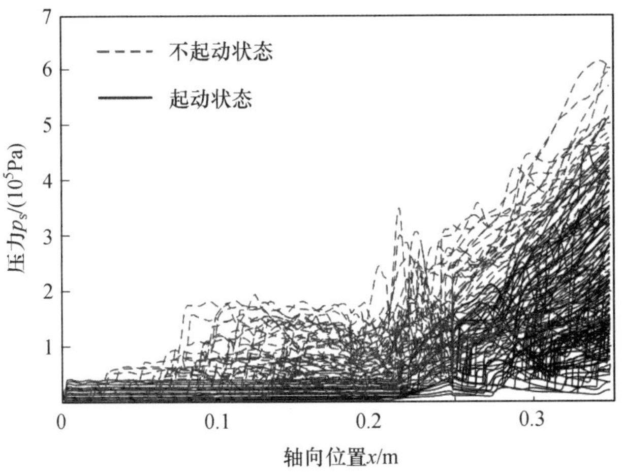

图 7－5　不同边界条件下的壁面压力分布

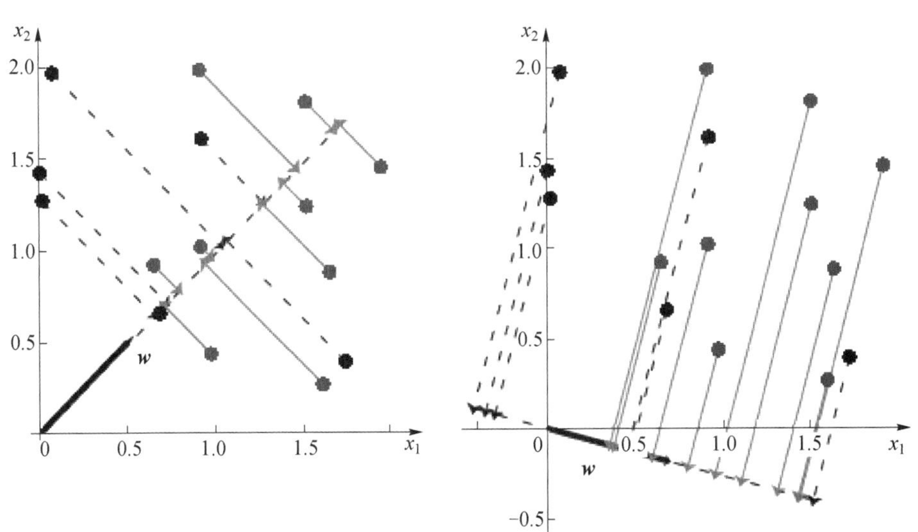

图 7－8　同一组样本点不同方向的投影

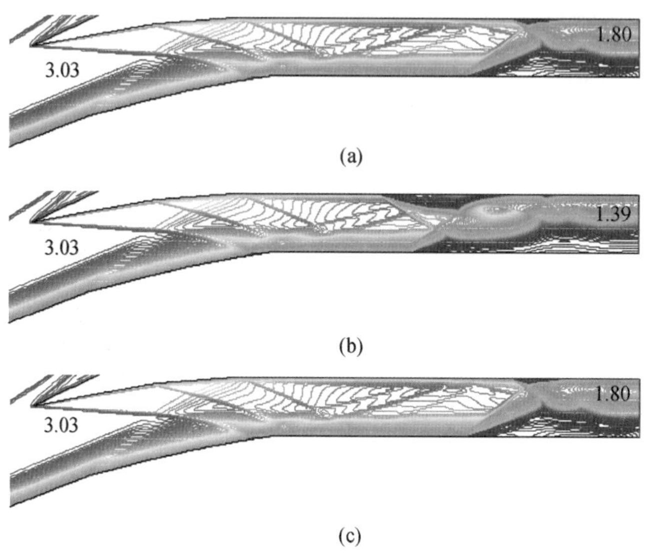

图 8-33 不同时刻进气道等压力云图

(a)$t=0.1\text{s}$；(b)$t=0.6\text{s}$；(c)$t=2\text{s}$。

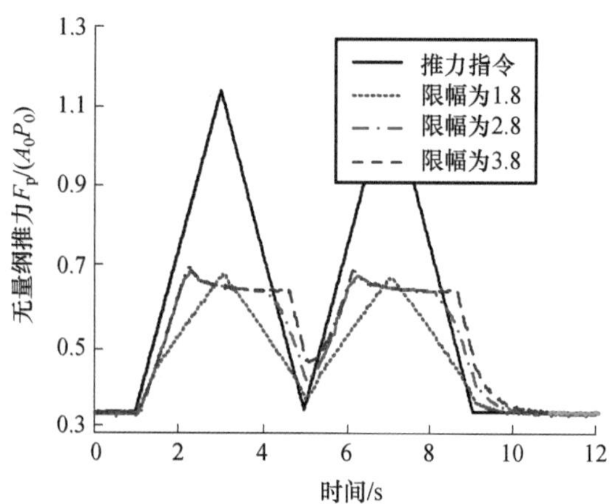

图 9-3 推力控制器积分上限对实际推力动态响应的影响

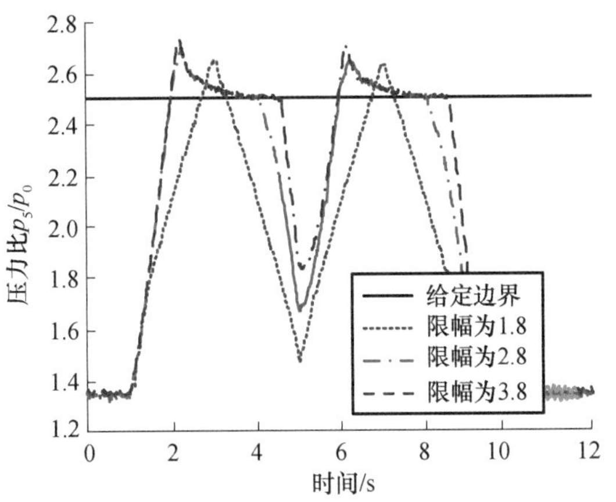

图 9-4　推力控制器积分上限对隔离段出口压力动态响应的影响

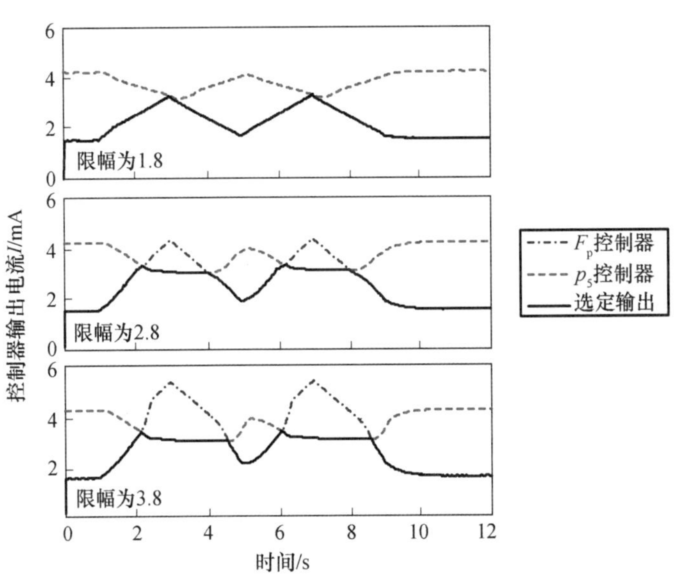

图 9-5　推力控制器积分上限对双回路控制器输出的影响

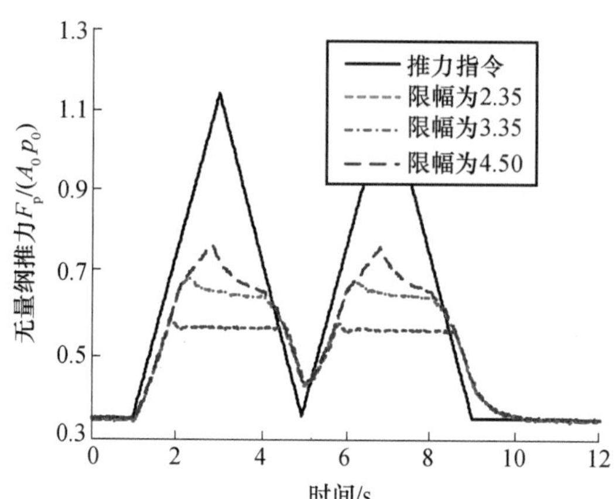

图9－6　裕度控制器积分上限对实际推力动态响应的影响

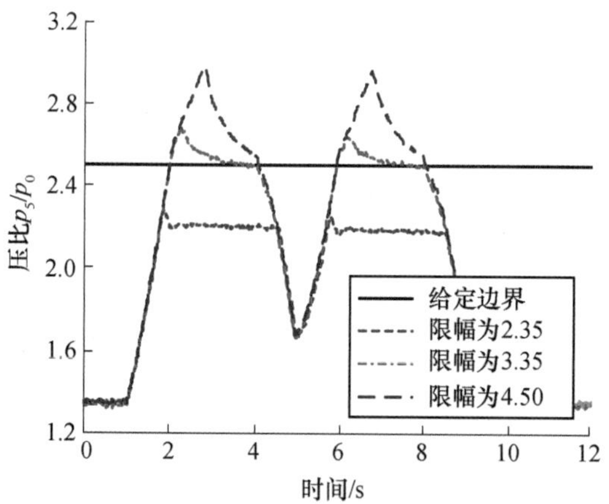

图9－7　裕度控制器积分上限对隔离段出口压力动态响应的影响

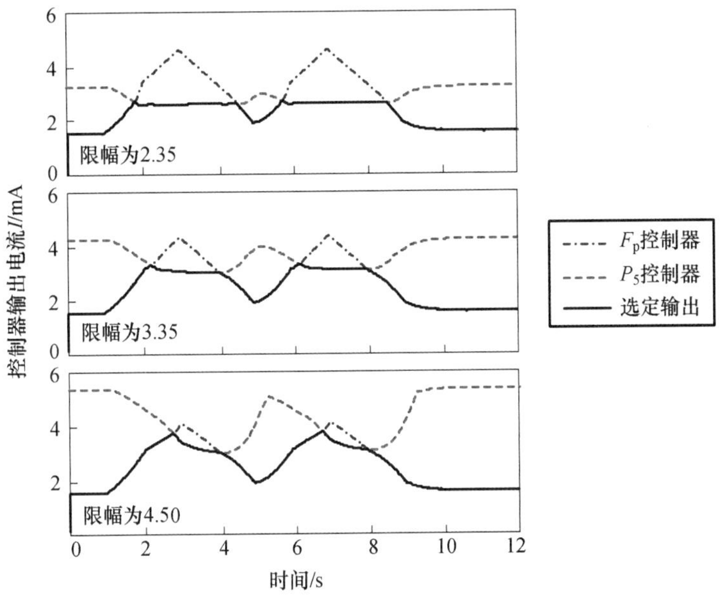

图9－8　裕度控制器积分上限对双回路控制器输出的影响

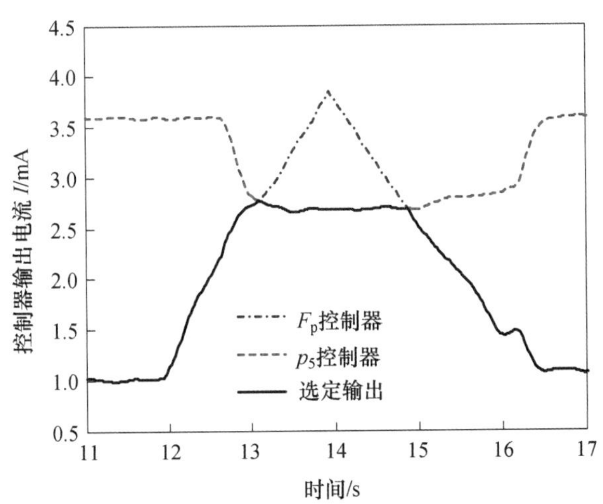

图9－11　发动机双回路控制器输出随时间的变化规律

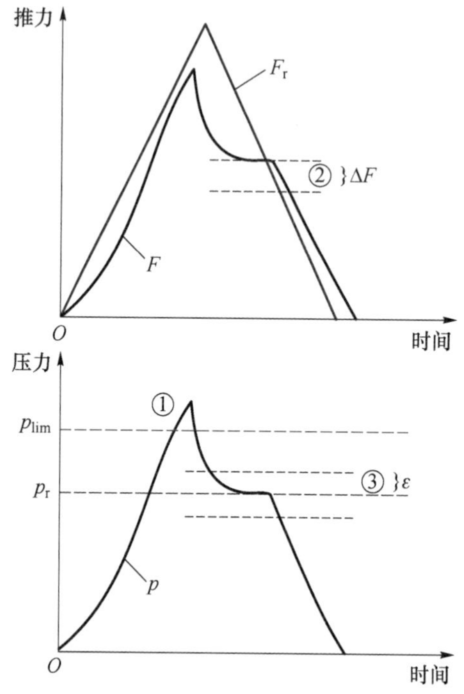

图 9－15　双模态超燃冲压发动机调节/保护双回路切换控制逻辑示意图

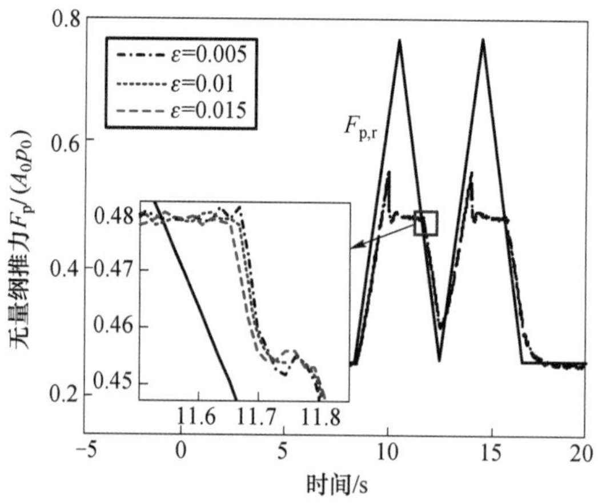

图 9－17　固定 ΔF,不同 ε 下的发动机推力随时间的变化规律

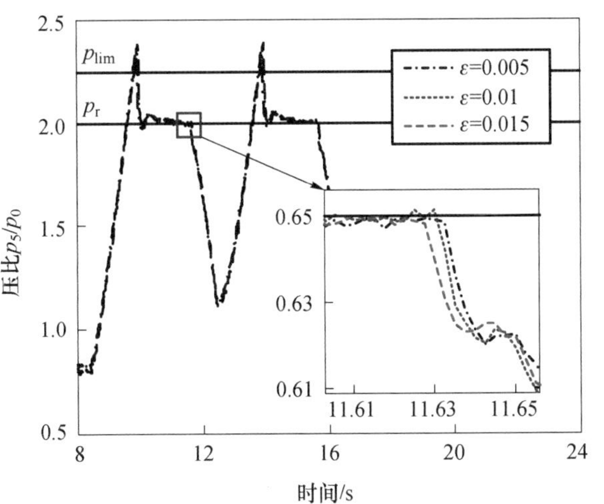

图 9－18 固定 ΔF，不同 ε 下的隔离段出口压力随时间的变化规律

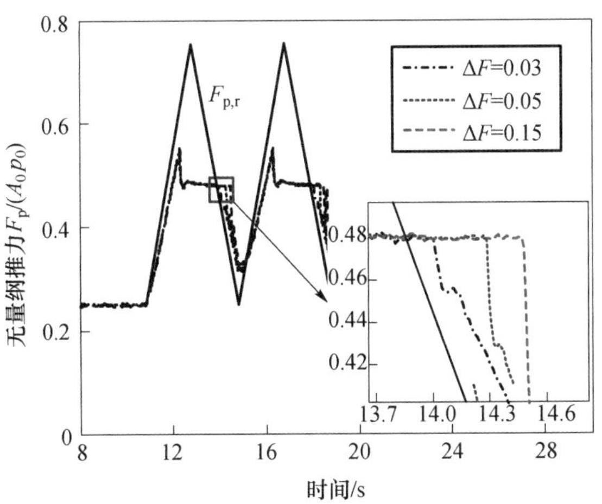

图 9－19 固定 ε，不同 ΔF 下的发动机推力随时间的变化规律

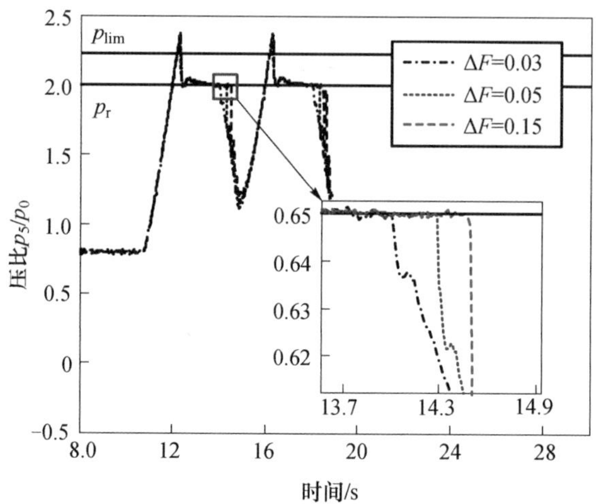

图 9-20　固定 ε,不同 ΔF 下的隔离段出口压力随时间的变化规律

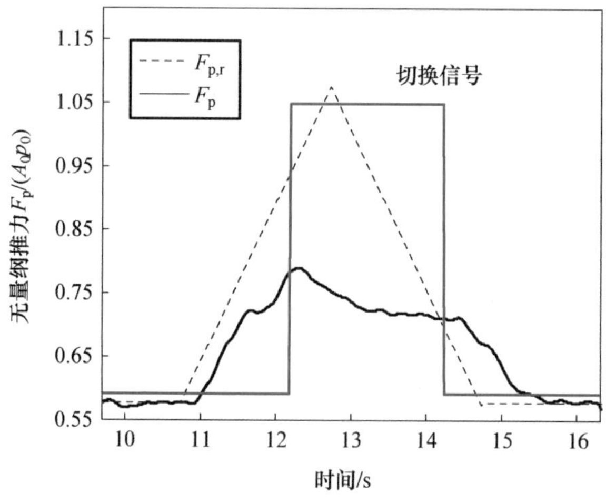

图 9-21　发动机推力指令和实际推力随时间的变化规律

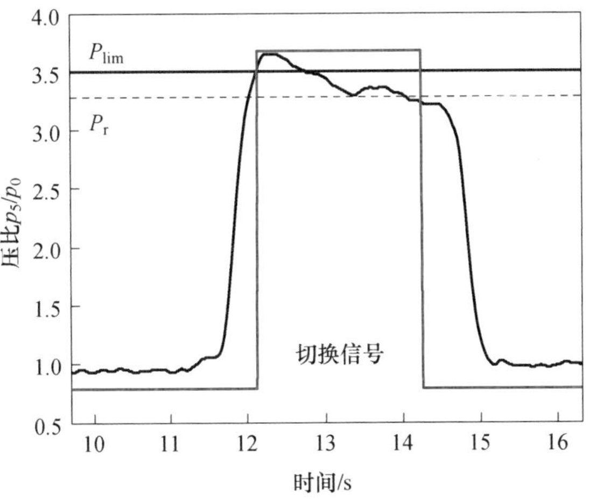

图 9－22　隔离段出口压力随时间的变化规律

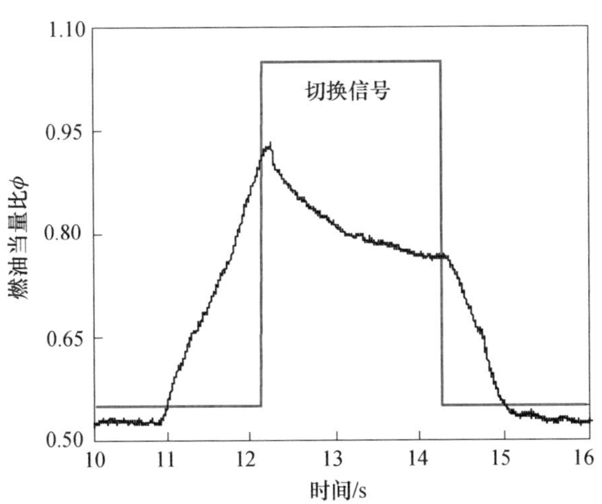

图 9－23　燃油当量比随时间的变化规律

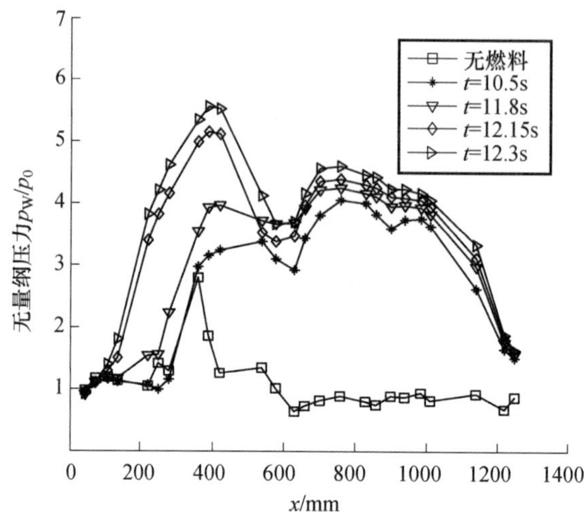

图 9-24　控制过程中不同时刻下的隔离段-燃烧室壁面压力分布

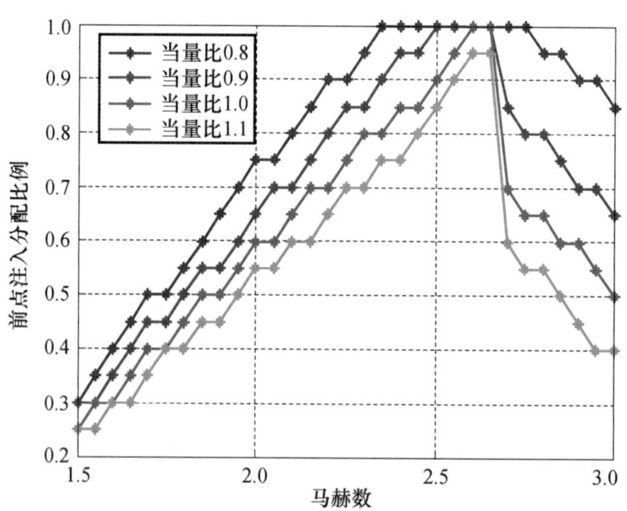

图 9-26　前点燃油分配比例最大值随马赫数的变化关系

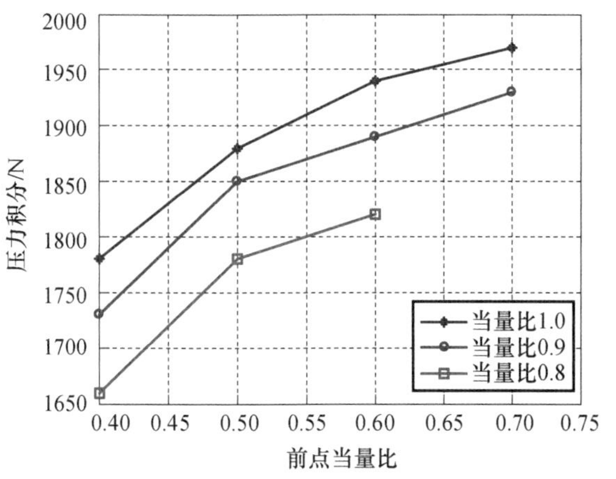

图 9-29　*Ma*6 时两点燃油注入分配试验结果

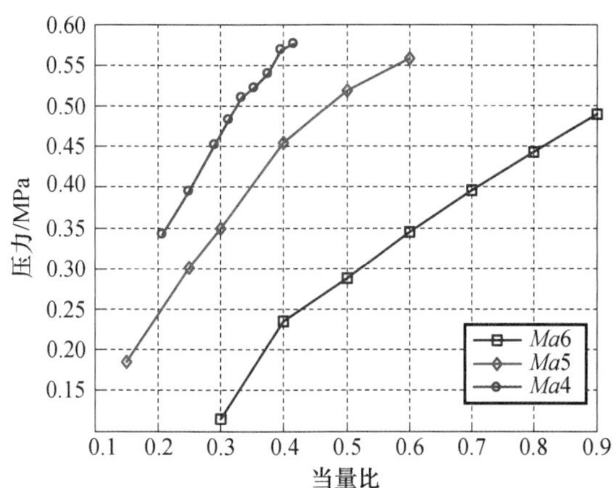

图 9-38　进气道安全裕度表征压力 p_5 随燃油当量比的变化

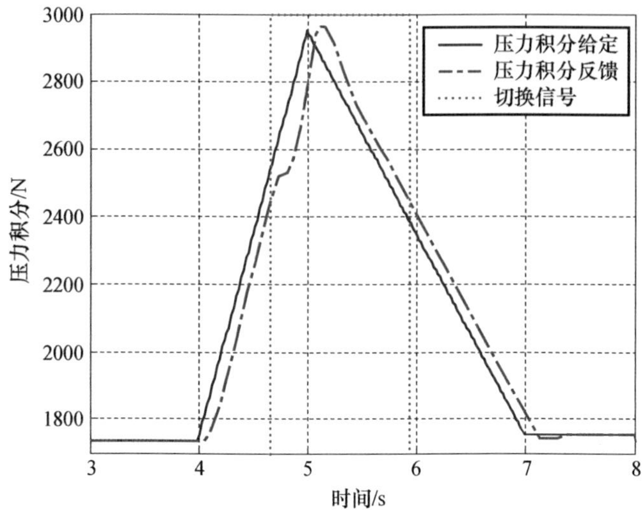

图 9－39　压力积分变化

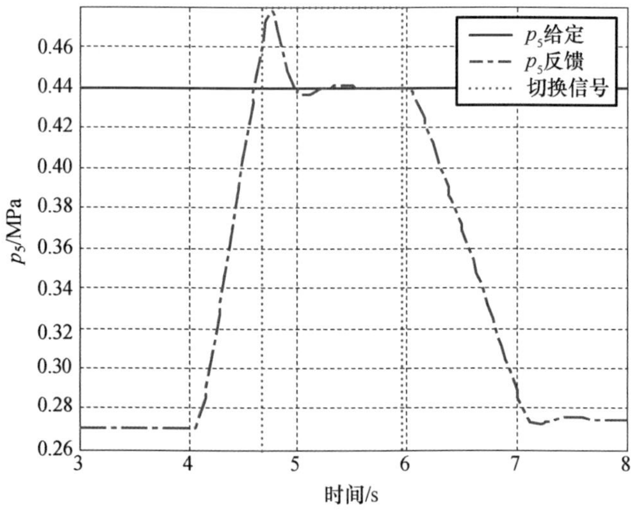

图 9－40　p_5 变化

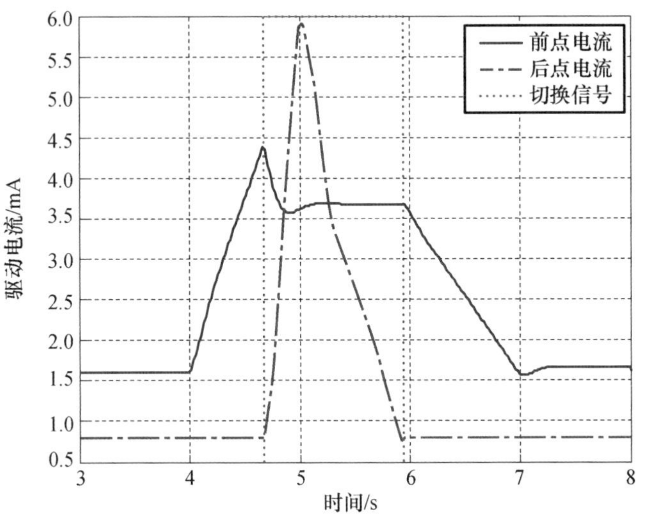

图 9-41　前后燃油伺服阀驱动电流变化

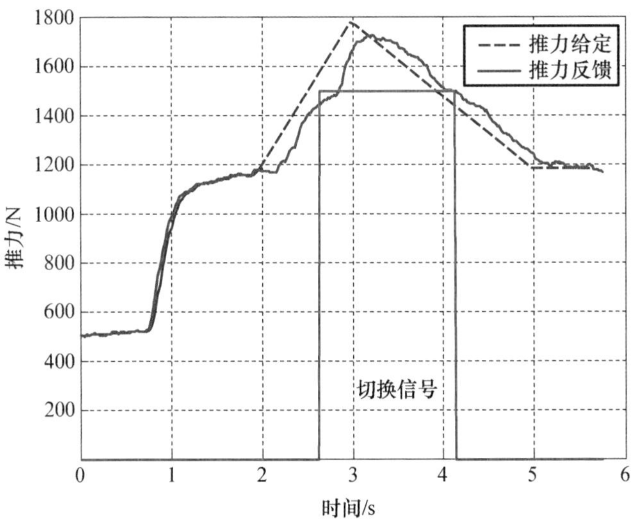

图 9-42　燃油分配验证试验过程中推力(压力积分)变化

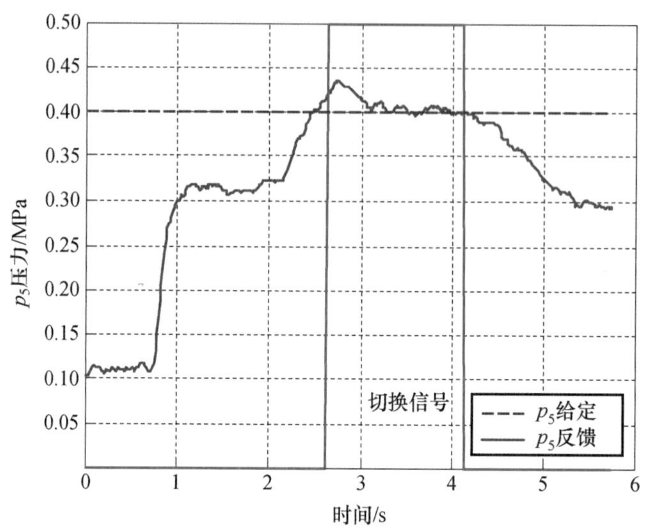

图 9－43　燃油分配验证试验过程中进气道稳定裕度变化

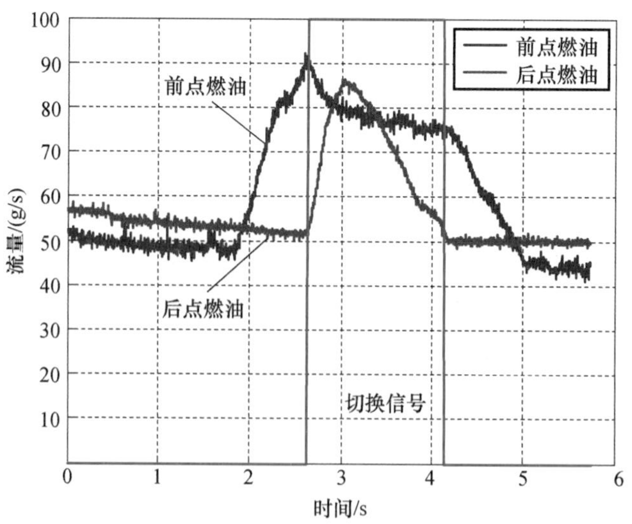

图 9－44　燃油分配验证试验过程中两路燃油流量变化